U0334544

"十三五"国家重点图书出版规划项目

城市安全风险管理丛书

国家出版基金项目
NATIONAL PUBLICATION FOUNDATION

编委会主任：王德学　总主编：钟志华　执行总主编：孙建平

# 城市生命线风险防控
# Risk Prevention and Control of Lifeline in Urban Areas

王以中 主编　朱成宇 袁文平 蔡 健 副主编

同济大学 出版社
TONGJI UNIVERSITY PRESS

**图书在版编目(CIP)数据**

城市生命线风险防控 / 王以中主编.—上海:同
济大学出版社,2019.12
(城市安全风险管理丛书)
"十三五"国家重点图书出版规划项目
ISBN 978 - 7 - 5608 - 8466 - 0

Ⅰ.①城⋯　Ⅱ.①王⋯　Ⅲ.①城市—生命线系统工程
—风险管理—研究　Ⅳ.①TU984.11

中国版本图书馆 CIP 数据核字(2019)第 274517 号

"十三五"国家重点图书出版规划项目
城市安全风险管理丛书

**城市生命线风险防控**

Risk Prevention and Control of Lifeline in Urban Areas

王以中　主编　朱成宇　袁文平　蔡　健　副主编


出 品 人：　华春荣
策划编辑：　高晓辉　吕　炜　马继兰
责任编辑：　马继兰　吕　炜　胡晗欣
助理编辑：　吴世强
责任校对：　徐春莲
装帧设计：　唐思雯

出版发行　　同济大学出版社　www.tongjipress.com.cn
　　　　　　(地址:上海市四平路 1239 号　邮编:200092　电话:021 - 65985622)
经　　销　　全国各地新华书店、建筑书店、网络书店
排版制作　　南京文脉图文设计制作有限公司
印　　刷　　上海安枫印务有限公司
开　　本　　787mm×1092mm　1/16
印　　张　　29
字　　数　　724 000
版　　次　　2019 年 12 月第 1 版　　2019 年 12 月第 1 次印刷
书　　号　　ISBN 978 - 7 - 5608 - 8466 - 0
定　　价　　148.00 元

# 内容简介

本分册全面阐述了城市生命线风险防控管理,包括政府部门、管理机构和管线权属单位风险控制管理的组织架构、工作体制与机制,在综合规划、建设施工、运行维护、供应服务全过程中城市生命线安全风险防控管理的基本原则、主要措施、关键环节和规范与规则等,并对城市供水、排水、燃气、供电、通信等主要城市管网的风险类型、风险辨识、风险防控和应急处置等方面进行深入的分析。

本分册系统性较强,既有城市生命线风险控制管理的理论性总结,又有大量行之有效的工作实践方法,还对典型的城市生命线风险控制管理案例和重大事故进行剖析,内容丰富,资料翔实,具有较强的教学指导和工作参考价值。

# 主编简介

王以中

高级经济师,现为上海市住房和城乡建设管理委员会科技委员会资深专家。

曾任上海市公用事业管理局副局长,上海市市政工程管理局副局长,上海市住房和城乡建设管理委员会巡视员。兼任中国城市燃气协会第六届、第七届副理事长,中国土木工程学会燃气分会第九届、第十届副理事长,并在上海市燃气行业协会,上海市土木工程学会、上海市市政公路协会、上海市非开挖技术协会、上海市管线协会担任正、副会长(理事长)及专家顾问等。

长期从事公用事业(城市燃气)行业管理和政府管理,市政道路公路交通设施管理,城市综合管理、安全风险管理等工作。

曾先后参加上海市"八五"至上海市"十三五"的重大工程建设,参加城市环境综合整治和运行保障重大活动以及城市安全风险研究等上海市和行业重大课题研究。

# "城市安全风险管理丛书"编委会

# 《城市生命线风险防控》编撰人员

总　顾　问　江小龙

顾　　　问　朱石清　马苏龙　樊仁毅

主　　　编　王以中

副　主　编　朱成宇　袁文平　蔡　健

编　委　会　王以中　朱成宇　袁文平　蔡　健　欧阳雁　马亚博
　　　　　　张金水　高　炜　戴　婕　麦穗海　姚黎光　桂　铁
　　　　　　庄敏捷　严健勇　莫　非　李念文　刘　军　钱　晓
　　　　　　陆　烨　周　兵　李　进　王　建

本书编撰人员　张金水　袁逸轩　戚　刚　顾赵福　刘素芳　张　强
　　　　　　刘　波　梁珊珊　赵平伟　鲍月全　翁晓姚　苏　平
　　　　　　王怀君　王　圣　江　敏　严健勇　秦辞海　陈　兵
　　　　　　吴国荣　许　龙　李博文　张　欣　肖　艳　谢宇铭
　　　　　　陈昱霖　施烨锋　沈　辉　胡　翔　梅　澄　吴　杰
　　　　　　张　宇　陈志强　郭伟斌　沙　菁　杨雪峰　崔剑刚
　　　　　　任　桢　唐奕春　程睿彧　龚启明　马迎秋　黄佳丽
　　　　　　孙永康　张立寒　胡群芳　赫　磊　朱　俊　徐　橙
　　　　　　沈　怡　刘　健　夏　渊　贾　明　程永奭　沈明珏
　　　　　　吴海涛　王　建　黄　剑　杨　峰　仇含笑　张亦明
　　　　　　戚琛琛　杨旭春　林海鸥

# 总序

浩荡 40 载,悠悠城市梦。一部改革开放砥砺奋进的历史,一段中国波澜壮阔的城市化历程。40 年风雨兼程,40 载沧桑巨变,中国城镇化率从 1978 年的 17.9% 提高到 2017 年的 58.52%,城市数量由 193 个增加到 661 个(截至 2017 年年末),城镇人口增长近 4 倍,目前户籍人口超过 100 万的城市已经超过 150 个,大型、特大型城市的数量仍在不断增加,正加速形成的城市群、都市圈成为带动中国经济快速增长和参与国际经济合作与竞争的主要平台。但城市风险与城市化相伴而生,城市规模的不断扩大、人口数量的不断增长使得越来越多的城市已经或者正在成为一个庞大且复杂的运行系统,城市问题或城市危机逐渐演变成了城市风险。特别是我国用 40 年时间完成了西方发达国家一二百年的城市化进程,史上规模最大、速度最快的城市化基本特征,决定了我国城市安全风险更大、更集聚,一系列安全事故令人触目惊心,北京大兴区西红门镇的大火、天津港的"8·12"爆炸事故、上海"12·31"外滩踩踏事故、深圳"12·20"滑坡灾害事故,等等,昭示着我们国家面临着从安全管理 1.0 向应急管理 2.0 乃至城市风险管理 3.0 的方向迈进的时代选择,有效防控城市中的安全风险已经成为城市发展的重要任务。

为此,党的十九大报告提出,要"坚持总体国家安全观"的基本方略,强调"统筹发展和安全,增强忧患意识,做到居安思危,是我们党治国理政的一个重大原则",要"更加自觉地防范各种风险,坚决战胜一切在政治、经济、文化、社会等领域和自然界出现的困难和挑战"。中共中央办公厅、国务院办公厅印发的《关于推进城市安全发展的意见》,明确了城市安全发展总目标的时间表:到 2020 年,城市安全发展取得明显进展,建成一批与全面建成小康社会目标相适应的安全发展示范城市;在深入推进示范创建的基础上,到 2035 年,城市安全发展体系更加完善,安全文明程度显著提升,建成与基本实现社会主义现代化相适应的安全发展城市。

然而,受制于一直以来的习惯性思维影响,当前我国城市公共安全管理的重点还停留在发生事故的应急处置上,突出表现为"重应急、轻预防",导致对风险防控的重要性认识不足,没有从城市公共安全管理战略高度对城市风险防控进行统一谋划和系统化设计。新时代要有新思路,城市安全管理迫切需要由"强化安全生产管理和监督,有效遏制重特大安全事故,完善突发事件应急管理体制"向"健全公共安全体系,完善安全生产责任制,坚决遏制重特大安全事故,提升防灾减灾救灾能力"转变,城市风险管理已经成为城市快速转型阶段的新课题、新挑战。

理论指导实践,"城市安全风险管理丛书"(以下简称"丛书")应运而生。"丛书"结合城市安全管理应急救援与城市风险管理的具体实践，重点围绕城市运行中的传统和非传统风险等热点、痛点，对城市风险管理理论与实践进行系统化阐述，涉及城市风险管理的各个领域，涵盖城市建设、城市水资源、城市生态环境、城市地下空间、城市社会风险、城市地下管线、城市气象灾害以及城市高铁运营与维护等各个方面。"丛书"提出了城市管理新思路、新举措，虽然还未能穷尽城市风险的所有方面，但比较重要的领域基本上都有所涵盖，相信能够解城市风险管理人士之所需，对城市风险管理实践工作也具有重要的指南指引与参考借鉴作用。

"丛书"编撰汇集了行业内一批长期从事风险管理、应急救援、安全管理等领域工作或研究的业界专家、高校学者，依托同济大学丰富的教学和科研资源，完成了若干以此为指南的课题研究和实践探索。"丛书"已获批"十三五"国家重点图书出版规划项目，并入选上海市文教结合"高校服务国家重大战略出版工程"项目，是一部拥有完整理论体系的教科书和有技术性、操作性的工具书。"丛书"的出版填补了城市风险管理作为新兴学科、交叉学科在系统教材上的空白，对提高城市管理理论研究、丰富城市管理内容，对提升城市风险管理水平和推进国家治理体系建设均有着重要意义。

钟志华

中国工程院院士

2018 年 9 月

# 前言

城市生命线是一个主要由供水排水系统、电力系统、燃气系统、信息通信系统等在时空上叠加分布而构成的城市基础设施的大系统。各类城市管线是城市生命线的主要形式,是城市物流、能源流、信息流输送的重要载体,是维持城市正常生活和促进城市发展的必要条件,具有同时为社会生产和社会生活服务的双重性质,既是城市集聚化和社会化的产物,也是城市获取更高经济、社会和环境效益的基础。一个城市的城市生命线现代化水平在一定程度上反映出该城市的经济实力和发达程度。同时,城市生命线对城市的发展和现代化又起到很大的推动作用。

城市生命线的建设发展与城市的建设发展之间存在着一种互相依存的密切关系。在处理得当的情况下,二者可以互相促进,协调发展。但如果城市生命线建设发展严重落后于城市建设发展,这将对一个城市的正常运行和进一步发展形成很大的障碍。以上海市为例,从发展阶段来看,目前上海正处于城市管网设施管理高风险期。基础设施的量大面广、常住人口的持续增长、各类要素的高度集聚使得设施管理的难度进一步增加。上海由于开埠年代较早,管网陈旧,地下管线严重超出使用年限;不少地区因为受到交通等因素限制,中华人民共和国成立初期敷设的管线仍在使用,管线材质也不稳定。其他建成的管线设施也由于长期运转,安全性和耐久性趋于弱化,但维护力量和资金投入并未跟进,事故隐患不断积累,设施老化期和事故多发期的阶段特征逐步显现,为保障城市的安全运行,相关部门必须未雨绸缪、防患于未然。

从发展趋势来看,风险防控成为当前城市生命线管理的新课题。从某种意义上来说,地下管线的建设是一次性的。当整个地下管网系统达到一定的容量、能力和规模后,在其使用寿命期限内,其设备、管线口径、线路走向等都已相对固定,不易改变。然而,人们对地下管线的需求却随着城市人口的增长和城市规模的扩大与日俱增,经过短暂的适应期后,供需矛盾将越来越大,这将对城市生命线的风险防控和安全运行提出新的挑战。此外,地下管线种类繁多、专业性强、排查和防范难度大,非开挖施工等新技术、新工艺的应用也给管线综合管理提出新的课题。2013年11月22日,位于山东省青岛经济技术开发区的中石化东黄输油管线发生泄漏爆炸特别重大事故,造成62人遇难,这一特大事故对全国各大城市都有警示意义。随着社会经济的不断发展,城市生命线的风险防控管理形势十分严峻,各大中型城市都需要把城市生命线的安全运行问题放到城市发展更加突出的位置,并对各种风险加以严格防范。

本书全面阐述了城市生命线风险防控管理的基本情况。以上海市作为城市样本,对政府部门、管理机构和管线权属单位风险防控管理的组织架构和工作机制，以及规划设计、建设施工、运行维护、供应服务全过程中城市生命线风险防控管理的基本原则、主要措施、关键环节和规范规则等进行详细说明，并对城市供水、排水、供电、燃气、通信等主要城市生命线的风险类型、风险辨识、风险防控和应急处置等进行深入的分析介绍。

本书系统性较强，既有对城市生命线风险防控管理理论的梳理，又有大量行之有效的工作实践方法，还对典型的城市生命线风险防控管理实例和重大事故进行剖析，内容丰富，资料翔实，具有较强的工作指导意义。

本书的编撰出版是多方协同努力的结晶，上海市城投水务集团有限公司、国网上海市电力公司、上海市燃气集团有限公司、中国电信股份有限公司上海分公司、中国铁塔股份有限公司上海分公司、上海东方有线公司、上海信息管线有限公司、同济大学上海防灾救灾研究所和建筑与城市规划学院、上海市政设计研究总院（集团）有限公司、上海市邮电设计院有限公司、上海市燃气工程设计研究有限公司、上海市地下管线协会等单位积极组织人员参加相关章节的编写。本书编撰的全过程得到了上海市住房和城乡建设管理委员会、上海市经济和信息化委员会、上海市水务局等部门相关处室和上海市城市综合管理事务中心、上海市燃气管理处、上海市供水管理处、上海市排水管理处等相关政府部门和管理机构的大力支持。在此，对上述参与单位表示衷心的感谢！

《城市生命线风险防控》编委会

2019 年 10 月

# 目录

# 第 5 篇　燃气基础设施风险防控管理

# 第6篇　信息通信基础设施风险防控管理

# 第7篇　综合管廊风险防控管理

# 第1篇
# 城市生命线风险防控管理概述

　　城市生命线的风险防控在城市社会公共安全保障中具有十分重要的地位。城市生命线的风险防控是一个社会系统工程,涉及政府的管理和指导、企业的组织和实施、社区和市民的响应和参与。本篇主要阐述城市生命线风险防控综合管理的相关内容和事项,帮助读者对城市生命线及其风险防控形成一个初步的认识。

# 1 城市生命线概述

城市生命线基础设施是具有开放性的系统,覆盖面广,易受系统自身事故和外界自然、社会问题等多种风险的威胁。一旦发生事故,将影响城市正常运行,妨碍工业生产,影响市民生活。因此,城市生命线安全是城市安全和防灾系统的重要组成部分。

本篇借鉴了国家城市生命线系统风险评估研究的成果,以及众多专家学者的科研成果和论著,结合国家行业标准规范,重点阐述了城市生命线的行政综合管理,主要风险识别、风险评估和风险防控环节,城市生命线信息平台的建立和运行,以及城市生命线风险地图的应用等,主要有三个核心内容:

一是总结国内外城市生命线行政综合管理的发展与特点,以及相应风险管理研究的发展与意义。

二是着重阐述城市生命线主要风险识别及风险评估技术,以及城市生命线规划建设和运行维护各阶段的风险防控环节。

三是全面论述城市生命线的时空分布结构形态、特点,以及事故灾害的发生和处置。

## 1.1 城市生命线定义

城市生命线从广义上讲,是指维持城市社会经济和生活所必不可少的交通、能源、信息通信、供水排水和废弃物处理等城市基础设施。从狭义上讲,它是一个主要由供水排水系统、电力系统、燃气系统、信息通信系统等在时空上叠加分布而构成的城市基础设施系统。以管线输送为主要特征,包括给水、排水、燃气、热力、电力、电信、工业等多种管线和综合管廊等各类管线设施,道路范围以外建筑物、构筑物用地范围内的配套管线和附属设施,以及城市道路架空线。

城市生命线是城市社会经济发展的重要支撑,是城市物流、能源流、信息流等输送的重要载体,是维持城市正常生活和促进城市发展的必要条件。城市生命线是城市基础设施的主要组成部分,具有同时为社会生产和社会生活服务的双重性质,既是城市集聚化和社会化的产物,也是城市获取更高经济、社会和环境效益的基础。城市生命线被欧美主要国家称为关键基础设施,美国更将关键基础设施的安全作为广义国土安全的一部分予以保护。

## 1.2  城市生命线所涉及行业

本书从城市生命线的狭义定义对城市生命线的风险防控进行阐述,本书中城市生命线所涉及的行业主要包括水、电、燃气、信息通信四大行业。

水主要包括供水和排水运行,电主要包括城市电网运行和用户供应,燃气主要包括城市天然气、液化石油气运行与供应,信息通信主要包括信息通信线路、信息通信管线、通信局站、信息基础设施等运行。一方面,城市生命线设施普及率和现代化水平,在一定程度上反映出该城市的经济实力和发达程度;另一方面,先进的城市生命线设施对城市的发展和现代化又起到很大的推动作用。

## 1.3  城市生命线所涉及行业的特征

城市生命线所涉及的行业具有如下三个特征。

#### 1. 自然垄断性
水、电、燃气、通信四大行业都是社会经济文化发展和人们生产生活的重要支撑,城市生命线一旦形成,便具有区域限制和自然垄断的特征,在市场上占有支配性地位。

#### 2. 不可替代性
水、电、燃气、通信四大行业的功能和作用具有不可替代性,尤其水资源更具有唯一性。

#### 3. 需求量呈刚性
水、电、燃气、通信四大行业都是社会经济文化发展和人们日常生产生活不可缺少的,人们对其需求量呈刚性,必须予以切实保障。

## 1.4  城市生命线的行政综合管理

城市生命线的行政综合管理,是指针对我国各城市不同程度存在的"多头管理、各自为政、综合管理缺位"现象,通过完善和创新管理体制,使城市各种地下管线在规划建设、运行维护、信息档案、应急处置等环节实现综合协调管理,提高综合规划、统筹建设、安全运行水平,消除管线安全隐患,遏制管线事故频发的势头。

#### 1. 城市生命线行政综合管理的内容与特点
城市生命线规模庞大、种类齐全、结构复杂,涉及的专业管线单位众多。城市生命线管理任务繁重,涉及城市生命线的规划、设计、建设、施工、竣工验收、运行管理、管线保护、事故处理、信息系统建设与应用,以及相关的监督管理等工作。城市生命线的管理体制复杂,涉及中央和地方两个层面、十多个职能管理部门和众多的经营管理单位,这些单位分散在不同系统和管理部门。从行政管理的角度而言,城市生命线的行政综合管理为综合管理与专业管理相结合的管理体制。

2. 城市生命线行政综合管理的层级

(1) 行政综合管理职能部门,主要涉及投资计划、财政、城市规划、建设、管理、安全监督、信息档案、保密等部门。

(2) 行业行政管理职能部门,主要涉及市政(包括供水、排水、燃气、热力、路灯)、电力、信息通信、工业等行业行政主管部门。

(3) 管线权属单位,主要涉及中央和地方相关企业(单位),其中中央企业(单位)包括中国石油天然气集团有限公司、中国石油化工集团有限公司、中国海洋石油集团有限公司、国家电网有限公司、中国电信股份有限公司、中国移动通信集团有限公司、中国联合网络通信集团有限公司、部队(武警)等,地方企业(单位)包括供水、排水、燃气、供热、工业等相关企业(单位)。

3. 城市生命管线行政综合管理的工作原则和要求

(1) 工作原则。城市生命线行政综合管理应当坚持“政府协调、科学规划、统筹建设、资源共享、保障安全”的原则。

(2) 工作要求:

① 坚持以人为本,以促进城市社会经济发展、提高市民生活质量为目的,提高城市生命线的保障供应能力和综合承载能力。

② 集约利用资源,统筹城市生命线规划和工程建设,科学合理地开发利用地下空间资源,避免重复建设,减少资源浪费。

③ 创新管理方式,树立综合管理理念,建立并完善综合管理协调机制,加强综合协调与统筹管理,形成合力,提高城市综合管理水平。

④ 完善法治建设,建立健全法规标准,依法加强对城市生命线的全过程监管。

# 1.5 我国各城市管线管理事务机构的设置

城市生命线的行政综合管理主要是由行政综合管理职能部门和管线管理事务机构形成管理合力,来实现对城市生命线规划、建设、运行和维护全过程、全方位的监督管理。

2012 年 10 月,住房和城乡建设部专门成立“住房和城乡建设部城市地下管线办公室”,协调城市地下管线综合管理问题,并与国家发展和改革委员会、财政部、工业和信息化部、国家安全生产监督总局等部门,以及部队等单位建立联系,加强协商与协调。

部分城市相继建立了城市地下管线综合管理事务机构。20 世纪 90 年代以来,北京、上海、东莞、苏州、天津、昆明、武汉、绍兴、淄博、杭州等城市先后成立了专门的地下管线综合管理事务机构。这些机构均隶属于城市的建设或规划行政主管部门,由于归口和性质不同,在职能上也有所侧重。归口于建设行政管理部门的地下管线综合管理事务机构侧重于地下管线工程的统筹建设、运行安全管理和应急管理,归口于规划行政管理部门的地下管线综合管理事务机构侧重于管线普查与信息系统建设、规划编制与管理等。

北京地下管线综合管理的基本工作模式为综合协调管理、部门分段负责、行业分工监管、属地区域监管、企业主体履责。积极开展地下管线基础信息数据调查,编制消除管线隐患年度计划项目库及五年计划项目库,搭建服务平台防范施工外损地下管线事故,并积极探索运用科技手段促进管理水平的提升。

杭州等城市成立专门机构负责全市地下管线规划、建设、运行管理、信息档案、应急处理等环节的统筹管理和综合协调。成立管线协调领导小组,分管市领导任组长,成员由规划、建设、市政公用、城管、管线权属部门等相关人员组成,在建设行政管理部门设协调办公室。

昆明等城市明确规划行政管理部门为地下管线工程规划建设的综合协调部门,设立管线探测机构,统一管理管线工程的规划审批、竣工覆土测量验收和跟踪测量、档案归集、管线信息数据监管等工作,为工程建设提供信息服务并及时归档,实现管线信息数据动态更新。

长沙、珠海等城市以城建档案馆为管理主体,通过地方立法来规范城市地下管线工程档案管理,并建立城市地下管线信息动态管理系统,采取与管线施工单位签订管线数据归集协议和采购数据等方式,保证地下管线数据的按时归档和实时可靠,并提供查询服务。

天津市城市基础设施配套建设的燃气、给水、排水三类管线所需费用,包括道路、路灯、绿化等在内的住宅和公建项目的大配套费由天津市管线管理事务机构办统一收取、统一组织建设。基础设施配套建设的燃气、给水、排水三类管线的统一建设主体是天津市政府授予特许经营权的天津城市基础设施建设投资集团有限公司下属的天津道路管网公司,电力、信息通信、供热的建设主体是各经营企业。但是,燃气、给水、排水三类管线和电力、信息通信、供热三类管线在建设的时间和空间上统一组织、同步实施,并在建设实践中基本实现规划控制和建设控制的管理目标。

上海等城市在市建设行政管理部门下设管线综合管理事务机构,负责制订管线施工计划、施工监管、竣工验收等环节的管理规章。管线掘路实行计划掘路许可制度,管线保护实施业主单位告知承诺制度,较为有效地减少了因施工造成的管线破坏事故。

## 1.6　国外城市生命线综合管理经验

### 1. 美国

全美国的地下管线总长度已超过 720 万 km。地下管线管理组织机构主要包括美国交通部下属的管线安全办公室、安全部下设的交通安全署、联邦能源监管委员会、地下公共设施共同利益联盟等。地下管线管理特点反映在政府的有效监管、民间组织的行业自律与先进技术的充分应用、齐头并进等方面。

民间组织主要为地下公共设施共同利益联盟(Common Ground Alliance, CGA)和"一呼通中心"。地下公共设施共同利益联盟(CGA)于2000年成立,是由政府部门、地下管线专业公司及管网施工单位联合组成的行业协会,旨在保障管线安全。"一呼通中心"即"811"专线,是地下公共设施共同利益联盟(CGA)下属组织,是一个拥有1 400名成员的重要专业协会。挖掘作业者在施工前拨打"811"专线,可与分布在全美50个州和哥伦比亚特区的62个"一呼通中心"取得联系,中心就会组织受施工影响的公共设施企业为挖掘作业者免费标记挖掘施工区域地下管线的具体位置。

先进技术手段的充分应用主要反映在以下方面:以基于领先技术的标准规范作为政府管理的强大支撑和执法依据;建立并完善了地下管线管理信息系统,包括GIS、地下电子信息标识、GPS、卫星图像应用;在地下工程施工中充分运用了先进的探测和测绘技术方法,如电磁感应、探地雷达、磁感应探测、声学定位、震动定位等;地下工程施工普遍采用非开挖地下管线施工技术,精确定向钻进和导向钻进在管线施工中得到广泛应用。

在美国,一旦发生地下管线事故,各相关政府职能部门、管线权属公司均能迅速应对,采取各种应急措施减少事故造成的不良影响。美国司法部和交通部能凭借法律授权,针对管线安全问题动用司法强制手段,并要求相关责任单位事后对管线进行综合改进,避免事故重演。

2. 日本

有关统计数据表明,日本全国共埋设地下管线约34万km,仅东京都的下水道总长度就达1.58万km。以城市排水系统为例,日本重视运用城市自然水系与人工排流相结合的方式防范城市内涝:①日本各地政府在城市规划中通常都会充分利用城市自然水系,为城区蓄洪溢洪留足空间,并挖掘一些人工水道,增强城市排涝能力,同时建设大量的防洪工程。②通过积极倡导减少城市地面的硬化面积比例,提高具有渗水作用的绿地、砂石地面的面积比例,以及建设小型雨水蓄水池等举措,降低屋顶及路面水流对排水管线的压力。③注重构建精细严谨的预警应急机制,设置降雨信息系统来预测和统计各种降雨数据,并运用多种特殊处理措施来为一些容易积水的区域进行排水调度。日本是世界上综合管廊建设速度最快、规划最完整、法规最完善、技术最先进的国家,早在1926年就开始建设综合管廊。日本在中央建设省下设了16个共同管线科,具体负责综合管廊相关政策和方案的制订、投资建设监控、工程验收和营运监督等。

基于对自身国土面积及大都市圈日渐聚集状况的认识,日本已经从单一的地下管线管理逐步转向整个地表以下空间的综合开发与管理。从某种程度上讲,日本是目前有关城市地下空间开发利用立法最为完善的国家,在开发利用规划的整体化与系统化、工程设计施工技术应用、国家行政综合协调推进管理等方面均处于世界领先水平。在地下空间综合开发利用与综合管理方面,日本建立了比较完备的法制体系,从《宪法》《民法》到《建筑基准法》《道路法》《城市公园法》《轨道法》《地方铁道法》,从《下水道法》到《共同沟特别措施法》,2001年颁布实施了《大深度地下公共使用特别措施法》等,均反映出日本已建立了比较完备的地下空间利用法律制度。

3. 英国

英国是世界上最早建设地下管线系统的国家。英国通过以下五种方式对地下管线进行全过程和系统化管理。

（1）建立了以《管线法》和《管线安全条例》为核心的法规体系。

（2）成立了政府的独立监察部门健康与安全执行局。

（3）全国公用事业联合协会等行业协会制定行业规则与规范。

（4）国家电网等大型公用事业企业提供免费管线信息咨询服务。

（5）其他商业机构或组织提供管线信息咨询服务，如管线计划机构免费提供英国各管线的位置，地下资产组织 NUAG 定期提供包括管线在内的地下资产情况报告。

4. 德国

德国各城市均成立由城市规划专家、政府官员、执法人员及市民代表等组成的公共工程部，通过此平台，各利益相关方可以对相关工程建设、管线设施维护等情况进行商议。为保证城市管线的安全运行，德国通过立法和制定体系化的标准规范对各类管线经营主体实行政府监管：一方面，政府设立了专门机构联邦管网管理处，对电力、燃气、电信、邮政和铁路等管网实行统一管理；另一方面，协会组织在地下管线管理中发挥出重要作用，如公用事业协会和德国水气协会等致力于德国水、气、电等专业的安全与质量法规标准制定工作，为德国管线运营管理的安全性和可靠性打下了坚实基础。

# 2　城市生命线风险管理

## 2.1　城市生命线风险管理的基本概念

### 1. 风险[1]

风险（risk）一词的英文是在17世纪60年代从意大利语中的riscare一词演化而来的。它的意大利语本意是在充满危险的礁石之间航行。风险是在描述未来某些事件是否发生，并不存在统一的定义，在经济学理论中风险同时涵盖损失和收益。我们使用风险一词来描述未来可能发生的负面事件的不确定性。根据相关文献，风险有如下定义。

（1）某一危险事件发生的概率以及事件后果。风险与某一特定的危险事件有关。

（2）人类活动或者事件造成的后果对现有价值造成伤害的概率。

（3）造成资产（包括人员本身）处于危险的情况或者事件，而结果是不确定的。

（4）在特定的时间段内，某种困难情况导致某一负面事件发生的概率。

（5）风险是指未来事件和结果的不确定性。

### 2. 风险与危险

任何风险分析工作，都必须将研究对象置于运行环境之中，详细考量与其相关的威胁与危险，即可能会对人员、财产、环境造成损害的不安全源头。

有一些危险需要出现触发事件才会变为事故，触发事件是危险升级为事故时所需要的事件或者条件。

特定的环境下存在一种危险或者多种危险的组合。很多危险是系统自身运行的属性，若能够识别出所有相关的危险问题，则降低风险就有了一个良好的开端。

### 3. 城市生命线风险管理概念

城市生命线风险管理实际上就是解决各城市生命线系统在规划、建设和运行的全生命周期中遇到的三个问题。

一是会发生什么问题？即会发生什么风险事件（一个、多个或者一系列风险事件）？

二是问题发生的可能性有多大？即需要识别并分析引发风险事件的可能原因，识别并定义出潜在的风险事件。使用的手段即风险识别方法。

三是问题发生后会造成什么后果？是否存在一些可以减轻风险后果或者降低风险可能性的因素？后果在这里指的是对一种或者多种人员、财产、环境的损害，通常可以根据风险事件可能产生后果的严重度对事件进行分类。在一起事故发生后,有些后果可能立刻显现,而另外一些后果可能在多年以后才被人察觉。因此,评估事故后果时,很重要的一点就是不仅要考虑即时的后果,还要考虑对未来的影响。

解决这三个问题的全过程,就是城市生命线风险管理的过程,可分为风险识别、风险分析、风险评价和风险防控四个工作阶段。

城市生命线风险管理具有很强的逻辑性和系统性,后面4节将对此作具体的介绍。

## 2.2　城市生命线风险识别

风险识别是发现、列举和描述风险要素的过程。风险识别又称危险源辨识或危险因素辨识,是指在收集资料的基础上,对尚未发生的、潜在的及客观存在的各种风险,根据直接或间接的症状进行判断、归类和鉴定的过程,是进行风险评价的基础。风险识别的主要任务是找出风险所在及引起风险的主要因素,并对后果做出定性分析。风险识别是风险评估中最基本、最重要的阶段。城市生命线是一个庞大复杂的大系统,很多风险隐藏在形成这一大系统的某个分系统层次中或被某种假象所掩盖,如果不能全面、系统地识别出系统中的风险因素,就不能有效地实现风险管理这一目标。

因此,风险识别就是识别并描述所有与系统相关的显著危险和威胁的过程。城市生命线风险识别是指按照相关标准,结合城市生命线大系统实际运行特点,将固有和潜在的影响生命线运行安全的各种因素作为风险管理的起点和重要环节的过程。

1. 风险识别的目标

风险识别的目标是确定可能影响或者阻止目标得以实现的事件或情况,一旦风险被识别,即应当对现有的控制措施(如设计特征、人员结构、作业过程和系统有效性)进行识别。

(1) 识别出所有在系统运行以及与系统互动过程中出现的危险和危险事件。

(2) 描述每一项危险的特征、形式和数量。

(3) 描述危险会在何时以及系统的什么地方出现。

(4) 识别与每一项危险有关的所有触发事件。

(5) 识别出在什么样条件下会产生危险事件,以及危险发生的路径。

(6) 识别由危险(或者与其他危险共同作用)引发的潜在危险事件。

(7) 让作业人员和系统所有者都认识到危险和潜在的危险事件。

2. 风险识别的方法

风险识别方法主要有检查表法和头脑风暴法。

1) 检查表法

风险检查表法是基于证据的方法,检查表是一份根据过去经验制作的有关危险或者危险事件的书面清单,通过对风险检查表分析,达到以下目标:①识别系统在可以预见的、有目的的使用过程中以及所有与系统互动过程中出现的危险和危险事件。②识别需要进行的控制和防护措施。③检查现有的控制和防护措施是否符合相关规定。

该方法主要是参照相关的标准、规范、规程、理论知识和专家的实践经验,在对城市生命线系统进行全面分析的基础上,将城市生命线各系统分成若干个单元或层次,并列出所有的危险因素,从而确定要检查的重点项目,并按照要求编制表格,依据该表格检查城市生命线及设施的设计、装备、工艺及各种操作和管理中的潜在风险因素。风险检查表是根据已经实施的项目建立一张检查表,检查表中一般包括以前项目成功或失败的原因、项目范围、成本、质量、进度、采购与合同、人力资源、沟通情况、项目技术资料、项目管理成员技能、项目可用资源、项目经历过的风险事件及来源等。项目风险管理人员通过对照风险检查表,寻找本项目中可能存在的风险因素。检查表法是一种最基本的方法,让有经验的人员在充分的时间内编写,其优点是事先编制、系统化、重点突出、能够避免漏掉导致危险的关键因素;其缺点是不能给出潜在的危险因素情况和风险级别。

2) 头脑风暴法

头脑风暴法是系统性的团队方法,是一种定性的风险识别方法,通过召开小组讨论会议的形式,聘请相关专家,邀请有经验的相关人员等进行讨论。专家和经验丰富的工作人员之间通过讨论相互启发,最终形成风险识别报告。这种方法是让与会者敞开思想,在相互碰撞中激起脑海的创造性风暴。头脑风暴法可分为直接头脑风暴法和质疑头脑风暴法。前者是一种尽可能激发专家决策群体创造性,产生尽可能多设想的方法;后者则是一种对前者提出的设想、方案逐一质疑,分析其现实可行性的方法。

## 2.3 城市生命线风险分析

风险分析是通过风险识别,在增加对风险理解的基础上,为风险评价、风险决策提供信息支持。风险分析通常包括对风险的潜在后果和发生可能性的估计。在某些情况下,风险可能是一系列事件叠加产生的结果,或者由一些难以识别的特定事件所引发。此时风险评估的重点是分析系统各组成部分的关键环节和薄弱环节,确定并检查相应的防护和应急措施。

风险分析可分为定性风险分析和定量风险分析。定性风险分析以完全定性的方法确定风险发生的概率和后果。定量风险分析指对风险发生的概率和后果进行数学估计,并考虑相关的不确定因素。

### 2.3.1 风险分析的目的

(1) 识别与研究对象(系统)相关的危险与威胁。

(2) 识别与研究对象(系统)相关的可能发生的潜在危险事件。

(3) 寻找每一个危险事件的原因。

（4）识别可以阻止或者降低危险事件的发生概率以及（或者）减轻危险事件后果的安全栅和防护措施，并评估这些安全栅的可靠性。

（5）识别与每一个危险事件相关的事故场景，确定它们的后果和发生频率。

风险分析的主要目标是支持特定的决策过程，建立明确的风险管理框架。

风险接受准则定义了所研究的系统或者活动对某一风险水平是否可以容忍。

### 2.3.2　风险分析的步骤

（1）风险分析的计划和准备。

（2）分析危险和潜在的危险事件，确定系统的边界和分析的范围。

这是风险分析过程中最重要的步骤之一。因为如果有一些危险或者危险事件没有被识别出来，后续的分析过程就会忽略它们的影响。这一步骤还应当进行包括危险事件在内的风险筛查，目的是确定后续分析中是否要考虑这些危险事件，以及分析这些危险事件需要的细致程度。

（3）确定每一个危险事件的原因和频率。

对每一个危险事件进行因果分析，最常用的方法是事故树分析法。

（4）识别由每一个危险事件引发的事故场景（事故序列）。

通常使用事故树分析的方法识别并描述这些可能的事故序列。事故树上的每个路径都代表一个事故场景，而路径的终点称为最终事件，表示在人员、财产、环境方面至少有一项受到损害。

其中事故原因可以分为直接原因和根本原因：①直接原因指会直接导致事故发生的原因，这些原因通常源于其他更根本因素；②根本原因指事故的最基本原因，识别和评价根本原因的过程称为根本原因分析。

风险影响因子即影响事故原因和（或者）事故发展的背后因素。

（5）选择相关和典型的事故场景。

（6）确定每一个事故场景的后果。

（7）确定每一个事故场景的频率。

（8）评估不确定性。

（9）建立并描述风险状况图。

风险分析最为重要的结果就是风险状况图，它列出事故场景以及对应的频率和后果。

（10）报告分析结果。

### 2.3.3　风险分析的主要技术[2]

#### 1. 初步危险分析

初步危险分析（Preliminary Hazard Analysis，PHA）是用于识别系统设计早期的危险和潜在事故的分析技术。目标是在系统开发过程的早期发现潜在的危险、威胁和危险事件，从而便于在项目的后续阶段消除、缓解或者控制这些危险。初步危险分析可以是一项独立的分析,也可以是一个更加全面的风险评估的一部分。初步危险分析基本上采用头脑风暴法。初步危险分析必须基于所有与系统有关的安全信息(设计准则、设备和材料的标准规范)、以前发生的事故情况和系统风险等。

**2. 失效模式与影响分析**

失效模式与影响分析(Failure Mode Effects and Criticality Analysis,FMECA)是最早用于技术系统失效分析的系统性技术,20世纪40年代还被用于发现军事系统中存在的问题。该方法的目标是确定通过对系统的哪些部分进行改善能满足安全性和可靠性方面的要求,同时为维护计划提供信息。其特点是从元件的故障开始逐级分析其原因、影响因素及应当采取的应对措施,通过分析系统内部各个元件的失效模式并推断其对整个系统的影响,考虑如何才能避免或者减小损失。失效模式与影响分析是一种有效的可靠性工程技术,可以用在系统生命周期后面的阶段。

**3. 危险与可操作性分析**

危险与可操作性分析(Hazard and Operability,HAZOP)是一种对现有生产过程、技术程序或体系的结构化及系统性分析,被广泛应用于识别人员、设备、环境或者组织目标所面临的风险。该方法是一个系统化的危险识别过程,需要一组专家探讨系统是否违背了设计初衷,以及危险和操作问题的产生机制。危险与可操作性分析研究工艺状态参数的变动,以及操作控制偏差的影响及其发生的原因。

危险与可操作性分析目标:①识别系统所有的功能偏差、产生偏差的原因以及与这些偏差相关的所有危险和操作问题;②确定是否需要采取行动控制危险和(或者)操作问题;③识别出不能立刻进行决策的情况;④保证已经决定的措施能够执行;⑤让操作人员意识到危险和操作问题。

危险与可操作性分析的特点是由中间状态参数的变动开始,分别向下寻找原因、向上判明其后果。该方法是故障模式及影响分析、事故树分析方法的延伸,具有二者的优点,适用于流体或能量的流动情况分析。危险与可操作性分析通过一系列头脑风暴活动完成。系统会被分割成很多个研究节点,逐一进行检查,并识别现有的安全栅(防护措施),提出系统中可能出现的偏差。

**4. 层次分析**

层次分析(Analytic Hierarchy Process,AHP)是一种实用的多准则决策方法,它把一个复杂问题分解成目标、准则、方案等层次,在此基础之上进行定性和定量分析。具体地讲,它把复杂的问题分解为各个组成因素,将这些因素按支配关系分组,从而形成有序的递阶层次结构,再通过两两比较确定层次中诸因素的相对重要性。

层次分析法的步骤如下:①确定系统的总目标,弄清规划决策所涉及的范围,所要采取的措施方案和政策,实现目标的准则、策略和各种约束条件等;②建立一个多层次的递阶结构,按目标的不同、实现功能的差异,将系统分为几个等级层次;③确定以上递阶结构中相邻层次元素间的相关程度。通过构造两两比较判断矩阵及矩阵运算的数学方法,确定对于上一层次的某个元素而言,本层次中与其相关元素的重要性排序——相对权值;④计算各层元素对系统目标的合成权重,进行总排序,以确定递阶结构图中最底层各个元素在总目标中的重要程度;⑤根据分析计算结果,制定相应的决策。

用 AHP 进行风险评估分析,输入的信息主要是评估者(专家)的选择与判断,这就使得 AHP 分析的主观成分很大。要使 AHP 的结论尽可能符合客观规律,评估者必须对所面临的问题有比较深入和全面的认识。这种方法的特点是能够统一处理决策中的定性、定量因素,利用较少的定量信息使决策的思维过程数学化,所需数据量很少,决策花费的时间短,具有实用性、系统性、简洁等优点。层次分析法的不足之处是当遇到因素众多、规模较大的问题时,该方法容易出现问题。

**5. 结构化因果分析**

结构化因果分析是由一组对研究对象有充分了解的专业人员,提出一系列因果问题来识别可能的危险事件,以及这些事件的原因、后果和相关的安全栅(防护措施),并提出降低风险的方法。结构化因果分析主要采用系统化的头脑风暴方法,也会使用标准化检查表。

**6. 危害分析与关键控制点分析**

危害分析与关键控制点分析(Hazard Analysis and Critical Control Point,HACCP)作为一种科学的、系统的分析技术,为识别过程中各相关部分的风险并采取必要的控制措施提供了一个分析框架,从而避免可能出现的危险。

## 2.3.4　风险分析中的原因与频率分析

**1. 原因与频率分析应达到的目标**

(1)确定已定义危险事件的成因。

(2)建立危险事件与基本原因之间的联系。

(3)通过对基本原因和因果序列的仔细检查,确定危险事件的频率。

(4)确定每一个原因对危险事件频率的影响程度。

(5)识别现有以及可能的防护性安全栅,评价每一个安全栅的效果和所有安全栅的总体效果。

**2. 原因与频率分析主要方法**

(1)因果图分析。因果图分析又可称为鱼骨图分析,可以识别某一特定事件的原因,并对原因进行分类和描述。因果图分析是一种图形化方法,将研究团队在头脑风暴环节当中产生的知识和观点以结构化的方式表达出来,根据重要度和细节程度对原因进行排列,生成一个和鱼的骨架形状类似的树形结构,主要原因类别在图中就好像鱼骨上长出的鱼刺。因果图分析的主要价值在于生成图形的过程。

分析步骤如下:①计划和准备;②建立因果图;③对图进行定性分析;④报告分析结果。其中,在进行定性分析时一般使用 6M 分类方法,6M 即人(Man)、方法(Method)、物料(Material)、机器(Machinery)、环境(Milieu)、维护(Maintenance)。

(2)事故树分析。事故树分析(FTA)是用来识别和分析造成特定不良事件(顶事件)的可能因素的技术。事故树是一种自顶向下的图形化逻辑方法,描述系统可能的关键性事件与这一事件产生原因之间的相互关系。事故树中最底层的原因被称为基本事件,它可能是元件失效、环境条件、人为错误,也可能是某一事件(即系统生命周期之中预计会发生的事件)。事故树分析最早是由美国科技人员在 1962 年进行洲际导弹发射控制系统安全性评价时提出的。

事故树分析可以是定量或者定性的,也可以是二者兼而有之。分析主要目标:①识别可能导致系统关键性事件的所有可能的基本事件组合;②确定特定时间间隔或者在特定时间点关键事件的发生概率,或者关键事件的频率;③识别系统需要改善以降低关键事件发生概率的各个方面。

事故树分析步骤如下:①计划和准备;②建立事故树;③定性分析事故树;④定量分析事故树;⑤报告分析结果。

事故树分析是风险和可靠性研究中最为常用的一种方法,尤其适用于带有一定程度冗余的大型复杂系统,如城市供水管网供水、城市电网供电、城市燃气管网供气等。

(3)贝叶斯网络。贝叶斯网络是一种图形化模型。可以描述系统中关键因素(原因)和一个或者多个最终输出结果之间的因果关系。网络由节点和有向弧组成,其中节点表示状态或者条件,弧表示直接的影响。

贝叶斯网络的目标如下:①识别出所有会对关键性事件(危险事件或者事故)具有重大影响的相关因素;②在网络中描述出不同风险影响因素之间的关系;③计算关键性事件发生的概率;④识别出对于关键性事件概率影响最大的因素。

## 2.3.5 构建事故场景(事故序列)

### 1. 构建事故场景的目标

为确定危险事件的可能后果,应当通过构建事故场景,识别和描述从危险事件到一项或者多项人员、财产、环境损害的可能途径。构建事故场景的目标如下。

(1)确定在一个特定的危险事件发生之后可能会出现的事故场景(事故序列)。

(2)识别可以停止或者延缓不同事故场景的现有的以及可能的响应型安全栅(防护措施)。

(3)识别可以影响每一个事故场景的外部事件或者条件。

(4)确定并描述每一个事故场景的可能最终事件。

(5)确定每一个最终事件和事故场景的后果。

(6)确定每一个最终事件的概率和每一个事故场景的频率。

## 2. 构建事故场景的方法

事故树分析是构建事故场景最常用的方法。该方法着眼于事故的起因,即初因事件,从事故的起始状态出发,按照一定的顺序,分析初因事故可能导致的各种结果,从而定性或者定量地评价系统的特征。由于在该方法中事件的序列是以树图的形式表示,故称事故树。这是一种归纳性方法,采用正向的逻辑推理,其结果图会给出由某一特定危险事件导致的可能事故场景(即事故序列)。

事故树分析的目标如下。

(1)识别可能是由危险事件引发的事故频率。

(2)识别可以(或者计划)阻断或者减小事故场景有害影响的安全栅。

(3)评估这些安全栅在相关事故场景中的适用性和可靠性。

(4)识别可能会影响场景中事故序列或者后果的内部和外部事故。

(5)确定每个事故场景的概率。

(6)确定并评估每一个事故场景的后果。

### 2.3.6　风险分析的关键点:安全与安全栅

在风险分析中,非常重要的一点是要识别出相关的危险事件。危险事件可能是随机的,也可能是某些蓄意的行为。

安全的理想状态是所有的危险都已经消除,没有人员、财产、环境受到损害。安全是一个状态,在这个状态下,风险尽可能低,而且基本上是可以被接受的。安全保障主要针对可能发生的某些蓄意行为,有效抵御损害行为的发生。安全保障主要依靠设置安全栅来实现。

#### 1. 安全栅

安装在系统中,当系统出现失效或者偏差的时候,用于保护人员、财产、环境和其他资产的功能设备称为安全栅。广义上还包括起防护作用的安全装置或者系统、关键性安全功能或者系统、防护链、保护层、相关的防护措施、对策措施、安全保障措施等。

安全栅是计划用来预防、控制或者防止泄漏能量对人员、财产、环境造成损害的物理或者工程系统以及人员行动(基于具体程序或者管理措施)。安全栅也被称为安防屏障、保护层、防护措施或者对策。安全栅可以划分为用来防止或者降低危险事件概率的预防型安全栅和用来避免或者减少危险事件后果的响应型安全栅。

#### 2. 安全栅属性

(1)特定性。能够检测、防止或者减轻某一特定危险事件的后果。

(2)充足性。能够在现有的设计状况下防止事故,能够满足相关标准和行业规范的要求,对受保护系统的变更具有包容性。

(3)独立性。安全栅的性能不会受到其他安全栅失效或者由于其他安全栅失效引发的状况的影响。

(4) 可靠性。安全栅提供的保护可以在一定程度上降低已经识别出来的风险。

(5) 坚固性。安全栅必须足够坚固,能够承受极端事件。

(6) 可审性。其保护性功能能够进行常规的周期性验证和维护。

### 3. 风险防控中的缓解

在风险管理中,缓解主要与响应型安全栅有关,用来防止、减轻或者修正危险事件对人员、财产、环境的影响。

## 2.4　城市生命线风险评价和风险评估

### 1. 城市生命线风险评价

城市生命线风险评价是以风险分析为基础,考虑社会、经济、环境等方面的因素,对风险的容忍度做出判断的过程。

(1) 风险评价的目标

① 建立风险状况图。

② 提出备选系统和(或者)运行方案。

③ 描述与研究对象相关的风险。

④ 提出风险降低措施,评价每一种措施对降低风险的影响,以及措施的成本。

⑤ 为风险相关的决策提供信息依据。

(2) 风险评价的步骤

① 根据风险接受准则评价风险。

② 推荐并评价可能的风险降低措施。

(3) 风险评价的措施

① 预防型措施,目的是降低危险事件的频率,可称为主动措施或者频率降低措施。

② 缓解型措施,目的是避免或者减轻潜在危险事件的后果,可称为被动措施或者后果减轻措施。

### 2. 城市生命线风险评估

城市生命线风险评估主要是把风险分析和风险评价两个工作环节连接起来,形成整体的工作过程。

(1) 风险评估的形式。风险评估的结果展示通常采用报告形式。其内容架构如下。

① 风险评估内容概要:风险评估项目介绍、目标和范围、分析方法、主要结论和建议。

② 参考文献。

③ 研究团队。

④ 风险评估项目详细介绍。

⑤ 分析方法全面阐述。

⑥ 风险接受准则。

⑦ 危险和危险事件。

⑧ 风险评估使用的模型、方法和工具。

⑨ 数据和数据源。

⑩ 频率和后果分析。

⑪ 严重度与不确定评估。

⑫ 风险降低措施的识别和评估。

⑬ 结论和建议。

⑭ 附录。

（2）风险评估的目的和作用。风险评估指为有效应对风险而基于证据的信息和分析所做出的对风险的评判和估计。其主要作用如下。

① 认识风险及其对目标的潜在影响。

② 为决策者提供相关信息。

③ 增进对风险的理解，以利于风险应对策略的正确选择。

④ 识别导致风险的主要因素，以及系统和组织的薄弱环节。

⑤ 明晰风险和不确定性。

⑥ 有助于建立优先顺序。

⑦ 有助于确定风险是否可以接受。

⑧ 有助于通过事件调查来进行有效的事故预防。

⑨ 满足风险应对的不同方式。

⑩ 满足监管要求。

（3）风险评估的工作步骤。风险评估包括风险识别、风险分析和风险评价三个工作步骤，评估范围可涵盖系统、项目、具体活动事项等。在不同的风险评估应用情境中，所使用的评估工具和评估技术会有所差异。

通过风险评估，决策者及有关各方面可以更深刻地理解那些可能影响组织目标实现的风险，以及现有风险防控措施的充分性和有效性，为确定最合适的风险应对方法奠定基础。风险评估活动内嵌于风险管理过程中，与其他风险管理活动紧密融合并互相推动。

（4）风险管理决策。风险评估的目的是为与风险管理相关的决策提供必要的信息依据。风险评估工作就是在将风险作为重要决策准则的前提下，在一定程度上为决策制订提供支持。风险管理决策可分为如下三类。

确定性决策：在进行决策的时候，为避免负面事件的发生，决策者使用传统的工程技术手段，采用冗余、多样化和安全边际等方法。

风险导向型决策：在资源有限的条件下，依据定量的风险、成本和收益，评估和比较决策选项的过程。

风险响应型决策:将风险与其他因素一起考虑,更加关注设计和运营问题,将它们放在与健康和安全同等重要的位置。

## 2.5　风险防控管理

城市生命线风险防控是针对确定的系统或者某项行为,识别、分析、评价系统或者某项行为相关的潜在威胁,寻找并引入风险防控手段,消除或者至少减轻这些危险对人员、环境或者其他资产的潜在危害。风险防控管理是一种主动的系统性方法,可以在不确定的环境下设定行动的最佳步骤,并及时沟通系统中各方的风险问题。风险防控管理是一个连续的管理过程,通常包含六大基本要素:识别、分析、计划、跟踪、控制以及沟通与建档。

# 3　城市生命线规划建设和运行维护各阶段的风险防控

## 3.1　城市生命线规划中的风险防控

### 3.1.1　城市生命线规划风险防控的基本内容

城市生命线规划是指为了实现一定时期内城市的经济和社会发展目标,在确定城市性质、规模、发展方向,以及合理利用城市土地的前提下,协调城市空间布局和保障各项建设有序开展所做的规划。以此规划为引领,统筹建设,科学编制城市地下管线等规划,合理安排建设时序,从而保障并有效提高城市基础设施建设的整体性、系统性。城市生命线规划的作用在于通过对城市空间尤其是道路地下空间的分配和安排,以及对城市生命线未来发展目标的确定,控制和干预城市生命线的发展。城市生命线规划中风险防控主要从国家宏观调控的手段、政策形成和实施的工具和城市未来空间架构的引导三个方面来实现。

城市生命线作为城市空间建设发展的重要组成部分,其规划控制体系和城市规划体系是相融的。在不同的城市规划阶段表现为不同的指导和控制手段。在宏观、中观、微观层面上对城市生命线的结构布局、开发强度、空间环境及具体建设推进等方面进行规划引导和控制。中观和微观层面的规划更注重对城市生命线的空间形态和功能的具体指导和控制,注重方案的可实施性和建设过程的安全性。

### 3.1.2　城市生命线规划风险防控的主要规则

城市生命线规划风险防控作为干预建设行为的方式,根据侧重点和干预程度可分为量化指标、法定图则、设计导则和规划条文。其中前三者是建立在空间物质要素的基础上,对物质空间建设活动的直接管理行为;而规划条文是通过制定针对一定时期内社会相关的公共政策以达到规划控制与调节的目的。

量化指标主要对地下管网的开发范围、标高、深度等进行定量控制。法定图则是在规划图则的基础上,标明地下管网的开发范围、开发性质、功能布局、主要出入口位置、连通位置等的规划控制示意图。设计导则侧重于对地下管网空间形态、与周边环境协调等进行引导性控制。规划条文是通过一系列控制细则和技术规范等控制要素对地下管网建设定性控制,如地下管网各功能的控制要求和设计原则等。

城市生命线规划风险防控管理的主要规则如下。

1. 平面控制规则[3]

（1）城市生命线平面布设总规则

① 新建设的城市生命线应当对大型管线尽量避让，尤其是大型的、永久性的市政管线，其他设施也应在平面上避免和上述管线产生矛盾。

② 城市生命线管线应尽量布置在道路红线范围内。

③ 轨道交通可以在道路红线外走行，车站应远离交叉口布设。如果车站设在交叉口处，轨道线路应布设在路侧，减少对管线的影响。

（2）管线平面布设要求

① 管线敷设应当与城市道路、规划红线平行，走向顺直。

② 在高速公路的规划红线内和一级公路的快车道内，不得埋设地下管线。

③ 在规划红线的中心线以东、以南，主要安排污水管、燃气管、电力排管和电力电缆；在规划红线的中心线以西、以北，主要安排雨水管、给水管、信息导管和信息电缆。

④ 在快车道下敷设雨水管、污水管和综合管线隧道；在慢车道下敷设给水管、燃气管、电力排管和信息导管；在人行道下敷设电力电缆、信息线缆和配水管、配气管。

⑤ 在绿（林）地下敷设输水管、合流污水干管以及热力、油料、化工物料等特种管线。

⑥ 道路红线宽度超过 30 m 的城市干道宜两侧布置给水配水管线和燃气配气管线；道路红线宽度超过 50 m 的城市干道应在道路两侧布置排水管线。

⑦ 工程管线之间及其与建（构）筑物之间的最小水平净距应符合相关标准的规定。当受道路宽度、断面以及现状工程管线位置等因素限制难以满足要求时，可根据实际情况采取安全措施后减少其最小水平净距。

2. 避让规则

（1）管网与各种设施之间的避让要求

① 管线不得修筑在道路结构层内。

② 市政管线在结构层底至−3 m 范围内具有优先权，其他设施不得侵占。

③ −3～−8 m 范围内，市政管线建设具有优先权，下立交和轨道交通车站主体结构可以埋设在此层。

④ −8～−15 m 范围内，轨道交通、立交通道设施具有优先使用权，原则上对特别重要的市政管线的干管应予以照顾。

⑤ −15～−30 m 的范围内，轨道交通建设具有优先权，其他设施与轨道交通建设发生矛盾时应予以避让。

⑥ −30 m 以下空间可作为地下道路、地下河川的建设空间使用，地下道路在此层具有优先使用权。

⑦ 如权限不明或不清晰，应由规划和建设主管部门予以协调处理。

（2）管线之间的避让要求

① 相对次要的管线避让相对主要的管线。

② 易弯曲管线避让不易弯曲管线。

③ 压力管线避让重力管线。

④ 技术要求低的管线避让技术要求高的管线。

⑤ 临时性管线避让永久性管线。

⑥ 小口径管线避让大口径管线。

⑦ 拟建管线避让在建管线。

⑧ 柔性结构管线避让刚性结构管线。

（3）预留控制规则

根据城市规划和交通规划的需要，对需要设置城市道路下立交、人行地道、非机动车地道的道路地下空间要预留布置城市生命线的空间位置。城市轨道交通的设计和建设用地，在满足下立交、人行地道和非机动车地道规划用地的前提下，应预留足够的空间，地铁埋深应尽量在－8 m以下的空间，以满足城市生命线的设置要求。城市生命线（尤其是大型管线工程）和轨道交通建设应预先做好规划的预留，避免在建设过程中出现难以解决的矛盾。

### 3.1.3  城市生命线规划风险防控的主要措施

1. 编制城市地下空间开发利用专项规划

统筹地下各类设施、管线（综合管廊）总体布局，原则上不允许在中心城区规划新建生产经营性危险化学品输送管线；其他地区新建的危险化学品输送管线，不得在穿越其他管线等地下设施时形成密闭空间，且距离应满足标准规范要求。

2. 编制城市生命线综合规划

明确市建设管理部门具体负责城市生命线综合规划的编制职责，加强相关工作机构和人员力量，结合本市城市总体规划编制，在汇总各专业管线单位编制的管线专业规划的基础上，综合协调后形成城市生命线综合规划，报市规划管理部门纳入城市总体规划，并作为规划管理部门审批管线执照的依据。

3. 严格实施地下管线规划管理

依据地下管线综合规划和控制性详细规划，对地下管线实施统一的规划管理。地下管线工程开工建设前要依法取得建设工程规划建设许可证。严格执行地下管线工程的规划核实制度，未经核实或者经核实不符合规划要求的，不得组织竣工验收。加强对规划实施情况的监督检查，对各类违反规划的行为及时查处，依法严肃处理。

## 3.2  城市生命线建设施工中的风险防控

管线的规划、审批、建设、维修日常管理流程如图3-1所示。

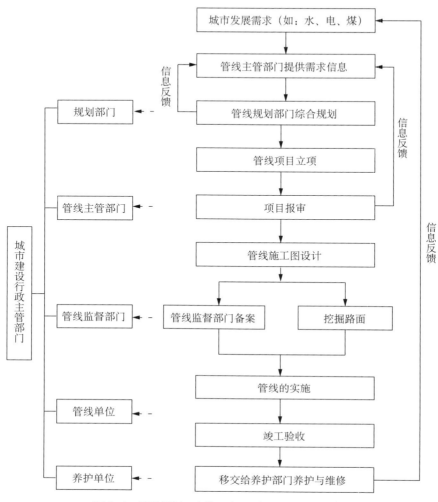

图 3-1 管线规划、审批、建设、维修日常管理流程

### 3.2.1 开工前的准备和施工统筹

**1. 开工前的准备**

开工前各道路建设单位必须和管线权属单位做好准备工作,并具备下列条件。

① 办妥与相关管线权属单位的管线交底手续,取得道路管线监护交底卡。

② 取得掘路施工许可证和其他相关的行政许可手续。

③ 按规定取得建设工程施工许可证。

**2. 施工统筹**

在开工前必须完成下列施工统筹工作。

① 施工前管线协调会的会议纪要。

② 工程项目的具体施工方案。

③ 管线施工图。

④ 对相邻管线详细保护方案(附相邻管线保护示意图)。

采用水平定向钻非开挖施工的必须提供施工前施工区域预探测的物探资料,以及水平定向钻施工钻进曲线图(标明纵、横向的尺寸,单位:m)。

道路工程和城市地下管线综合性工程同步建设施工时,由道路建设单位统筹道路工程和城市地下管线工程建设。按照先深后浅的施工原则,合理安排城市地下管线施工顺序和工期,管线权属单位和管线施工单位应当服从相关安排。

城市地下管线综合性工程建设施工,各管线权属单位和管线施工单位可以协商决定由一家单位或者区、县道路(管线)管理机构负责统筹安排城市地下管线施工工期。

### 3.2.2　施工前的测量放线和预探测

城市地下管线工程开工前,管线权属单位应当委托具备资质的测绘单位进行放线。综合性工程施工,由负责统筹的单位组织委托具备资质的测绘单位核对图纸,统一定位放线,确定管线施工位置。管线权属单位应当办理规划验线手续。

在道路交叉口和城市地下管线埋设复杂的路段施工,负责统筹的单位或者管线权属单位应当在施工前组织对施工区域进行预探测,并记录施工区域内管线类别、材质、管径、空间位置等基本属性信息。经原审批的城市规划管理部门复验无误后方可组织施工。

### 3.2.3　建设施工中的风险防控管理规范要求

1. 挖掘道路施工的风险防控管理规范要求

管线权属单位应当按照国家有关技术标准,确定管线平面位置和纵向标高,并根据管线的口径大小、埋设深浅和管线性质,科学、合理地组织施工。

管线施工单位在施工中发现原有地下管线埋设的位置不明时,应当采用挖样洞等可靠方法进行复测,在掌握地下管线的实际走向和埋设深度后,方可施工。

管线施工单位在施工中发现设计管线位置与现状不符,应当由管线权属单位向原审批的城市规划管理部门申请办理管线位置变更手续;城市规划管理部门应当在7个工作日内给予答复。在管线位置变更手续办妥后管线施工单位方可恢复施工。

管线位置纵横交叉发生矛盾时由原审批的城市规划管理部门协调解决。

建设非金属管线的,管线权属单位应当同步敷设金属带标识。

在原有城市地下管线水平距离1 m范围内,禁止使用大型机械开挖。

对挖掘道路施工中相关情况应当采取以下措施。

(1)在地下管线位置的安全距离外设白色石灰线,线内禁止机械作业,避免因管线两侧土体受到挤压而损坏管线。确定管线位置应采用人工薄层轻挖,管线暴露后应采取临时保护和加固措施(图 3-2),随时检查是否存在安全隐患。

(2) 发现开槽中有未标明的地下管线,或虽有竣工资料,但管线的位置、走向与实际不符合时,要及时会同有关单位召开专门会议,制订专门的保护方案。

(3) 机械操作人员必须服从现场管理人员的指挥,小心操作,挖掘动作不宜太大,防止盲目施工,施工机械行进路线应避开已标明的地下管线位置。

(4) 常见的供水、电缆、燃气等管线在遇到障碍物时,会出现为了避让障碍突然抬高,或者走向突左突右、很不规则的现象。因此施工人员要时刻保持警惕,不能依据某探坑处发现的管线位置、高程而想当然地认为全线如此。

(5) 开挖作业时可根据土层的变化和土壤含水率的变化来推测管线位置,根据经验,土壤突然变湿或局部翻浆应考虑可能因附近供水管线渗漏引起;土壤突然变干应考虑附近可能有供暖管线;土层显示为原状土则比较安全,若显示为回填土或采用其他材料回填而成则应小心地下管线。

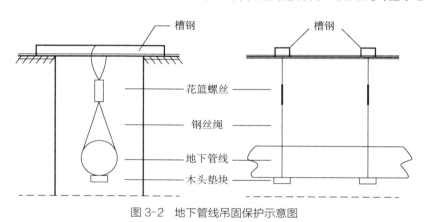

图 3-2 地下管线吊固保护示意图

2. 深基坑施工或者盾构作业施工的风险防控管理规范要求

在道路规划红线外 50 m 以内从事深基坑施工或者盾构作业的,建设单位必须采取对相邻道路、城市地下管线和综合管沟等保护的技术方案和措施。相关的工程设计和施工方案应当经专家评审机构评审通过。

建设单位应当在深基坑施工或者盾构作业前,召集设计、施工、监理、监测单位和管线权属单位,以及市道路管理部门或者区(县)道路(管线)管理机构进行道路、城市地下管线和综合管廊等安全保护技术交底。

深基坑施工和盾构作业(图 3-3)结束后,建设单位应当组织对相邻道路、城市地下管线和综合管廊等进行安全检测,确保相邻道路、城市地下管线和综合管廊等完好。

3. 非开挖技术施工的风险防控管理规范要求

城市地下管线工程具备条件的,可以选择非开挖施工。非开挖施工应当采取定向钻进、顶管推进、盾构作业、管线内衬等技术手段,按照相关技术规范组织施工。

图 3-3　深基坑施工作业场景

采取水平定向钻进技术的非开挖施工,必须使用具备精准定向功能的机械设备,并严格实施施工同步跟踪测量,准确记录敷设管线的三维空间轨迹(图 3-4)。

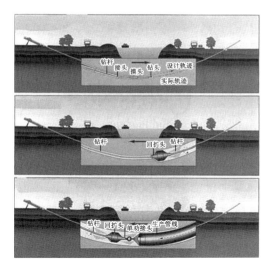 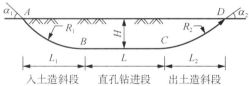

图 3-4　水平定向钻施工轨迹示意图

### 4. 城市基本建设施工中对相邻管线的各项保护制度措施

城市基本建设是指城市道路规划红线以外城市建设用地范围内建筑物及构筑物的建造。建设单位在建设施工前应当查明原有城市地下管线、地下建筑物及构筑物的埋设位置、深度和实际走向,取得相关管线权属单位的道路管线监护交底卡,并组织相关管线权属单位向施工单位进行现场安全技术交底,现场安全技术交底情况应有记录和签字。施工现场作业人员必须全部知晓现场安全技术资料交底内容,并根据管线对工程的影响程度,制订相应有效的管线保护技术措施和应急预案。

在施工可能对原有城市地下管线产生影响的情况下,道路建设单位或者管线权属单位应当与相关管线权属单位联系派员进行监护,相关管线权属单位应当及时派员到达施工现场进行现场监护,指导施工单位采取相应保护措施。相邻道路交叉口和城市地下管线埋设复杂区域的工程施工,相关管线权属单位必须派员进行施工全过程现场监护。现场监护情况应有记录和签字。

相关管线权属单位提供的管线资料应当准确,建设单位和施工单位应当履行保密义务。相关管线权属单位因现场安全技术资料交底和现场监护失误而造成其权属管线损坏的,自行承担责任。

## 3.3 城市生命线规划建设中必须注意的工程地质环境风险防控

在城市生命线规划建设施工中,我们必须清醒地认识到地质环境不仅是城市生命线建设的制约因素,同时也是城市生命线建设过程中的被改造对象,建成后的地下构筑物更是地质环境的一个组成部分,并将对地质环境产生长期的影响。虽然城市生命线主要分布于城市道路下的浅层空间,但也必须注重工程地质环境的风险控制管理。

以上海为例,上海地区是典型的三角洲沉积平原,其地层主要由滨海相和浅海相的黏性土与砂性土组成,地表以下 40 m 内的土层一般以饱和的软弱黏性土为主,城市生命线的建设过程及运行容易引发地质环境问题,对此必须有足够的认识,并采取积极有效的对策措施。

地质环境问题归纳起来主要有如下四方面问题。

(1)地面沉降和软土问题。导致上海地面沉降的原因是地下水开采和城市各项工程建设施工。20 世纪 60 年代中后期上海中心城区地下水开采得到有效控制后,工程建设施工对地面沉降的影响开始逐步显露;特别是 20 世纪 80 年代末,工程建设施工的影响更为明显。20 世纪 90 年代以来城市建设空前发展,在浅部土层中进行了大量施工活动。据有关资料分析,工程建设施工在中心城区产生的地面沉降量年均 3.85 mm,占同期地面沉降的 32% 左右。而且随着城市地下空间开发利用步伐的加快,地面沉降量也将逐年递增。同时,地面沉降又对地下空间的正常使用造成影响。一方面,由于地质环境条件在空间上的差异性,地面沉降在不同区段的表现并不一致,在沉降量、沉降速率及沉降产生的层位等方面都不尽相同,地面沉降具有差异性;另一方面,沉降发生的时间及其动态变化也不均衡,这将对地下工程的正常运行产生严重的后果。因此,在城市生命线的规划设计和建设施工中必须十分注重地质环境调查和风险防控分析。

根据地质资料分析,上海按地面沉降危害程度可分为弱危害区、中等危害区、强危害区。弱危害区分布于青浦、松江和金山地区,在该区域进行城市生命线建设施工所引发的地面沉降危害较低。中等危害区分布于市郊各区和江口沙岛,分布范围广泛,该区域地下水资源丰富,进行地下工程建设施工所引起的地面沉降危害比较明显,因此城市生命线工程建设施工不宜过于集中。强危害区主要分布于中心城区、浦东新区和黄浦江沿岸,该区域人口与建筑密集,地面沉降效应明显,危害性大,必须十分注重危害的预防和控制。应从规划上控制地下工程建设施工的规模和频度;建设施工必须采用成熟有效的技术和工艺流程,同时进行全程监控,确保将地面沉降危害降到最低程度。

从工程地质而言,上海是典型的软土地区,地表以下 40 m 以内普遍分布两个软黏土层。软土具有高含水率、孔隙比大、强度低、压缩性高等不良地质性质,以及低渗透性、触变性和流变性等不良工程特点,在城市生命线建设施工中主要表现为深基坑施工边坡的不稳定和隧道工程的沉降变形。对于软土的不良地质工程特征和由此诱发的一系列地质环境问题必须予以高度重视,从规划到建设,必须加强对各类软土不良地质工程问题的研究,制订并采取积极超前的防范措施,避免各类工程事故和危害社会公共安全的地质灾害的发生。

(2)砂土液化问题。砂土液化产生的地质危害主要包括震动液化和渗流液化两方面。震动液化对城市生命线建设施工的影响一般表现在工程建成以后,因此在城市生命线建设过程中,当地下结构物等位于液化土层或者穿越液化土层时,为保证地下结构物在运行过程中的安全稳定,必须对地基土的震动危害予以充分重视,在规划、设计、建设施工中针对地下结构物的特点和液化土层的液化程度采取必要的抗液化措施。渗流液化俗称"流沙",由于上海的地下水位高,地下空间建设施工范围内的土层普遍具有渗流液化的特性。因此在施工中必须高度重视,积极有效采取措施。针对砂土液化这一地质危害,城市生命线规划应当建立在充分掌握相关液化土层的空间分布规律、性状的基础之上,以保证城市生命线建设的科学性和安全性。

(3)地下水问题。由于上海地下水位高,各种地下工程不但在建设施工过程中受到地下水的影响,而且建成后将长期位于地下水位以下。因此,必须重视地下水对城市生命线建设的影响,根据不同地下工程的特点,评价分析地下水的不良影响,采取可靠的防控措施。

(4)浅层天然气问题。上海地表以下广泛发育有浅层天然气,按其在地表以下空间的分布位置,自上而下可划分为三个含气层:第一层含气层是上海最主要的含气层,在地表−8～−30 m 空间,通常在−12～−25 m,这是对城市生命线建设影响最大的含气层;第二层含气层分布范围较小,仅见于古河道地带,在地表−30 m 以下空间,特点是干气层,压力较高,流量较大;第三层含气层分布范围较小,分布范围大致与古海岸线延伸方向一致,所处地表以下空间位置较深,一般对城市生命线建设施工影响较小。因此,在城市生命线建设中必须研究分析已有的地质勘查资料,对工程建设施工的地质环境中是否存在浅层天然气,以及浅层天然气的成因、成分、分布、气量、气压等进行专门勘察,提出安全应对措施。

## 3.4 城市生命线运行维护中的风险防控

城市生命线运行维护风险防控主要体现在城市生命线隐患专项排查的多元共治机制的形成与完善。城市生命线多元共治的突出重点是城市地下管线隐患专项排查治理。随着城市地下管网越来越庞大,相应的隐患风险因素也越来越多,给城市安全运行带来了一定的威胁。城市地下管线安全问题,尤其是隐患排查和治理,已成为城市安全研究中的热点问题和城市科学管理的重要内容。

### 3.4.1 地下管线隐患类型

事故隐患是指生产经营单位违反安全生产法律、法规、规章、标准、规程和管理制度的规定或者因其他因素,致使在生产经营活动中存在可能导致事故发生的物的危险状态、人的不安全行为和管理上的缺陷。结合地下管线的特征,其安全隐患可以分为以下几类。

(1)地下管线系统自身隐患风险。这类隐患风险因素主要包括管线缺陷、管线强度不足、管线接口情况不良、管线变形位移、管线腐蚀(燃气杂质、电化学、杂散电流、防腐层等)、超负荷运行、施工质量差、管位重叠交叉、管线内压力不均衡等。其中,事故发生频率较高、危害较大的是管线的腐蚀破坏和缺管失养。

(2)外部环境因素隐患风险。这类隐患风险因素又可分为外部人为因素和自然环境因素。

① 外部人为因素主要包括外部施工破坏、管线占压、人为破坏管线、重型车辆碾压、相邻管线不利影响等。其中比较典型的是管线占压以及施工破坏。

② 自然环境因素主要包括地下空洞、土质疏松、地面沉降等土壤环境缺陷,以及极端天气、冻害、地震等对地下管线运行产生的不利影响。其中危害比较大的是地面沉降以及地震。

(3)管理缺陷隐患风险。这类隐患风险因素主要包括管线缺管失养(管线权属不清导致)、缺乏日常检查、隐患排查制度缺失等。

### 3.4.2 地下管线隐患排查治理的工作机制

从隐患管理的预防性角度来说,地下管线从规划、设计、施工、竣工验收到支撑城市发展和为城市服务的各个环节,应有一套完整、清晰和规范的管理流程指导监管部门、管线建设单位和管线权属单位有条不紊地运行。坚持统一规划、统一设计、统一实施、统一管理的原则,理顺规划许可、占用、挖掘许可、施工许可、设计变更、规划验收、竣工验收及备案、竣工材料归档的顺序,梳理标准规范的地下管线建设审批流程,确保管线规划、建设、安全管理有章可循。因此,各管线行业主管部门应制定所管理范围内的地下管线及相关设施事故隐患排查判定标准,建立安全隐患排查评价标准体系。在此基础上,建立地下管线隐患排查制度。

**1. 明确地下管线隐患排查主体责任**

(1)明确监管主体责任。明确政府的监管主体责任,完善监管方式、内容和手段,进一步明确地下管线建设运行安全管理的属地监管、条块结合、属地为主原则,明确地下管线管理主体监管职责。

(2)明确排查治理主体责任。各地下管线权属单位是管线安全隐患排查治理的主体,全面负责管线各环节的安全生产管理,应当全面摸清存在的安全隐患,负责日常地下管线的隐患排查治理。

**2. 建立地下管线隐患排查相关工作制度**

(1)建立地下管线隐患排查、登记、报告、整改等安全管理工作制度,明确各级人员(单位负责人、部门负责人、班组负责人、岗位从业人员)隐患排查治理责任范围。

（2）规范事故隐患日常排查和定期排查工作制度。排查应明确隐患具体情况，包括隐患地点、隐患类别、隐患部位、隐患描述、责任单位、责任人、是否有安全标识、是否采取整改措施等。

（3）规范隐患处理流程，制定风险评估、落实治理方案、向行业监管部门报送事故隐患、监控保障以及信息档案等工作制度。特别是落实隐患排查治理"整改责任、措施、资金、时限、预案"的五到位。

（4）加强地下管线隐患排查治理资金保障。管线权属单位要保障地下管线隐患排查治理所需资金，在年度安全生产资金中列支并及时调整资金使用计划。

### 3. 加强管线改造维护力度

改造使用年限超过 50 年、材质落后和漏损严重的供排水管网。推进雨污分流管网改造和建设，暂不具备改造条件的，要建设截流干管，适当加大截流倍数。对存在事故隐患的供热、燃气、电力、通信等地下管线进行维修、更换和升级改造。对存在塌陷、火灾、水淹等重大安全隐患的电力电缆通道进行专项治理改造。

## 3.4.3 应急处置的预案体系

大力推进和全面完善"一案三制"工作，构建以市总体应急预案为龙头，市级专项与部门应急预案、基层应急管理单元应急预案和区县应急预案为主体，社区（农村）、企业、学校等基层单位应急预案为基础，各类工作预案和处置规程为支撑，重大活动应急预案为补充的应急预案体系。

# 4 城市生命线信息平台的建立和运行

## 4.1 城市生命线基础信息数据库的建立和运行

城市生命线的行政综合管理部门应当建立城市生命线基础信息数据库。基础信息数据库应当基本满足城市生命线应急抢险、工程建设、综合管理三个方面的需求。

### 4.1.1 制度保障

基础信息数据库的建立和运行需要得到组织机制、运行管理机制、数据共享机制、数据维护机制、法规保障及资金支持五个方面的制度性保障。

（1）组织机制。地下管线分属不同的专业单位，涉及地下管线的工程建设过程需要经过市、区相关政府和专业管理部门的审批。因此基础信息数据库的建立和运行，必须由市主管部门牵头，组织相关单位共同参与，各方分工协作，才能保障数据建设和数据维护有效开展。地下管线的数据建设、管理和应用发展都在这个组织架构领导之下进行。

（2）运行管理机制。建立服务于整个城市的地下管线信息平台。平台与市、区规划和建设管理部门及各个专业管线单位的关系如图4-1所示。城市生命线信息平台向各个层面、条线管

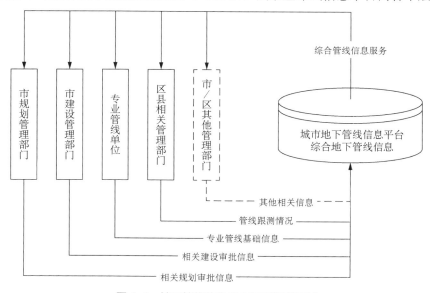

图 4-1 地下管线信息平台运行管理机制

理单位提供综合管线信息服务,而各个层面、条线管理单位向城市生命线信息平台提供相关管理或专业信息。在共享地下管线信息同时,市规划管理部门向平台汇送管线规划审批信息;市建设管理部门向平台汇送管线工程审批信息;专业管线单位向平台汇送本专业的管线信息,包括本专业管线建设工程的管线跟测数据;区县相关管理部门进行道路管线工程监督检查并向平台汇送相关管线跟测情况。

(3)数据共享机制。平台集成各类地下管线主要干管的信息,向政府管理部门、专业管线单位和设计施工单位提供信息共享服务,需要重点约定数据如何使用,用户的权利、义务,对不同用户设定相应的应用方式,确定各类应用数据使用规则、用户保密协议等。

(4)数据维护机制。城市生命线信息平台必须保证其信息的现势性、有效性。在以地下管线普查为主要技术方法的地下管线数据建设完成后,应该明确相关各方职责,制定工作流程,安排管线数据的增补更新工作。

(5)法规保障和资金支持。管理有抓手、法规有支撑、资金能落实是地下管线数据维护长期有效开展的重要基础。为确保地下管线数据维护工作有抓手,地下管线数据维护的最佳方式是与管线设施的工程建设和管理相衔接。需要严密设计保密信息、反恐敏感信息的防护措施,如机场、高铁站、交易所的供电线路管线信息如何不被非涉密人员获取。

### 4.1.2 维护流程

城市生命线数据维护必须在管理上有抓手才能顺利进行。平台地下管线数据维护方案的要点是将地下管线数据维护与地下管线工程管理相结合,以管线建设计划至施工道路修复为主线,将管线数据维护流程嵌入其中,在管理基础上形成一个管线信息维护的闭环,由此保障管线数据维护的实施(图4-2)。

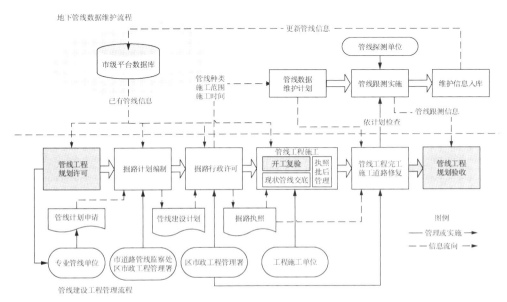

图4-2 地下管线信息平台数据维护流程示意图

#### 4.1.3 维护分工

各单位(部门)在城市生命线数据库维护中的分工如下。

(1)市管线监察事务机构:在实施道路开挖面积控制、道路管线工程计划执行率的同时,负责检查、督促、通报各区或各类地下管线数据维护的整体状况。可考虑将管线数据维护纳入各区工作考核的范围。

(2)市规划管理部门:按照规划对管线工程的要求,进行规划审批、开工复验和规划验收。

(3)区市政工程管理署:在管线工程计划审批、掘路执照审批和实施路面修复的同时,负责检查、监督地下管线工程实施过程中覆土前地下管线的跟测实施和资料汇交。

(4)平台管理部门:负责平台数据调用和维护数据接收的畅通,技术上保障地下管线数据维护按照流程顺利进行。

(5)管线权属单位:负责委托有资质的探测单位进行管线跟测,并对跟测数据进行内容核对,完善相关权属和管理信息,保障平台地下管线数据与专业地下管线数据在位置和主要属性信息上的一致。

## 4.2 城市生命线综合管理平台的建立和运行

在基础信息数据库的基础上,充分利用信息化手段来规划、建设和管理好城市生命线是现代化城市可持续发展和有效应对突发灾害、做好风险防控管理的保证。因此必须高起点、高标准地建立城市生命线信息管理平台和各专业管线信息管理平台,建成分级、分布式的地下管线数据库,建立地下管线数据管理服务中心,建立公共数据交换服务平台,建立具有空间化、数字化、矢量化、网络化、智能化和可视化的技术系统,建立切实可行的信息更新机制,实现地下管线信息的动态管理。而城市生命线综合管理平台的建立、运行必须充分注意和解决管理资源整合的问题,其主要基础数据必须充分满足综合地下管线建设管理的需求。

### 4.2.1 管理资源的协调整合

1. 相关管理部门间管理职能、管理资源的协调整合

城市生命线特点是网络化,建设秩序是点、线、面结合展开。因此,要加强城市生命线建设的统筹规划与管理,对相关管理部门进行职能整合,重点在于组织编制城市道路地下空间综合利用规划,对各道路地下空间开发利用专业规划进行综合平衡和优化。在其指导下,对综合规划的实施进行决策和推进,并对各具体开发利用项目间的矛盾冲突进行行政协调。

政府管理层面必须明确各自的职责与权限,编制城市生命线综合管理平台建设运行的规划和阶段性工作计划,对规划和阶段性工作计划的实施进行决策和推进,并针对出现的矛盾冲突进行行政协调和决策。城建、市政、土地、环境和各相关行政管理部门应当根据职能对道路地下

空间开发利用及地下管网建设实施全过程管理,并注重职能上的协调配合以形成行政管理的合力。道路、水务、电力、燃气、通信等行政管理部门作为共同的行政责任主体,构建市级管理层面,根据职能对所管理的管线权属单位在城市生命线综合管理平台建设中所承担工作任务的实施情况进行全过程管理,并注重职能上与相关综合管理部门的协调配合,以形成行政管理的合力。作为"两级政府两级管理"的组成部分,各区管理层面应当履行配合职责。

**2. 建立城市生命线综合管理平台运维实体**

为保证城市生命线综合管理平台健康、持续、有效地发展,应该配备相应的运维实体,其工作任务是数据采集、处理、整合、转换、发布、分发,并保证地下管线数据的现势性和准确性。

**3. 明确城市生命线综合管理平台管理协调机构**

在平台建立、运行的管理中应当实行以条为主、条块结合、平行推进的管理模式。按照本市政府管理部门之间的职能划定,明确城市生命线综合管理平台管理协调机构,履行协调本市城市生命线信息平台的规划、建设、应用、推进等具体职责,进一步完善综合信息平台与专业信息平台的系统工作程序和工作流程。

(1)建设单位在申请领取建设工程规划许可证前,通过查询综合信息平台或者专业信息平台,取得该施工地段地下管线现状资料,并组织管线产权单位向施工单位进行现场技术资料交底。

(2)非开挖工程施工的,必须委托具有相应资质的工程物探单位严格实施管线施工前的预探测和施工完成后的复测;开挖施工的,必须委托具有相应资质的工程测量单位在地下管线工程覆土前进行跟踪测量,形成准确的竣工测量数据文件和管线工程测量图。

(3)城市供水、排水、燃气、热力、电力、信息通信等地下管线权属企业单位的建设施工管理部门和专业信息管理部门是预探测、复测和跟踪测量的共同责任主体,及时向城建档案管理机构移交有关地下管线工程的城市地形图和控制成果,同时向相关管理部门和机构汇报数据信息资料。

(4)经地下管线信息管理协调机构初步核定后,按时向城市地下空间信息综合平台汇报各项数据信息资料。

(5)城市生命线信息综合管理平台的建设与运行,要注重现已形成的各管线权属企业单位与行政主管部门的信息服务平台的有效整合,理顺工作关系,建立行之有效的工作程序。

(6)在城市生命线信息管理上要注重与市政网格化管理的有效结合,注重专业信息平台服务功能的拓展,建立道路红线外的街坊、商务区、厂区等路面挖掘时的"热线服务",建立起以城市地下管网保护为核心内容的信息热线咨询服务系统和工作制度,实现对城市所有涉及地下管网保护的建设施工,各管线权属企业单位都能有管线保护的现场指导和动态监护,从而使城市生命线的外损事故发生率降至最低。

### 4.2.2 数据维护工作的协调整合

#### 1. 数据维护工作的协调

城市生命线综合管理平台与各政府管理部门(市各相关管理部门、各管线权属单位的行政管理部门、区县管理部门)专业信息平台之间资源共享时数据维护工作的协调,关键是使地下管线信息管理协调机构的中间环节发挥应有的作用。为达到资源共享数据维护的工作目标,必须做到以下几点。

(1)各管线权属单位主要负责各自管线数据的更新,并及时向地下管线信息管理协调机构报送。

(2)地下管线信息管理协调机构负责全市道路管线的分类收集,根据综合信息管理平台的要求进行标准化整合,提交城市生命线综合管理平台。

(3)城市生命线综合管理平台负责综合信息平台的运维和功能的开发,并向区县市政管理部门、各管线权属单位、网格化管理平台提供必要的信息共享接口,为政府机关、社会用户提供信息服务。

(4)各应用部门可以实现城市生命线综合管理平台所提供的数据和地图操作服务,实现自己的应用;市政网格化平台可以通过城市生命线综合管理平台开放的数据接口获得必要的数据;社会普通用户可以通过城市生命线综合管理平台门户进行数据查询。

(5)城市生命线综合管理平台和各专业信息平台平行运行,城市生命线综合管理平台对各专业信息平台基础数据进行修正,使其在运行调度等方面的功能得到充分发挥;各管线权属单位在对其管线进行安全保护的监控时应逐步应用综合信息平台的数据和地图操作服务。

(6)积极探索数据维护费用的优化,建设施工管线数据跟踪测量费用的保障和优化。

#### 2. 建立各管线权属单位数据维护的运行保障机制

各管线权属单位内部应当根据实际工作特点,建立有效的工作制度和操作流程,发挥企业单位内信息管理部门与建设施工管理部门的相互促进和制衡作用,保证建设施工管线数据、跟踪测量数据的完整、准确、及时。

根据世界上发达国家城市地下空间信息综合平台建设运行的成功经验,由于建设运行、维护更新需要巨额资金和综合技术的持续支持,政府管理层面和技术运作层面、综合信息平台与专业信息平台的有效协调十分关键,政府的慎重决策和强力推进至关重要。

## 4.3 城市生命线风险地图 [4]

#### 1. 基本概念

风险地图是指以地图为载体,将关键风险可视化显示以辅助决策的一种风险防控工具。风险地图以图形技术表示识别出的风险信息,直观地展现风险的发展趋势,借助于风险管理信息系统的支持,帮助风险管理者选择最优的风险防控措施。

目前我国风险地图的应用还主要集中于金融和经济体内部的经营风险控制管理,大范围社会公共空间及社会基础设施风险防控中风险地图的应用尚属空白。然而从社会大系统风险管理的角度而言,风险地图的制定和应用将不可或缺。风险地图的制定必须有完整、全面、准确并不断得到更新的系统作为支撑。我国通过城市生命线综合管理平台和各专业信息平台的建设,已经基本具备构建城市生命线风险地图的条件。

2. 风险评定

城市生命线风险地图建立在城市生命线综合管理平台和各专业信息平台全面、完整、准确的系统信息基础之上。它在综合考虑自然环境和各生命线的历史与现状,并对相关各类基础数据分析判断的基础上,预测未来可能发生的风险类型、分布范围和事故强度。城市生命线风险地图的风险评判标准可以设定为四级:①无风险;②低风险;③中度风险;④高度风险。根据城市生命线建设、运行和维护的管理要求,城市生命线风险地图的风险评定标准应当考虑下列主要因素。

(1) 各生命线所在区域的自然、地质风险与安全的各项指标,包括相关环境敏感性指标。

(2) 各生命线的工艺材质、敷设时间、工程结构安全程度、历史安全运行状况和各类事故的发生频率。

(3) 各相邻生命线间的安全间距、相互干扰影响及历史上各类事故的发生频率。

(4) 各生命线形成的城市管网与管网两侧建筑物、构筑物以及和城市生命线使用地区相关城市经济、文化和居住生活等的安全间距、相互干扰影响及历史上各类事故的发生频率。

(5) 各生命线形成城市管网道路与交通的安全间距、相互干扰影响及历史上各类事故的发生频率。

3. 制作类型和方式

城市生命线风险地图在具体制作中,可以在地图上定量呈现各风险源点和风险的各项参数(包括事故的估计频率和潜在后果的严重程度)。对于大量应用于各生命线建设、维护和运行的具体工程和管理事项,可制作简化的城市生命线风险地图,即在地图上标出特定的风险点基本位置、基本数值和警示事项。

通过对相关各类基础数据进行分析和风险评价,在区域地图上叠加风险发生概率图和强弱(水平程度)图、事故发生图,进而绘制城市生命线风险累积图和风险脆弱性(敏感性)图。

4. 各阶段的应用

城市生命线风险地图的应用前景十分广阔。在城市生命线的规划阶段,风险地图主要用于城市生命线及各生命线管网系统规划的优化和确定、管线工程项目技术方案的最优选择;在详细性控制规划管理过程中,用于警示各类工程风险和提示指导风险管理控制措施。在城市生命线建设和运行维护阶段,风险地图主要用于各个层次的管线交底,确定工程建设或运行维护所处时空位置的各风险源点、可能发生的各种风险情形及相应管理控制措施。

## 4.4 积极拓展城市生命线综合管理平台的综合预警系统功能与综合决策管理系统功能

城市生命线的风险防控管理,必须从传统政府一元主体指导的事故应急管理转型升级为开放性、系统化的多元共治的城市风险管理体系,并通过"事前科学预防、事中有效控制、事后及时救济"的风控机制构建,为城市建设与运行提供安全保障。居安思危,强化风险意识,从应急的被动管理转向风险防控的主动管理,从"以事件为中心"转向"以风险为中心",从单纯的"事后应急"转向"事前预警、事中防控",同时加强社会风险管理责任的宣传和公众安全风险知识的科普,形成全社会的风险共识。

城市生命线的风险防控管理,必须在城市生命线基础信息数据库和综合管理平台建立并运行的基础上,细化综合管理平台的功能和应用,形成"两个综合系统功能",即综合预警系统功能与综合决策管理系统功能,统筹风险管理。构建综合预警系统功能就是构建集风险管理规划、识别、分析、应对、监测和控制于一体的城市生命线全生命周期的风险评估系统,加强各城市生命线行业与政府的安全数据库建设,构建覆盖全面、反应灵敏、能级较高的风险预警信息网络,形成城市生命线运行风险预警指数实时发布机制。构建综合决策管理系统功能是指在城市生命线综合管理平台与各专业信息平台之间数据资源共享的基础上,叠加综合预警系统功能,以建立、完善和应用城市生命线风险地图为主要抓手,强化城市生命线管理各相关部门的风险管理职能,不断完善城市生命线管理各部门内部运行的风险防控机制,推进、拓展跨行业、跨部门、跨职能的"互联网+"风险管理大平台来进行常态化风险管理工作。

# 5 城市生命线时空分布的结构形态和事故灾害的发生及处置

城市生命线是由供水排水系统、电力系统、燃气系统和信息通信系统所构成,并以管线输送为基本载体的城市公共基础设施,其运行的管线主要以地下敷设的方式,犹如城市机体内的各种"血管"一般深入到城市各个区域。从空间布局的结构形态上看,城市生命线的各系统呈"点、线、面"的布局特点。点即各系统的厂站及各基础设施的有机分布,线即各系统输送运行所依托各生命线管线所组成的管网,面即各生命线管网所覆盖的区域。因此,要了解城市生命线,必须得了解城市生命线时空分布结构中的线和面,即了解各生命线管网及各类管线的分布结构形态。同时,也必须对各生命线管网发生的事故、事故发生的原因以及事故处置的基本制度有一个大致了解。本章将在这些方面作基本介绍,从本书第2篇起,在阐述各城市生命线行业的风险防控关键环节时,将对各系统的管线保护和事故预防进行更深入的描述。

## 5.1 城市生命线的埋设方式

从1862年埋设第一根排水管开始,在近160年的时间里,尤其是1949年以后,城市管网的建设发生了巨大变化。现管线设施埋设方式如表5-1所列。

表5-1 市政管线种类和埋设方式

| 管线种类 | | 管线种类细分 | | 管线埋置方式 |
| --- | --- | --- | --- | --- |
| | | 按口径、孔数分 | 按材质分 | |
| 供水管 | | φ1 200~φ50 mm | 钢管、铸铁管、球墨铸铁管 | 直接埋置在浅层地表 |
| 燃气管 | 人工煤气 | φ1 000~φ50 mm | | 直接浅埋在地面道路以下 |
| | 天然气 | φ1 000~φ50 mm | | |
| 电力电缆 | 排管 | 150 mm, 175 mm, 200 mm | 铅包电缆、铝包电缆 | 管材外部浇筑钢筋混凝土箱体,然后穿电缆 |
| | 隧道 | 内径3.5 m, 5.5 m | | 主要为盾构结构 |
| | 直埋 | 35 kV, 10 kV | | 直接埋在路面结构以下,其上覆盖混凝土盖板 |

| 管线种类 | | 管线种类细分 | | 管线埋置方式 |
|---|---|---|---|---|
| | | 按口径、孔数分 | 按材质分 | |
| 通信电缆 | 市话 | 64孔,36孔,…,3孔 | 钢管、塑料管、水泥管、光缆、同轴电缆、铜缆 | 先在路面以下预埋一定孔数塑料导管,然后穿缆于导管 |
| | 长话 | | | |
| | 军用通信电缆 | | | |
| | 广播电视网络 | | | |
| 排水管 | 雨水管 | φ3600,…,φ300箱涵 | 混凝土旋辊管、PVC管 | 开槽埋管、顶管、盾构 |
| | 污水管 | | | |
| | 合流管 | | | |

管线设施埋设时应注意以下内容：

（1）原水管是指从水厂到取水口的管线。虽然原水管数量少,但对于城市安全非常重要,因此地下设施都应避让原水管。

（2）电力电缆、通信电缆、燃气管的管径较小,埋设范围较广,但多埋设在道路浅层。

## 5.2 城市生命线的分布特点

目前,我国大中型城市城区道路地下空间埋设有供水、燃气、排水、电力、信息通信、热力、工业管线等七大类管线,其分布特点是管线设施种类复杂、数量多、分布范围广、紧密相邻,几乎涉及城市城区全部道路,且管龄长短不一,近90%管线直接埋设在浅土层中。

1. 一般特点

（1）燃气管的分布特点

燃气管线属于压力管,起始于煤气厂（门站）,终止于各类用户,通常埋设于道路下,呈树枝状布置,管径较小,埋设范围较广,且多埋设在道路浅层。其他管线（如电力管线）的分布规律大致与燃气管线相同。

（2）供水管线的分布特点

供水管线属于压力管,通常埋设于道路下,一般埋深在-1～-1.5 m,城市供水干管的管径较大,埋设也更深,基本成环状分布。当各区域有自己的自来水厂时,自来水经区域干管分送给各类用户。

（3）排水管线的分布特点

排水管线中的合流管是收集生活污水、产业废水、雨水的管线,一般为重力管,管径差别大,但大型工程中的管径较大,而且采用箱涵形式。排水管线中的污水管、雨水管一般为重力管,管径差别较大,埋设范围广泛,呈枝状布置,基本所有的道路地下都有埋设。城市污水管主要收集沿途的各类污水,最终至污水处理厂,经处理后排入江、河。城市雨水管主要收集道路和其他建筑物的雨水,最后汇入雨水总管,可直排江、河。

（4）通信管线分布特点

通信管线主要根据城市道路、交通枢纽、高架道路、城市快速干道、街坊道路、铁路和河流的分布特点，结合建筑物、构筑物、住宅小区、商务区、高层建筑以及地下的公共设施等，在城市的主干道和次干道以及街坊道路下敷设。同时在住宅小区、别墅区、商务区、工业区、各种类型的新开发区内部也敷设了通信管线。

**2. 道路主干道、次干道的管线分布特点**

（1）主干道

主干道管线中的电力、燃气、供水、路灯等小管线埋深基本在−1.5 m以内，个别小管线埋深在−1.5～−2.0 m，但所占比重较小；主干道管线中管径较大的雨水管、污水管埋深基本在−1～−7 m，但主要集中在−5 m以内。

（2）次干道

次干道管线中的电力、煤气、供水、路灯等小管线埋深大部分在−1.5 m以内，个别小管线埋深在−1.5～−3.0 m。次干道管线中管径较大的雨水管、污水管埋深基本在−1～−9 m，主要集中在−5 m以内，但埋深超过−5 m的管线也占一定比例。

**3. 交通道口的管线分布特点**

（1）平面交通道口

平面交通道口各类管线深度变化较大、管线附属设施较多，各类管线在此分流布置较多，管位布置的矛盾冲突无论在平面还是竖向上都十分突出（图5-1）。

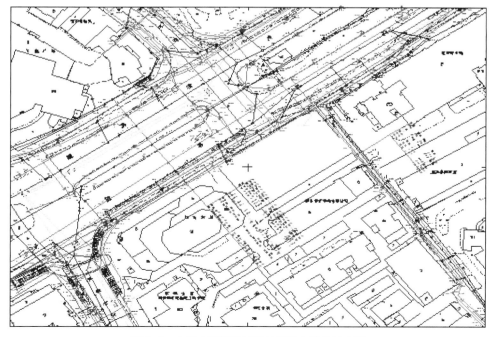

图 5-1　交通主干道及过路地下综合管线示意图

　　例如平面交通道口的通信管线,管位按照路西、路北的原则,通信管线呈十字形,路口设一个四通人孔。一般要求管顶距路面 0.7 m,由于交叉路口的地下管线比较复杂,地下空间比较拥挤,遇到特殊情况埋深最浅允许为-0.5 m。

　　(2) 立体交叉交通道口

　　立体交叉交通道口管线埋设坡度变化较大,各类管线之间的间距较小,管位布置的矛盾更为突出(图 5-2)。

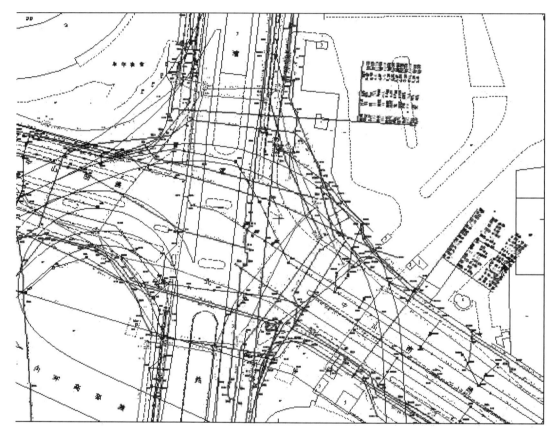

图 5-2　立体交叉交通道口地下综合管线示意图

　　例如在立体交叉的交通路口,若条件允许,通信管线一般均在立交下的地面下敷设。有时根据建设方的要求,也采用非开挖的施工方式从道路单侧敷设信息管线横越立体交叉交通道口。

　　4. 穿(跨)越河流的管线分布特点

　　(1) 地下管线过市域河流

　　① 燃气管线:采用穿越河底或管桥跨越的形式。当条件许可时,利用道路桥梁跨越河流。穿越或跨越重要河流的管道,在河流两岸均应设置阀门。

② 给水管线:跨越市域河流的管线共有两类铺设方法:第一类是倒虹管穿过河床,即管线按埋设在河床下面的方式穿过河流,市区里一般当管线口径大于 DN1000 时采用此方法;第二类是架空管线,即利用道路桥梁结构作为依靠,跨越河道,架空管线一般口径小于 DN1000,并通常采用钢管材质。

③ 排水管线:排水管线采用倒虹管,从市域河流的河底穿过,铺设时绕开河道上的桥梁。

④ 通信管线:

a. 通信管线过市域河流基本采用依附桥梁敷设的方式,具体有两种敷设方式:一种是在桥梁的人行道上敷设;另一种是在桥梁的侧面加支架敷设,采用钢管材质。

b. 直接穿越,一般采用非开挖施工方式敷设通信管线直接穿越市域河流。

(2)地下管线过宽幅江域

① 燃气管线:顶管施工直接穿越。

② 供水管线:顶管施工直接穿越。

③ 排水管线:采用倒虹管,从河底穿过;铺设时绕开河道上的桥梁。

④ 信息通信管线:在宽幅江域桥梁上的弱电通道中直接预敷设大芯数通信用光缆,采用支架方式敷设光缆,大桥两端竖井与陆上信息通信管线连接,光缆两端预留在通信管线的人孔内。具体有如下两种方式:

a. 依附隧道过宽幅江域:与大桥方式相同,在隧道管廊敷设过江光缆。

b. 直接穿越宽幅江域:一般采用水平定向钻顶管非开挖施工直接穿越。

## 5.3　城市生命线分布结构中存在的问题

根据对道路地下管线分布特点的分析,道路地下管线的布置主要存在下列六方面的问题。大多数城市都不同程度有这些问题,这将是运用信息化技术对道路地下管线运行进行全方位、全覆盖、全过程管理的严峻挑战,需要政府管理责任部门高度关注并予以统筹解决。

(1)城市中心城区管线管位饱和

由于城市中心城区的多数道路路幅狭窄,道路管线分布密度远高于其他地区,且大量管位间距已小于或者处于国家技术规范要求的最小安全间距,即道路地下浅层已处于饱和状态。

(2)交通道口管线交叉矛盾突出

道路地下管线布置的突出矛盾集中在道路的交通道口地下管线管位的布置上。由于各类地下管线输配运行的量能与所处道路的交通繁忙程度呈正相关关系,因此繁忙路段的交通道口均是各类地下管线的分流节点。管位布置的矛盾冲突无论在平面还是竖向都十分突出,而且由于是管线的分流节点,大量的维修养护工作还将对道路交通的拥堵产生影响。因此城市道路交通主干道的交通道口有计划地安排建设地下管线共用管沟已刻不容缓。

(3)市中心城区部分区域管线重叠布置

由于城市建设与发展没有形成渐进、稳定、系统的发展链,呈现周期性、跳跃性建设态势,表现出布局结构不合理和建设无序化,并出现管线重叠分布,这使得城市规划所确定的道路管线综合规划规范秩序被严重冲击。

(4)埋深较深的管线管位不准确引发管线受损

受现有物探技术所限,无法准确探测或者无法探测埋深超过-3～-4.5 m的部分管线。若建设竣工后没有翔实的三维数据,会造成后续相关管线施工或者维护时无法执行开挖样洞复测,这部分管线极易受施工外力影响,造成管线受损事故频频发生。

(5)大量废弃管线存在

由于历史原因,三个市政设施建设发展的高峰期都遗留下大量的废弃地下管线。尤其是旧城区情况更为复杂,由于长期锈蚀,各类管线往往粘连在一起而无法进行处理。这一情况在旧城区道路交通道口更为突出,废弃地下管线与其他管线粘连而无法清理,致使没有敷设新管线的管位。同时,废弃的地下管线空洞体成为城市道路的不稳定因素,其间流动的地下水已多次造成地面道路沉陷事故。

(6)市中心城区存在大量不符合控制标准的浅埋管线

市中心城区大量管线埋设于道路结构层内,且在区域上呈点状分布,成为城市通行安全和社会公共安全的严重隐患。管线建设工程的规划和建设控制主要包括两个方面:一是平面管位位置的控制,即各类地下管线应当在规划确定的位置,以保证城市地下管线在地下空间中的规划秩序;二是竖向上各类地下管线埋设深度的控制,《城市工程管线综合规划规范》(GB 50289—2016)明确规定了工程管线的最小覆土深度,以保障各类地下管线的安全运行和社会公共安全。

# 5.4 城市生命线事故灾害 [5]

城市生命线事故灾害主要指因城市生命线管网的中断、阻断、裂管、爆管等事件,致使城市部分区域发生火灾、爆炸、内涝、坍塌、水害、中毒或窒息、断气、断水、断电、断通信、管道破损、水体污染事故等。

引起城市生命线事故灾害主要有以下三方面原因。

**1. 自然环境影响**

地下空洞、土质疏松、邻近水囊、地面沉降等土壤环境缺陷,植物根系破坏,以及极端天气、冻害、地震等会对城市生命线运行产生不利影响,其中比较常见或对城市生命线危害较大的是地面沉降和地震。

(1)地面沉降

地面沉降将导致地基不均匀沉陷,引起管道纵向受拉,当纵向拉应力超过管体的纵向强度时,管道便发生断裂。尤其对于刚性接头连接的管道,由于基础不均匀沉陷引起的弯曲应力很大,很容易断裂。导致地面沉降的因素很多,通常情况下可归纳为以下几种:①过度抽取地下水;②建筑基坑工程施工;③市政管线工程施工;④地下工程施工;⑤给排水管道渗漏或泄漏;

⑥上述几种因素的综合引发。

（2）地震

地震会引起地面位移，使城市生命线产生断裂、变形。大量震害记录表明，城市生命线在地震中易遭破坏。更为严重的是，城市生命线一旦在地震中破坏，除自身破坏造成的直接损失外，还将引发严重的次生灾害。在很多情况下，次生灾害带来的损失远远高于地震破坏造成的直接损失。

近年来国内外一些城市关于地震对城市生命线影响的调查结果表明，管道接口损坏占管道破坏总数的比例在70%左右。如1994年美国Northridge地震，城市供气系统出现1 500多处漏气现象，因地震引起火灾97起，而其中由于燃气泄漏导致的火灾54起。1976年我国唐大山地震，城市供水管网总长度为110 km(DN>75 mm)，444处遭到不同程度的破坏，其中接口损坏353处，占总被破坏总数的79.5%，而管体折断及破裂91处，占20.4%。

（3）气候突然变化

由于气候突然变化而引起地质条件发生变化，从而导致管线事故的发生。如2009年12月8日10时，长春市DN1600 mm原水管线突发漏水，造成市区1/5面积停水。经勘察，这是自然环境引发的安全事故，主要由于近日天气变化幅度较大，地质条件发生变化，管道被挤压破裂。

**2. 自身原因**

城市生命线自身原因导致的事故灾害，主要包括管道缺陷、管道强度不足、管道接口情况不良、管道变形位移、管道腐蚀、超期服役、施工质量差、管道内压力不均衡、管道缺管失养等。其中，事故发生频率较高、危害较大的是管道的腐蚀破坏和日常维护缺失。

（1）管道腐蚀破坏

① 燃气杂质腐蚀。燃气含有焦油、萘等杂质，对管壁常年腐蚀，造成内腐蚀穿孔。

② 电化学腐蚀。管线穿越不同类型的地质，沿线土壤透气性等物理化学参数有较大变化，导致管段两端存在明显的电位差，造成电化学腐蚀。

③ 杂散电流腐蚀。地铁、地下电力、电信管道的漏电电流以管线作为回流通路，导致流出点的局部坑蚀。

④ 防腐层破坏。管道外的防腐层遭到破坏，起不到应有的保护作用，致使管道受外界环境的影响，造成腐蚀穿孔。

如2010年1月6日12时10分，许昌市区五一路、帝豪路交叉口，供热管网发生爆管事件，造成6人受伤，6辆车受损，约2 500户居民供暖受到影响。这是一起典型的管线老化事故。由于管线长期以来缺乏必要的维修和保养，当压力增大时，管线爆裂而发生爆炸。

（2）日常维护缺失

我国不少城市存在权属不清的地下管线，其安全管理存在严重空缺。部分无单位管理和维修的管线，仍在运行使用。部分企业自建自营的地下管线因企业改制、灭失、迁移后，原权属企业的管线与城市公共运营的管线没有并网和进行移交管理，致使仍在使用中的管线缺乏维护和监管。企业迁移改造后,埋设在原生产区域地下的工业管道没有进行必要的安全处置,成为潜伏在城市地下的"定时炸弹",随时可能爆炸。

### 3. 外力损坏

外力损坏导致的城市生命线事故灾害,主要包括外部施工的破坏、管线占压、外界人员偷盗、破坏管线、重型车辆碾压,以及相邻管道的不利影响等。其中比较典型的是施工破坏和管线占压。

(1)施工破坏

统计结果表明,施工破坏地下管线是目前我国城市外力破坏地下管线事故的主要原因之一。从政府行政许可的角度来看,一般可分为以下四种类型:①未经许可非法施工;②许可不全擅自施工;③虽经许可但不规范施工;④施工现场缺乏配合等。

从施工现场具体情况看,施工破坏地下管线一般由三种原因引起:①无施工区域地下管线资料进行施工;②虽有施工区域地下管线资料,但地下管线资料不准确或不完整;③虽然施工区域地下管线资料完整、准确,但由于风险防控认识不深或制度约束力不够,施工单位没有按照资料的指引和规定的规则秩序进行施工。

如2010年7月7日17:40左右,广州市一施工队顶管施工时违章施工,先后顶穿番禺区富市甲乙两条电缆,导致市桥全范围停电,除了造成交通信号灯"大罢工"外,不少刚刚下班回家的居民甚至被困电梯中,甚至还出现了晕厥的个案。供电部门通过转供电,在1个小时后恢复了供电。当日,供电部门完成了损毁线路的抢修。据统计数据显示,8万用户受到停电影响。

(2)管线占压

地下管道占压问题在我国各城市普遍存在。地下管道被占压之后会引起诸多问题:一方面,地下管道因重压之后会缩短使用寿命;另一方面,占压地下管道会带来更多的安全隐患,如果天然气管道被占压,一旦发生天然气泄漏,因管道占压不能及时得到修检,将带来更大损失,甚至导致重大人员伤亡。

## 5.5 城市生命线事故灾害处置的基本制度

围绕城市生命线事故灾害的发生,如何有效地采取应对措施进行预防,当事故灾害发生时将其影响控制在最小的范围内,是本书第2篇起重点研究解决的问题。从城市生命线行政综合管理的角度,针对城市生命线事故灾害的主要处置措施有以下四个方面。

### 1. 落实每一条管线的安全管理主体责任

目前我国在城市生命线管理的一些环节上存在管理职责不清晰的现象,此外大量存在的缺管失养等管线问题的解决亟须推进安全管理职责的落实。因此,应完善政府监管方式、内容和手段,进一步明确地下管线安全生产属地监管"条块结合、属地为主"的原则;明确各层级、各环节地下管线管理主体安全监管的职责;促进各个负有地下管线安全管理职责的部门和地下管线权属单位或地下管线专业管理单位分别落实各自主体责任。

**2. 创新安全管理运行机制,保障其工作的有效性**

明确规划、建设及运行管理的要求和程序,建立三阶段沟通协调机制。实行相关地下管线联席会议制度,召集对地下管线负有安全监管职责的部门及区域内地下管线权属单位进行专题研究、解决危及地下管线安全运行的安全隐患及相关问题等。如施工破坏地下管线事故大多是由于没有通知到管线权属单位派员到施工现场管线交底以及缺少政府部门监管所造成,因此,必须建立并完善管线施工全过程风险防控的监管工作机制,保障其各项工作及工作程序的有效性。

**3. 积极采取应对性的技术对策措施**

积极开展城市生命线风险评估和风险防控管理,依靠科技保障管线安全运行,加大技术创新,推进行业科技进步,提高专业技术水平和城市地下管线安全保障服务能力。

针对腐蚀破坏,可采取以下措施:防腐层、阴极保护、防腐层缺陷检测、阴极保护状况监测和评价、建立管线安全诊断评估系统。

针对地面沉降,可采取以下措施:给水和热力管道探漏;排水管道健康状况全面的检测;工程施工过程中对相应的管道采取适宜的防护措施,并按照一定的周期和频次对管道的水平位移和高程变化进行监测;回填土压实;严格路面检测,以防止因工程施工形成的地下空洞对地下管线造成伤害。

针对地震破坏,可采取以下措施:提高地下管道自身的抗震能力,尽量选择抗震强度较高的管材;管道接口采用具有抗震性的柔性接口。确保主干管道在一般地震中所承载的所有机能不受损,重大地震中可以轻微受损,但其所承载的所有机能不能有重大影响;非主干管道在一般地震中其所承载的所有机能可以轻微受损,但其所承载的所有机能不能有重大影响。

**4. 积极引导,落实城市生命线风险防控的各项措施**

建立排水管线风险评估系统。充分利用城市地表模型、排水管线及其设施、气象等,建立雨量—道路—排水管道排水能力的关系模型,分析城市已有排水管道通行能力的缺陷,为管道改造提供依据。

建立燃气管线安全风险评估系统。根据燃气管道的管材、压力、气体温度、施工质量、使用年限、应力腐蚀、剩余强度、地面环境、土壤环境、防腐层材料、防腐层质量、阴极保护状况等因素,统计不同安全等级管道所占的比例。系统对影响管道安全的因素进行因子分析,分析影响管道安全的主要因素,以便管理人员了解哪些因素导致管道的安全级别降低,管道安全管理的重点在哪里,等等。

建立燃气管线"压力-状态-响应"(PSR)框架模型风险评估系统,对发生各类事故的可能性进行综合分析和后果严重性分析,并建立电力、燃气和供水管线风险矩阵分析评估系统,对事故风险进行分类分级,运用事故树和因果图进行事故的分析、计算和风险评估等,并积极引导、落实风险评估所提出的各项措施。

　　本书从第 2 篇开始,将分别阐述城市生命线各层次系统建设、运行维护各阶段的风险防控环节;可能导致城市生命线事故灾害发生的隐患;如何应用风险管理的方法,开展以风险识别、风险分析、风险评价为主要程序的风险评估,实现城市生命线的风险防控管理目标;等等。

**参考文献**

［1］拉桑德.风险评估:理论、方法和应用［M］.刘一骝,译.北京:清华大学出版社,2016.

［2］中华人民共和国国家质量监督检验检疫总局,中国国家标准化管理委员会.GB/T 27921—2011 风险管理 风险评估技术［S］.北京:中国标准出版社,2012.

［3］中华人民共和国住房和城乡建设部.GB 50289—2016 城市工程管线综合规划规范［S］.北京:中国建筑工业出版社,2016.

［4］张曾莲.风险评估方法［M］.北京:机械工业出版社,2017.

［5］朱伟,翁文国,刘克会,等.城市地下管线运行安全风险评估［M］.北京:科学出版社,2016.

# 第 2 篇

# 城市供水基础设施风险防控管理

城市供水基础设施是城市生命线的重要组成部分,它的安全运行关系到城市社会经济发展和市民生活,是城市现代化水平程度的重要体现。供水基础设施的风险主要表现在供水保障和水质污染两方面,一旦形成和发生风险,会对城市的社会经济发展构成威胁。本篇将重点阐述如何有效实现供水基础设施的风险防控。

# 6 城市供水基础设施概况

城市供水基础设施是开放性的、长链条、广覆盖系统,易受系统自身事故和外界自然、社会问题等多种风险的威胁。一旦发生供水事故,将影响城市的每个角落,扰乱城市运行,妨碍工业生产,影响市民生活。因此,城市供水安全是城市安全和防灾系统的重要组成部分。

国内外城市供水事业的发展过程也是全系统、全过程、全要素的安全性提高的过程,涉及原水系统、制水系统、输配水系统、二次供水系统等,从水量、水质到水压,涵盖了供水风险控制目标全要素。越来越多的供水部门、企业在达到相应国家标准规范要求的基础上,强化风险意识,加强应对措施,提升备用能力,准备应急预案,实现风险总体控制。

本篇借鉴了国家城市供水系统风险评估研究的成果,以及众多专家学者的科研成果和论著,结合国家行业标准规范,重点阐述了城市供水系统风险管理和控制措施,主要有三个核心内容:

一是总结国内外城市供水系统的发展与特点,以及相应风险管理研究的发展与意义。

二是从全系统、全过程、全要素的角度,阐述原水系统、制水系统、输配水系统、二次供水系统等的水量、水质和水压问题的风险识别、风险分析和风险评价。

三是全面论述城市供水系统建设和运行各阶段的风险管理和防控:项目建设前,进行源头的系统性、全局性风险防控;工程建设和运行管理中,分析厘清各类危险因素,评估风险;建立并健全风险预警与管理机制,提高应急保障能力,持续监督改进,减少风险发生,控制损失等。

## 6.1 国内外城市供水的发展概况

### 6.1.1 国外城市供水的发展概况

1. 纽约

纽约位于美国大西洋海岸的东北部,城市人口约 800 万。在远离市区的北部地区,纽约市建立了三个水源地:特拉华水源地、卡茨基尔水源地和位于东哈德逊河边的克罗顿水源地,这三个水源地分别向纽约市供应 50%、40% 和 10% 的用水。上述三个水源组成的系统是包含 19 个水库、3 个湖泊的特大型水源地,它是美国类似城市中少数几个获准无须对原水进行过滤的供水系统之一,足见当地水源保护工作的有效性。纽约每天大约用水 11 亿加仑(约合 420 万 $m^3/d$),在 20 世纪 80 年代其供水系统每天就已经能提供 16 亿加仑(约合 600 万 $m^3/d$)水量。纽约供水系统中最陈旧的部分是输水用的隧道、水管和管道,在总长超过 6 700 英里(约 10 782 km)的水管中,超过 1 000 英里(约 1 609 km)的水管管龄已经超过一个世纪。因此,自 1970 年以来,纽约市开始建设第三条输水隧道,以期建造一套完整的备用供水设施,从而可以对陈旧的输水管道和隧道进行维修等。

### 2. 东京

日本的东京是东亚和西太平洋地区的大都市,人口规模接近 1 200 万。东京的水源系统由三大水系构成,分别为利根川水系、荒川水系、多摩川水系。东京的水源几乎都为地表水,地下水比例仅为 0.2%,原水最大供给规模 630 万 $m^3$/d。东京市的供水区域面积为 1 235 $km^2$,供水普及率为 100%,供水管道总长度近 2.7 万 km,供水水厂共计 11 座,供水设施总规模为 686 万 $m^3$/d,最大日供水量约 463 万 $m^3$/d。东京的供水目标为"优质安全的水供给"。东京市采用利根川水系水源的水厂(总计供水规模 548 万 $m^3$/d)全部采用"常规处理+深度处理"的模式,处理工艺一般为"快速砂滤池+臭氧生物活性炭"。东京市 2 座多摩川水系水源的水厂(供水规模分别为 11.45 万 $m^3$/d 和 7 万 $m^3$/d)采用膜处理工艺。目前东京市水厂深度处理率约 83%。在漏损控制方面,东京市取得非常好的成效,截止到2013 年,供水管网漏损率下降 2.2%。对于地表漏损,东京市每天 24 小时接受通报并承诺当天修好;对于地下漏损,通过电子检漏器等进行探测并修复。同时,东京市老旧管网改用球墨铸铁管来减少漏损水量。

### 3. 新加坡

新加坡面积约 720 $km^2$,人口约 550 万。1965 年独立之初,城市供水主要从马来西亚进口,如今新加坡已形成世界领先的城市供水管理模式。进口水、雨水收集、再生水和淡化海水是其当前的四大供水水源,被称为国家的四个"水龙头"。①进口水主要是指新加坡从马来西亚购水,该方法日供水 110 万 $m^3$。②雨水收集主要指本地水集水区水源。现有 17 个蓄水池和 1 个能在暴雨时防洪的暴雨收集池系统,其集水区已扩大到国土面积的 2/3,新加坡计划到 2060 年集水区面积增至 90%。目前新加坡共有 8 个饮用水处理厂,其原水来自本地收集的雨水以及进口水。③再生水主要来自新加坡目前已建成的 4 座再生水厂,总供水规模约 53.5 万 $m^3$/d。再生水厂采用微过滤、反渗透及紫外消毒技术,出水水质完全符合国际饮用水标准。目前仅有 1% 的再生水输送至蓄水池,和天然水混合后输往自来水厂,经进一步处理后成为饮用水;其余再生水直接通过专用管线向工业园区及商业大厦等供水,主要用于圆晶制造、电子业、电力发动及冷气冷却等。④淡化海水。新加坡从 1998 年开始实施"向海水要淡水"计划。2005 年 9 月新加坡第 1 座海水淡化厂——新泉海水淡化厂启用,生产能力 13.6 万 $m^3$/d;2013 年第 2 座海水淡化厂——大士海水淡化厂竣工,生产能力 31.85 万 $m^3$/d。淡化海水可直接进入自来水供水蓄水箱,能够满足 25% 的供水需求。新加坡正在开展全面、广泛的研发工作,寻求更具成本效益的海水淡化方案,计划到 2060 年,淡化海水可满足新加坡至少 30% 的供水需求。

目前,再生水、淡化海水的利用量占总用水需求量的 55%,2020 年将达到 65%,2060 年将达到 80%,成为新加坡的主要供水水源。随着雨水收集面积的扩大、再生水和淡化海水产量的不断提高,新加坡对进口水的依赖程度正在降低,预计在 2061 年与马来西亚供水协议到期前,可完全实现供水的自给自足。

### 6.1.2 国内城市供水的发展概况

#### 1. 北京

北京累计建成城镇公共供水厂 70 座,城镇公共供水管网总长度 1.54 万 km,村镇集中供水厂 136 座,村级供水站 3 664 处,总供水能力 667 万 m³/d。城市中心六城区供水厂成功接纳长江水,实现本地地表水、地下水和南水北调中线水多源保障的新格局。2015 年年末,北京全市形成了较为完善的城乡供水体系,全市"1(城市中心六城区供水系统)+10(新城供水单元)+N(村镇供水点)"的供水格局基本成型,城市中心六城区和新城供水保障能力大幅提升,有效支撑了"十二五"时期首都经济社会快速持续发展。

#### 2. 上海

2017 年年底,上海市共有 36 座自来水厂,供水总规模为 1 184 万 m³/d。其中主城区供水区水厂 14 座,供水规模 816 万 m³/d;郊区供水区水厂 22 座,供水规模 368 万 m³/d。水厂规模化供水水平显著提高,总体适应了本市城乡发展的用水需求,在安全供水、提高供水水质方面发挥了重要作用。

根据统计数据,上海最高日供水量自 2000 年之后持续增长,2008 年达到最高值 1 045 万 m³/d,近年来有所下降,2013 年为 1 012 万 m³/d(由于夏季极端高温,为近年来最高日供水量的高值),2014 年至 2017 年最高日供水量分别为 962 万 m³/d,979 万 m³/d,993 万 m³/d 和 972 万 m³/d。截至 2017 年年底,全市管径 DN75 及以上公共供水管道总长度约 3.76 万 km,在装水表总数约 830 万只。

目前,上海基本建成黄浦江上游以及长江口青草沙、陈行和东风西沙四大水源地,"两江并举、集中取水、水库供水、一网调度"的水源地格局已经形成。目前,全市四大供水水源地原水供水规模达到 1 312.5 万 m³/d,其中青草沙水源地供水规模为 731 万 m³/d,陈行水源地供水规模为 206 万 m³/d,东风西沙供水规模为 24.5 万 m³/d,黄浦江上游金泽水源地供水规模为 351 万 m³/d。

#### 3. 广州

广州市水资源的主要特点是本地水资源较少,过境水资源相对丰富。广州市中心城区饮用水源地经过集中力量的建设,完成三大远距离引水工程,形成东、南、西北三足鼎立的水源格局。东面的东江北干流刘屋洲河段是新塘水厂和西洲水厂水源,南面的北江顺德水道是南洲水厂水源,西面的西江三水河段是西村水厂、石门水厂、江村水厂水源,同时以流溪河、珠江西航道等作为广州应急水源。

广州市(十区二市)共有约 40 家供水企业,50 座生活饮用水水厂,综合生产能力为 777.8 万 m³/d。2016 年全年总供水量为 228 850 万 m³,日均供水量为 627 万 m³/d,供水管道总长 22 266 km,供水水质综合合格率在 99% 以上。其中广州市自来水公司是最大的供水企业,共有 6 座生活饮用水水厂(另有 1 座备用水厂),日供水能力 440 万 m³,占全市的 59%,主要负责中心城区供水。

### 4. 深圳

深圳本地水资源匮乏,水源供应呈现"以引水为主、本地水源补充为辅"的特点。深圳市水源分为境外水源和境内水源。境外水源包括东深引水工程(8.7 亿 m³/年)和东部引水工程(7.4 亿 m³/年),境内水源(3.4 亿 m³/年)主要由深圳水库、梅林水库、西丽水库和铁岗水库等组成,境外引水量占总供水量的 69.98%。

深圳市自来水供应实行企业化运作,在政府主导下整合形成市水务集团、深水宝安、深水龙岗、深水光明、深水龙华五个供水集团。2016 年,全市共有自来水厂 50 座,日供水能力 674 万 t,供水管网总长度达 1.65 万 km,年供水量达到 17.0 亿 m³,主要饮用水源水库水质达标率稳定在 100%,供水水质综合合格率达到 99%。深圳市还全面启动了优质饮用水入户一期工程及原特区外供水管网改造工程。

### 5. 香港

香港总面积约 1 104 km²,2017 年人口约为 741 万。香港的供水水源主要有两个,分别是广东的东江以及香港本地通过集水区搜集进入水库的原水。从 2011 年开始,香港绝大部分原水均由东深工程通过东江专用输水管道输入香港。香港本地有大型水库 5 座,分别为大榄涌水库(1957 年建)、石壁水库(1963 年建)、下城门水库(1965 年建)、船湾淡水湖(1968 年建)和万宜水库(1978 年建),其中"海中水库"——船湾淡水湖和万宜水库的库容量都在 2 亿 m³ 以上,为储存东江原水创造了条件。目前香港蓄水总库容已达到 5.86 亿 m³,集水区降雨径流量为 1.7 亿 m³。香港的供水包括饮用水和冲厕用海水两套供应系统,两套系统是完全分开的。饮用水供应系统覆盖全港 99.99% 的人口,冲厕用海水供应系统约覆盖全港 85% 的人口。

目前全港有 21 座水厂,每天可处理水量达 502 万 m³/d,水厂出水水质完全符合世界卫生组织的饮用水标准。全港共有超过 220 个配水库,其作用在于短暂备存饮用水或海水,以应对每天耗水高峰期的需求,也有助控制供水水压。全港供水管道设施总长度约 8 605 km,其中饮用水管道(DN20～DN2400)总长度约 6 875 km,海水管道(DN20～DN1200)总长度约 1 730 km。供水管网漏失率约 15%。

## 6.1.3　供水系统的先进经验启示

### 1. 更加注重水源地布局的安全保障

水源位置选择上,因地制宜,根据水资源的条件,尽量选择流域上游;水源布局方式上,除地下水为分散布局外,地表水水源应相对集中、多源互补;水源储备要丰富,能有效应对突发事故的影响;多系统互补运行,机动灵活,可控可靠。

**2. 更加注重供水水质**

绝大部分发达国家的供水水质标准高于国家标准,并且从生产、输配和监管等各方面都做出了详细的规定。发达国家大城市的饮用水水质在实际操作过程中,不仅限于规范标准,而是以尽可能地提高供水水质为目标。

**3. 更加注重供水的安全可靠**

供水系统作为城市生命线系统的组成部分,其重要性不言而喻。大部分发达城市的供水系统已经历了上百年,部分设施面临着更新改造、日常检修维护等问题。发达国家大城市的供水规划都普遍重视水厂及重要输水设施的备用系统建设、管网的更新改造等,并把供水的安全可靠性作为重要的供水目标。

综合来说,国内外城市供水的发展是从水源、制水、供配水到用户,全系统、全过程的安全保证性的提高,在达到相应国家标准规范的基础上,增加应对措施、备用能力,提高总体风险防控能力。

## 6.2 城市供水系统的主要构成

**1. 供水系统的类别**

按照供水水质、压力、区域等的不同,城市供水系统可分为如下四种[1]。

(1)统一系统。整个城市统一按生活饮用水水质标准供水,为大多数城镇所采用。

(2)分质系统。根据不同用途对水质要求的不同,采用分系统供应的方式。

(3)分压系统。根据对管网压力要求的不同,采用不同外供压力的供水系统。

(4)分区系统。一个城市由几个独立系统分区供水。

一个城市可以同时有多种供水系统,如既有分质,又有分区的系统等。

**2. 供水系统的组成**

供水系统是按照用户对于水质、水量和水压的需求,使水达标并供给用户的系统,一般包括水源、取水、输送、处理以及清水管网系统,可概述为以下四部分。

(1)原水系统。原水系统指地表水源或地下水源(包括江河、湖泊、海洋或地下水体等)、原水取水输送泵站和管路系统。城市的原水系统可由多个水源共同组成一个系统。

(2)制水系统。制水系统是对原水进行处理,以达到用户对水质要求的处理系统,如沉淀、过滤、消毒以及其他加药系统等。

(3)输配水系统。输配水系统是将水输配至水厂、泵站或用户的各个系统,包括输配水管网、水塔水池和增压泵站。本处输配水系统专指清水输送。

(4)二次供水系统。当民用与工业建筑生活饮用水对水压、水量的要求超过城镇公共供水管网能力时,通过储存、加压等设施经管道供给用户的供水方式。

## 6.3 城市供水基础设施风险

### 6.3.1 城市供水系统风险特征

1. 我国城市供水总体特点

改革开放以来,我国城市供水规模增长迅猛,供水能力基本满足要求,总量趋于平稳。根据《城市供水统计年鉴二〇一六年》,2015 年全国城市供水能力达到 17 251.34 万 $m^3/d$,平均日供水量 11 367.95 万 $m^3/d$,水厂共有 1 775 座,用水普及率约 93.98%,管道总长度达到 507 636.58 km,漏失率约 14.32%[2]。

目前,我国城市供水系统总体体现以下四个特点。

(1) 供需水量基本平衡,水质标准以及需求同步提高

我国大部分区域现已基本满足了供水量需求。人们对饮用水品质更加重视,同时对水源中各类污染物,尤其是人工合成有毒、有害污染物和有害微生物的关注度逐渐增加。国家业已提高了供水水质标准,大力促进各企业达标供水和优质供水。部分地方制定或提出了地方性的供水水质标准,水质指标种类和限值甚至不低于国际上发达区域的供水标准。

(2) 原水水质长期污染和突发污染影响供水安全

据《2016 年中国水资源公报》,2016 年,31 个省(自治区、直辖市)共监测评价 867 个集中式饮用水水源地。全年水质合格率在 80% 及以上的水源地有 694 个,占评价总数的 80.0%。与 2015 年同比,全年水质合格率在 80% 及以上的水源地比例上升 1.6 个百分点[3]。

有些城市水资源丰沛,但由于污染原因,水源水质并不能满足地表水 Ⅲ 类标准,造成了水质性缺水现象,不得不实施长距离引水工程。

近几年供水突发事件,如内蒙古赤峰市水污染事件(2009 年)、黑龙江巴彦县水中毒事件(2010 年)、江苏镇江苯酚水污染事件(2012 年)以及甘肃省兰州市饮用水苯超标事件(2014 年)等,对城市供水安全构成严重的威胁。

(3) 处理工艺日益复杂,流程增长,药剂种类多

水处理工艺原主要以水中悬浮物和微生物的去除为目标,常规处理包括混凝、沉淀、过滤和消毒等四个过程。随着水质标准的提高,同时为应对原水水质污染问题,水处理目标更加关注于水体中的微量有机物、农药等有害污染物的去除。很多原水水质较差和较为发达区域的供水系统已经开始或已经完成了提标改造工作。

现提标改造处理工艺可选的有生物预处理、预氧化以及强化常规处理工艺(包括增加药剂投加量和种类)和深度处理工艺(臭氧活性炭、膜处理、高级氧化)等。

(4) 供水管网建设年代久远,爆管事故和漏损严重

由于建设标准以及供水管材发展的原因,我国城市管网常用管材种类很多,管道质量参差不齐,也明显具有时代的印记。城市管网中使用的管材种类有灰口铸铁管、预应力钢筋混凝土

管、玻璃钢管、PCCP 管、球墨铸铁管、钢管、UPVC 管、PE 热熔管等。

城市管道敷设年代较为久远，管网建设与管理水平落后，部分管道建设之初的施工质量不高，加之管道和道路的迁改以及管材本身的腐蚀等问题，给城市供水带来一定的风险。管道接口漏水、管道爆管等突发性风险容易造成管网水质的二次污染问题。

**2. 城市供水系统风险分类与特征**

1）城市供水系统风险分类

对应供水系统的组成，城市供水系统风险可分为原水系统风险、制水系统风险、输配水系统风险、二次供水系统风险。

2）城市供水系统特点

一般来说，城市供水系统具有如下特点。

（1）开放性。供水水源具有开放性，供水管网是延伸扩大进入每一个用户的不断拓展。

（2）多元化。供水系统可以是多个独立或相关联的多元化结构。

（3）系统性。涉及取水、制水、输配水和二次供水等多个环节，各个环节相连相依。

（4）流程长。从水源到用户，整个系统链条长，环节众多。

（5）时空广。供水系统覆盖了整个城市，系统运行也从不停歇。

（6）制约多。城市供水系统由多个流程共同构成，每个流程常由多个子系统构成，受自然因素、社会因素、经济因素等影响和制约。

3）城市供水系统风险特征

城市供水系统风险的特征由系统特点所决定，具有如下特点：

（1）不确定性。城市供水系统风险发生的时间、空间和损失程度具有不确定性。

（2）普遍性。任何城市的供水系统都存在风险，风险具有较大的相似性或一致性，同时风险难以完全杜绝。

（3）偶然性。城市供水事故的发生具有突然性和偶发性，前述的不确定性使得风险的出现也必然具有偶然性。

（4）相关性。风险因素分布于城市供水系统的各个方面，系统本身的关联性和整体性决定了发生的风险也是相关的。

（5）多样性。产生风险的因素是多种多样的，在风险因素矛盾的急剧激化中，风险发生的频率会增加。

（6）传递性。城市供水系统风险具有乘积放大效应和事故链效应。

对供水风险进行早期预防和前期及时处理，不仅成本低，而且效果好，预防是风险管理最有效的措施。

## 6.3.2 国内外城市供水系统风险管理发展概况

城市供水系统风险管理是指供水企业与政府管理部门经过风险识别、风险分析和风险评估,用最经济可行的方法来综合处理风险,以实现最佳安全生产保障的科学管理方法。风险管理概念最早开始于 20 世纪 70 年代。随着风险管理发展和风险意识的提高,城市供水行业逐步形成了一些具有自身行业特点的评估方法和管理标准。

国内外供水行业早期比较有影响力的风险管理标准有 HACCP 体系、世界卫生组织的《水安全计划》、德国水气专业协会制定的《DVGW-TSM 城市供水企业安全技术管理体系评估指南》和中国城镇供水排水协会制定的《城镇供水企业安全技术管理体系评估指南》[4]。随后,我国开展专项课题研究,建立适合我国供水特点的风险评估体系。国际标准组织 ISO 也发布了新版风险管理指南。

### 1. HACCP 体系

食品企业体系(Hazard Analysis and Critical Control Point,HACCP)即危害分析与关键控制点,起源于 20 世纪 60 年代美国航空航天局、美军 Natick 实验室、美国空军航天实验室项目小组以及 Pillsbury 公司联合开展的一个太空食品安全项目。国际食品法典委员会将其定义为"一种鉴别、评价和控制危害的食品安全管理体系"。HACCP 与 ISO 9000 系列质量管理体系本质上都是一种质量保证体系。

1993 年,国际食品法典委员会向世界各国推广 HACCP,并于 1997 年颁布了《HACCP 体系及其应用准则》,以指导和规范 HACCP 体系在食品行业的应用。我国卫生部也于 2002 年颁布了《食品企业 HACCP 实施指南》,以指导食品企业提高食品安全的管理水平。HACCP 体系目前已成为国际社会公认的保证食品安全最有效的途径,也成为一种重要的用于指导识别供水系统中危害并建立水质控制体系的管理工具。越来越多的国家开始将这一体系应用于供水行业,瑞士、澳大利亚和冰岛等国家将 HACCP 体系通过立法的形式推广到城市供水系统水质风险管理的实践中。我国深圳也已应用 HACCP 体系于供水系统管理中。

### 2. 世界卫生组织的《水安全计划》

2004 年,世界卫生组织吸纳了 HACCP 体系的原理,针对饮用水水质问题,在第三版《饮用水水质准则》中引入《水安全计划》并作为整个准则的核心,认为"能够持续地确保饮用水安全的最有效方法是对从水源至用户的所有环节进行风险评估与风险管理"。《水安全计划》主要针对供水水质造成的公众健康问题,而没有涉及其他类型的风险,比如供水系统内部的风险问题。

《水安全计划》是采用多重屏障原理及 HACCP 的原则,以确保整个供水系统的供水安全。该计划鉴定潜在危害物并预防从水源至用户水龙头的污染风险,主要步骤包括系统评价、控制措施、运行监测、验证、管理计划、文件记录和监督。

### 3. 德国水气专业协会安全技术管理体系(DVGW-TSM)[5]

德国水气专业协会(DVGW)参考世界卫生组织的《水安全计划》,以《W1001 安全可靠的水供应——正常运行模式下的风险管理》和《DVGW 工作手册 W1000——对饮用水供水企业的要求》为基础,开发了一个内容广泛、基于技术管理、用于检查供气和供水企业安全技术管理的体系,即德国水气专业协会安全技术管理体系(DVGW-TSM)。

通过该体系,供水企业可检查管理系统有效性并确保其正常、高效地运行。实践表明,DVGW-TSM能起到非常明显的成效,德国联邦政府明确支持这一管理体系的运作。在此基础上,欧洲打算将该体系升级为ISO 2451族标准。

2009年国际标准化组织(ISO)召开会议,对"风险"概念进行投票表决,正式发布了ISO标准《ISO GUIDE 73:2009(E/F)》,将风险定义为不确定性对目标的影响。

**4. 中国城镇供水排水协会的《城镇供水企业安全技术管理体系评估指南》**

2007—2009年,中国城镇供水排水协会(CUWA)在德国DVGW-TSM的基础上,结合我国实际,根据国家有关规定,组织行业专家编写了《城镇供水企业安全技术管理体系评估指南》,并在南京、广东东莞黄江镇、太原及乌鲁木齐等地完成试点评估[6,7]。它是检查表性质的安全风险评估体系,对供水企业水源现状与水源保护、地表水取水设施等15个主要方面,222项评估指标进行打分,评估方法包括了评分要求与通过评估的条件两个方面,内容翔实,针对性强,综合多方专家的知识和总结国内外供水行业安全管理的经验,适合我国目前供水系统安全风险管理现状,进行安全评估时对各种评价资源(如人力、时间、技能)的要求低,并可以在没有专家的情况下使用,容易操作,能确保常见问题得到处理。

**5. 适合我国供水特点的风险评估体系**

前面所述的国内外城市供水系统的风险管理标准本质上都是以风险管理为核心、以质量管理为主要内容的体系,并且相互继承。国内外已逐步开展风险管理工作,但总体来说风险管理在供水系统的应用还比较有限。①HACCP和《水安全计划》将风险局限于供水水质安全管理问题方面,对其他方面没有涉及。②德国水气专业协会早期的W1001是概括性风险管理标准,缺乏实施细则。③德国水气专业协会后期的DVGW-TSM是符合欧洲特点的管理体系,但该体系对于技术的风险防范不够完善。④《城镇供水企业安全技术管理体系评估指南》为推动我国供水系统风险管理起到了示范作用,但该指南主要是供水安全风险的评估,而对风险的管理其他方面没有涉及,还不能构成一个完整的管理体系。

因此,建立一个符合中国供水特点、比安全风险内容更加广泛、操作性强的专门风险管理体系标准能够有效提高我国城市供水风险管理水平。

2013年,国家水体污染控制与治理科技重大专项(2009ZX07419-004)课题组针对我国城市供水行业缺乏涵盖从源头到龙头的分析、评估与安全管理体系的问题,积极借鉴国外供水行业及国内外其他行业风险管理的应用研究结果,在总结我国供水企业风险管理和内部控制建设实践的基础上,将风险管理引入我国供水行业,在《风险管理原则与实施指南》(GB/T 24353—2009)的指导下,结合《风险管理术语》(GB/T 23694—2009)、《风险管理原则和指导方针》(ISO 31000—2009)、《风险评估技术》(ISO 31010—2009)、《水安全计划手册》等标准与规范,建立了适合我国供水特点的《城市供水系统风险评估体系》。课题组编制了《城市供水系统风险评估方法手册》,为企业制订供水规划和更新改造计划等管理决策提供了科学依据。通过上海、九江、

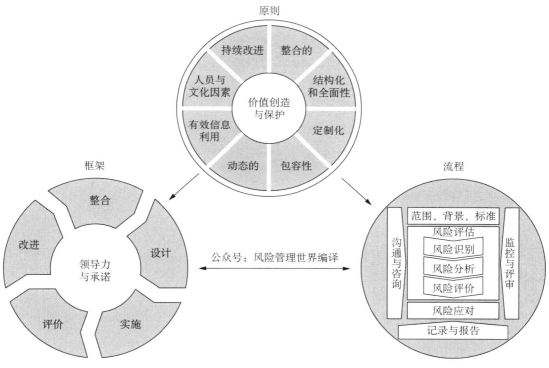

铜陵、郑州、深圳宝安、珠海、长春 7 个城市供水行业风险评估的示范与应用,验证了该体系的实用性和可操作性,找出了供水企业存在的风险因素,提出了有效的控制措施,保证了供水企业的供水安全。通过示范性应用成果编制的《城市供水系统安全管理指南》,有效提高了供水企业员工的风险意识与防范能力,保障了饮用水安全。

6. ISO 新版风险管理指南

2018 年 2 月 15 日,国际标准组织 ISO 发布了《ISO 31000:2018 风险管理指南中文版》(简称"新版风险管理指南")正式文件,这是自其 2009 年发布全球第一版风险管理指南之后,第一次对文件进行更新和升级。

新版风险管理指南中的框架图被称为"三轮车"图,并首次进行了汉化处理(图 6-1)。这个"三轮车"图和 2009 年第一版的三个方框图相比可谓变化明显。

图 6-1　新版风险管理指南

以前的风险管理做法已经不足以应对现在的威胁,需要不断改进,这也是第一版风险管理指南修订的初衷。新版风险管理指南提供了更清晰、更简短和更简洁的指南,可帮助相关组织使用风险管理原则来改进规划,做出更好的决策。

以下是新版风险管理指南的主要变更:①审查风险管理原则,这些原则是风险管理取得成功的关键标准。②重点关注高层管理人员的领导,他们应确保从组织管理开始,将风险管理纳入所有组织活动。③更加强调风险管理的迭代性,利用新的经验、知识和分析修订各个阶段(诸如行动和控制)的过程要素。④精简内容,更加注重维持开放系统模式,定期与外部环境交换反馈,以适应多种需要和背景。

负责制定该标准的 ISO 风险管理技术委员会(ISO/TC 262)主席杰森·布朗(Jason Brown)表示:"新版风险管理指南侧重于组织的整合以及领导者的角色和责任。风险从业者往往处于组织管理的边缘,这种强调将有助于他们证明风险管理是业务的一个组成部分。"新版风险管理指南更加注重创造和保护价值,将其作为风险管理的关键驱动力,并体现了其他相关原则,如持续改进、利益攸关方参与、针对组织定制以及考虑人力和文化因素。

### 6.3.3　城市供水基础设施风险管理的重要意义

城市供水系统是城市建设的重要基础设施,被列为生命线工程之一。城市供水系统是复杂的开放性系统,也易受自然灾害、蓄意破坏、系统事故等多种风险的威胁。

根据《2016 年中国水资源公报》,我国的饮用水水源地存在不同程度的水环境污染,原水和清水系统输送、制水系统处理、配水和二次供水管网系统的可靠性、运行效果、处理能力、漏损控制以及应对突发风险的能力等,不仅有自身的运行风险,也同时带来质量风险、安全风险、财务风险、环境风险等问题,影响社会公共安全。目前,城市供水系统更趋复杂,不确定因素增多,影响的范围不断增大,影响的深度不断提高。

城市供水安全问题已经成为整个城市安全和防灾系统的重要组成部分,因此对城市供水系统进行风险评估研究势在必行[8]。通过开展风险评估工作并根据评价结果采取管控措施,城市供水系统管理者应系统地关注和解决城市供水的安全问题,减少风险,控制损失,保障城市供水安全和城市平稳运行。在欧美等发达国家,风险评估已作为一种基本的工具和手段。

# 7 城市供水基础设施的风险识别

## 7.1 城市供水基础设施风险案例

在城市供水系统中,从原水、输水、净水、配水至二次供水等环节均存在着风险发生的可能,下文将简述各环节的经典案例以供读者了解。

### 7.1.1 饮用水水源污染事故[9]

1. 事件经过

2012 年 1 月,广西壮族自治区龙江河突发环境污染事件。1 月 13 日,河池市拉浪水库发现死鱼,经检测发现,拉浪水库上、下游河段污染严重,镉超标约 80 倍,砷超标数倍。

2. 原因查明

经过调查,本次污染事件由河池市某企业非法排污造成,生产中排出的高浓度含镉废液长期积累后,在短时间内排入龙江河,造成龙江河突发环境事件。由于此次龙江河镉污染事件污染物排放量很大,如果仅靠水利调度稀释,不仅会影响柳州市供水水源的水质,还会影响整个西江下游水源的水。

3. 应对措施

事件发生后,广西壮族自治区应急指挥部决定采取以下 5 项应急处置措施。

(1) 加强对污染水体水质的实时监测,为应急处理措施提供方向。

(2) 排查所有污染源并及时切断,对相关责任人进行严惩。

(3) 采用弱碱性化学沉淀法除镉,在水体中投加液碱和聚氯化铝混凝剂,形成含镉沉淀物,尽最大可能降低污染物浓度,控制影响范围。

(4) 调度水源进行稀释,加大融江水量,通过稀释减轻对下游的污染。

(5) 启动自来水厂紧急预案,针对性进行镉去除,确保饮用水水质安全。

### 7.1.2 原水管线污染事故[10]

1. 事件经过

2014 年 4 月 11 日凌晨,兰州市疾病预防控制中心接到兰州市威立雅水务集团公司"本公司出厂水及自流沟水样中苯指标超标"的报告,立即启动《兰州市疾病预防控制中心生活饮用水突发事件应急预案》,派遣专业人员对自来水厂净水工艺流程图及管网输水情况进行分析,对水源水、出厂水和管网末梢处的 5 个采样点进行检测。与此同时,自来水厂立即向水厂沉淀池投加活性炭,吸附有机物,降解苯对水体的污染。

2. 原因查明

经检查发现,兰州市威立雅水务集团公司 3 号、4 号自流沟由于超期服役,沟体伸缩缝防渗材料出现裂痕和缝隙,兰州石化公司历史积存的地下含油污水渗入自流沟,对输水水体造成苯污染,致使局部自来水苯超标。

3. 处理措施

(1)信息公开。当威立雅水务集团公司发现出厂水及自流沟苯含量超标时,政府在第一时间发布公告以消除群众疑虑,并通过主流媒体公布实时水质情况,正面引导舆论。

(2)市政供水停饮不停供。为保障广大人民群众身体健康,兰州市政府 2014 年 4 月 11 日下午举行新闻发布会并宣布,兰州主城区自来水未受大影响,但 24 小时内不建议市民饮用。

(3)紧急调水。事件发生后,政府部门第一时间调送成品水到社区,居民可免费领取矿泉水。

(4)多部门协作。4 月 11 日,市政府迅速成立由市环保、卫生、建设、质监和公安等多部门组成的"4·11"自来水局部苯指标超标事件应急处置领导小组,迅速启动应急预案,各部门明确职责与分工。

### 7.1.3  水厂氯气泄漏事故

1. 事件经过

2015 年 4 月 15 日上午,扬州仪征市青山镇一家自来水厂发生氯气泄漏事故,附近两所学校师生及周围居民共千余人被紧急疏散。事发后,当地消防等相关部门及时介入处理,事故并未造成人员伤亡。

2. 原因查明

经检查发现,事故起因是生产区加氯间的钢瓶阀门失灵,导致氯气泄漏,共有 350 kg 左右的氯气外泄。

3. 处理措施

险情发生之后工人迅速报警求助。当地调集了仪征、扬州化工区两个消防中队的战士赶赴现场处置。由于自来水厂门前是一条主干道,为了确保安全,道路两头也在第一时间拉起了警戒线。由于现场刺激性气味较大,消防官兵用水泵在现场对氯气进行稀释。根据现场监测,现场指挥员决定组织 3 名消防人员和 1 名工人穿上防护服,在工人的带领下前往现场进行处置。阀门由于损坏无法关闭,排险人员只好将整个钢瓶推到加氯间的水池中进行稀释。

### 7.1.4　DN1200 输配水管爆管事故

**1. 事件经过**

2017 年 11 月 16 日,上海市虹口区四平路溧阳路路口发生 DN1200 地下水管爆裂。在市水务局、区政府、上海城投集团领导组织下,对爆管事故现场进行联动指挥,全力调动各方面力量支援现场抢修工作。最后供水公司仅费时 10 小时就完成了管道修复工作。

**2. 原因查明**

经检查发现,由于爆管点位于大口径燃气管下方,且输水管自身口径较大、不利于传声,所以即便爆管点已存在较长时间漏水现象,也较难通过常规检漏发现。另外,该路口交通流量较大、路基材质较差,这也造成了管道本身承担着较大的外部压力。由此看来,对于大口径输水管道采用智慧球等手段进行内部检漏还是有一定需求的,因此建议考虑跨区域输水管道连续检测。爆管点承口管道材质为铸铁管,而另一头为钢管。两种材质连接处发生的漏水也可能与材质的不均匀变形有关。

**3. 处理措施**

事故发生后,交警及时封闭爆管现场,组织现场交通,疏导社会车辆,确保抢修车辆能在第一时间到达现场关阀止水。在抢修过程中,交警有序引导管道抢修机具设备与材料运输等车辆进入现场,避免因车辆拥堵延缓抢修时间。

### 7.1.5　二次供水水质事故[11]

**1. 事件经过**

某年 9 月 5 日上午,某小区居民反映水龙头水质异常,并有居民出现呕吐、腹泻等胃肠道症状,上海市浦东新区卫生监督所和浦东新区疾病预防控制中心(疾控中心)立即开展调查。

**2. 原因查明**

经过调查发现,该大楼建造于 1988 年。患者发病时间主要集中在 9 月 5—7 日,并且所有患者均居住在同一幢楼内,患者间无共同饮食史。对该高层的蓄水池水质进行检测发现,水质呈现合格和污染交替的现象,水箱水质与消毒时间存在一定关系。现场调查勘探后发现,地下蓄水池进水管套管处有一处渗漏点,导致箱体外的水进入蓄水池,从而使水箱水质异常。

**3. 处理措施**

该二次供水事故的解决方案为政府出资新建不锈钢水箱。水箱投入使用后,其水质指标均达到国家标准且不再发生水质波动。

## 7.2　城市供水系统的风险识别

城市供水基础设施风险识别是指发现、确认和描述城市供水系统中原水系统、制水系统、输配水系统和二次供水系统四个子系统风险的过程,识别风险源、影响范围、事件及其原因和潜在的后果,生成一个风险列表,以供后续的风险分析和风险评估使用。在风险识别过程中,要做到全面和有效地识别各类风险,需要遵循科学性、系统性、全面性、预测性原则。

由于自然条件、经济条件、供水系统等方面的差异,不同城市供水系统的风险可能会有所不同。比如冰冻问题是城市供水系统的重大风险因素,对于南方的影响甚至高于北方。城市供水系统规模或布置不同,相应的风险也会有所不同。所以不同城市供水系统的风险调查内容也会有所差异,无法全部列举。

### 7.2.1 原水系统风险识别

城市原水系统发生的突发事件,往往具有破坏性大、影响范围广、处理时间长等特点,所以对城市供水系统安全危害极大。原水系统的风险因素主要有以下 5 个方面。

**1. 现有水源可用水资源不足**

水源地水量供应不足来自于供需两方面的不平衡。

(1) 水源本身可取用量不足。水源地生态环境(包括气象、水文、水利等相关条件)的变化导致河流和地下水存蓄量不断减少,地表水和地下水资源减少,供水水源可取用量必然随之降低,甚至出现水源枯竭现象。

(2) 水源可取用量的增长不能满足外部需求的增长。由于社会的发展,各方面对水量的需求不断扩大,城市供水不断增加,而可取用水量资源没有同步扩展,导致水源水量不足。

**2. 日常及突发性水源污染事故**

水源污染的原因一般有两类:一类是人为因素造成的水体污染,包括工业废水、生活污水、农田排水、大气污染传递至水体以及固体废弃物污染水源等;另一类是自然因素造成的水体污染,如岩层矿物溶出、火山喷发、水流冲蚀地面、大气降尘的降水淋洗。生物(主要是绿色植物)在地球化学循环中释放的物质都是天然污染物的来源。

由于人为因素造成的水体污染占大多数,因此通常所说的水体污染主要指人类活动排放的污染物进入水体,引起水质下降、利用价值降低或丧失的现象。

突发性水体污染多指有毒、有害物质发生突发性泄漏、排放导致原水水质急剧恶化,并严重威胁城市水源水质安全和城市供水安全的污染事件,是一种危害严重的环境风险事件。突发性水体污染主要来自工厂事故性泄漏、船舶燃油泄漏、化学品事故、码头装卸事故泄漏等人为风险因素。

人为因素造成的日常性和突发性水体污染是分析识别的重要对象。地表水源受到污染还可以及时采取一定措施进行补救,但地下水源如果受到污染,表现出的特点是污染持续时间特别长,而且破坏不可逆,对城市水资源造成巨大损失。

**3. 单一水源无备用的重大安全风险**

单一水源对城市供水系统来说是一项重大风险。单一水源条件下,任何水源问题都会对整个城市供水产生很大影响。一旦水源出现突发污染或输送系统事故,将直接导致城市供水中断、减量或出现水质安全问题,发生重大的供水事故,涉及整个供水服务区域甚至整个城市,对于城市发展和城市形象都将产生不良影响。

因此,建立安全可靠的多水源供水系统是城市发展规划的重中之重。国务院 2015 年 4 月 2 日印发的《水污染防治行动计划》("水十条")明确要求,"单一水源供水的地级及以上城市应于 2020 年底前基本完成备用水源或应急水源建设,有条件的地方可以适当提前"。

### 4. 取水系统的设施事故

取水系统的设施事故包括取水建(构)筑物(如水库大坝、拦河堤坝等)发生坍塌,取水泵房运行故障,原水管道发生爆管漏损等。取水建(构)筑物损坏会导致原水无法满足城市供给需求,取水泵站中水泵发生损坏或管道发生渗漏等都会影响水源供水。

### 5. 战争、恐怖活动

城市供水水源地和其他供水系统设施受到战争、恐怖活动的破坏,整个城市出现供水安全危机。对供水系统的破坏也是恐怖主义用来干扰社会正常秩序的常用手段,如破坏取水设施、净水厂、供水管道或投毒等。

## 7.2.2 制水系统风险识别

制水系统是对原水进行处理,以达到用户对水质要求的处理系统。制水系统的主要风险包括如下三个方面。

### 1. 净水厂设施故障

净水厂设施故障包括搅拌混合设备、药剂投加系统、提升水泵、阀门、管道等机械设备故障。设施故障会导致水质处理不达标、出厂水压与水量不足、水厂废水处理不达标等问题。此外,在线仪表、自控系统故障导致监控不及时,设备系统误操作等问题。净水厂设施故障还包括水厂断电事故等。

### 2. 水处理生产工艺问题

水处理生产工艺问题指水处理过程中的管理控制不当,如沉淀池未及时排泥、滤池未充分冲洗、各处理过程中药剂种类和投加量不合理,从而造成水质处理不达标或排水量不达标。

另外,国家生活饮用水水质标准的提升以及原水的水质污染等情况,使得老旧的水处理生产工艺已无法满足供水需求,现已有较多水厂进行了提标改造处理,部分水厂的提标工作还在进行中。

### 3. 运行管理

依据设备要求、投加化学品性质、规范标准和规章制度进行操作和维护需运行管理时严格执行,要杜绝违规操作、注意危化品防护和合理使用、及时更新机器设备以及在规定时间内对设备进行维护维修。

### 7.2.3 输配水系统风险识别

爆管漏水现象是城市供水安全的重要隐患问题,不断发生的爆管,特别是特大型爆管,对城市安全供水威胁较大,造成的经济损失严重。城市供水管线的覆盖面广,造成供水管线爆管漏水的因素很多,主要包括以下方面。

**1. 管网设计、施工质量问题**

(1)设计质量不佳。管线敷设缺乏统筹规划设计,未与城市道路改、扩建接轨,导致随着城市道路的扩建,一些原位于人行道内的管线已位于车行道下方,而管线设计的埋深较浅,附土压力和地面车辆负荷作用于管线上,管线长年受外力挤压以及地壳变化的影响,极易发生漏水。

(2)施工质量不良。基础不好,修平不规范,水管平卧在沟槽里,承口两边的管线密实度不均匀,都将导致承口变形或管身断裂,有时甚至连柔性接口都能变形漏水。施工时遇到障碍物就绕行,管线呈蛇形状,超越了承口的承受弧度,导致橡胶圈变形,同时也给日后施工造成难度和错觉。有些水管施工时未达到设计深度,埋深过浅,造成水管在外力反复作用下变形漏水。

(3)没有按加强防腐层要求操作。镀锌管的镀锌层破坏处没有做特别处理,当管线内壁遇到软水或 pH 偏低的水,就可能造成腐蚀,使管壁减薄、强度降低而形成管裂漏水隐患。

(4)未履行各种水管的安装要求。水泥管承口只能接受"O"形橡胶圈软接口的力度,在水泥管与钢制件接口时,若用水泥管做承口,采用水泥石棉刚性接口的方式,时间一长,该接口就会产生膨胀,超过水管承受极限就会破裂。

(5)废弃管线拆除不彻底。城市拆迁、道路变迁、用户变更、水管改造使许多支管上不再有用户,这些水管亟待报废。报废时需从干线接口处拆除,否则将留下漏水隐患,也为盗水创造了条件。

(6)法兰同管道不垂直。两法兰片不平行,垫圈太薄或位置不正,拧紧螺丝时未按对角线法则操作或少上螺丝等,使法兰片受力不均匀而引起渗漏。

(7)阀门质量低劣,型号不一。闸阀窨井的着力点砌在管线上,一些闸阀窨井为了操作需要埋设在入口处,有用砖砌筑的,也有用混凝土浇筑的,由于受车辆冲击窨井下沉,井盖受力的传入使地下管线漏水。

**2. 管线腐蚀与结垢**

由于埋设方式以及材质的原因,管龄较大的管道老化、腐蚀情况严重。由于敷设方式大多是埋设入地,所以管道老化、腐蚀大概有两种原因:一种是内腐蚀,跟管道内部介质腐蚀性的强弱及管道内的防腐措施有关;另一种是外腐蚀,它主要取决于管道周围的环境,也就是土壤环境。对于埋设入地管道而言,土壤是管道腐蚀、老化的主要因素。土壤是一种相当复杂且不均匀的多相物质,它的构成包括土粒、土壤溶液、土壤气体以及其他有机物或矿物质等多种成分,而且不同土壤环境的腐蚀性差别也很大。

当管道流速较高时使得锈蚀物脱落,会影响管网水质。尤其是管网水质变化导致沉积物析出,甚至会导致大面积的城市水质恶化事件发生。管网破损和管网末梢的死水也会引起水质污染事件。

### 3. 管线材质问题

根据经验,在相同条件下各种管线易裂性由大到小依次为镀锌管、铸铁管、石棉水泥管、延性铁管、钢筋混凝土管、钢管。我国常用的灰口铸铁管,其管身较脆,管壁厚薄不均,承口大小不一,采用刚性接口方式,埋于地下的水管在力学上形成一根较长的承重梁,受气候的变化、负荷加大的影响,小口径水管常会发生折断,大口径水管常会发生环向爆管的承口破裂,特别是冬季来临时,水管拉断的现象尤为明显。钢管收缩性能差,冬季气温降低引起水管收缩,容易使某一处水管焊缝拉开,导致漏水;混凝土管若施工质量较差,容易形成裂纹而导致漏水。在铸铁管中,连续浇铸铸铁管爆管现象最多,球墨铸铁管发生爆管现象较少。目前美国、德国、日本等发达国家的球墨铸铁管使用率达90%以上,而我国的使用率还相对较低。

### 4. 管线压力变化

供水管线压力的升高对供水管线安全也有很大影响,主要体现在管线接口处漏水、管线破损点漏水及管线爆裂损失等,其中管线爆裂损失危害最大,不仅严重影响供水系统的正常运行,而且对周围设施的破坏性很大。由于地形差异、用户差异,各地区的供水管线压力差别很大,较高的地区甚至达到 0.8~0.9 MPa,较低的地区有 0.2 MPa。同样的管线在不同压力下漏水与损坏的程度也不同,压力越高就越容易出现漏水,并且漏水量也越大。

### 5. 管线基础下沉

根据以往事故的教训,有众多因素引起管线基础下沉,进而致使管线发生爆管或者漏水事故:①管线敷设或维修时基础处理不当、加固不当或扰动原状土,都将导致管线基础强度不一致,从而产生不均匀沉降;②季节变化引起地表土壤的收缩、膨胀和翻浆,致使地基的强度弱化;③供水管线或其他相近市政管线的跑、冒、滴、漏致使管线地基浸水变软,强度降低;④地表荷载的挤压和震动使管线底部原状土无法承压而下沉。

### 6. 管线接口方式

铸铁管常采用承插式接口方式,有刚性接口和柔性接口两种。普通灰口铸铁管多为石棉水泥砂浆抹灰刚性接口,球墨铸铁管多为橡胶圈柔性接口。刚性接口的缺点是接口坚硬,不具备抗弯、抗拉、抗剪切能力,在外力作用下,管线对扭转、振动、移位的抵抗能力差。接口容易受拉而产生渗漏,引起管线不均匀沉降,致使爆管发生。

### 7. 气囊与水锤作用

对于距离长、管径大、起伏多的输水管,如果排气阀和泄水阀设置不足、性能不合格,或者安装不当或失灵,会使管线局部积存空气形成气囊。气囊的运动会造成管内压力震荡,对管壁形成连续冲击,从而造成管线损坏。在城市供水系统中,水锤现象频繁出现。对于一些管线长、水压大、流速快的供水管线,在启停泵、快速关闭阀门、突然停电时极易产生水锤导致爆管,尤其那些已经受到其他因素影响、造成一定损坏或抗压性能降低的管线,在水锤突发时极有可能发生爆管。

### 8. 地质条件

冬季寒冷,地表土层通常形成季节性冻土,较深土层中所含水分向地表土层迁移,形成的冰晶体使得土层膨胀,引起埋设在土层冻结深度附近的管线发生侧向位移而导致爆管事故。次年温度上升后,地表土层解冻融化,冰晶体随之融化,地表土层含水率大大增加,土层处于饱和状态,土质软化,强度明显降低。此时在地表荷载的作用下,路面容易开裂甚至翻浆,路面的破坏是每年5月份事故频率剧增的根本原因。

### 9. 地表荷载

埋设入地的供水管线不可避免地会承受一定的地表荷载。在地表荷载的作用下,管线震动和位移使相近管线产生碰撞或硌压而导致管线破裂的事故也时有发生。在动荷载作用下,土壤产生巨大的扰动,土壤结构发生变化,管线也随之震动。由于灰口铸铁管材的脆性,震动产生的拉力往往导致管线发生几何变形和渗漏,引起周边土质变软,进而引起地面塌陷和接口渗漏。

### 10. 温度与季节变化

不同季节温差较大,金属管线对温度变化非常敏感。地下管线同时受土壤环境温度和管线水温变化的影响,会产生膨胀或收缩。刚性接口管线中,因温度变化而产生温度应力,造成管线爆裂。在低温严寒期爆管会更多发生。在温差大的东北、西北地区,管线因未及时保温而经常出现爆裂事故。爆管还与气温骤降、回暖密切相关,霜冻、雨雪过后气温回升时,爆管现象也会大量发生。

### 11. 管线老龄化

对于管龄较长的老旧管线,口径越小,事故发生越频繁。无论管材如何均存在阻滞现象,这主要是由于结垢严重所引起的,口径越小,结垢对通水能力影响越大,造成管道超压破裂。相同管材的管线,管龄越长,爆管概率越大,这与管道结垢、腐蚀严重有很大关系。

### 12. 其他因素

除以上一些影响因素外,还有管线维护不当、第三方破坏等很多原因都会造成管线的爆裂和破损。许多管线事故是由供水管线的维护不当造成的。日常巡检和漏损检测不及时,造成渗漏、暗漏发现延迟,致使小型事故演变为大型爆管、漏水事故。很多城市由于处于高速发展阶段,较大规模的各种建设工程非常多,而城市供水管网的布置错综复杂,盲目施工开挖会导致在开挖、钻孔、打桩过程中对地下管线造成破坏,导致部分区域出现暂时性停水等风险。

## 7.2.4 二次供水系统风险识别

二次供水系统的水质安全问题一直以来是群众诉求集中、社会反响强烈的重点问题,二次供水污染事件常由多因素联合导致,可将影响二次供水水质的常见原因归纳如下。

1. 污水倒流

污水倒流是二次供水污染的首要原因。如果溢流管、水泵控制柜地线管和水泵电源线管等与污水井、污水管道连通或位置较低,当污水井或污水管道发生堵塞、遇大雨排水不及时、蓄水池泵房间积水时,而溢水管等与蓄水池连通的管道没有反逆流装置或装置失灵,污水可能通过管道倒流至蓄水池内。

2. 蓄水池破损渗漏

蓄水池因年久失修、动态应力等作用出现渗漏点、裂痕,而附近又有污染源时,污水可能通过渗漏点、裂痕进入蓄水池内。明显渗漏可以用肉眼发现,小渗漏可通过闭水试验查找。

3. 管网破损渗漏

因施工或陈旧等原因,管网出现破损渗漏。破损较大时,污染物可直接污染二次供水管网;破损较小时,局部水压不足和短期停水造成管网内负压,污水可渗入。

4. 管材腐蚀老化

由于化学和电化学作用会对管道内壁造成严重腐蚀,从而产生大量金属锈蚀物。微生物的生长繁殖除了直接造成水质的下降,用时也是金属腐蚀结垢产生的诱导原因。

5. 污染物直接污染饮用水

由于蓄水池或水箱设计缺陷,或卫生防护存在问题,或缺乏管理,附近污染物可直接污染二次供水。

6. 管道不正确连接

由于设计不符合给排水设计规范,管理部门对居民的宣传不到位、缺乏警示性标识和未从外观或形式上区分不同的水源管线,以致用户在装修过程中随意改变管道用途,造成中水管道与生活饮用水管道连接。

7. 马桶水箱水倒流

马桶直接连接生活饮用水管道,同时存在设计缺陷或安装、使用失误,当水压出现波动产生负压时,马桶水槽内的水可能倒吸入生活饮用水管网。

8. 用户内部阀门失灵

热水器、地暖等用水设备单向阀失灵后,内部存水污染立管水质。

此外,不同的二次供水方式及消防、生活水池水箱合用也会对二次供水水质产生明显的影响。二次供水系统面临的主要风险是饮用水质、用水困难、突发漏水等事故,其中不同的二次供水方式对水质的影响主要体现在浊度和余氯两个方面。对于消防、生活合用水池和水箱的二次供水建筑,监测其二次供水水质后发现余氯指标经合用水池后有明显下降,同时细菌总数明显增加。二次供水设施内存水经长时间放置后,水样中细菌总数不断增加,在正常的余氯水平条件(＞0.05 mg/L)下,细菌总数增加缓慢;一旦低于正常的余氯水平(0.05 mg/L)时,细菌总数增加较快。

## 7.3 城市供水系统的风险分析

1. 应用事故树分析城市供水系统风险

风险分析是根据风险类型、获得的供水系统信息,加深对风险的理解,明确风险的特征,预测风险发生的可能性以及一旦发生之后的损失程度,为风险评估和风险应对提供支持。在风险分析中,应考虑企业的风险承受度,并适时与决策者和其他利益相关者有效地沟通。另外,还要考虑分析过程中专家观点的分歧点。风险分析通常涉及对风险事件潜在后果及相关概率的估计。

对于那些风险事件和/或后果较明确的风险,可以采用事故树法明确其特征,整理、分析、识别阶段调查的事故案例,按照供水系统流程绘制事故树。事故树法为风险事件和/或后果的发生、发展过程提供更为翔实的细节,是一个归纳推理的过程。在分析过程中,事故树法是从风险事件和/或后果作为事故树的顶上事件进行分析,通过分析了解发生事故的途径及基本原因,寻找相应的风险因素。事故树的编制流程如图 7-1 所示。

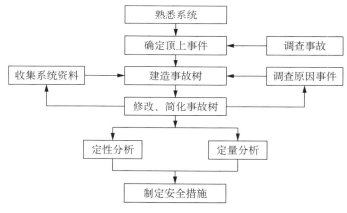

图 7-1　事故树编制流程

事故树法具有以下优点:对系统故障既可以定性分析,也可以定量分析;不仅可以分析由单一构件所引起的系统故障,也可以分析因多个构件而产生的系统故障。事故树法使用的是逻辑图,因此不论是设计人员还是使用和维修人员都容易掌握和运用,并且由它可派生出其他专门用途的"树"。例如,可以绘制出专门用于研究维修问题的维修树,专门用于研究经济效益及方案比较的决策树等。由于事故树是一种逻辑门所构成的逻辑图,因此适合于用电子计算机来计算;而且对于复杂系统的事故树的构成和分析,也只有在应用计算机的条件下才能实现。

当然,事故树法也存在一些缺点。其中主要是构造事故树的工作量相当繁重,难度也较大,对分析人员的要求也较高,因而限制了它的推广和普及。在构造事故树时要运用逻辑运算,在其未被一般分析人员充分掌握的情况下,很容易发生错误和失察。例如,很有可能把影响系统故障的重大事件漏掉;同时,由于每个分析人员所取的研究范围各不相同,所得结论的可信性也就有所不同。

2. 风险因素分析城市供水系统风险

供水安全的风险因素很多,可通过事故树将原水系统、制水系统、输配水系统和二次供水系统相关的风险因素有机组合起来。

由于自然条件、经济条件、供水系统等方面的差异,本书所列举的风险因素在不同城市中可能会有所不同,但可以参照本书的分析过程,对各个不同的供水系统风险进行论证总结。

1)原水系统风险因素

(1)原水水质

原水水质是饮用水水源地水质安全的主要风险因素。《地表水环境质量标准》对集中式生活饮用水地表水源地水质有明确要求,规定了特定项目的标准限值。原水水质风险需要关注水源的富营养化指标、水体污染以及取水系统的风险等(图7-2)。

若水源地保护范围内或上游水系发生富营养化导致藻类、嗅味爆发以及突发水污染事件,水源地供水安全将受到影响。

原水系统的水质污染事故主要由取水方式不当、污染物排放、原水管线污染等因素造成。污染物排放主要由人类活动和自然因素造成,人类活动包括农业活动、旅游活动和工业活动等;原水管线污染主要指因泵附件污染、管线腐蚀和破损造成的水质污染。

(2)原水水量、水压

原水系统面临的其他风险主要是取水系统水量、水压不足。取水系统水量、水压不足事故主要由取水口堵塞、取水设备事故和原水管线故障等因素造成。取水设备事故主要由泵站构筑物事故、供电事故、泵故障问题引起。原水管线故障主要指管线施工质量不达标、管线腐蚀、第三方施工破坏以及附属设施故障。

2)制水系统风险因素

制水系统的面临的主要是水质、水量与水压、设备故障及化学品等风险。

(1)制水系统水质风险

制水系统水质事故主要由设施与设备因素、工艺因素、运行管理因素和人员活动因素等导致。设施与设备、工艺的风险主要来源于净水工艺部分的设备故障或运行参数问题,运行管理问题往往是源自运行不当、监控不到位及应急预案不完善等,人员活动因素主要指运行管理人员操作不当或人为破坏因素。

(2)制水系统水量与水压风险

制水系统水量与水压事故主要由原水、设备、运行管理、人员活动等因素造成(图7-3)。原水因素一般指可取用水资源量不足;设备因素包括设备事故、电气事故及取水事故问题;运行管

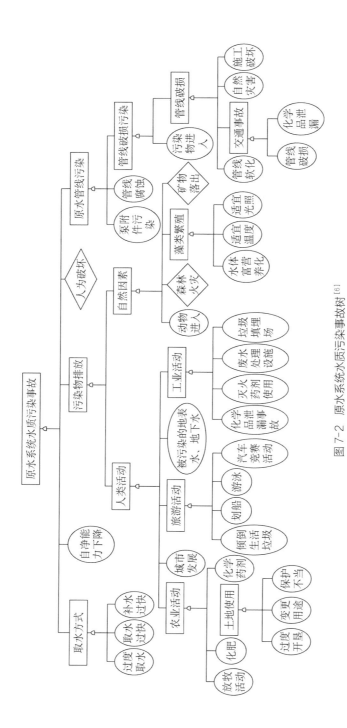

图 7-2 原水系统水质污染事故树[6]

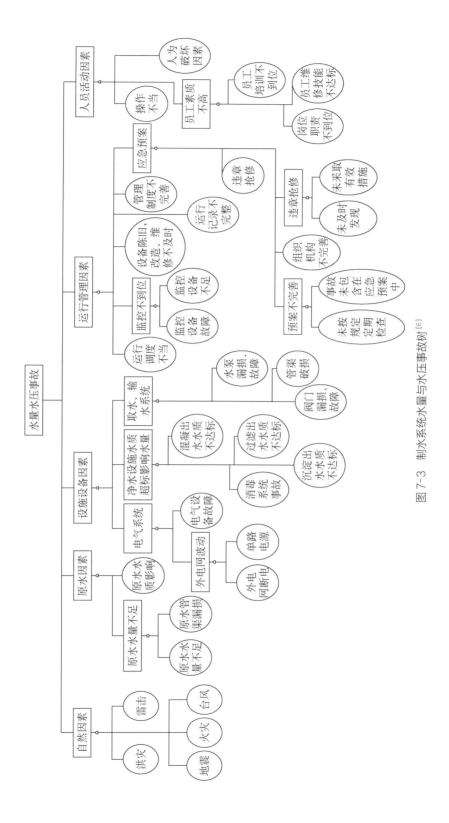

图 7-3　制水系统水量与水压事故树[6]

理因素包括监控不到位、管理及应急预案不完善等;人员活动因素包括操作不当、管理人员素质不高等。

（3）制水系统设备风险

制水系统设备事故由设备、运行管理、人员活动等因素引起。设备因素包括安装调试不完善、运行工况不良及负荷过大等,运行管理因素包括维修与维护不及时、应急预案不完善等,人员活动因素包括运行管理人员操作不当、素质不高及人员恶意破坏等。

（4）化学品风险

水厂中常见有毒、有害化学品有次氯酸钠、液氯、氢氧化钠、液氧和臭氧等（表7-1）。化学品泄漏可以从以下四方面分析:①液体泄漏速度;②气体泄漏速率;③有毒气体在大气中扩散速率;④沸腾液体扩展蒸汽爆炸模型。

表 7-1 水厂中常见有毒、有害化学品

| 化学品类 | 风险因素 | 发生原因 | 风险影响 |
| --- | --- | --- | --- |
| 次氯酸钠 | 泄漏 | 溢流或泄漏 | 人身伤害 |
| 液氯 | 泄漏 | 氯瓶或附属设施破损 | 人身伤害 |
| 氢氧化钠 | 泄漏 | 溢流或泄漏 | 人身伤害 |
| 液氧 | 泄漏 | 设施破损 | 人身伤害 |
| 臭氧 | 泄漏 | 设施破损 | 人身伤害 |

3）输配水系统风险因素

除输配水管线外,输配水系统面临的主要风险是管网水质污染。输配水系统管网水质污染事故主要受设计、管材、施工、维护管理和设施污染等因素影响。

设计因素主要包括水泵、管道选型或选材不当等,施工因素包括管中异物、管网施工误差、管道连接不到位和监理验收不到位等,维护管理因素主要包括维护与维修不及时、压力不足等。

4）二次供水系统风险因素

二次供水系统面临的主要风险是水质事故、用水困难事故、突发严重漏水事故,主要来源于自然、设计、管材、施工、维护管理和第三方影响等因素。第三方影响主要指外部过失破坏管道、管道上方负荷过大及蓄意破坏等问题。

# 7.4 风险预警设置

1. 预警建设

根据7.1节可知,供水系统风险一旦发生,会对城市社会效益和经济效益都带来不可估计的损失。因此,建立功能强大且完善的监测预警系统是整个供水行业的重中之重。应在水源地、输水管网和水厂入口建立预警系统,三道预警防线可以保证城市供水系统安全运行。

2. 预警系统运行特点

（1）水质检测预警系统应具有实时性、快速性，在水质指标达到一定限值时及时启动预警。

（2）检测预警系统应具有实用性、先进性，应采取先进的检测方法和愈加严格的检测指标来衡量预警阈值。

（3）预警系统应具有开放性和安全性，预警系统宜与其他水资源管理系统相连接，并考虑整体系统的安全性。

3. 预警系统运行原理

预警系统是基于数学模型来实现综合预警的。数学模型基于大量的实验数据，将反映水质的各个基本指标有机地结合为一个整体，分析水质综合变化情况。数学模型应具备强大而完善的自动学习功能，用户可以根据关注点的不同选取自己关注的污染物进行实验。水质基线是该模型的另一个重要内容。系统把未出现异常的水质数据汇总形成本地水质基线，并根据实时到达的新数据对水质基线进行微调，以使水质基线可以随季节、工艺等的变化而变化，从而保证判断的准确性和可靠性。同时，对于地表水这种水质波动较大的水体，也可以形成有一定规律的水质基线，保证水质预警系统正常工作。

4. 预警系统构成

（1）水质监测系统

水质监测系统是整个系统的基础，可分为三类，即水质自动监测、应急监测车监测以及实验室监测。

（2）系统运行管理体系

系统运行管理体系由监控单位、水务公司及突发水污染应急小组组成。监控单位负责对供水数据进行监测并发出预警，水务公司负责对预警数据进行核验，突发水污染应急小组负责预警后的应急措施实施。

（3）系统数据库

系统数据库是水质预警模型的主要模拟来源，水质预警模型可以根据系统数据库的更新而不断更新。

（4）预警数据管理平台

预警数据管理平台的功能主要为突发污染事故数据采集、警报发布与反馈、监视预警和系统管理。

（5）预警支持系统

预警支持系统包括两部分：一是基于水质基线建立的预警模型修正与运作系统；二是预警系统报警后对后续事态发展的模拟模型，例如污染物扩散模型及水质变化趋势模型。

5. 预警系统案例[12]

2013年，中国城镇供水排水协会编制了《城镇供水设施建设与改造指南》，该文件提出建设城市供水系统的水质检测网络,建立健全的水质预警系统,建立多地、多水源的数据信息共享系统。

(1)原水水质监测预警系统

2005年广东北江镉污染事件后,佛山市水业集团建立的北江原水水质检测与污染预警系统与欧洲五国1997年建立的多瑙河事故应急预警系统运行模式相似,均包括原水水质检测系统、数据共享平台、预警后事态发展模拟和应急措施4个方面。类似的原水水质检测预警系统在评估、预测水质变化方面发挥了重要作用。

(2)供水系统水质监测预警系统

杭州、济南等地在"十一五"水专项的推动下,建设了城市供水水质监测预警系统技术平台,对pH、余氯、溶解氧等17个指标进行在线监测。该平台可对达到各报警等级阈值的指标进行报警,同时由于采用神经网络模拟,可预测管网水质事故的时间和空间变化趋势。该预警平台投入运行后预测准确率可达80%。

# 8 城市供水基础设施的风险评价与评估

## 8.1 城市供水基础设施的风险准则

### 1. 风险准则的作用

风险准则是企业用于评价风险重要程度的标准。企业在制定风险准则时,要以目标体系中的各项运行目标为基础,参考限定运行目标的相关法律法规和标准,从原水、制水、输配水、二次供水4个子系统出发,围绕水质、水量、水压制定。

具体制定过程中要考虑以下因素:①可能发生的后果的性质、类型及后果的度量;②可能性的度量;③风险的度量方法;④风险等级的确定;⑤利益相关者可接受的风险或可容许的风险等级;⑥多种风险组合的影响。对以上因素及其他相关因素的关注,有助于保证组织所采用的风险评估方法适合于组织现状及其面临的风险。

### 2. 风险准则的内容

以供水行业目标体系为基础,依据支撑目标体系的相关标准(如《生活饮用水卫生标准》《地表水环境质量标准》)和法律法规(如《中华人民共和国水法》《城市供水条例》),制定城市供水系统风险准则,具体内容分为可能性与严重性赋值、风险等级评定标准。

(1)可能性与严重性赋值

为了确定风险等级评定标准,对风险因素的可能性和严重性采用1~5分进行赋值(表8-1—表8-5)。可能性 $k_1$ 值越高,代表风险发生越频繁;严重性 $k_2$ 值越大,代表风险的危害越大。

表8-1                          风险准则——可能性

| $k_1$ | 频　　率 |
| --- | --- |
| 5 | 1个月内发生1次 |
| 4 | 1~3个月发生1次 |
| 3 | 3~6个月发生1次 |
| 2 | 6个月~1年发生1次 |
| 1 | 1年以上发生1次 |

表 8-2                                   原水子系统风险准则——严重性

| $k_2$ | 严 重 性 | | |
|---|---|---|---|
| 指标 | 水质检验 | 目标取水量 | 目标供应压力 |
| 5 | 经净水工艺处理后有 1 项及以上毒理学指标超标;经净水工艺处理后有 1 项及以上微生物指标超标 | 目标取水量减少 30% 以上 | 目标供应压力减少 30% 以上 |
| 4 | 经净水工艺处理后有 4 项及以上感官性状和一般化学指标超标 | 目标取水量减少 20%~30% | 目标供应压力减少 20%~30% |
| 3 | 经净水工艺处理后有 3 项感官性状和一般化学指标超标 | 目标取水量减少 10%~20% | 目标供应压力减少 10%~20% |
| 2 | 经净水工艺处理后有 2 项感官性状和一般化学指标超标 | 目标取水量减少 5%~10% | 目标供应压力减少 5%~10% |
| 1 | 经净水工艺处理后有 1 项感官性状和一般化学指标超标 | 目标取水量减少 0~5% | 目标供应压力减少 0~5% |

表 8-3                                   制水子系统风险准则——严重性

| $k_2$ | 严 重 性 | |
|---|---|---|
| 指标 | 水质 | 水量 |
| 5 | 常规项目中任一项微生物指标超标 | 出水量减少 30% 以上 |
| 4 | 常规项目中 4 项及以上感官性状和一般化学指标超标 | 出水量减少 20%~30% |
| 3 | 常规项目中 3 项感官性状和一般化学指标超标 | 出水量减少 10%~20% |
| 2 | 常规项目中 2 项感官性状和一般化学指标超标 | 出水量减少 5%~10% |
| 1 | 常规项目中 1 项感官性状和一般化学指标超标 | 出水量减少 0~5% |

表 8-4                                   输配水子系统风险准则——严重性

| $k_2$ | 严 重 性 | |
|---|---|---|
| 指标 | 水质 | 水压 |
| 5 | 管网水 7 项检验指标中 1 项及以上微生物指标超标 | 管网目标压力减少 30% 以上 |
| 4 | 管网水 7 项检验指标中 4 项感官和一般化学指标超标 | 管网目标压力减少 20%~30% |
| 3 | 管网水 7 项检验指标中 3 项感官和一般化学指标超标 | 管网目标压力减少 10%~20% |
| 2 | 管网水 7 项检验指标中 2 项感官和一般化学指标超标 | 管网目标压力减少 5%~10% |
| 1 | 管网水 7 项检验指标中 1 项感官和一般化学指标超标 | 管网目标压力减少 0~5% |

表 8-5                                    二次供水子系统风险准则——严重性

| $k_2$ | 严 重 性 | | |
| --- | --- | --- | --- |
| 指标 | 水 质 | 水量、水压 | |
| | | 用户数 | 时间 |
| 5 | 常规项目中任一项微生物指标超标；任一项毒理学指标超标；任一项放射性指标超标；非常规检验项目中任一项微生物指标超标；任一项毒理学指标超标 | 500 户及以上 | 48 h 及以上 |
| 4 | 常规项目中 4 项及以上感官性状和一般化学指标超标；非常规项目中 2 项及以上感官性状和一般化学指标超标 | 200～500 户 | 24～48 h |
| 3 | 常规项目中 3 项感官性状和一般化学指标超标；非常规项目中 1 项感官性状和一般化学指标超标 | 100～200 户 | 12～24 h |
| 2 | 常规项目中 2 项感官性状和一般化学指标超标 | 50～100 户 | 2～12 h |
| 1 | 常规项目中 1 项感官性状和一般化学指标超标 | 10～50 户 | 1～2 h |

（2）风险等级评定标准

风险等级和可容忍风险等级主要是根据专家和水司工作人员的建议确定的，风险等级划分见表 8-6（其中，风险值 $k = k_1 \times k_2$）。

表 8-6                                        风险等级评定标准

| 风险值 | 风险等级 | 可容忍性 |
| --- | --- | --- |
| 0～5 | Ⅳ级风险 | 可以忽略的风险 |
| 6～9 | Ⅲ级风险 | 有条件可以容忍的风险 |
| 10～14 | Ⅱ级风险 | 需要处理的风险 |
| 15～25 | Ⅰ级风险 | 必须尽快处理的风险 |

操作过程中为了方便判断各个风险值的风险程度，将风险值按照 5×5 阶矩阵进行风险等级的划分（表 8-7）。

① 如风险因素风险值在红色区域（Ⅰ级风险），则应该不惜成本阻止其发生。

② 如风险因素风险值在橙色区域（Ⅱ级风险），应安排合理的费用来阻止其发生。

③ 如风险因素风险值在黄色区域（Ⅲ级风险），应采取一些合理的步骤来阻止其发生或尽可能降低其发生后造成的影响。

④ 如风险因素风险值在绿色区域（Ⅳ级风险），该类风险是反应型，即发生后再采取措施，而前三类则是预防型。

风险评价的结果为风险应对措施的制定提供了科学依据，风险分析过程中专家已根据风险清单中的风险因素给出了应采取措施的建议。对于供水企业来讲，应根据评估结果和专家建议综合判定应采取的措施：若 $k_1 \geq k_2$，应采取以预防为主的风险防控措施；若 $k_1 < k_2$，应采取以消除或降低危害为主的风险防控措施。

表 8-7                                                    风险分级示意图

| 可能性等级 | 5 | 10 | 15 | 20 | 25 |
|:---:|:---:|:---:|:---:|:---:|:---:|
| | 4 | 8 | 12 | 16 | 20 |
| | 3 | 6 | 9 | 12 | 15 |
| | 2 | 4 | 6 | 8 | 10 |
| | 1 | 2 | 3 | 4 | 5 |

严重性等级

## 8.2   城市供水系统的风险评价方法

风险评估是将风险分析的结果与企业制定的供水系统风险准则比较,对风险因素的可能性和严重性打分,并根据准则得出风险因素风险值,或者将各种风险分析的结果进行比较,确定风险等级,以便做出风险应对措施。决策一般包括以下 4 部分内容:①某个风险是否需要应对;②风险应对的优先次序;③是否应开展某项;④应该采取哪种途径。

城市供水系统风险评价过程中采用半定量化风险矩阵法。该方法根据风险分析的结果,既可以做到对风险的定性评价,也能做到对风险的定量评价;既能简单直观地得出城市供水系统子系统的风险等级和排序,又能得出整个供水系统风险的等级。供水系统的风险评价可分为 3 个阶段。

1. 风险因素的风险评价

风险因素的风险评价包括风险因素可能性和严重性的确定、风险值的计算及风险因素评估表的编制三部分。

邀请专家及供水系统技术人员参考风险准则打分(表格式),对风险清单中风险因素的可能性和严重性进行打分。根据风险值 $k = k_1 \times k_2$,求出风险因素的风险值,并编制风险因素评估表。计算公式如下:

$$k_1 = \frac{\sum_{i=1}^{n} k_{1i} \times g_i}{n} + \frac{\sum_{j=1}^{m} k_{1j} \times g_j}{m} \tag{8-1}$$

$$k_2 = \frac{\sum_{i=1}^{n} k_{2i} \times g_i}{n} + \frac{\sum_{j=1}^{m} k_{2j} \times g_j}{m} \tag{8-2}$$

$$k = k_1 \times k_2 \tag{8-3}$$

$$g_i + g_j = 1 \tag{8-4}$$

式中   $k$——风险因素风险值;

$k_1$——风险因素可能性;

$k_2$——风险因素严重性;

$k_{1i}$——专家组风险因素可能性评价分值;

$k_{2i}$——技术组风险因素可能性评价分值;

$k_{1j}$——专家组风险因素严重性评价分值;

$k_{2j}$——技术组风险因素严重性评价分值;

$g_i$——专家组权重;

$g_j$——技术组权重;

$n$——专家组评估人数;

$m$——技术组评估人数。

**2. 子系统的风险评价**

子系统风险评价包括子系统风险值的确定和子系统风险等级的判定。

子系统风险值的计算公式为(其中,风险值的权重系数见表8-8):

$$子系统风险值 = \sum(权重\ i \times 风险值\ i) / \sum 权重\ i \qquad (8-5)$$

根据计算出的子系统风险值,参考风险准则判定子系统的风险等级。

表8-8                                          风险值与权重系数表

| 风险值范围 | 权重系数 |
| --- | --- |
| [15, 25] | 4 |
| [10, 15) | 3 |
| [5, 10) | 2 |
| [1, 5) | 1 |

**3. 系统的风险评价**

供水系统风险评价包括系统风险值的确定、风险等级的评定及形成供水系统风险评估表。整个供水系统的风险值需根据子系统风险值计算得出。计算公式为

$$系统风险值 = \sum(子系统权重\ j \times 子系统风险值) / \sum 权重\ j \qquad (8-6)$$

根据计算出的供水系统风险值,参考风险准则评定系统的风险等级。

## 8.3  城市供水系统风险评估的重要意义

目前供水行业普遍缺乏风险意识,没有从风险的角度去审视供水安全问题。风险无处不在、无处不有,供水安全风险必然存在。

风险评估整个过程包含风险识别、风险分析、风险计算和评价。在风险识别的基础上,进行

城市供水基础设施风险分析与评价,明确在城市供水基础设施的整个生命周期存在的风险因素,及风险发生的可能性和严重性,结合城市供水系统的承受能力和风险准则,城市供水管理者可以清晰地进行风险管理,对不同等级风险,针对性采取控制措施,保证城市供水系统的安全可靠运行。

因此,城市供水基础设施风险评估是风险防控的重要依据。

## 8.4　城市供水系统的风险评估

1. 原水系统风险评估

原水水质是饮用水水源地供水安全的主要风险因素,风险产生原因主要在于突发性水污染事故。

在对城市曾发生过的事故及潜在点源、移动源污染进行调查统计的基础上,按污染物类别将城市水源可能面临的污染进行归类分析,得出城市潜在污染类别。潜在污染类别指标主要包括有机物综合指标、金属和非金属阳离子综合指标、非金属及无机综合指标、农药类、芳香族化合物、人工合成污染物、藻类及其特征污染物类、微生物学指标以及其他污染物。调查人员和企业(或单位)两者的相互配合方可使调查内容尽可能充分、翔实和准确。

2. 制水系统风险评估

水质、水量、水压、设备及化学品风险是制水系统风险评估的主要组成部分。水厂运行过程中的净水工艺、设备运行及药剂投加等环节均为风险评估控制环节。

(1) 运行风险评估

水厂在运行过程中,未规范化操作设备,未对设备进行定期维护与维修,设备及构筑物超负荷运行导致处理规模超出自身能力,均会导致水厂出厂水质不达标;消毒剂的投加方式及投加量不合理会导致饮用水中消毒副产物浓度激增,威胁居民饮用水安全;水厂停电事故及构筑物运行不当会导致处理工艺不达标,同时当水厂处理工艺在正常运行条件下无法满足水质标准时需要进行提标改造。人员、设备管理制度不完善也会导致生产运行事故。

(2) 设备风险评估

给水厂生产设备种类较多,包括机械设备、电气设备和自控设备。对于水厂设备进行风险评估,首先应对风险信息进行收集,将生产过程中对水量、水质、水压有影响的各个因素列出,随后工作小组应对每一项风险进行分类并划分风险等级。风险评估可以保证生产安全、提高员工安全意识并为企业安全生产管理提供科学依据。

(3) 化学品风险评估

给水厂的药剂投加环节属于风险性较高、发生频率高的部分,药剂在运输、储存和使用环节均存在一定风险,并且由于药剂种类不同和药剂对工艺的需求不同,药剂投加方式也有差别。水厂常用药剂包括液氯、次氯酸钠、聚合氯化铝、高锰酸钾、过氧化强、液氨、氢氧化钠、粉炭、石灰等,要避免药剂之间发生反应,也要保证药剂不发生爆炸、泄漏等风险。需要规范操作人员的工作流程,对药剂的储存和投加进行定期检查和巡视,并综合考虑某些有毒有害药剂与人员接触的频率,从而保证水厂制水流程安全运行。

3. 输配水系统风险评估

输配水系统的风险主要体现在管网水质污染风险及爆管风险。

输配水管网水质下降的原因主要为管道锈蚀、管网漏损污染和生物污染。为了对水质的稳定性进行评估,应该提出一个可以评价描述水化学稳定性的指标以评估输配水系统中水质的化学稳定性,并采取相应应急措施。目前采用最多的评价手段是利用数学模型及管网水力模型对管网污染进行动态模拟。

管道破损风险主要包括管龄、管材、自然条件等。管龄是对管道使用状况最直观的估计,应该对管网管龄进行统计和分析,从而及时对管网管道进行更新和维护。不同管材决定了管道的强度和防腐条件,目前供水管网中球墨铸铁管应用最多。由于自然条件等因素,管网周围土质条件会随之发生变化,可能导致管道的不均匀沉降从而发生破损。

4. 二次供水系统风险评估

二次供水系统中水质、水量、水压是系统正常运行的关键因素。二次供水系统安全主要涉及两个方面,一是水质是否合格,二是水量和水压是否满足需求。

水质是否合格包括二次供水水箱余氯是否合格,居民小区水箱和地下水池细菌学指标总数和大肠杆菌是否有超标风险。二次供水水质指标应满足生活饮用水卫生标准,以及二次供水设施卫生标准。二次供水设施属于配水管网末端,就技术层面而言,二次供水合格率比管网水质合格率更能体现用水安全。二次供水系统的消毒副产物受药剂投加量和温度变化的影响,温度越高消毒副产物生成量越高。从水质保障角度来说,二次供水中水的停留时间增加,水中的余氯不断减少,二次供水中菌落总数与余氯存在一定的相关关系,因此地下水池与屋顶水箱联合供水可能会造成余氯减少、细菌数量增加。

二次供水设备老化、维护不及时和停电等因素均会造成二次供水水量和水压不足。

# 9 城市供水基础设施的风险防控

## 9.1 风险防控体系

目前,城市供水系统风险防控主要指通过降低风险发生概率和减小风险损失来减小期望损失成本的各种行为[13]。

供水系统风险防控体系由风险事先防控、日常运维管理和事后应急抢修三个方面构成。

(1)风险事先防控是供水系统风险防控的方向与理念,是整个风险防控体系的基础。应从城市供水系统的规划设计开始,遵从国家和地方的法律、法规、产业政策和标准规范(表9-1),系统性、全局性地在源头上防控风险;在工程建设过程中严把施工质量关,实现设计意图,满足标准规范验收要求。

表 9-1 国家与上海市供水管理法规

| 国家供水管理法规 | 上海市供水管理法规 |
| --- | --- |
| 《城市供水条例》<br>《取水许可和水资源费征收管理条例》<br>《城市节约用水管理规定》<br>《取水许可管理办法》<br>《城市供水价格管理办法》<br>《水利工程供水价格管理办法》<br>《城市供水水质管理规定》 | 《上海市供水管理条例》<br>《上海市水资源管理若干规定》<br>《上海市供水调度管理细则》 |

(2)日常运维管理是风险防控体系中规避风险、减少损失的主要环节,是风险防控体系的核心。在供水系统的运行管理中,分析理清工程系统、设备和化学品等所涉及的各类危险因素,进行风险评估,建立、健全风险管理制度与机制,建设应急保障与预警机制,持续监督改进,减少风险,控制损失。

(3)事后应急抢修是指风险防控体系内风险发生后的主要应对措施,通过风险发生后风险应急小组讨论出的成熟方案来控制风险的范围和持续时间,并尽可能减少风险对人民群众切身利益的损害。

风险防控还应加强管理方面的措施,如制定预案,提高应急保障能力,在融资、保险等领域通过分担方式降低财产风险,积极提高社会参与性,实现各部门信息共享,政府、行业、企业和民众共同努力防控风险。

## 9.2 风险事先防控

### 9.2.1 风险事先防控原则

1. 建设节水型社会

以节水型社会建设为切入点,实施水资源消耗总量和强度双控行动,强化水资源承载力在区域发展、城镇化建设、产业布局等方面的刚性约束,通过节约水资源降低风险发生的概率。

2. 落实水资源管理

根据国家和地方法律法规条例,县级以上城市人民政府应当组织城市规划行政主管部门、水行政主管部门、城市供水行政主管部门和地质矿产行政主管部门等共同编制城市供水水源开发利用规划,并纳入城市总体规划[14]。

编制城市供水水源开发利用规划,应当从城市发展的需要出发,并与水资源统筹规划和水长期供求计划相协调。根据当地情况,合理安排利用地表水和地下水。鼓励将经适当处理符合杂用水水质要求的河、湖水资源用于绿化、道路浇洒、景观生态等方面;积极推进工业废水或城镇污水厂中水回用,沿海企业或单位使用冷却海水,雨水和洪水集蓄利用等示范工程建设,逐步建立非常规水资源利用体系,并将它们纳入水资源统一配置。

开展水资源开发利用总量和强度双控行动,实施水资源开发利用控制红线和用水效率控制红线管理制度。

3. 合理规划水源地

水源选址应不易受污染,便于建立水源保护区,可取水量充沛可靠,水质符合国家有关现行标准。

供水水源采用地下水时,应有与设计阶段相对应的水文地质勘测报告,取水量应符合现行国家标准和地方要求的有关规定。

供水水源采用地表水时,设计枯水流量保证率和设计枯水位保证率应符合现行国家标准的有关规定。江河、湖泊取水构筑物的防洪标准不应低于城市防洪标准。水库取水构筑物的防洪标准应与水库大坝等主要建筑物的防洪标准相同,并应采用设计和校核两级标准[15]。

城市应建设备用水源或应急水源。备用水源或应急水源的选择与构建,应结合当地水资源状况、常用水源特点以及备用或应急水源的用途,经技术、经济比较后确定。

4. 水源管渠保护管理

环境保护部门按照国家和地方法规划定饮用水水源保护区。在饮用水水源保护区内,禁止一切污染水质的活动。

水源管渠保护管理中,相关管理部门应做到摸清水污染高风险行业布局,明确水污染风险防范重点区域,加强重点领域、重点类型水污染风险以及重点水生态风险防范,建立水污染风险动态管理数据库,完善水生态环境风险前端监管体系。

为了加强原水引水管渠的保护管理,确保供水安全,保障经济建设和人民生活的需要,根据国家和地方的供水管理条例,制定地方的原水引水管渠保护办法。

### 9.2.2 供水系统规划设计

1. 厂站系统设计

水厂设计规模可在规划水量的基础上增加10%～15%的备用能力。

供水系统中各厂站的选择,应有较好的排水和污泥处置条件,有良好的卫生环境,并便于设立防护地带。各厂站的防洪标准不应低于城市防洪标准,并应留有适当的安全裕度。

厂站用电负荷分级应符合下列规定:①一、二类城市的主要厂站应采用一级负荷;②一、二类城市的非主要厂站及三类城市的厂站可采用二级负荷;③无法满足上述要求时,应设置备用动力设施。

水厂应设置电视监控系统等安全保护设施,并符合当地有关部门和水厂管理的要求。

水泵的选型及台数应满足泵房设计流量、设计扬程的要求,并根据供水水量和水压变化、运行水位、水质情况、泵型及水泵特性、场地条件、工程投资和运行维护等综合考虑确定。

泵房应设置备用水泵1～2台,且应能与所有工作泵互为备用。当泵房设有不同规格水泵且水泵规格差异不大时,备用水泵的规格宜与大泵一致;当水泵规格差异较大时,宜分别设置备用水泵。

位于江河、湖泊、水库的江心式或岸边式取水泵房以及岸上取水泵房的开放式前池和吸水池(井)的防洪标准应符合现行国家标准《泵站设计规范》(GB 50265—2010)第5.3.7条规定。

岸上取水泵房及其他建筑的防洪标准不应低于城市防洪标准。水厂和输配管道系统中的泵房防洪标准不应低于所处区域的城市防洪标准。

可能产生水锤危害的泵房,设计中应进行事故停泵水锤计算,当事故停泵瞬态特性不能满足现行国家标准所规定的要求时,应采取防护措施。

厂站的生产和附属生产及生活等建筑物,以及通道的防火设计应符合现行国家标准《建筑设计防火规范》(GB 50016—2014)及《消防给水及消火栓系统技术规范》(GB 50974—2014)的有关规定。

2. 管线系统设计

城市供水系统中输配水管网设计跟管网的风险状况有很密切的关系。

输水管道的布置应符合城镇总体规划,并以管线短、占地少、不破坏环境、施工和维护方便、运行安全为准则。

城镇供水的事故水量为设计水量的70%。多水源如设置了调蓄设施并能保证事故用水量,可采用单管输水;不能满足事故用水量时,可采用2条以上管道输水,并应按事故用水量设置连通管。

城镇配水管网干管应成环状布置。

应减少供水管网漏损率,并应控制在允许范围内。

供水管网严禁与非生活饮用水管道连通,严禁擅自与自建供水设施连接,严禁穿过毒物污染区,通过腐蚀地时应采取安全保护措施。

在各种设计工况下运行时,管道不应出现负压。

配水管网应按最高日最高时的供水量及设计水压进行水力计算,并应对下列 3 种设计工况校核:①消防时的流量和水压要求;②最大转输时的流量和水压要求;③最不利管段发生故障时的事故用水量和水压要求。

压力输水管应防止水流速度剧烈变化产生的水锤危害,应采取有效的水锤防护措施。

输配水管道与建(构)筑物及其他管线的距离、位置应保证供水安全。

当输配水管道穿越铁路、公路和城市道路时,应保证设施安全;当埋设在河底时,管内水流速度应大于不淤流速,并应防止管道被洪水冲刷破坏和影响航运。

敷设在有冰冻危险地区的管道应采取防冻措施。

压力管道竣工验收前应进行水压试验。生活饮用水管道运行前应冲洗、消毒。

负有消防给水任务管道的最小直径和室外消火栓的间距应满足现行国家标准《消防给水及消火栓系统技术规范》(GB 50974—2014)的规定。

### 3. 二次供水系统设计

二次供水水质应符合现行国家标准《生活饮用水卫生标准》(GB 5749—2006)的有关规定。

二次供水水量应根据小区及建筑物使用性质、规模、用水范围、用水器具及设备用水量进行计算确定。用水定额及计算方法应符合现行国家标准《建筑给水排水设计规范》(GB 50015—2003)、《室外给水设计规范》(GB 50013—2006)、《城市居民生活用水用量标准》(GB/T 50331—2002)的有关规定。

当使用二次供水的居住小区规模在 7 000 人以上时,小区二次供水管网宜布置成环状,与小区二次供水管网连接的加压泵出水管不宜少于两条,环状管网应设置阀门分段。

室外二次供水管道的布置不得污染生活用水,当达不到要求时,应采取相应的保护措施,并应符合现行国家标准《室外给水设计规范》(GB 50013—2006)的规定。

二次供水的室内生活给水管道宜布置成枝状管网,单向供水。

叠压供水设备应预留消毒设施接口。

## 9.2.3　施工、验收与调试

在施工管理及验收方面,严格按照设计规定、国家和当地规范标准进行施工操作和竣工验收,施工材料的选择和技术处理应满足施工规范和设计要求,确保工程质量优质合格,这也是减少管道漏损或者腐蚀风险的基础。

材料和设备在安装前应核对、复验,并做好卫生清洁及防护工作。阀门安装前应进行强度和严密性试验。

管道敷设应符合现行国家和当地有关标准的规定。

设施完工后应按原设计要求进行系统的通电、通水调试。

贮水构筑物容器应做满水试验。

各设备应按照产品说明书或厂家要求进行单体调试。

水泵应进行点动及连续运转试验,当泵后压力达到设定值时,对压力、流量、液位等自动控制环节应进行人工扰动试验,且试验结果均应达到设计要求。

调试后必须对清水供水设备、管道进行冲洗和消毒。消毒时,应根据设施类型和材质选择相应的消毒剂,可采用 20～30 mg/L 的游离氯消毒液浸泡 24 h。冲洗、消毒后,系统出水水质应符合现行国家标准《生活饮用水卫生标准》(GB 5749—2006)的规定。

# 9.3 日常运维管理

《城镇供水厂运行、维护及安全技术规程》(CJJ 58—2009)是为加强和规范城镇供水厂管理,确保安全、稳定、优质、低耗供水而制定的行业标准,适用于以地表水和地下水为水源的城镇供水厂的运行、维护及安全管理,该规范涵盖了原水系统、制水系统、输配水系统。二次供水为输配水系统的末端,常独立于输配水系统外管理。《二次供水工程技术规程》(CJJ 140—2010)为专门针对二次供水而设立的行业标准。供水系统的运维除应遵循上述 2 部规程外,还应符合国家和地方现行其他有关标准的规定。

## 9.3.1 完善供水全流程监测预警

按照现行国家标准《生活饮用水卫生标准》(GB 5749—2006)、《地表水环境质量标准》(GB 3838—2002)的有关规定,并结合本地区的原水水质特点对进厂原水进行水质检验。当原水水质发生异常变化时,应根据需要增加检验项目和频率。

加强地表水微量有机物和水污染预警与预测技术、水体新化学物质监测技术研究和应用,加强水厂运行过程及出水,乃至管网水质监控,为取水系统调度和水厂运行管理提供决策依据,并定期进行应急演练,提高预警和应急处理能力。当出现突发事件时,应按应急预案迅速采取有效的应对措施。

## 9.3.2 运行及设备风险防控

水处理工艺流程的选用及主要构筑物的组成,应根据原水水质、设计生产能力、处理后水质要求,经过调查研究以及必要的试验验证或参照相似条件下已有水厂的运行经验,结合当地操作管理条件,通过技术经济比较来综合研究确定。

水厂任一构筑物或设备因检修、清洗而停运时应仍能满足生产需求。根据设备要求,定期进行设备维护,不采用列入国家淘汰产品范围的设备。

用于生活饮用水处理的氧化剂、混凝剂、助凝剂、消毒剂、稳定剂和清洗剂等化学药剂产品必须符合卫生要求。

水厂运行建章立制,健全运行处置流程,完善设施与设备运行维护管理制度、巡检制度,加强对相关人员的培训,保证水厂正常运行,出厂水质、水量、水压达标,保证人员管理到位,持证上岗,建立应急预案与定期应急演练制度。

### 9.3.3　化学品风险防控

水厂中的常用危险品主要有次氯酸钠、液氯、液氨、氢氧化钠、液氧和臭氧等。各种化学品均必须建立对应的运输、储存、使用和应急处置预案和规章制度。

下面对水厂常用危险品的风险防控措施进行简要说明,具体操作措施应遵照相应的危险品管理操作要求。

#### 1. 次氯酸钠

固态次氯酸钠为白色粉末,受热后迅速分解。液体一般为无色、淡黄色或黄绿色,具有刺激气味,不稳定,易分解,有腐蚀性。次氯酸钠在空气中极不稳定,在碱性状态时较稳定。

该物质受热、与酸接触或在光照下会分解,生成含氯气的油污和腐蚀性气体。气体浓度大于 10% 时是一种强氧化剂,与可燃物和还原性物质猛烈反应,有着火或爆炸危险。水溶液浓度较高时也是一种强碱,与酸猛烈反应,并有腐蚀性,侵蚀许多金属。不可燃,遇火会释放出刺激性或有毒烟雾(或气体)。稀次氯酸钠溶液对皮肤、眼睛、呼吸道有刺激性,会引起皮疹、流泪、视力模糊、咳嗽。食入后会刺激和腐蚀黏膜的表面,使人呕吐和腹部疼痛。经常用手接触次氯酸钠的工人,手掌大量出汗,指甲变薄,毛发脱落。接触高浓度次氯酸钠会引起皮肤灼伤或溃烂,接触眼睛会造成腐蚀伴有角膜或结膜溃烂,甚至会造成失明。吸入浓的次氯酸钠烟雾会严重刺激肺部,造成咳嗽或窒息、肺水肿,严重时可致死亡。

次氯酸钠也是潜在污染源,如不慎泄漏将对厂内生产人员产生危害,同时对厂外环境也有一定影响。为确保生产安全,对次氯酸钠的管理必须做到:①设置自动报警器实时监控。②将次氯酸钠贮存于阴暗、通风的库房,远离火种、热源,库房温度不宜超过 30℃。应与酸、食品和不兼容性物料分开存放,切忌混储,注意密封,储区应备有泄漏应急处理设备和合适的收容材料。

#### 2. 液氯与液氨

1) 设计要求

加氯(氨)间、氯(氨)库和氯蒸发器间应采取下列安全措施。

① 氯库不应设置阳光直射氯(氨)瓶的窗户。氯库应单独设置外开门,不应设置与加氯间和氯蒸发器间相通的门。氯库大门上应设置人行安全门,安全门应向外开启,并能自行关闭。

② 加氯(氨)间、氯(氨)库和氯蒸发器间必须与其他工作间隔开,并应设置直接通向外部并

向外开启的门和观察其他工作间的固定观察窗。氨或任何铵盐不得与氯或氯衍生的氧化剂共同存储、运输、投加等,应予以严格分隔。

③ 加氯(氨)间、氯(氨)库和氯蒸发器间应设置泄漏检测仪和报警设施,检测仪应设低、高检测极限。

④ 氯库、加氯间和氯蒸发器间应设事故漏氯吸收处理装置,处理能力按 1 h 处理 1 个满瓶漏氯量计,处理后的尾气应符合现行国家标准《大气污染物综合排放标准》(GB 16297—1996)的有关规定。漏氯吸收处理装置应设在临近氯库的单独房间内,氯库、加氯间和氯蒸发器间的地面应设置通向事故漏氯吸收处理装置的吸气地沟。

⑤ 氯库应设置相对独立的空瓶存放区。

⑥ 加氨间和氨库内的电气设备应采用防爆型设备。

⑦ 加氯(氨)间、氯(氨)库和氯蒸发器间应设每小时换气 8~12 次的通风系统;加氯间、氯库和氯蒸发器间的通风系统应设置高位新鲜空气进口和低位室内空气排至室外高处的排放口,加氨间及氨库的通风系统应设置低位进口和高位排出口;氯(氨)库应设根据氯(氨)气泄漏量启闭通风系统或漏氯吸收处理装置的自动切换控制系统。

⑧ 加氯(氨)间、氯(氨)库和氯蒸发器间外部应设有室内照明和通风设备的室外开关以及防毒护具、抢救设施和抢修工具箱等。

⑨ 所有连接在加氯支管上的氯瓶均应设置电子秤或磅秤,氯瓶、氨瓶与加注设备之间应设置防止水或液氯倒灌的截止阀、逆止阀和压力缓冲罐。

⑩ 氯库的室内温度应控制在 40℃ 以内。氯(氨)库和加氯(氨)间室内采暖应采用散热器等无明火方式,散热器应远离氯(氨)瓶和投加设备布置。

2)防止氯泄漏措施

(1)泄漏预防措施

氯气泄漏将对厂内生产人员产生危害,同时对厂外环境也有一定影响,对氯气必须采用中和吸收装置进行处理和控制,确保生产安全。具体措施如下。

① 设自动加氯装置。

② 设置氯气中和装置。当氯瓶发生漏氯时,报警器报警并传至中心控制室派人现场处理,同时中和装置启动,中和氯气。中和装置启动时,加氯间排风扇停止工作。因此一般不会发生无组织排放。

③ 液氯贮存。氯瓶搬运进库及堆放时不得敲击、碰撞、抛掷、落滑。搬运时注意不要把瓶阀对准人体。氯瓶不得全部用尽,余压应为 0.2 MPa 左右,至少不得低于 0.05 MPa。

(2)培训操作及配置

① 人员经过严格和特殊的训练,并熟悉液氯钢瓶详细操作程序后才能上岗,加氯间非直接操作人员不得入内。

② 由于氯气有腐蚀性,管道、设备要经常维修,发现故障及时修理或调换。

（3）应急处理

由于设置了自动的吸氯中和装置，因此水厂加氯间出现泄漏和爆炸事故概率较小，而影响外界的概率则更小。少量泄漏危害主要在厂内，万一发生液氯爆炸且厂内无法处理时，则启动应急预案进行人员疏散。因此要求采取正确的预防措施和应急措施，将事故发生概率和事故发生后的损失减少到最低限度。

① 人员迅速撤离泄漏污染区，至上风处，并立即进行隔离，小泄漏时隔离 150 m，大泄漏时隔离 450 m，严格限制出入。

② 建议应急处理人员戴自给正压式呼吸器，穿防毒服。尽可能切断泄漏源。合理通风，加速扩散。漏气容器要妥善处理，修复、检验后再用。

③ 建议把处理过废气的还原性溶液（亚硫酸氢盐、亚铁盐、硫代亚硫酸钠溶液）交由专业厂家处理更换。

（4）防护措施

① 呼吸系统防护：空气中浓度超标时，建议佩戴空气呼吸器或氧气呼吸器。紧急事态抢救或撤离时，必须佩戴氧气呼吸器。

② 眼睛防护：呼吸系统防护中已作防护。

③ 身体防护：穿带面罩式胶布防毒衣。

④ 手防护：戴橡胶手套。

⑤ 其他：工作现场禁止吸烟、进食和饮水。工作毕，淋浴更衣。保持良好的卫生习惯。进入罐、限制性空间或其他高浓度区作业，须有人监护。

（5）急救措施

① 皮肤接触：立即脱去被污染的衣着，用大量清水冲洗并就医。

② 眼睛接触：提起眼睑，用流动清水或生理盐水冲洗。

③ 吸入：迅速脱离现场至空气新鲜处。呼吸心跳停止时，立即进行人工呼吸和胸外心脏按压术，并就医。

3）防止氨泄漏措施

（1）泄漏预防措施

① 关键设备，如储罐、泵、阀、管线质、卸料压缩机等，应符合质量要求。

② 按规范和标准安装，定期检修，保证状态完好。

③ 对所有设备、管线、泵、阀、报警器监测仪表定期检、保、修。

④ 易燃、易爆物挥发、散落场所的高温部件须采取隔热、密闭措施。

（2）培训操作及配置

① 操作人员必须经过专门培训，严格遵守操作规程，熟练掌握操作技能，具备应急处置知识。

② 储存间和投加间应设置充分的局部排风和全面通风，远离火种、热源，工作场所严禁

吸烟。

③ 生产、储存区域应设置安全警示标志。钢瓶和容器必须接地跨接,防止产生静电。搬运时轻装轻卸,防止钢瓶及附件破损。禁止使用电磁起重机、用链绳捆扎或将瓶阀作为吊运着力点。配备相应品种和数量的消防器材及泄漏应急处理设备。

④ 生产、使用氨气的车间及贮氨场所应设置氨气泄漏检测报警仪,使用防爆型的通风系统和设备,应至少配备两套正压式空气呼吸器、长管式防毒面具、重型防护服等防护器具。戴化学安全防护眼镜,穿防静电工作服,戴橡胶手套。工作场所浓度超标时,操作人员应该佩戴过滤式防毒面具。可能接触液体时,应防止冻伤。

⑤ 储罐等压力容器和设备应设置安全阀、压力表、液位计、温度计,并应装有带压力、液位、温度远传记录和报警功能的安全装置,设置通风设施或相应吸收装置的连锁装置。重点储罐需设置紧急切断装置。

(3)应急处置

① 根据气体的影响区域划定警戒区,无关人员从侧风、上风向撤离至安全区,并根据氨的泄漏量对泄漏区进行隔离,严格限制人员出入。建议应急处理人员穿内置正压自给式空气呼吸器的全封闭防化服。如果是液化气体泄漏,还应注意防冻伤,禁止接触或跨越泄漏物,尽可能切断泄漏源。

② 液氨储罐发生泄漏事故时,立即开启水喷淋装置,吸收泄漏挥发到空气中的氨,并使用应急泵进行紧急倒料,送入到另一个储罐中,以减少氨的泄漏和挥发量,吸收液氨的废水暂时储存于液氨储罐区的实体围堰内,并通过管道排入事故收集池内。

(4)急救措施

① 吸入:迅速脱离现场至空气新鲜处。保持呼吸道通畅。如呼吸困难,给氧。如呼吸停止,立即进行人工呼吸并就医。

② 皮肤接触:立即脱去污染的衣着,用2%硼酸液或大量清水彻底冲洗并就医。

③ 眼睛接触:立即提起眼睑,用大量流动清水或生理盐水彻底冲洗至少15 min并就医。

(5)火灾及爆炸控制

① 加强门卫,严禁吸烟、火种、穿带钉皮鞋、不带阻火器车辆进入易燃易爆区。

② 严格执行动火证制度,并加强防范措施。

③ 易燃易爆场所一律使用防爆性电气设备。

④ 严禁钢质工具敲击、抛掷,不使用发火工具。

⑤ 按标准装置避雷设施,并定期检查。

⑥ 严格执行防静电措施。

(6)中毒、窒息控制措施

① 设立危险、有毒、窒息性标志。

② 设立急救点,配备相应的急救药品、器材。

③ 培训医务人员对中毒、窒息、灼烫等的急救处理能力。

**3. 氢氧化钠**

**1) 存放要求**

氢氧化钠存放点必须远离热源、火种,避免撞击、摩擦、震动。使用点必须悬挂安全标志,以示警示,非工作人员严禁靠近。库区周围要清洁,做到无杂草,不得堆放杂物。

**2) 培训操作及配置**

(1) 操作工必须经过安全培训,熟悉氢氧化钠物理性质、化学性质及安全管理常识,并具备事故应急处理的能力。

(2) 生产班每班要定时对氢氧化钠存放区、氢氧化钠使用区设备、防护设施(洗眼器)等进行巡检,发现问题要及时处理。

(3) 氢氧化钠出、入库时必须做好登记,做到账目清楚、账物相符。

(4) 操作人员必须正确穿戴劳动防护用品(佩戴防毒口罩、防护眼镜,穿耐酸碱工作服,佩戴耐酸碱防护手套),必须严格按照安全操作规程操作。

(5) 机修电气员工进入氢氧化钠存放区维修时必须佩戴正确的劳动防护用品。

(6) 严禁用手或者身体任何部位接触氢氧化钠,防止被灼伤。

(7) 从事氢氧化钠作业活动时,至少两人同时在作业现场。发生事故时,应及时上报启动应急救援预案。

(8) 应定期对氢氧化钠使用场所的消防器材和氢氧化钠防护器材进行检查和维护,包括二氧化碳灭火器、洗眼器(固定式洗眼器、移动式洗眼器两种),发现器材损坏或过期时,应及时更换。

**3) 应急处置**

(1) 隔离泄漏污染区,周围设警告标志,限制人员出入。建议应急处理人员戴好防毒面具(全面罩),穿防酸碱工作服。不要直接接触泄漏物。

(2) 小量泄漏应避免扬尘,用洁清的铲子将氢氧化钠收集于干燥、净洁、有盖的容器中;也可以用大量水冲洗,将稀释后的洗水排入废水系统。如大量泄漏,收集回收或无害处理后废弃。

**4) 急救措施**

(1) 皮肤接触:立即脱去被污染的衣着,用大量流动清水冲洗至少 15 min。

(2) 眼镜接触:立即提起眼睑,用大量流动清水或生理盐水彻底冲洗至少 15 min。

(3) 吸入:迅速脱离现场至空气新鲜处,保持呼吸道通畅。如呼吸困难,输氧;呼吸停止时,进行人工呼吸。

(4) 食入:误服者用水漱口,口服稀释的醋,及时就医。

**4. 液氧**

(1) 低温液体的汽化应设置卸压装置。穿防护服对人体进行防护。如果有大量喷溅的危险,应当穿上防冻、防火的专用工作服。

（2）低温液体泄漏或排放后，由于周围空气中的水蒸气被冷凝生成雾，严重影响视线。为了保证人们能沿着疏散通道撤离或到达设备控制点，必须设置简单的设施。

（3）液体贮运设备的检查要求如下。

① 液体贮罐、槽车及其安全附件，如压力表、安全阀、液面指示器等应定期检查。

② 液氧贮罐应定期进行乙炔含量分析。

③ 检修排放液体时，应注意排放安全，必要时应设警戒、挂危险区域标志。排放液氧时，附近不得有明火，绝对不准排放到可燃材料堆场、淘、坑内。

④ 液体贮罐（包括附件）须彻底吹除，动火前应进行气体分析，办理动火手续和进塔入罐许可手续。

⑤ 液体贮罐、槽车上的阀门、仪表应由专人修理。修后使用前应用干燥空气吹除，液氧贮罐应进行脱脂，并用无油氮气或空气吹除。

⑥ 防爆装置应及时调试，液氧贮罐、槽车上只准装无油压力表，不得用其他压力表代用。

⑦ 液氧贮罐必须有安全阀等泄压装置，各种安全附件必须符合《在用压力容器检验规程》的有关规定。

5. 臭氧

臭氧为不稳定的蓝色气体，有刺激性臭味，具有强氧化性，可在任何温度下分解成氧。臭氧本身不会燃烧，但可促进其他物质燃烧；受热或与易燃物质接触有发生火灾和爆炸的危险；刺激呼吸道和眼睛，主要通过吸入进入人体。

臭氧防护主要在臭氧接触池上设尾气破坏器，炭池顶加盖，并在臭氧发生器间设置监控措施，工作现场严禁吸烟，不得进食和饮水。由于臭氧易分解，通过控制泄漏量和及时报警停机，可以控制对周边影响。臭氧输送采用无缝不锈钢管，确保输送安全。如发生臭氧泄漏，迅速撤离泄漏污染区人员至上风处，并进行隔离，严格限制出入。建议应急处理人员戴自给正压式呼吸器，穿防毒服，从上风处进入现场，尽可能切断泄漏源。喷雾状水稀释泄漏蒸汽，切勿将水直接喷射在液体上。漏气容器要妥善处理，修复、检验后再用。

### 9.3.4 输配水系统运维管理

输配水系统巡检的主要技术措施如下。

#### 1. 被动检漏法

被动检漏法是传统的检测技术，相对比较经济，以市民电话和报警信号作为依据，对明显的漏点进行检测，对于地面下暗道的漏点不能进行有效检测。因此，这种方法不能作为一种主要的检漏方法。

#### 2. 听音检漏法

听音检漏法主要就是通过声音来检测供水管道的漏点，进而检测管道的漏水。主要包括地面听音法和阀栓听音法两种类型,其中阀栓听音法用于确定漏水范围,地面听音法用于确定漏点位置。

### 3. 水平衡探测法

这种检测方法又叫作三步检测法,检测一般都是通过三步来完成:第一步,在夜间关闭所有的用水器,对原来装有流量的通水管道进行检测,通过水表走动来确定检测的正确性;第二步,检测相关水道,进一步找出漏水区;第三步,通过各种各样的检测仪器来精确地测出漏水位置。通过这三步可以有效检测出漏水量的变化,若没有超过规定值,也就不需要进行检漏。

### 4. 示踪气体探测法

示踪气体探测法主要通过在管道中注入 5% 氢气和 95% 氮气的混合气体检测出漏点。这种检测方法一定要保证气体的量对人体不会造成伤害。这种检漏方式是通过计算机技术建立起来的,能够及时反映管道的腐蚀情况,但这种方法对技术可靠性的要求较高。

### 5. 声学管道内检测法

2004 年,国外进行关于给水管道内自漂流泄漏声波检漏设备的研发,该技术主要针对较大埋深、较长输水管道的检漏。北美 2007 年研发管道泄漏在线检测技术(SmartBall),该技术广泛适用于管径大于 DN150 的任何材质的压力管道。SmartBall 是由厚填料(泡沫)包裹的铝制球,填料起到保护传感器、减弱背景噪声的作用,它能检测出传统方法不能检测的小流量漏点。SmartBall 在管内随水流流动,收集并记录声波信号,同时记录压力、温度、速度,从而确定漏点位置。其后北美市场化的 Sahara 管道检漏系统是第一套专为对大口径供水管道进行实时在压检测而设计的管道检漏系统,在世界范围内得到了广泛应用。Sahara 头部安装水听器以检测漏水声音,利用水流推动减速伞牵引着传感器和电缆在管道中行进,传感器检测的信息通过电缆传入地面终端。该方法适用于管径大于 DN100 所有管材的压力管道,可检测 0.02 L/min 的小流量漏点,地表跟踪精度达 500 mm,支持管内摄像。此外,一些管内机器人的检测装置也应用声学原理,利用超声波和其他技术(如摄像)对管道进行检测,驱动方式包括主动驱动(机械驱动)和被动驱动(水力驱动),应用难点包括信息交流、数据管理、驱动方式等。

## 9.3.5　二次供水系统运维管理

(1)运行管理人员应具备相应的专业技能,熟悉二次供水设施、设备的技术性能和运行要求,并应持有健康证明。

(2)管理机构应制定设备运行的操作规程,建立健全各项报表制度,建立健全室外管道与设备、设施的运行、维修、维护档案管理制度,建立日常保养、定期维护和大修理的分级维护检修制度,运行管理人员应按规定对设施进行定期维修保养。

(3)运行管理人员必须严格按照操作规程进行操作,应按制度规定对设备的运行情况及相关仪表、阀门进行经常性检查,并做好运行和维修记录。

(4)运行管理人员不得随意更改已设定的运行控制参数。

(5)运行管理人员应定期巡检设施运行及室外埋地管网;应定期检查泵房内的各类辅助系统设施是否正常;应定期分析供水情况,经常进行二次供水设备安全检查;应定期检查并及时维护室内管道,及时排除影响供水安全的各种故障隐患。

(6)水池(箱)必须定期清洗消毒,每半年不得少于一次,并应同时对水质进行检测。

(7)水质检测项目至少应包括色度、浊度、嗅味、肉眼可见物、pH、大肠杆菌、细菌总数、余氯,水质检测取水点宜设在水池(箱)出水口,水质检测记录应存档备案。

(8)应用二次供水新技术,例如无负压变频供水系统可以减少二次供水的污染环节,防止水污染。

(9)水箱或给水管在接入生活卫生器具处(包括地暖等用水设施)应采取防倒流措施,并应设置足够的空气隔断。

## 9.4 事后应急抢修

各设备修复根据厂家要求和设备性能确定,化学品泄漏应急措施详见 9.3.3 节,同时应遵循相关技术措施。本节主要说明常见管线漏损所需的修复技术。

### 9.4.1 管道开挖修复方法

应采用快速、高效、易实施的技术,优先采用不停水修复技术。当条件具备时,也可采用非开挖修复技术。根据管材类别、管道损害程度、部位及损坏原因和施工作业条件等因素确定抢修方法,抢修材料技术性能不得低于原管道材料的技术性能。管道修复时,修复处应清洗干净,无油污、无尖锐物,焊接和黏结时还应表面干燥,修复后的管道应满足原管道使用要求。管道采用引流泄压时,引流孔在堵漏层固化牢固后才能关闭。

1. 管箍法

管箍法适用于管道孔洞、断裂和接口脱开修复。管箍法工艺包括管箍选择、管箍安装、止水处理等。

(1)管箍选择应符合下列规定:

① 管道接口脱开、环向裂缝或断裂应选用全包式管箍。

② 管道孔洞可选用补丁式管箍。

(2)管箍安装应符合下列规定:

① 安装前,管道外壁应光滑,不得有影响密封性的缺陷。

② 采用螺栓固定时,螺栓安装应方向一致,分布均匀,对称紧固。

③ 采用焊接固定时,焊接要求应符合有关规定。

（3）止水处理应符合下列规定：

① 采用橡胶密封件止水时，密封件应质地均匀，不得老化；采用非整体密封件时，应黏结良好，拼缝平整。

② 接口止水应符合其他相关规定。

**2. 焊接法**

焊接法适用于钢管焊缝开裂、腐蚀穿孔等缺陷的修复。焊接法工艺应包括预处理、焊接、防腐处理等。预处理包括清除防腐层、除锈、干燥、修口等。

（1）直接焊接管道应符合下列规定：

① 点状漏水补焊焊缝的长度宜大于 50 mm。

② 对口时不得在管道上焊接任何支撑物，不得强行对口。对口焊缝的点焊长度和错口的允许偏差按相关规定执行。

③ 焊缝应修磨，与钢管原始表面的过渡应平缓，焊缝修磨后的高度不宜超过 4 mm。

④ 焊缝及其边缘不应开孔。

⑤ 焊接可采用气体保护焊或电弧焊法。

（2）外加钢板（钢带）焊接或内衬钢板（钢带）焊接应符合下列规定：

① 钢板（钢带）材质与厚度宜与管体相同，钢板不得有尖棱、尖角形状。

② 被加强钢板（钢带）等覆盖的焊缝，应打磨平整；加强钢板（钢带）应与被加强管体弧度一致，紧密贴合。

③ 环缝钢带加固环的对焊焊缝应与管节纵向焊缝错开，当管径小于 600 mm 时，错开的间距不得小于 100 mm；当管径大于或等于 600 mm 时，错开的间距不得小于 300 mm。

④ 纵缝钢带加固条与管体连接的角焊缝距管节的纵向焊缝不应小于 100 mm。

⑤ 加强钢板与管体连接的角焊缝距修复边缘处应大于 50 mm。

（3）寒冷或恶劣环境下焊接应符合现行国家标准《给水排水管道工程施工及验收规范》（GB 50268—2008）的相关规定。

（4）焊材的选择应根据母材材质、抢修要求综合选定。

（5）防腐处理时，应修复损坏处的防腐层。焊接检验和钢管防腐应符合国家现行有关标准的规定。

**3. 黏结法**

黏结法适用于较小裂缝、孔洞的快速修复。黏结法工艺包括黏结剂选择、黏堵、加固处理等。

（1）黏结剂（胶黏剂）选择应符合下列要求：

① 与管道黏结处材质所匹配，并不得对材质有腐蚀作用。

② 黏结剂应具有一定的强度，并具有防水和防老化等性能。

（2）黏堵应符合下列规定：

① 黏结堵漏应先止水,清理黏结面及其周边的杂物,清洁、干燥表面。

② 黏补应采用专用布,涂胶应均匀、浸透,布的两面无缺胶现象。

③ 黏补至黏结剂固化前,不应受外力扰动。

④ 黏堵部位可根据实际情况进行加固处理。

⑤ 黏结剂固化达到规定强度后方可通水。

**4. 更换管段法**

更换管段法适用于其他方法难以修复的管道。更换管段法工艺包括原管道加固、破损管段拆除、新管段基础处理、新管段敷设和连接处理等。更换管道宜采用同质、同规格的管材。加固时不得扰动原管道。

(1)破损管段拆除应符合下列规定:

① 拆除时不得影响非拆除的管段。

② 采用切割拆除时,应根据不同的材质和口径选用锯割、刀割和气割等工艺,且应符合相关切割技术要求。

③ 破损管段拆除后应及时清理并移出抢修工作区域。

④ 预应力混凝土管不得截断使用。

(2)换管连接可采用下列方法:

① 球墨铸铁管可采用承插连接、法兰连接、管箍连接或套筒连接。

② 钢管可采用焊接、法兰连接、管箍连接或套筒连接。

③ 塑料管连接可采用橡胶圈柔性连接、黏结连接、电熔连接、热熔对接或法兰连接。

④ 钢筋混凝土管道可采用橡胶圈柔性接口和预制套环接口连接。

⑤ 不同材质的管段间可采用法兰连接、管箍连接或套筒连接。

**5. 接口修复方法**

接口修复方法适用于修复各种管道接口填料损坏的管道。

1)刚性填料接口修复

(1)填充油麻应符合下列规定:

① 填充油麻深度应根据密封材料确定。

② 填充前应将原填料剔除,剔除深度以露出油麻或橡胶圈为止,并应将填充处淋湿。

③ 填充油麻时应将承口、插口清洗干净,环形间隙应均匀,填充油麻应密实。

(2)填充石棉水泥应符合下列规定:

① 水泥宜采用 425 号及以上水泥。

② 石棉应选用机选 4F 级温石棉。

③ 填充前应充分拌和。

④ 应在初凝前用完,填打后的接口应及时潮湿养护。

⑤ 填充深度约占留口深度的 2/3,表面应平整,凹入端面 2 mm。

（3）填充膨胀水泥应符合下列规定：

① 膨胀水泥砂浆宜在使用地点附近拌和，随用随拌。

② 填充前应充分拌和。

③ 膨胀水泥砂浆应分层填入，捣实时不得用锤敲打。

④ 填充深度约占留口深度的 2/3，表面应平整，凹入端面 2 mm。

（4）填充后的接口养护时间应符合填充物的性能要求：

① 地下水对水泥有侵蚀作用时，应在接口表面涂防腐层。

② 刚性接口填充后，不得碰撞、震动及扭曲。

2）柔性接口修复

① 橡胶圈外观应光滑平整，不得有接头、毛刺、裂缝、破损、气孔、重皮等缺陷。

② 橡胶圈填塞时，应将承口、插口清洗干净，沿一个方向依次均匀压入承口水线。

③ 橡胶圈应使用符合卫生要求的润滑剂，不得使用石油制成的润滑剂。

3）法兰接口修复

① 法兰连接应保持同轴度，螺栓能自然穿入。

② 垫片表面应平整，无翘曲变形，边缘切割应整齐。

③ 螺栓应对称拧紧，紧固后的螺栓宜与螺母齐平。

④ 法兰连接宜选用带有止水带的橡胶垫片。

⑤ 密封垫龟裂、脱落时应更换合适厚度的密封垫。

## 9.4.2　管道非开挖修复方法

管道非开挖修复是采用不开挖或少开挖地表的方法进行管道修复更新，可用于不适宜开挖维修，开挖不经济，或为了充分利用管道腐蚀剩余量、延长管道使用寿命的情况。

按照是否利用原有管道结构强度，管道非开挖修复可分为非结构性修复技术、半结构性修复技术和结构性修复技术。

### 1. 非结构性修复技术

非结构性修复技术是指内、外部压力完全由原有管道本体承受的修复工艺。该技术主要工作目标为修复内衬，使之满足防腐要求，经常用于修复结构良好、不渗漏、只出现腐蚀的管道。

非结构性修复技术主要采用水泥砂浆或环氧树脂类衬里。在清除管道内壁的结垢和锈蚀后，将水泥砂浆、环氧玻璃鳞片或环氧树脂作为涂层材料，采用旋转喷头或人工方法直接将材料喷在原管道内壁，形成衬里管道复合管，完成对旧管道的整体修复。

旧管道修复时，表面清洗质量应达到施工要求，否则衬里易发生脱落。该技术不能修复管道孔洞裂缝，不能防止泄漏，不能提高管道结构强度，只能用作防腐。

### 2. 半结构性修复技术

半结构性修复指原有管道承受外部土压力、动荷载和内部水压，内衬管道承受外部水压和真空压力的修复工艺。该技术主要工作目标为修复内衬和局部裂隙,部分利用原有管道剩余强度。

进行半结构性修复内衬设计时,应注意原有管道和内衬层承担压力的比例,为使内衬层与原有管道联合承压,应合理确定内衬层外径与原有管道内径的差值,使内衬层受内压后有一定径向膨胀量以分担部分管道内部压力。同时,应确保原有管道具有足够的剩余强度和承压能力,可利用管道本体强度测试、CCTV 检测等多种方法调查评估原有管道剩余承压能力。

半结构性修复技术分为原位固化法(CIPP)、折叠内衬法、缩径内衬法、不锈钢内衬法等。

(1) 原位固化法

原位固化法指采用翻转或牵拉方式将浸渍树脂的软管置入原有管道内,固化后形成管道内衬的修复方法,软管也可采用油毡或玻璃纤维布等材质。

翻转式原位固化法一般通过水压或气压的方法进行。翻转压力应足够大以使浸渍软管能翻转到管道的另一端,翻转过程中软管与原有管道管壁紧贴在一起。翻转压力不得超过软管的最大允许张力,应控制在 0.1 MPa 以下。当用压缩空气进行翻转时,应防止其对施工人员造成伤害。

原位固化法的优点是内衬与原管道紧密贴合、不需灌浆、施工速度快、工期短。该方法可用于修复非圆形管道,内衬管连续,表面光滑,有利于减少损失。

(2) 折叠内衬法

折叠内衬法指将管道折叠后,拉入原管道中,通过水压或气压,使折叠管复原,形成与原有管道紧密贴合的管道内衬的方法。

该方法的优点是施工占地小,内衬管与原有管道紧密贴合,原有管道过流能力损失小,一次性修复管道长度可达千米,方法简单易行,适用于各种重力及压力管道的修复。

(3) 缩径内衬法

缩径内衬法指采用牵拉方法将经压缩管径的新管道置于原有管道内,待其直径复原后,形成与原有管道紧密贴合的管道内衬的方法。压缩管径的方法有冷轧法和拉拔法。

该方法优点是不需要灌浆,施工速度快,过流断面的损失小,一次性修复距离长。

(4) 不锈钢内衬法

不锈钢内衬法指以薄壁不锈钢材料作为内衬层进行管道修复的方法。该方法可用于修复人可进入管道内部的大口径管道,管道口径宜大于(或等于)800 mm。

为增强内衬不锈钢管与原有管道的整体性和可靠度,可对不锈钢与原有管道的间隙注浆。不锈钢内衬法不能使用修复结构严重破损的管道。

不锈钢内衬法的优点是卫生性能好,对水质无污染,可有效解决管道漏损问题。

3. 结构性修复技术

结构性修复指管道内外部压力全部由内衬层承受的修复工艺,其结构性内衬层可不依赖原有管道而独立承受内外部压力。设计时内衬管的长期（50年）独立承受内压能力应大于或等于原有管道的最大工作压力。

值得注意的是，由于原有管道周围土体在原有管道铺设后的相当长时间内，在荷载或自重的作用下，发生压缩和变形，形成土拱效应，使得结构性内衬管比新建管道所需承受的外部土压力小。另外，结构性修复时原有管道虽然已出现较严重的结构性缺陷，但仍可能具有一定的承压能力。

结构性修复技术分为原位固化法、缩径内衬法、穿插法和碎（裂）管法等。

穿插法指采用牵拉或顶推方式将新管直接置入原有管道，并对新的内衬管和原有管道之间的间隙进行处理的管道修复方法。

碎（裂）管法指利用碎（裂）管设备从内部破碎或割裂原有管道，将原有管道裂片挤入周边土体形成管孔，同步拉入新管道的管道更新方法。

其他结构性修复方法基本同半结构性修复方法，主要差别是内衬管强度要求不同。

## 9.5　其他风险防控措施

### 9.5.1　管理类措施

#### 1. 应急保障措施

注重备用水源地建设，提倡水源地互连互通，规划应急取水口和应急水源地。

建设水源水质监测和预警系统。一旦水源地、水厂发生污染事件，涉事水源地、供水企业应立即启动应急预案，实施应急调度先期处置，并及时向主管部门报告。启动饮用水水源地水质灾害事故应急预案，判断水源地重大污染物的性质、污染范围、污染物的质量、污染物在水体实时运动方向，评估污染物影响时间。进行水源地水质检测和取水口运行应急调度，实施水源地应急联动调度或水源地切换调度，并启动涉事供水企业的区域供水应急调度预案，实施区域供水应急调度或通过水厂应急处理方案，增加或强化处理措施，保证应急供水。

加强供水智慧调度能力和管网输送能力的建设，保证在水源、水厂或管网事故状态下，紧急调度供水，以保证影响范围最小。

#### 2. 风险融资措施[13]

风险融资指通过获取资金的方法来支付或补偿损失。融资的手段通常有自留、购买保险合同、对冲和其他合约化风险转移4种。

（1）自留

风险自留就是将风险留给自己承担，从企业内部财务的角度应对风险。风险自留与其他风险对策的根本区别在于，它不改变建设工程风险的客观性质，即既不改变工程风险的发生概率，也不改变工程风险损失的严重性。对于中小风险，一般城市供水企业经常会采用这种方法。

（2）购买保险合同

目前，国内外大部分供水企业没有实行供水保险。供水保险指供水企业与保险公司签订合同并定期支付一定的保险费用，当风险发生时，由保险公司替供水企业承担损失资金，从而把风险损失转移给保险公司，而保险公司通过庞大的客户群体来稀释自身风险。

（3）对冲

利用远期合约、期货合约和期权合约等对冲操作降低风险所带来的损失。

（4）其他合约化风险转移

供水企业可以通过这种手段将风险转嫁给其他方。

实施供水保险是风险融资中最方便、高效的手段，也是风险转移、分摊损失的有力措施。目前其他市政基建行业也逐步将保险作为规避风险的选择，并且在城市供水事故高发与保险行业日渐成熟的条件下，供水保险将是一种可通过市场机制运作的新型保险产品。

**3. 财产风险防控措施**

（1）树立正确的风险意识，建立完善的财产管理系统

企业要根据实际情况，分析财务状况，掌握财产管理的变化方向，预定应急措施，适时调整财产管理的政策和手段，有针对性地及时解决问题，从而减少因环境因素而导致的各种财产风险。同时，企业也要建立高效的财务管理机构，加强财务监督机制，提高企业财务管理的工作效率。

（2）健全企业的财务风险预警系统

企业的发展管理必须根据市场情况的变化而变化，企业要根据市场环境建立预警系统。财务工作人员要采取相应的策略，建立财务风险预警系统。此外，工作人员应加强财务识别能力，采用定性和定量相结合的手段进行风险评估，找出根源，有针对性地解决问题。

（3）提高财产管理人员的素质

财产风险管理主要依靠工作人员专业的、完善的风险管理工作经验，因此管理人员应具有过硬的管理能力和对环境信息的敏感性，能及时收集到经济、法律、政策等方面的信息，善于预测环境变化带来的不确定因素，发现并解决问题。

（4）企业应建立合理的资本结构

良好的企业环境可以吸引外界投资，企业可适当地保持负债，降低资金成本，进行多元化经营，分散投资风险。同时加强财务监督工作，制定完善的风险防范措施，确保企业的资金能够正确使用，保证资金的顺畅流通。

**4. 社会参与控制措施**

（1）宣传与教育

向企业及周边群众、社区、场所宣传城市供水系统安全常识和管线保护知识；发挥社会的参与性，创造全社会的安全氛围。加强各部门信息共享，及时向管理企业发布台风、地质、地震、水文、气候等自然灾害预警信息，以便于城市供水企业及时做好防护措施。强化公众参与和社会

监督,依法公开环境信息,加强社会监督,构建全民行动格局。

（2）发挥行业协会优势

发挥行业协会组织的优势,协助政府,联络企业,发挥桥梁作用,增强与政府、企业之间的良好互动与沟通;协助企业与政府定期组织各项交流活动,协助组织各种宣传教育、培训和竞赛等活动,鼓励社区、企业及各种民间组织参与安全管理,提供更多更好的建议和公共监督。

### 9.5.2 多元共治,提高全社会节约用水水平

（1）推行城市漏损供水管网改造。科学制订和实施供水管网改造技术方案,完善供水管网检漏制度,加强公共供水系统运行的监督与管理。

（2）推动重点高耗水服务业节水。推进餐饮、宾馆、娱乐等行业实施节水技术改造,在安全合理的前提下,积极采用中水和循环用水技术、设备。各地应当根据实际情况确定特种用水范围,执行特种用水价格。

（3）实施建筑节水。大力推广绿色建筑,民用建筑集中热水系统要采取水循环措施,限期改造不符合无效热水流出时间标准要求的热水系统。鼓励居民住宅使用建筑中水,将洗衣、洗浴和生活杂用等污染较轻的灰水收集并经适当处理后用于冲厕。新建公共建筑必须采用节水器具,在新建小区中鼓励居民优先选用节水器具。

（4）开展园林绿化节水。城市园林绿化要选用节水耐旱型树木、花草,采用喷灌、微灌等节水灌溉方式,加强公园绿地雨水、再生水等非常规水源利用设施建设,严格控制灌溉和景观用水。

（5）全面建设节水型城市。强化规划引领,在城市总体规划、控制性详细规划中落实城市节水要求,以水定产、以水定城。实施城镇节水综合改造,全面推进污水再生利用和雨水资源化利用。

（6）广泛开展节水宣传。充分利用各类媒体,结合"世界水日""中国水周""全国城市节约用水宣传周"开展深度采访、典型报道等节水宣传活动,提高民众节水忧患意识。加大微博、微信、手机报等新媒体关于节水的新闻报道力度。开展主题宣传和节水护水志愿服务活动。

（7）加强节水教育培训。在学校开展节水和洁水教育。组织开展水情教育员、节水辅导员培训和节水课堂、主题班会、学校节水行动等中小学节水教育社会实践活动。推进节水教育社会实践基地建设工作。举办节水培训班,加强对节水管理队伍的培训。

（8）倡导节水行为。组织节水型居民小区评选,组织居民小区、家庭定期开展参与性、体验性的群众创建活动。通过政策引导和资金扶持,组织高效节水型生活用水产品走进社区,鼓励百姓购买使用节水产品。开展节水义务志愿者服务,普及节水知识,推广节水产品。制作和宣传生活节水指南手册,鼓励家庭实现一水多用。

### 9.5.3 供水新技术应用展望

**1. 日新月异的水处理工艺技术**

供水系统的处理技术正在日新月异地发展着,为供水的风险防控提供了更多手段,也相应降低了现有风险的损害程度。

随着水质标准的逐渐严格,加之部分区域的原水水质较差,很多城市供水处理系统的常规处理工艺已经不能满足城市生活用水水质的需求。与此同时,由于水环境污染加重和检测技术的发展,在城市饮用水中发现了多种对人体有害的微量有机污染物和消毒副产物,其中某些水中微量有机污染物(三致物)能使人致癌、致畸、致突变,而"混凝—沉淀—过滤—氯消毒"工艺不能有效去除和控制此类有害物质。

在此背景下,臭氧-活性炭深度处理工艺被应用,即在常规处理工艺后增加了臭氧-活性炭深度处理工艺。该工艺由于对水中有机物、微量有机污染物有较高的去除率,并且降低了氯化消毒副产物的生成,因此提高了水的化学安全性。近年来,研究及实践又表明,臭氧-活性炭工艺中活性炭滤池出水中的微生物含量增多,细菌的抗氯性增强,并且出水中含有的炭粒会对细菌起到保护作用。所以臭氧-活性炭工艺虽然提高了化学安全性,但同时降低了水的微生物安全性[16]。

被誉为"21世纪水处理技术"的膜处理技术,随着超滤膜生产技术不断成熟、生产成本下降、组件性能提高,膜处理技术被广泛应用到水处理工艺中。超滤膜能去除几乎全部致病微生物,所以超滤膜出水理论上可以不经过消毒处理直接输送到用户。但为了避免水在管网中受到二次污染,必须对出厂水投加少量消毒剂。与此同时,膜工艺的使用大大减少了消毒剂的用量,也显著减少了消毒副产物的生成量,从而提高了水的化学安全性。随着饮用水处理新技术的不断应用,饮用水水质问题所带来的风险也逐渐减少。

为了进一步减少水中微量有机物和嗅味问题,先进的水处理技术不断地被引入市政供水行业中,比如纳滤膜工艺、高级氧化工艺等现已逐步在江苏、山东等地区开始使用。

此外,为了增加原水水量供给,开始在沿海地区建设海水淡化工程,增加了城市供水水源,大大提高了城市供水水源的多样性和安全保障性。

**2. 输配水系统的 DMA 分区管理技术**

DMA 分区管理系统现已在不少城市供水系统中得到应用,它是控制管网产销差的有力手段,通过 DMA 分区控制发现潜在的漏失水量,采取相应干预措施,消减产销差,并对消减成果做出进一步的评估和分析。该系统可以有力地帮助供水系统减少漏失水量,减小供水压力,这不仅减少了水耗和能耗,也大幅度降低了对供水系统生产负荷、输送负荷的要求,降低管道损坏和爆管率,使得整个系统运行更为安全。

(1)DMA 分区管理的建设目标

① 通过 DMA 数据分析和水量平衡分析,发现 DMA 区块内营收账务数据异常、非法用水情况,监督考核营销查表质量。

② 通过监测和分析夜间流量,评估区域物理漏损水平,发现管网新产生的物理漏损,并结合水量平衡分析,分析可能的表观漏损。

③ 根据 DMA 区块情况,进行相应的经济分析,辅助决策,采取合适的漏损干预措施,如检漏、管线修复或改造、合理的压力控制以降低区域背景漏失等。

④ 通过 DMA 建立完善的 DMA 管理制度,包括相应的软件工具、组织结构和制度,不断完善和维护区域管网数据,保证可持续性的区块产销差管理,使区块产销差始终保持在合理且经济的水平。

(2) DMA 分区管理的建设内容

① 完成区域管网及边界阀门等附属设备的现场核实。

② 完成新设阀门、水表及新增管段等设备的安装,包括根据规划方案安装水表、流量仪、压力计、减压阀等。

③ 开展 DMA 测试工作,按照规划方案进行 DMA 区块试运行。

④ 完成流量计量及数据远传等设备的选型、安装、调试工作。

⑤ 建立 DMA 数据监控系统,包括建立远传管网数据采集、营收账务数据接入等 DMA 数据的采集、监控系统。

**3. 贯穿全系统、全过程的智慧水务**

智慧水务利用云计算、大数据挖掘、智能统计分析等技术,构建一体化的大数据智慧水务云服务平台。借助信息技术,智慧水务使水务企业的决策过程敏捷而智慧,及时发现生产、服务等环节的质量和安全风险,帮助水务企业优化流程、降低物耗、能耗、漏耗、提高协作效率和及时准确地处置风险。这个系统更把供水行业带入了一个全新时代,通过智慧系统,可以实现日常应急的智慧决策,运行到规划的智慧反馈,串联规划设计的蓝图和供水系统服务的终端对象,贯穿预测风险,规避风险,保障建设,应急响应等过程。一体化的智慧水务云服务平台内容如下。

(1) 全面感知

通过传感技术,实现对水务企业的全面监测和感知。水务企业利用各类随时随地的感知设备和智能化系统,智能识别、立体感知企业生产、环境、状态等信息的全方位变化,对感知数据进行融合、分析和处理,并与业务流程智能化集成,继而主动做出响应,促进企业各个关键系统高效运行。系统可以识别风险,及时预警,为消除和控制风险做好应对准备。

(2) 广泛协同

搭建智慧生产信息平台、智慧经营信息平台、智慧服务信息平台、智慧管控信息平台,实现平台间和系统间的互联互通、数据共享和流程协同,实现跨部门、跨企业的融合与协同,从而提高生产效率、经营效率、管理效率和服务效率,实现企业的高效运营,以达到降低成本、提高效率的目标,同时提高了保障能力和应急处置能力。

(3) 智能决策

基于云计算技术,通过智能融合技术的应用,实现对水务企业产生的海量数据的存储、计算与分析,实现大数据时代下对数据的智能分析,根据不同的主题、不同的指标、不同的展现方式提供企业决策者需要的信息,从而大大提升企业做出正确决策的能力,包括日常决策、应急决策、风险防控决策和战略发展决策。

（4）主动服务

借助于物联网、无线网、移动互联网等先进技术,相关服务信息能够迅速传递到每个需要知悉的人员以实现主动服务。通过智能服务系统的建设,整个服务过程可视化、可管理、可追溯,实现服务的主动化,从而实现对客户服务能力的提升。

（5）建立五大智慧水务体系

五大智慧水务体系包括智慧水务应用体系、智慧水务技术体系、智慧水务信息资源体系、智慧水务信息安全体系和智慧水务 IT 治理体系。风险防控也是其核心内容之一。

# 10 城市供水基础设施应急预案

## 10.1 城市供水基础设施应急安全维抢修体系

应急安全维抢修体系是一整套用于指导维抢修组织机构建立、核心抢险能力配置、执行程序、资源保证、沟通和响应、绩效考核、应急预案的制订和更新等内容的制度组合。

### 10.1.1 组织架构及岗位职责

1. 组织架构
（1）应急领导小组

各市水务局是供水行业的主要职能部门,也是各市应急管理工作机构之一,作为该市处置市供水行业突发事件的责任主体,应承担该市供水行业突发事件的管理责任和义务。在市水务局的领导下,设市供水行业突发事件应急处置领导小组(以下简称"应急领导小组")。应急领导小组的组成如下。①组长:市水务局分管局长。②成员单位:市水务局安监处、市水务局水资源管理处、市供水管理处、市供水调度监测中心、市海洋环境监测预报中心、市排水管理处、市水利管理处。

（2）应急工作小组

在市水务局的领导下,设市供水行业突发事件应急处置工作小组(以下简称"应急工作小组")。应急工作小组的组成如下。①组长:市供水管理处处长、市供水调度监测中心主任。②成员单位:各区水务局、各区水务集团、各区供水企业。

（3）专家小组

市水务局设立市供水行业突发事件应急专家小组(以下简称"专家小组")。专家小组由城市供水设施的设计、施工和运营等方面的专家组成。

2. 岗位职责
（1）政府职责

在应急安全维抢修体系中,政府具有事故指挥的职责,即具有指挥和控制的主体责任。政府的具体职责如下:①发起、协调和承担对事故响应所有措施的责任;②建立一个应急维抢修组织;③考虑开始、升级和终止事故响应活动,并确保事故响应活动满足法律和其他要求。

政府应建立一个不间断运行的指挥和控制过程：①观察，进行信息收集、处理和共享，对局势做出评估及预测。②计划，做出决策和对做出的决策进行沟通。③决策实施，反馈、收集和控制措施。上述指挥和控制过程不仅适用于政府对事故行动的指挥，也适用于对各个责任层级事故指挥团队成员的指挥。

（2）企业职责

企业应急维抢修部门是为了实现维抢修工作有序、高效地开展，将企业内人力、物力和相关储备等按一定形式和结构组织起来而形成的一种管理机构，对发挥集体力量、合理配置资源、提高抢修效率具有重要的作用。企业负责应急处置预案的编制、管理、更新、监督；负责编制、实施、完善专项分预案；负责制订现场抢修方案，实施抢修；当事故处置需要其他行业或单位协助时，负责联系政府相关部门，请求社会援助；负责组织燃气事故调查、总结、善后协调工作。

## 10.1.2 核心抢险能力

核心抢险能力是衡量维抢修体系能力的重要指标之一，通常也是最容易被关注和认识的部分，主要包括维抢修专业技术人员、专业维抢修设备、特种工器具及物资、维抢修队伍驻点分布等方面的内容。维抢修专业技术人员包括维抢修各专业人员的编制、工种类别、数量及技能水平等，是衡量维抢修能力的关键指标之一。通常情况下，工况不同，工种的比例有所差别，合理的人员比例配置才能发挥最高的工作效率。维抢修队伍驻点分布是维抢修核心抢险能力中不可忽视的组成部分，对紧急情况下人和设备的调遣影响很大，直接关系到抢险的到场及时率。因此，考察核心抢险能力时，需要考虑维抢修队的辐射半径、燃气管线密度以及道路交通拥堵等因素，特别是在道路交通比较拥堵的地区，其辐射半径应相应减小。

### 1. 沟通及应急响应机制

应急响应机制是维抢修体系的重要部分，是指在发生重大事故的紧急状态下，按照既定的分工和执行程序，形成多方联动的应急合作机制，用于协调各方资源，迅速调集人员、设备、物资对事发地进行救助和支援。一套完善的应急响应机制对整个体系的高效运行至关重要，尤其是在事故发生的紧急状态下，沟通及应急响应机制对响应时间、维抢修力量的调配和事故现场的配合等方面影响巨大。应急响应机制包括应急组织机构、应急响应程序和应急保障制度等内容。应急组织机构是为处理紧急事故而成立的临时性组织，需要明确组织内各岗位的职能和责任，确保该组织各组成部分之间能协调高效运作。应急响应程序包括应急预警、信息报告和应急响应流程等。应急预警包括接警、预警职责、预警启动和预警解除等环节，要对整个预警过程进行策划，同时要对信息报告和应急响应流程制订预案和详细的流程图，使信息能按照流程迅速传达和执行。

### 2. 应急预案的制订和更新

应急处置预案要求根据"以人为本，以防为主，分级管理，先期处置"的原则编制应急处置分预案,对突发事故的应急处置实行"条块结合、属地管理,专业救援、统一指挥,即报情况、跟踪落实,分级负责、先期处置"原则。

3. 应急演练和培训

为检验事故专项应急预案的可操作性及锻炼、检验维抢修人员的专业能力,需要定时开展应急演练,并有针对性地进行培训。应急演练指针对事先设计的紧急情况,将多个不同组织、机构的人员及应急物资整合起来,按照事故的处理程序,对各自承担的责任和义务进行排演的活动。其目的是通过应急演练对应急预案中人员的安排、沟通机制及事故响应处理程序的合理性进行检验,验证现场的实际操作性,并对演练中出现的不足进行分析,制订完善措施,通过演练切实提高综合应急能力。

## 10.2　应急处置的基本原则

应急处置指对突发险情、事故、事件等采取紧急措施或行动,并进行应对处置。由于突发险情、事故或事件在供水管网中体现为大漏水(爆管)、水质事件或者是极寒天气引起的水管冻裂等事件。这些事件大多是没有征兆的且又是影响恶劣的突发性事件,处理不当,可能造成社会恐慌等不利影响。因此,在处理这些事件的过程中,不能按普通事件的处理方法,应制订一套独立的工作制度来应对这些事件。制定应急处置的工作制度就是为了在这些突发情况下,可以快速地做出正确决定,使损失降低到最小。

一般情况,应急处置工作应遵循以下 5 个原则。

(1)实行领导负责制和责任追究制

应急管理工作实行统一领导,分级负责。在公司的统一领导下,建立健全"分级管理,分线负责"为主的应急管理体制,充分发挥应急预警和响应的指挥作用。

(2)以人为本,安全第一

把保障员工的生命安全和身体健康、最大程度地预防和减少事故造成的人员伤害作为首要任务。切实加强应急救援人员的安全防护。

(3)预防为主,强化基础,快速反应

坚持预防与应急相结合、常态与非常态相结合,常抓不懈,在不断提高安全风险辨识、防范水平的同时,加强应急基础工作,做好常态下的风险评估、物资储备、队伍建设、装备完善、预案演练等工作。居安思危,强化一线人员的紧急处置和逃生能力,早发现、早报告、迅捷处置。

(4)科学实用

应急预案应具有针对性、实用性和可操作性。通过危险源辨识、风险评估编制应急预案;应急对策简练实用,通过演练不断完善改进。依法规范,加强管理。

(5)分级响应

应急工作按照事故的危害程度、波及和影响范围,实施分级应急响应。

## 10.3 供水系统应急处置的工作制度

供水系统的应急事件多种多样，一般流程分为信息报告、响应分级、处置措施以及善后处理等。下面以大漏水（爆管）为例阐述应急处置流程。

1. 信息报告

供水热线话务员接到各反映源的疑似爆管信息，立即派单至抢修中心，由抢修中心 PDA 实时监控岗即时派单至相关供水管理所，现场工作人员通过管损级别预判系统确认属爆管级漏水后，抢修中心应密切跟踪处置信息，及时向供水热线通报进展情况，由供水热线向上级汇报。

2. 响应分级

供水管理所服务管理科在接到爆管级漏水报告后，立即根据受损管段口径确定响应级别，并开始着手联络各应急小组成员。根据爆管及漏水影响程度划分，应急预案分为三级：I 级（重大事故响应），II 级（较大事故响应），III 级（一般事故响应）。一般情况下，爆管事故等级是按爆管口径来区分，爆管事故口径根据受损管段的最大口径而定。如遇发生在重要路段的爆管事故，响应等级在原基础上上升一级，I 级为最高级别响应。如遇重大活动区域内发生爆管事故，则响应等级升至最高等级。

3. 处置措施

抢修车到达现场后，应立即布置安全护栏，封闭围护施工区域（夜间设置警示灯），设立"抢修施工标志牌"，根据阀门操作规程操作阀门，控制水情。阀门队操作口径≥DN300 的阀门前，必须先向水务集团运管中心调度室通报所要操作阀门的口径和编号，经运管中心调度室同意后方可操作。

管网管理科科长接报后，根据管损级别预判系统判断结果启动爆管抢修预案。服务管理科立即按爆管事故响应级别联络各应急小组成员，通报爆管级漏水信息。

抢修中心机具材料岗到场后，协助供水管理所确认管道损坏情况，协调抢修有关事宜，向供水热线通报抢修重要节点信息。

运管中心调度室得到爆管级漏水确切信息，立即采取应急调度措施，配合供水管理所控制水情，减少影响。

供水管理所分管所长或负责人到场后，视现场实际情况，落实用水保障小组、善后处理小组到场，指挥现场抢修工作。

现场新闻媒体接待工作与舆情工作遵循相关管理办法。

供水管理所善后处理小组到场后，实地察看受灾情况，调查走访受灾用户，了解灾害损失程度，掌握第一手材料，如受灾情况严重，则应会同地方政府共同处理。

供水管理所用水保障小组到场后，依据断水范围草图或管段排水卡，采用张贴紧急断水告示或发送紧急断水通知单告知受影响的企事业单位、居民用户,根据施工现场所涉及断水区域的实际状况和抢修时需停水的具体时间,及时安排临时送水车前往送水。

专职安全员佩戴印有"安全员"标志的袖章,在市政主要路口协助交通部门维持交通,疏散现场闲散人员。待各市政管线单位交底后破土开挖,根据供水管理所管网管理科现场拟定的爆管抢修方案,按照管道维修技术标准实施抢修工程,24小时抢修完毕。

抢修现场需要调用大型抢修材料时,如相应供水管理所有备品备件,则迅速运往抢修现场;如相应供水管理所无备品备件,则由供水管理所供水管理站站长向抢修中心提出申请,由抢修中心统筹调配;如所有机具站均无备货,则可以由抢修中心应急抢修组主管联系定点采购单位配送或加工所需大型抢修物资到场配合维修。

抢修工程结束后,供水管理所管网管理科进行尺寸复核及接口质量鉴定,确保抢修工程质量,根据现场制订的通水方案,分步完成开水、逼水、通水过程,通水合格后立即回填土方、夯实。对于市政恢复路面,应将余土回填堆拢成型,防止意外发生,并及时通知市政恢复。抢修人员撤离前应将抢修现场清扫干净,不留污水、杂物、渣土,全部完成后PDA销单。

供水后三天内,供水管理所管网管理科填写爆管事故报告单(一式两份)、补填断水操作单(一式两份)以及爆管事故情况报告(一式两份,包括事故发生经过、事故原因分析),一份交供水业务管理部,一份交抢修中心。

4. 善后处理

(1) 善后工作

突发供水事故紧急处置后,供水管理所善后处理人员要迅速采取措施,协助当地政府救助并安置受灾居民,保障救灾物资的供应,确保受灾居民的基本生活,并做好安抚工作;要及时调查统计事故影响范围和受损程度,报管网管理科科长;尽快制订有关的赔偿措施,确定赔偿数额,按法定程序进行赔偿;尽快开展落实财产险理赔工作。

(2) 调查和总结

应按有关法律法规的规定,由公司相关部门及相关单位组成事故调查组,迅速对突发供水事故展开调查、取证和原因分析工作。调查组应及时准确地查明原因,确定责任,提出整改和防范措施,并对事故责任单位和有关责任人提出处理意见,报公司领导审定。

**参考文献**

[1] 上海市政工程设计研究总院(集团)有限公司.给水排水设计手册:城镇给水(第3册)[M].3版.北京:中国建筑工业出版社,2017.

[2] 中国城镇供水排水协会.城市供水统计年鉴二〇一六年[M].北京:中国出版年鉴社,2016.

[3] 中华人民共和国水利部.2016年中国水资源公报[R/OL].[2016-07-11].http://www.mwr.gov.cn/sj/tjgb/szygb/201707/t20170711-955305.html.

[4] 李永林,叶春明,蔡云龙.国内外城市供水系统风险管理现状[J].科技与管理,2013(6):8-12,22.

［ 5］中华人民共和国住房和城乡建设部.CJJ 58—2009 城镇供水厂运行、维护及安全技术规程［S］.北京：中国建筑工业出版社,2010.

［ 6］周雅珍,张明德,蔡云龙,等.城市供水系统风险评估：理论、方法与案例［M］.北京：经济科学出版社,2014.

［ 7］中国城镇供水排水协会.城镇供水企业安全技术管理体系评估指南［S］.北京：［出版者不详］,2009.

［ 8］陆仁强,牛志广,张宏伟.城市供水系统风险评价研究进展［J］.给水排水,2010,36(z1)：4-8.

［ 9］张晓健,陈超,米子龙,等.饮用水应急除镉净水技术与广西龙江河突发环境事件应急处置［J］.给水排水,2013(1)：24-32.

［10］王龄庆,马飞燕,贾清.兰州市自来水局部苯指标超标事件应急处置分析［J］.中国初级卫生保健,2014,28(10)：94-95.

［11］杨晓丹,周卫国,顾晓瑜,等.两起老旧居民小区二次供水突发水质事件案例分析［J］.预防医学,2018(1)：94-95.

［12］宋兰合.城镇供水水质监测预警系统建设实践［J］.中国给水排水,2014,30(18)：15-17,51.

［13］李景波,董增川,王海潮,等.城市供水风险分析与风险管理研究［J］.河海大学学报（自然科学版）,2008,36(1)：35-39.

［14］中华人民共和国国务院.城市供水条例：中华人民共和国国务院令第 158 号［EB/OL］.(1994-07-19)［2019-06-28］.http：//www.mohurd.gov.cn/fgjs/xzfg/200611/t20061101-158932.html.

［15］中华人民共和国建设部.GB 50013—2006 室外给水设计规范［S］.北京：中国计划出版社,2006.

［16］李圭白,杨艳玲.第三代城市饮用水净化工艺：超滤为核心技术的组合工艺［J］.给水排水,2007,33(4)：1.

# 第 3 篇

# 城市排水基础设施风险防控管理

　　城市排水基础设施是城市生命线的重要组成部分，它的安全运行关系到城市社会经济发展和市民生活，是城市文明和现代化水平程度的重要体现。排水基础设施系统一旦发生风险，将影响城市环境、社会稳定和居民的生活品质，对城市社会、经济发展构成威胁。针对城市排水基础设施可能发生的风险，排水行业政府主管部门联合相关企事业单位逐步建立了风险管控和应急风险处置体系，涵盖排水设施设计、施工、运行养护、维抢修等全过程，从而保障排水基础设施的运行安全。本篇将对上述内容进行重点阐述。

# 11  城市排水基础设施概况

城市排水系统是城市建设的重要基础设施,也是城市精细化管理的重要组成部分。城市排水安全是城市安全和防灾系统的重要组成部分。为了实现城市排水系统的安全运行,应尽可能消除来自城市排水系统自身和外部环境的潜在隐患和风险,加强风险管控。

国内外城市排水事业的发展体现了全系统、全过程、全要素的安全保证性的提高,涵盖了城镇雨水排放、污水处理两大系统的排水管网、输送泵站、调蓄设施、污水处理厂、配套管理设施和监控设施。越来越多的政府和企事业单位在满足国家标准规范要求的同时,增强风险意识,加强应对措施,制订应急预案,实现风险总体控制。

本篇借鉴了国家有关城市排水系统风险评估研究的成果,以及众多专家学者的科研成果和论著,结合国家行业标准规范,重点阐述城市排水系统风险管理和控制措施,主要有四部分核心内容:

一是总结国内外城市排水系统的发展与特点,以及相应风险管理研究的发展与意义。

二是典型城市排水基础设施风险案例的分析。

三是针对城市排水全系统、全过程、全要素,阐述对应风险识别、风险分析和风险评价。

四是全面论述城市排水系统全生命周期的风险管理和防控,包括项目建设前的系统性、全局性源头风险防控;工程建设时对各类风险因素的梳理分析与风险评估;运行管理中建立并健全风险预警与管理机制,提高应急保障能力,持续监督改进,减少风险发生,控制损失等。

## 11.1  国内外城市排水的发展概况

### 11.1.1  国外城市排水的发展概况

城市的排水和污水处理设施是现代化城市经济发展和水资源保护不可或缺的组成部分,国外发达国家城市排水建设较早,现已发展得较为成熟。据统计,2002 年德国城市污水管道普及率平均已达 93.2%,城市排水管道长度总计达到 44.6 万 km,人均长度为 5.44 m,城市排水管网密度平均在 10 km/km² 以上。日本城市排水管道长度在 2004 年已达到 35 万 km,排水管道密度一般在 20~30 km/km²,高的地区可达 50 km/km²。美国城市排水管道长度在 2002 年大约为 150 万 km,人均长度为 4 m,城市排水管网密度平均在 15 km/km² 以上[1]。通常城市排水管网密度(城市区域内排水管道散布的疏密程度,即城市排水管道总长与建成区面积的比值)指标越高,城市的排水管网普及率越高、服务面积越大。德国、日本、美国等发达国家城市已经具有一套完善的排水管道系统。

在城市污水处理方面,美国平均每1万人拥有1座污水处理厂,瑞典和法国每5 000人有1座污水处理厂,英国和德国每7 000~8 000人有1座污水处理厂,而我国城市每150万人左右才拥有1座污水处理厂。表11-1列出了1989年世界一些国家及城市的排水管道普及率和污水处理率[2]。

表 11-1　　　　　　　　　　　　国家及城市污水处理状况（1989年）

| 指标 | 新加坡 | 纽约 | 东京 | 瑞典 | 北京 |
|------|--------|------|------|------|------|
| 排水管道普及率/% | 96 | 92 | 77 | 100 | 86 |
| 污水处理率/% | 100 | 89 | 80 | 100 | 22 |

### 1. 美国

美国城市早期主要以明渠来收集、排放城市生活污水及雨水,随着1948年《联邦水污染控制法案》(*Federal Water Pollution Control Act*),也叫《清洁水法案》(*Clean Water Act*)的确立,美国城市才开始重视污染防治和河流清洁,城市开始建设分流制排水系统,并对污水进行集中处理。1972年,联邦政府对《联邦水污染控制法案》进行了大幅度修正,提出对工业城市、生活污水等点源污染进行控制,通过在国家排放污染物消除制度(National Pollutant Discharge Elimination System,NPDES)中发放排污许可证的措施来控制与协调排入水体中的污染物总量。1987年《水质法案》(*Water Quality Act*),即《清洁水法案》的修正案,正式将雨水的排放也纳入NPDES体系中,要求对雨水径流的排放分阶段进行控制。1990年,美国环保局开始要求地方政府采取最佳管理实践(Best Management Practice,BMP)的措施来对雨水的水质进行控制和管理,贯彻落实低影响开发理念[3]。

### 2. 欧洲

近代排水系统的雏形脱胎于法国巴黎,其最早的排水系统可以追溯至1370年,第一个排水系统建于现今的蒙马特大道下,巴黎政府一直致力于扩建下水道系统以应对人口增长,包括路易十四时期和拿破仑三世时期。1854年至1878年期间,贝尔格朗等修建了600 km长的下水道,现在长达2 400 km,规模远超巴黎地铁。1990年,在希拉克担任巴黎市长期间,还对下水道开展了现代化革新。巴黎还建立了下水道博物馆,对这一成就进行展示。

伦敦仍在使用19世纪60年代维多利亚时期修建的下水道系统,全长约1 900 km,全部用红砖修砌而成。为了更好地削减合流制系统的溢流污染,伦敦的泰晤士水公司已开始推动Thames Tideway Tunnel项目,通过建设长25 km,埋深在地下30~70 m,直径7.2 m的地下排水隧道,来存储合流制和暴雨径流引起的溢流,总计能够截流34处合流制溢流口,2023年建成后可容纳125万 m³的水[4]。

德国全境共有51.5万 km长的排水管道,每年排放约94亿 m³的污水和雨水。排水管道中46%为合流制,33%为分流制的污水管道,21%为分流制的雨水管道。德国所有城市的排水设施在修建年代和外观上虽然有所不同,但执行标准是一样的,还配备有专用车辆,例如由奔驰、MAN 等生产的清理排水系统的全自动工程车,这些工程车速度快、效率高[5]。

### 3. 亚洲

日本饱受台风和大雨的侵袭,因此非常重视城市排水设施的建设。截至 2011 年 3 月底,东京都的排水管道总长度达到 15 856.644 km(干线 1 076.439 km,支线 14 780.205 km)。东京的降雨信息系统不仅可以预测降雨时间,而且可以相对准确地预测和统计降水数据,根据预测和统计结果在排水调度方面采取相应的措施,对于城市中比较容易积水的地区可以采取特殊的处理方式。例如,东京在江东区、南沙区建立了多个雨水储蓄池,其中最大的蓄水池储水量达到 2.5 万 $m^3$。除此之外,东京的城市规划部门对城市绿地和路面的透水性也非常重视,不断加强透水地面的建设。东京还设置了首都圈外郭放水路,这是一条全长 6.3 km,位于地下 50 m,直径 10.6 m 的巨型隧道。当台风或大雨导致中川、仓松川和大落古利根川等周边河流涨水时,隧道可以存储超河流容量的洪水,并将其排向江户川,起到洪水调节池的作用。东京政府还出台相应的政策并投入资金,鼓励市民参与到城市排水、排涝工作中。例如在东京的墨田区,政府对于除政府机关单位外的企业和市民发放补助金,鼓励他们自行建立雨水储蓄装置。针对排水管道的污泥,东京很早就出台了相关的政策并建立相关设施来应对。规定不溶于水的生活垃圾不得直接排入下水道,必须经过垃圾处理系统处理后方可排入。对于烹饪产生的油污也有具体的规定,必须经过处理后才能排入下水道[6]。

### 4. 新加坡

新加坡则着力于解决水资源匮乏的问题,削减对马来西亚进口饮用水的依赖。新加坡在 1972 年制定了第一份水务发展总蓝图(1972—1992),污水回用被明确列为未来水资源问题的主要解决途径。1996 年,新加坡公用事业局(PUB)和环境部联合开展了一次针对利用二级污水处理进行水回收利用的可行性评估,并派遣技术人员赴美国考察学习膜技术在污水再生利用领域的最新应用。同时两家机构共同拨付经费 1 400 万美元,用于研究并建设位于勿洛的示范厂。2000 年 5 月,勿洛的示范厂建成投产。在后续两年中,根据美国环保署和世界卫生组织(WHO)的饮用水标准,加上对接近 190 项参数进行了超过 25 000 次的测试分析,PUB 和国际专家小组得出了再生水水质安全性优于常规饮用水的结论。2002 年,PUB 正式启动了将再生水作为水资源的建设计划。此时,PUB 还出台了关于此项目的沟通交流计划,这项计划的重点是要改变民众对再生水的负面印象,让民众认识到再生水是可以安全饮用的,再生水被重新命名为"新生水"(NEWater),废水被重新命名为"用过的水"(Used water),并专门建了 NEWater 公众接待中心。2002 年,作为 37 周年国庆活动的序幕,时任新加坡总理吴作栋第一个饮用 NEWater,并宣布今后新加坡人的饮用水将是新生水和自来水的混合水,此举产生了巨大的轰动效应,NEWater 受到国际各界的高度关注。2006 年,NEWater 占新加坡总供水量的 10%。2006—2011 年,NEWater 供水量已上升至总需水量的 30%。同时在规模效应和科技研发的影响下,NEWater 的成本也在不断下降[7]。

### 11.1.2 国内城市排水的发展概况

#### 1. 国内城市排水管网建设情况

与欧美及日本等发达国家相比,我国城市排水管网建设存在较大差距,但改革开放以来我国在城市排水系统取得了较大的发展。特别是沿海经济发展较快的地区,面临经济发展对城市基础设施的需求、水环境污染造成的水质型缺水和城市居民生活质量下降等压力,对排水系统重要性的认识不断提高,新建、改建了许多排水管网。但由于历史欠账太多,总体水平仍然落后。2008年,我国城市排水管网普及率约为60%,其中小城镇排水管网普及率更低,为40%~60%,远低于国家排水管网覆盖率80%的标准要求。表11-2为1990—2016年我国城市排水管网建设情况。从全国来看,我国城市排水管道长度总量在过去的20年里逐年增长,尤其是近10年我国加快排水管网的建设发展,2001—2010年全国新增排水管道22.8万km,超过60%的排水管道是在近几年建成的(表11-3)。城市排水管道密度同样呈现增长趋势。截至2016年年底,我国城市排水管道长度总量达到57.7万km,城市排水管道密度为10.6 km/km²。按照2016年我国城市化率57.35%的水平,城镇人均排水管长度仅为0.73 m。与发达国家相比,我国城市排水管网不论是总量还是人均占有量和管网密度,均较落后。

表11-2 1990—2016年我国城市排水管网建设情况[8]

| 指标 | 年 份 | | | | | |
|---|---|---|---|---|---|---|
| | 1990 | 1995 | 2000 | 2010 | 2015 | 2016 |
| 城市排水管道长度/万km | 5.8 | 11.0 | 14.2 | 37.0 | 54.0 | 57.7 |
| 城市排水管道密度/(km·km⁻²) | 4.5 | 5.7 | 6.3 | 9.2 | 10.4 | 10.6 |

表11-3 我国各年代排水管道建设量及所占总排水管道建设量比重

| 时间 | 管道长度/km | 比重/% |
|---|---|---|
| 20世纪70年代及以前 | 21 860 | 3.79 |
| 20世纪80年代 | 35 927 | 6.23 |
| 20世纪90年代 | 83 971 | 14.56 |
| 21世纪10年代 | 228 242 | 39.58 |
| 2011—2016年 | 207 064 | 35.91 |

表11-4为2016年我国各地区城市排水管道长度统计表。从表中可以看出,近年来江苏、山东、浙江、广州等东部沿海省份城市排水管网建设取得了较快发展,城市排水管网长度在全国名列前茅,西部地区(如新疆、西藏、青海等地区)城市排水管网建设严重不足。整体来看,我国城市排水管网基础设施建设投入长期不足,管网建设明显滞后于城市化进程。近年来由于管网建设落后导致内涝现象。2010年,住房和城乡建设部对351个城市进行了城市排涝能力的专项调研。结果显示,2008—2010年间,有62%的城市发生过不同程度的内涝,其中,内涝灾害超

过 3 次的城市有 137 个；在发生过内涝的城市中，最大积水深度超过 50 cm 的占 74.6%，有 57 个城市的最大积水时间超过 12 h。

表 11-4 2016 年我国各地区城市排水管网建设情况[8]

| 地区 | 城市排水管道长度/km | 地区 | 城市排水管道长度/km |
|---|---|---|---|
| 全国 | 576 617 | 河南 | 21 376 |
| 北京 | 16 901 | 湖北 | 23 922 |
| 天津 | 20 951 | 湖南 | 13 846 |
| 河北 | 17 954 | 广东 | 56 323 |
| 山西 | 8 169 | 广西 | 11 480 |
| 内蒙古 | 12 971 | 海南 | 4 192 |
| 辽宁 | 18 275 | 重庆 | 15 553 |
| 吉林 | 8 445 | 四川 | 26 486 |
| 黑龙江 | 10 722 | 贵州 | 6 060 |
| 上海 | 19 508 | 云南 | 13 133 |
| 江苏 | 72 823 | 陕西 | 1 422 |
| 浙江 | 40 550 | 甘肃 | 8 678 |
| 安徽 | 26 388 | 青海 | 5 802 |
| 福建 | 14 329 | 宁夏 | 1 744 |
| 江西 | 13 326 | 新疆 | 1 626 |
| 山东 | 56 796 | 西藏 | 6 864 |

### 2. 国内城市污水处理情况

我国污水处理的发展主要开始于 20 世纪初。1921 年，外国人在上海建造国内第一座污水处理厂，即上海北区污水处理厂。上海北区污水处理厂的处理工艺为当时最为先进的活性污泥法。1923—1927 年，上海又相继建造了东区污水处理厂和西区污水处理厂。

20 世纪 60 年代开始，我国工农业生产不断发展，人民生活水平逐步提高，城市污水的成分也随之而变化，污染程度由低向高逐渐演变。同时期，西方发达国家发生的水环境事件（日本国骨疼病、水俣病的出现）引起人们的关注。国务院环境保护办公室自此设立，大学也陆续设置环境工程系或环境工程专业。天津市纪庄子污水处理厂是我国第一座大型城市污水处理厂，随后我国城镇污水处理厂进入发展时期。

20 世纪末，随着国家"七五""八五""九五"科技攻关课题的建立，我国取得了可喜的污水处理新技术科研成果，我国的污水处理事业得到了快速发展。国外污水处理新技术、新工艺、新设备被引进到我国，在应用活性污泥法工艺的同时，AB 法、A/O 法、A/A/O 法、CASS 法、SBR 法、氧化沟法、稳定塘法、土地处理法等也在污水处理厂的建设中得到应用。

20 世纪 90 年代,城市污水处理厂尚处于起步阶段,执行的排放标准是《污水综合排放标准》(GB 8978—1996)。2001 年,国家环境保护总局科技标准司专门针对城镇污水处理厂污水、废气、污泥污染物的排放制定了《城镇污水处理厂污染物排放标准》(GB 18918—2002),并于 2003 年 7 月 1 日正式实施。2011 年,国务院发布了《长江中下游流域水污染防治规划(2011—2015 年)》,明确指出"所有城镇污水处理厂应达到一级 B 以上排放标准,并由国务院组织年度考核",由此拉开了全国城镇污水处理厂提标改造的序幕。在提标改造过程中,考虑到处理后污水的排放去向,有的地区制定了严于国家标准的地方标准,对污水处理厂的出水标准要求严于一级 A,达到地表水准四类的标准。这进一步推进了污水处理厂处理技术的升级,推动了深度处理技术的发展。

截至 2016 年年末,全国城市共有污水处理厂 2 039 座,比上年增加 95 座;污水厂日处理能力达 14 910 万 $m^3$,比上年增长 6.2%;排水管道长度 57.7 万 km,比上年增长 6.9%。城市年污水处理总量 448.8 亿 $m^3$,城市污水处理率 93.44%,比上年增加 1.54 个百分点,其中污水处理厂集中处理率 89.80%,比上年增加 1.83 个百分点。城市再生水日生产能力 2 762 万 $m^3$,再生水利用量 45.3 亿 $m^3$(表 11-5)[9]。

表 11-5 2011—2016 年城市污水处理情况

| 年份 | 城市污水处理厂数量/座 | 城市污水处理厂处理能力/(万 $m^3 \cdot d^{-1}$) | 城市污水处理率/% | 再生水生产能力/(万 $m^3 \cdot d^{-1}$) | 再生水利用量/亿 $m^3$ |
|---|---|---|---|---|---|
| 2011 | 1 588 | 11 303 | 83.63 | 1 389 | 26.8 |
| 2012 | 1 670 | 11 733 | 87.30 | 1 453 | 32.1 |
| 2013 | 1 736 | 12 454 | 89.34 | 1 761 | 35.4 |
| 2014 | 1 807 | 13 087 | 90.18 | 2 065 | 36.3 |
| 2015 | 1 944 | 14 038 | 91.90 | 2 317 | 44.5 |
| 2016 | 2 039 | 14 910 | 93.44 | 2 762 | 45.3 |

对比北京、上海、广州三座一线城市在排水基础设施上的投入(表 11-6),上海市在污水处理设施建设上较为领先。

表 11-6 2016 年北京、上海、广州三座城市排水设施对比[10-13]

| 指 标 | 北京 | 上海 | 广州 |
|---|---|---|---|
| 排水管道长度/km | 16 901 | 19 508 | 10 369 |
| 建成区排水管道密度/(km·$km^{-2}$) | 13.33 | 12.48 | 8.3 |
| 污水处理能力/(万 $m^3 \cdot d^{-1}$) | 612 | 818 | 529 |
| 污水处理率/% | 90 | 94.3 | 94.2 |
| 污水年处理量/万 $m^3$ | 152 807 | 267 954 | 158 389 |

### 11.1.3 上海城市排水的发展概况

**1. 上海城市排水现状**

上海属于长江冲积平原,地势平坦,地面标高一般为 3.0～5.0 m(吴淞零点),市中心区地势较低,河道水位受潮位影响,最高潮位要比地面高 2 m 以上,所以沿江、沿河均修筑防洪堤,防汛原则是"围起来,打出去"。一方面根据城市雨水规划,在建设时将中心城区划分为 1～3 km² 的排水小区,在片区内设置雨水泵站,形成雨水强排体制。降雨时,通过雨水泵站,将道路和小区雨水管道汇集的雨水泵送至河道,确保中心城区的防汛安全。另一方面,上海市在各内河汇入开放水系前也设置了水闸或泵闸,用于控制内河水位,在暴雨来临前根据预报预降水位,确保降雨时水体有足够的容纳空间。

上海作为典型的平原感潮河网地区,具有水流动性差、内河环境容量低等特点,污水治理方针确立为集中处理外排和分散处理相结合。根据专业规划,城市污水分成石洞口、竹园、白龙港、杭州湾、嘉定黄浦江上游和长江三岛六大片区,其中石洞口、竹园和白龙港三大片区服务上海市中心城区,污水通过合流污水治理一期、污水治理二期、污水治理三期、苏州河六支流截污、两港截流等工程建设的污水干线总管,最终输送至石洞口、竹园和白龙港三座大型污水处理厂处理后深水排放。

**2. 上海城市排水发展历史**

上海开埠前,境内沟浜纵横,黄浦江、苏州河及其他支流为雨水排泄的受纳水体,并受潮汐影响。上海市区辟有租界后,最早建设的雨水排泄工程是随着铺筑道路而进行的。清同治元年

图 11-1　1949 年前的苏州河

(1862 年),公共租界辟筑东西向干道九江路、汉口路、福州路、广东路和南北向干道山东路时,在道路两旁铺砌侧平石以引水入沟,并每隔一定距离砌"水仓"(现称雨水口)使淤泥沉积,雨水经沟管最终排入苏州河(图 11-1)与洋泾浜,这是上海最早的雨水排泄工程。

民国 6 年(1917 年),公共租界工部局聘请教授福莱(Prof.Gilbert Fowler)对污水处置进行研究,于民国 8 年(1919 年)在扬州路建造第一座污水处理实验厂,后又相继建造 3 座实验厂。民国 12 年(1923 年),在第四实验厂的基础上,于欧阳路建成日处理能力为 2 500 m³ 的北区污水厂。民国 15—16 年(1926—1927 年),又建成东区及西区污水厂,这 3 座污水厂是国内最早的城市污水处理厂。

抗日战争胜利后,市政府工务局设立了沟渠工程处。由于经济困难,仅设计建造局部地段的雨水管道和沪西、沪东地区的少数臭水浜填浜埋管工程。1949 年,全市共有合流管道 531.5 km,排水泵站 11 座(其中 3 座至今仍在使用),总排水能力 16 万 m³/d。

1951年，上海市人民政府工务局设计了1座采用双层沉淀池作为一级生化处理的污水厂，日处理污水量2 000 m³，这是1949年后自行设计的第一座城市污水厂。

1954年，被称为"上海龙须沟"的肇嘉浜填浜埋管工程开始。1957年工程竣工，臭水浜成为林荫大道。1957—1960年，上海市发动群众开展大规模治理全市臭水浜的工程，其中工程较大的有法华浜、周塘浜、虹镇老街浜等。经过几年努力，上海市区的臭水浜都改造成为街区绿化地带，受益人口在200万人以上。1960—1966年，为改善市区积水，设计了几十个排水泄水区的改建工程，共埋管道200 km，新建泵站50余座。1969年8月，为减少排入苏州河、黄浦江的工业废水，上海市政府批准了农业局、城建局及川沙县提出的南区污水引流排灌工程，即现在的南干线。1970年6月，上海又立项建造了西区污水引流排灌工程，即现在的西干线。20世纪70年代中期，为配合上海石化总厂的建设，设计建成了日处理量6万m³的污水厂及厂内排水管道。

1978年后，上海先后新建了曲阳、天山、龙华三大污水系统，完成曹杨污水厂扩建以及泗塘、安亭污水厂、五角场等地区排水工程的建设。1983年开始进行20世纪80年代全国最大的城市排水工程——上海市合流污水治理工程的设计，1990年年底完成一期工程的全部设计，1993年年底竣工通水（图11-2）。为改变苏州河的黑臭面

图11-2　合流污水治理工程——一期出口泵站

貌，又继续实施了上海市污水治理二期工程和三期工程。

1990年，上海响应党中央和国务院开发上海浦东的决定，编制了整个浦东522 km²开发区的排水专业规划，并先后完成了浦东外高桥保税区、金桥出口加工区、陆家嘴金融贸易区、张江高科技园区、花木开发区和六里现代生活园区6个开发区的排水工程。

图11-3　苏州河综合环境整治——梦清园调蓄池

1997年开始对中心城区建于20世纪60年代至80年代的曹杨、程桥、北郊、泗塘、吴淞、曲阳、闵行、龙华、长桥、天山、桃浦11座老旧污水厂开展增量达标工程，更新或淘汰老旧、低效设备，完善处理设施，使每个厂的实际处理能力恢复到设计能力。

在实施中心城区大规模污水集中收集外排治理工程的同时，为彻底实现苏州河变清的目标，1998年开始，上海市历时20年投资140亿元分三期进行了苏州河环境综合整治（图11-3）。

2000 年始,根据上海市水务局牵头编制的《上海市污水处理系统专业规划》,滚动实施了环保三年行动计划。首先对地处黄浦江上游准水源保护区的闵行、龙华、长桥等污水厂进行工艺改造,使它们成为具有完整脱氮除磷功能的高标准污水厂。为了减少长江口排污混合区的黑臭和改善杭州湾赤潮频发的情况,2002 年起,上海开始立项研究白龙港预处理厂的强化处理,借鉴法国的经验和技术,利用世界银行 APL 二期的贷款余额建造世界最大的一级强化污水厂,采用高效沉淀池,通过混、絮凝和沉淀工艺削减总磷、悬浮物和部分有机物。2004 年该污水厂建成投运后,长江口排放区的水质大有改善。同期采用 BOT 模式建造了竹园第一污水厂,污水处理能力为 170 万 m³/d,采用传统混凝加平流式沉淀池型的一级强化工艺。

2003 年 7 月,国家颁布执行《城镇污水处理厂污染物排放标准》(GB 18918—2002)。为响应国家号召,上海 2005 年开始对白龙港污水厂、竹园第一污水厂及嘉定、青浦、崇明等一批郊县污水厂进行升级、改造及扩建,同时以 BOT 模式建设了规模为 50 万 m³/d、采用改良 AO 工艺的竹园第二污水厂。

在城区排水系统和污水处理厂大规模建设、完善和提标的同时,上海在浦东川沙、南汇芦潮港、前滩、青浦、闵行等地建设了一批特大型市政项目,并配套建设了独立的排水系统。1999 年9 月,占地 40 km² 的上海浦东国际机场建成投运,建有独立的分流制排水系统。机场内雨水排放采用二级排水体制,采用 1~5 年不同的设计暴雨重现期;总污水量每天约 8 万 m³,通过管道收集、泵站提升后最终送至白龙港污水厂。

2001 年规划面积 315 km² 的临港新城开始建设。临港新城采用就近分散入河、蓄排结合、自排为主、强排为辅的排水模式。雨水系统设计暴雨重现期为 1 年,重要地区为 2~5 年。新建污水处理厂 1 座,近期规模 5 万 m³/d,远期规模 60 万 m³/d。

2005 年 5 月,铁道部、上海市领导会议确定在虹桥机场西侧建设大型综合交通枢纽。虹桥枢纽规划面积 26.26 km²,建设雨、污水管道共计 100 km 有余,设置了 1 座污水泵站、4 座雨水泵站、6 座地道排水泵站。工程于 2009 年年底竣工,2010 年世博会前投入使用。

2010 年,上海举办了我国首次综合性世界博览会,世博园区占地 5.28 km²,园区雨水排水系统的设计暴雨重现期为 3 年,比当时上海市中心城区普遍采用的排水标准提高了约 40%。新建的雨污水泵站结合滨江绿地全地下建设并配套初期雨水调蓄池,有效地减轻了对黄浦江水体的污染。

随着国家对环境保护的日益重视,21 世纪初,上海的污水处理厂建设进入飞速发展期,标准不断提高,陆续建成了石洞口、白龙港、竹园等一批大型污水处理厂。截至 2017 年年底,全市共有城镇污水处理厂 53 座,总处理规模 812 万 m³/d,城镇污水处理率达到 94%,其中白龙港污水厂处理量达 280 万 m³/d,占全市中心城区污水处理总量的 1/3,为上海市的环境保护和污染物减排做出了巨大贡献。

2015 年国家颁布"水十条",对标兄弟城市,上海市的污水处理标准偏低,执行一级 A 标准的污水处理厂仅占 3.75%。随着人口的增多和黑臭河道综合整治工作的不断推进,污水量也在逐步增加,上海需对污水厂进行扩建和提标。上海市全面贯彻落实国家"水十条"政策,根据"十三五"环保规划,对石洞口、竹园、白龙港等一批老厂进行提标升级,达到一级 A 排放标准,并新建南翔、白龙港、泰和、虹桥等地下式污水处理厂,同步解决污泥、臭气、噪声等问题(图 11-4),改善污水厂及周边环境,对全市完成"十三五"减排任务有着举足轻重的作用。

图 11-4　白龙港污水处理厂污泥消化设施

## 11.2　城市排水体系的主要构成

城市排水体系包含雨水排水和污水处理两大部分,是城市公用设施的重要组成部分。城市排水系统规划是城市总体规划的组成部分。城市排水体系通常由排水管道、泵站和污水处理厂组成。在实行雨水、污水分流制的情况下,雨水径流由排水管道收集后,就近排入水体;污水由排水管道收集,送至污水厂处理后,排入水体或回收利用。上海为典型的平原感潮河网地区,水流动性差、内河环境容量低的特点,根据相关研究和规划指引,目前雨水采用中心城区强排的体制,污水以集中处理外排和分散处理相结合为治理方针。

1)城镇排水

城市雨水排水是城市防洪排涝系统的重要组成部分,由城市排水管网、市政排水泵站等组成。城镇排水的主要内容是将降雨时产生的径流通过管网收集后,以自排或强排的方式排入下游水体,保障人民生产、生活安全。

2)污水处理

将污水通过特定的处理技术进行净化,使其达到排入某一水体或再次使用的水质要求。在整个水务行业产业链中,污水处理行业偏向下游产业,上游产业主要包括排出污水的工业行业、污水设备制造业等,其中工业企业的发展状况对于污水处理行业影响较大,工业污水和居民污水通过污水处理后再排入自然水体或通过中水返回企业和居民用户。处理的污水对象主要有以下 4 类。

(1)工业废水,即来自制造、采矿和工业生产活动的污水,包括来自工业或者商业储藏、加工的径流渗沥液,以及其他不是生活污水的废水。

(2)生活污水,即来自住宅、写字楼、机关等的污水,包括卫生污水和下水道污水(包括下水道系统中生活污水中混合的工业废水)。

(3)商业污水,即来自商业设施且某些成分超过生活污水标准的无毒、无害污水,如餐饮污水、洗衣房污水、动物饲养污水等。

（4）表面径流，即来自雨水、雪水、高速公路下水的污水，通常来自城市和工业地区等。

3）回用水行业

将城市污水进行再生和利用，污水利用的条件是拟进行回用的水必须满足相应用途的水质要求。目前回水一般考虑较多的是城市污染水处理厂二级处理后的出水。

现代化的城市排水系统是复杂的综合设施，通常由排水管网、输送泵站、调蓄设施、污水处理厂、管理设施和监控系统构成。整个排水系统应按《室外排水设计规范》等规范要求进行管网、泵站和污水处理厂等设施的设计，做好远期系统框架的搭建，并根据现行情况采取因地制宜的阶段建设计划。

### 1. 城市排水管网系统

管网系统应保证雨、污水的收集和输送，避免河道等水体的污染，在运行管理方面应是安全的，在维修检测方面应是渐变的，在检修或发生故障时，可停用部分管网和设施进行维护，而不影响全系统的工作。

排水管网根据服务范围的不同，可分为系统内的管道、系统至总管的支管以及服务城市大片区域的总管。

（1）系统内管道：指排水系统内的雨、污水管道，用于收集地块及道路内的雨、污水，并将之输送至雨、污水泵站或接入地区污水支管。

（2）污水支管：接纳系统内污水管道收集的污水，并直接接入或通过泵站接入城市污水总管。

（3）系统总管：承担将污水支管收集的污水长距离输送至污水处理厂的功能。

### 2. 排水管道的分类

排水管道可根据用途、敷设方式、管道材质和输送压力分类。

1）根据用途分类

排水管道根据排水体制的不同，可分为雨水管道、污水管道和合流管道。

（1）雨水管道：分流制排水体制下输送雨水至排放水体的管道。

（2）污水管道：分流制排水体制下输送污水至污水处理厂的管道。

（3）合流管道：合流制排水体制下，旱天输送污水至下游污水处理厂，雨天输送合流污水和雨水至下游污水处理厂，同时对进入管道的超量雨水进行溢流的管道。

2）根据敷设方式分类

根据管道施工时敷设方式的不同，可分为非开挖施工的管道和开挖施工的管道，非开挖施工的管道是指采用定向钻、顶管和盾构等非开挖施工工艺敷设的管道。

3）根据管道材质分类

根据管道材质的不同，可分为非金属管道、钢筋混凝土管道以及金属管道。

（1）非金属管道主要包括高密度聚乙烯（HDPE）双壁缠绕管、玻璃钢夹砂管、玻纤增强聚丙烯(FRPP)管、硬聚氯乙烯(PVC)管等。

（2）钢筋混凝土管道包括钢筋混凝土成品管、现浇钢筋混凝土箱涵管、钢筒预应力混凝土管等。

（3）金属管道包括碳钢管、不锈钢管和球墨铸铁管。

4）根据输送压力分类

根据管道运行时压力的不同，可分为无压力的重力输送管道和有压力的压力输送管道。

（1）输送雨水的重力输送管道考虑为满流(非承压)设计。输送污水的重力输送管道需考虑其充满度，为污水输送过程中产生的气体留出空间。

（2）压力输送管道每隔一定距离需按照规范设置透气装置。

### 3. 城市排水泵站分类

排水公司所属泵站主要分为合流泵站、雨水泵站、污水泵站和闸泵4种类型。

（1）合流泵站。在合流制排水系统中，将旱流污水及初期雨水截入干管，降雨时将超过截流倍数的雨水排入水体的泵站。合流泵站分为合流泵站配泵后截设施、合流泵站配泵前截设施和合流泵站无截流设施3种类型。合流泵站配泵后截设施具有防汛和污水输送功能，合流泵站配泵前截设施及合流泵站无截流设施两类则主要具有防汛功能。

（2）雨水泵站。在分流制排水系统中，将雨水管渠内的天然降水直接向自然水体排放的泵站。雨水泵站分为雨水泵站有截流设施和雨水泵站无截流设施两种类型。

（3）污水泵站。在分流制排水系统中，将泄水区域内的生活污水、工业废水及沿途管道的污水通过逐级提升输送到污水处理厂的泵站。污水泵站分为支线输送泵站、干线输送泵站和污水厂外输送泵站3种类型。支线输送泵站带有污水收集、输送功能，其污水进入干线系统。干线输送泵站指干线中途大型提升泵站。污水厂外输送泵站指将污水输送至中心城区就地处理的污水处理厂的污水泵站，其污水不进入干线系统。

（4）闸泵。闸泵也称为河道翻水泵闸，是指具有河道翻水或调水功能的泵站。闸泵具有防汛功能。

### 4. 城市污水处理

1）污水处理方法

污水处理的基本方法就是采用各种技术与手段，将污水中所含的污染物质分离去除、回收利用，或将其转化为无害物质，使水得到净化。污水处理按原理可分为物理处理法、化学处理法和生物化学处理法3种类型。

（1）物理处理法：利用物理方法分离污水中呈悬浮状态的固体物质。主要方法有筛滤法、沉淀法、上浮法、气浮法、过滤法和反渗透法。

（2）化学处理法：利用化学反应的作用分离回收污水中处于各种形态(悬浮、溶解、胶体等)的污染物质。该方法主要用于处理工业废水。

（3）生物化学处理法：利用微生物的代谢作用，使污水中呈溶解、胶体状态的有机污染物转化为稳定的无害物质。主要方法可分为两大类,即利用好氧微生物作用的好氧法(好氧氧化)和利用厌氧微生物作用的厌氧法(厌氧还原),其中前者广泛用于处理城市污水。

2)污水处理程度

污水处理按处理程度,可分为一级、二级和三级处理。

一级处理,主要去除污水中呈悬浮状态的固体物质,物理处理法大部分只能达到一级处理的要求。经过一级处理后的污水,BOD 一般可去除 30% 左右,达不到排放标准。一级处理属于二级处理的预处理。

二级处理,主要去除污水中呈胶体和溶解状态的有机污染物质(BOD、COD 物质),去除率可达 90% 以上,使有机污染物达到排放标准。

三级处理,是在一级、二级处理后,进一步处理难溶解的有机物以及氮和磷等能够导致水体富营养化的可溶性无机物等。主要方法有生物脱氮除磷法、混凝沉淀法、砂率法、活性炭吸附法、离子交换法和电渗析法等。

城市污水处理的典型流程如图 11-5 所示。

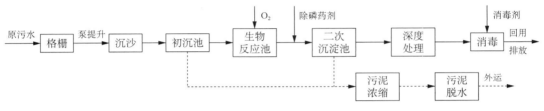

图 11-5 城市污水处理的典型流程

## 5. 污泥处理与处置

1)污泥的处理

遵循"减量化、稳定化、无害化、资源化"的处置原则,污泥处理包括以下 8 种方法。

(1)厌氧消化。在对污泥中的腐殖质物质进行厌氧分解的同时,还使污泥中的胶体物质气体、液化、稳定化或分解,从而使污泥中固液分离。

(2)好氧分解代替厌氧消化。它是通过好氧氧化作用使污泥中的有机物矿化,从而达到使污泥稳定化的目的。

(3)浓缩。将污泥缓慢搅拌之后进行长时间的沉淀,使污泥被浓缩,含水率降低。

(4)药剂处理。与自来水、污水的化学混凝处理原理相同,通过投加化学药剂的方法达到污泥脱水的目的。

(5)自然干化。将污泥均匀散布于干化场上,通过蒸发作用和土壤渗透作用,减少污泥中的水分。

(6)机械脱水。采用真空过滤机、压滤机、离心机、筛滤机等设备进行污泥脱水。

(7)加热干化。通过加热污泥,使水分蒸发、污泥干化。

(8)污泥焚烧。将干化的污泥或与其他可燃物一起焚烧。

污泥处理涉及的构、建筑物和设施设备主要包括以下 4 个部分。

（1）浓缩。按污泥浓缩方式的不同，主要有重力浓缩池、气浮池、污泥离心设备、带式浓缩机、转鼓机械浓缩机等。

（2）消化。污泥的消化设备主要有搅拌装置、热水锅炉，构筑物主要有消化池、化粪池及双层沉淀池等。

（3）干化。污泥干化处理分为自然干化和人工干化两种形式。自然干化的主要构筑物是干化场，有自然滤层干化场和人工滤层干化场两种。受条件限制，国内多采用人工干化中的污泥热干化处理方式，常用设备为流化床干化和桨叶式干化设备。

（4）机械脱水。按脱水原理可分为真空过滤脱水、压滤脱水和离心脱水 3 种类型，主要设备有转鼓真空过滤机、水平真空带式过滤机、带式压滤脱水机、板框式压滤脱水机、卧螺式离心脱水机等。

2）污泥的处置

（1）资源化利用。污泥资源化利用包括物质回收、物质转换、能量转换。具体而言，包括污泥的有用元素利用、能源利用和材料利用等方面。

（2）焚烧。焚烧可达到最大限度减量的目的。焚烧可破坏全部有机质，杀死一切病原体。如果城市卫生要求高或污泥有毒物质含量高使污泥无法再利用，污泥自身的燃烧热值较大时，可采用焚烧方法进行处理。目前主要可分为两大类：一类是将脱水污泥直接送焚烧炉焚烧；另一类是将脱水污泥先干化后焚烧。应用最广的焚烧设备是流化床焚烧炉，当污泥的含水率达到 38% 以下时就不需要辅助燃料直接燃烧。流化床焚烧炉有鼓泡式流化床和循环式流化床两种类型。

（3）填埋。填埋处理是指把污泥运到限定的区域内（山间、平地、峡谷和废矿坑），铺开压实成薄层至一定厚度，在其上覆盖惰性土壤，已封闭的填埋场覆以由黏性土壤组成的最终覆盖层，上面可以种绿色植物。由于污泥填埋对污泥的土力学性质要求较高，需要大面积的场地和大量的运输费用，地基需作防渗处理以免污染地下水等，近年来污泥填埋处置所占比例越来越小。污泥填埋最终并未避免环境污染，而只是延缓了污染产生的时间。

## 11.3  城市排水基础设施风险

我国正处于快速的城市化进程中。1978—2013 年，我国城镇常住人口从 1.7 亿增加到 7.3 亿，城镇化率从 17.9% 提升到 53.7%，城市数量从 193 个增加到 658 个，形成了武汉、成都、南京、东莞、西安、沈阳、杭州、哈尔滨、香港、佛山等 11 座特大城市以及上海、北京、重庆、天津、广州、深圳6 个人口超过 1 000 万的超大城市。长三角、珠三角、京津冀、长江中游、成渝、海峡两岸、中原、辽中南、关中、山东半岛等国家城市群日益突出。仅仅是长三角、珠三角、京津冀三大城市群，就以 2.8% 的国土面积聚集了 18% 的人口，创造了 36% 的 GDP，成为带动我国经济增长的重要平台[14]。

城市的扩张与城市群的形成极大地改变了水循环的基本模式,水循环已从"自然"模式占主导逐渐转变为"自然-人工"二元模式,城市水循环的"自然-社会"二元程度逐步加深,随之而来的问题是城市水安全状况不容乐观。

1. 城市排水基础设施的组成

城市排水基础设施是指收集、输送、处理、再生和处置污水和雨水的设施以一定方式组合成的总体。下面分别介绍城镇污水、雨水、工业废水等排水系统的主要组成部分。

1) 城镇生活污水排水系统组成

(1) 室内污水管道系统及设备。

(2) 室外污水管道系统。

① 居住小区污水管道系统。

② 街道污水管道系统。

③ 管道系统上的附属构筑物,如检查井、跌水井、倒虹管等。

(3) 污水泵站及压力管道。

(4) 污水处理厂。

(5) 出水口及事故排口。

2) 城镇雨水排水系统的组成

(1) 建筑物的雨水管道系统和设备。

(2) 居住小区或工厂雨水管渠系统。

(3) 街道雨水管渠系统。

(4) 排洪沟。

(5) 出水口。

3) 工业废水排水系统组成

(1) 车间内部管道系统和设备。

(2) 厂区管道系统。

(3) 污水泵站及压力管道。

(4) 废水处理厂(站)。

4) 城镇污水再生利用系统组成

(1) 污水收集系统。

(2) 再生水厂。

(3) 再生水的输配系统。

2. 城市排水基础设施的风险

由于城市排水基础设施在空间上变化多样性,运行过程中具有多个薄弱环节,主要面临以下 3 种挑战。

（1）物理破坏，妨碍了水的输送、处理、排放功能。

（2）由于化学或生物试剂作用，排水难以充分处理，影响受纳水体和生态环境。

（3）排水企业在安全运行上的问题，损害了企业信誉。

表 11-7 列举了城市排水基础设施面临的风险[15]。因为对风险的认识随着经验的增加而变化，表格中的内容难以涵盖所有情况。

表 11-7                                    排水基础设施风险示例

| 风险类型 | 污　水 | 雨　水 |
|---|---|---|
| 健康、安全、环境 | 污染、损害设施、健康风险、环境破坏 | 儿童沿着洪水设施、管道、池塘等玩耍 |
| 性能故障 | 未处理污水的溢流 | 不充分的防洪 |
| 建设或者维护故障 | 沟槽塌陷 | 建设过程中损坏管道 |
| 系统或者组件故障 | 由于堵塞，排水管道回水导致资产损坏 | 由于堵塞设施的积水，导致资产损坏 |
| 责任 | 工业废弃污染物污染含水层 | 洪水损坏资产 |
| 财务 | 难以充分支付改善的费率，导致罚金 | 形成风险水平的判断 |
| 工作人员问题和事故 | 维护事件中伤害到工作人员 | 维护事件中伤害到工作人员 |
| 人为灾害 | 建设项目损坏了大型排水管道 | 排水系统中倾倒有毒废弃物 |
| 自然灾害 | 台风损坏处理设备 | 洪水淹没设施 |

# 12　城市排水基础设施的风险识别

## 12.1　城市排水基础设施风险案例

### 12.1.1　上海市污水治理二期工程南干线西段箱涵管缝修复工程

#### 1. 箱涵概况

南线西段双孔箱涵建于 1996 年,属于上海市污水治理二期工程的 SST2.3 标,为 2 个 3 300×3 300 双孔箱涵,双孔箱涵位于外环线北侧绿化带内,西端接 SB 泵站高位出水井,东端接位于罗山路口的端头井。全长约 4.7 km(其中 3 处过河采用 2-DN3500 钢筋混凝土顶管,长约 338 m)。

双孔箱涵中北侧箱涵与位于罗山路上的一根 DN3600 管道连接,把南线西段的污水通过中线输送至白龙港污水处理厂,南侧箱涵目前暂时未启用。南线西段共有 8 处透气井,1 处透气阀井,12 处检查井。双孔箱涵每 25 m 设伸缩缝 1 道,全线箱涵共有伸缩缝约 163 道,顶管部分管节长度为 2.5 m,管节接缝约 136 道。箱涵底标高为－1.30 m(倒虹管除外),箱涵顶标高为 2.45 m。

#### 2. 南线西段双孔箱涵主要问题

(1) SB 泵站高位井与箱涵接口出现错位,需要封闭修复。

(2) SB 泵站出口箱涵 150 m 区段,从 SB 泵站高位井至陈春港西侧检查井(1# 检查井)分 7 段 8 个接口,按照从 SB 泵站往陈春港方向(西向东)标示为 1# 至 8#。因该区段堆载大量的土方,造成 7 段箱涵出现不同程度的沉降,需要对 8 条变形严重的缝采取封闭和后续的防沉降渗漏措施。

(3) 箱涵顶部声屏障区域堆土,造成箱涵重大错位、错口渗漏。

#### 3. 修复工程方案

修复工程分为南孔、北孔箱涵两侧进行,先修复南孔箱涵,后续切换修复北孔箱涵。工程以陈春港检查井(Ms1 检查井)为界,分两段进行修复。

(1) 第一段 SB 泵站高位井至陈春港检查井(含高位井与箱涵接口修复),长度约为 150 m。修复内容主要包括箱涵底土体高压旋喷加固、箱涵开孔、北孔箱涵内水下临时堵漏、全部伸缩缝的修复(包括填缝材料更换、密封胶更换及外贴止水带)、箱涵内清洗清淤以及内壁腐蚀处修复。其中,北孔箱涵内变形缝水下临时封堵、固定,应于南孔箱涵修复前进行,确保南孔箱涵修复过

128

程中及北孔箱涵污水切换前不渗漏,待南线东段总管贯通,并有切换条件后再对北侧箱涵进行全线修复。

(2)第二段陈春港检查井至罗山路箱涵终点,长度约为 4.5 km。修复内容主要包括箱涵内清淤、对渗水成线流状处的变形缝(含倒虹段箱涵及管道)更换密封胶和外贴止水带、内壁腐蚀处修复。

### 4. 主要修复工艺

(1)地基加固。主要施工步骤:钻机定位—制备水泥浆—钻孔—插管(二重管法)—提升喷浆管、搅拌—桩头部分处理—清洗—补浆。

(2)渗漏处变形缝水下封堵。为了确保南孔箱涵修复过程中及北孔箱涵污水切换前不渗漏,对北箱涵 150 m 范围内进行临时水下封堵。从高位井开始由西向东共 8 条缝,共有 4 条缝需要临时水下封堵,编号分别为 1#,4#,5#,7#。采用胶泥、麻绳纤维或快干水泥堵漏剂材料进行封堵,并采用支架进行临时固定。主要施工步骤:现场定位—顶部土方开挖—浇筑加固梁—安装护筒与压力井盖板—运行配合下开孔—运行配合下潜水员下水进行临时封堵。

### 5. 南箱涵 150 m 范围内修复

南箱涵 150 m 范围内变形缝损坏严重,根据内壁渗漏和腐蚀情况进行修复处理。主要修复为更换填缝材料、更换密封胶及外贴止水带。施工步骤:封堵头子—通风—抽水—清淤—逐条修复变形缝—内壁软性内套环修复—检查井压力盖板更换—水密性检查及试验。

(1)封堵头子。通过泵站配合降低南箱涵水位后,在 1# 检查井东侧封堵一组头子(3.3 m×3.3 m),封堵头子中预留一根 DN600 钢管,管底距底部 800 mm(图 12-1)。

图 12-1　箱涵封堵示意图(单位: mm)

(2)通风。采用以鼓风为主、抽风为辅的组合通风系统。先打开清淤污泥段的井盖,用 1 300 m³ 离心通风机向井内通风,而另一边用 1 300 m³ 离心通风机向外吸风,稀释箱涵内的有毒气体。

(3)抽水。先前对北箱涵 1#,4#,5#,7# 中隔墙变形缝临时封堵后,渗漏量已变得很小,南箱涵的水位上升速度已相当缓慢,积水也集中在中间沉降量较大的部位,通过 4# 变形缝附近的人孔放置一台小型潜水泵就可以控制降低水位。

（4）清淤。考虑到变形缝上的淤泥对渗水有一定的有利作用，因此清淤应结合变形缝的修复顺序。修复 4# 变形缝，在其两侧箱涵中间位置各设置一处砖砌集水沟，用以排除渗入箱涵内的积水。用同样的方法依次修复 5# ，7# ，2# ，3# ，6# 及 8# 变形缝。箱涵变形缝修复及清淤顺序如图 12-2 所示。

图 12-2　箱涵变形缝修复及清淤顺序

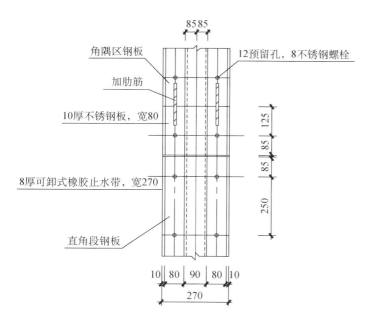

图 12-3　变形缝修复平面图（单位：mm）

（5）修复变形缝。在变形缝修复施工前，先对内壁基面进行检查处理，表面平整度要求≤5 mm。变形缝内的嵌缝材料更换时先将原有密封膏凿除，并将伸缩缝清洗干净，然后进行填缝。箱涵内表面伸缩缝位置外贴 270(290) mm×8 mm 厚橡胶板、80 mm×10 mm 厚不锈钢板压板（每缝 2 块）、8 mm 不锈钢膨胀螺栓固定（螺栓间距 250 mm），外贴止水带应采用锯齿形的橡胶板（图 12-3）。止水带与箱涵混凝土表面密贴，钢压板表面平整，接缝周边无渗水（图 12-4）。

图 12-4 接缝外贴橡胶板与不锈钢压板作业

（6）内壁修复。施工前检查箱涵内壁板渗漏和腐蚀情况，对渗漏点及面层混凝土松散剥落等情况进行修复。2 cm 以内的浅面层松散剥落，涂界面剂后，采用水泥基渗透结晶防水砂浆修复面层；2～5 cm 面层剥落，对外露钢筋刷防腐涂料，在剥落区域涂界面剂后，采用微膨胀细石混凝土修复面层。

（7）检查井压力盖板更换。割除原压力井盖，在箱涵结构顶板上埋设化学螺栓后，安装新压力井盖板。

（8）水密性检查及试验。在箱涵内检修完成、检查井压力盖板更换完成、接缝处地基加固完成并达到强度后，应按照《给水排水管道工程施工及验收规范》（GB 50268—2008）的要求进行箱涵的闭水试验。注水试验时，利用高位井进行水压试验。在规定的时间里渗漏量不超过规范要求，以检验修复效果。

6. 南箱涵 4.5 km 范围内修复

此段箱涵全长 4.5 km，分段及修复情况如图 12-5 所示。主要方法同南 150 m 箱涵修复一样，施工步骤：封堵通风—抽水清淤—变形缝修复—内壁软性内套环修复—检查井压力盖板更换—拆除封堵堵头。

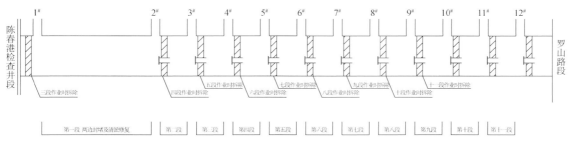

图 12-5 陈春港罗山路段封堵清淤修复顺序图

### 12.1.2　上海市轨道交通4号线建设工程事故修复案例

#### 1.事故概述

上海市轨道交通4号线浦东南路站—南浦大桥站区间的隧道工程是一个过江段工程。工程起始于浦东南路站,终止于南浦大桥站,全长约2 000 m,其中江中段约440 m。该段区间在浦西岸边设中间风井,位于中山南路和黄浦江防汛墙之间,其北侧为董家渡路,主要建筑物为谷泰饭店等3座5层砖混结构民用建筑;南侧依次为23层的临江花苑大厦、地方税务局和土产公司大楼、光大银行大楼等。2003年7月1日,进行中间风井下部联络通道施工时发生了流砂事故,导致隧道塌陷,附近土体流失,进而使得地面建筑物发生倾斜。为平衡隧道内外压力,采用了向隧道内注水的方法,将地面发生较大沉降的建筑全部拆除(图12-6)。

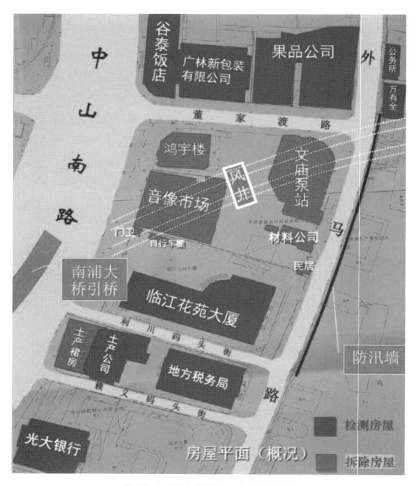

图12-6　受事故影响而拆除的建筑

事故发生后,有关单位立即成立了4号线修复方案组,进行大量现场调研、试验。根据多次专家会的论证意见,进行了方案的反复深化。在综合多方面因素后,确定了修复方案。工程于

2004 年 8 月开工,先后攻克了多项技术难点,创下了多项软土地下工程施工领域的第一,工程于 2007 年 6 月底顺利实现了结构贯通。

2. 事故影响

受轨道交通 4 号线事故影响,董家渡地区约 1 万 m² 地面大幅沉降。事故周边主要道路上敷设有上水、电力、煤气、通信、电缆、雨污水等各类管线,中山南路至外马路一线有污水治理二期工程中线浦西段 DN2000 的污水主干管,另外文庙排水系统的文庙泵站正位于轨道交通 4 号线上方,受事故影响发生沉降倾斜后拆除,降雨时整个文庙排水系统将无雨水泵站可用。

3. 临时排水方案的确立

为保证该片区的排水安全,轨道交通 4 号线事故抢险期间,在中山南路董家渡路路口临时设置了一段 DN1500 管道,将文庙泵站的 DN1800 进水总管与中山南路的 DN2000 污水截流总管接通;并在中山南路复兴东路路口临时设置了一段 DN1500 管道,将复兴东泵站的 DN1600 污水截流管与 DN1500 进水管接通,借 DN2000 污水截流总管以及复兴东泵站的 DN1600 污水截流管及 DN1500 进水管倒流至复兴东路泵站。同时,在董家渡路上设置了一座临时泵房排放雨水,并沿董家渡路敷设了一段临时泵房的临时出水管,出水管以上跨方式跨越黄浦江防汛墙。

4. 排水系统重建方案的确立

文庙排水系统恢复工程、外马路黄浦江防汛墙修复工程及轨道 4 号线修复工程等紧密合作,2008 年 3 月 24 日,上海市建设交通委批复同意文庙排水系统恢复工程初步设计。工程服务范围东起外马路、西至大兴街、南自陆家浜路、北至王家码头路,总面积 94 hm²。工程将新建文庙泵站(雨水设计规模 6.0 m³/s,污水设计规模 0.93 m³/s,初期雨水截流流量 0.16 m³/s,污水截流量 0.27 m³/s)和敷设董家渡及外马路区域的排水管道(DN600~DN2000 约 980 m)与泵站出水箱涵(60 m)连接。在轨道交通 4 号线上方重建文庙泵站及排放口(图 12-7),董家渡路、外马路区域原 DN2000 进水总管,董家渡路和外马路上的合流二期 DN2000 污水截流总管以及 DN600~DN1000 的合流管道,恢复该片区的排水设施。

### 12.1.3 城镇排水设施施工作业中硫化氢气体中毒事故案例

1. 事故概述

2004 年 5 月 21 日 13 时 10 分左右,上海市青浦区练塘经济开发区污水泵站集水井内,因硫化氢泄漏造成 4 人死亡。

练塘经济开发区污水泵站建筑面积 90 m²,2 500 mm×2 000 mm×7 000 mm,用于接通各路污水管道。为实施污水管道与泵站集水井的贯通,当日 12 时 45 分左右,练塘镇小蒸建筑总公司第九分公司职工蒋某某安排自行招用的陈某某、李某某、王某某 3 名施工人员轮流下井,站在井底用风镐去凿污水进水管的封头(该封头位于井内东侧,管径 600 mm,管下口离井底约 800 mm)。当凿开一孔时,管内污水随即流入集水井内,同时积聚在污水管内的硫化氢气体溢

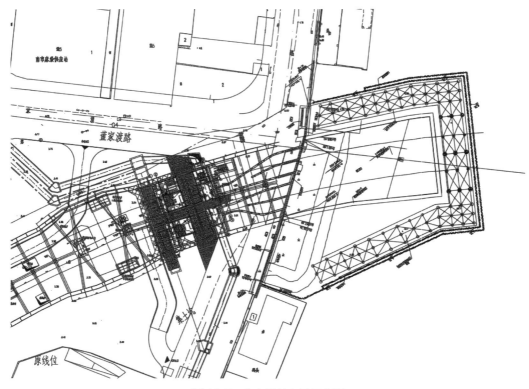

图 12-7　文庙泵站布置示意图

出。13 时左右,陈某某佩戴过滤式防毒面具进入井内继续作业,13 时 10 分,站在井外的蒋某某等人发现陈某某突然昏倒在井底,于是在未采取任何有效安全防护措施的情况下,先后进入井内抢救同伴,导致全部中毒昏倒在井内污水中。其他人员闻讯后于 13 时 24 分向 110 报警,随后赶到现场的公安消防人员迅速救出昏倒在井内的人员,此时 4 人已全部死亡。

2. 原因分析

① 施工作业管理不善,安全防护措施落实不到位。

② 事故的直接原因是进入污水集水井内施工作业和实施抢救的人员未采取有效的安全防护措施,且抢救方法不当,致吸入硫化氢而中毒。

③ 事故的间接原因是安全教育培训不到位,施工和施救人员缺乏安全知识。

3. 管理要求与防范措施

① 落实责任主体。排水各运行、养护、施工单位是安全生产的责任主体,企业主要负责人要对本单位的安全生产工作全面负责。各运行、养护、施工单位要保证安全生产的投入,落实安全生产责任。生产活动有可能产生硫化氢等有毒有害气体的场所,必须为操作人员配备气体检测仪器、呼吸器、救护带等安全设备;配备有毒有害气体报警仪、医疗救护设备和药品。防毒器具要定期检查、维护,确保整洁完好。

② 完善管理制度。相关企业应建立实施下井作业安全管理审批流程。作业人员作业前，要戴好防毒面具、系好保险绳、安全带，现场必须有专人监护。各项安全措施落实后，方可批准作业。

③ 严格持证上岗。严禁安排未经专业培训或未取得上岗证的人员上岗作业。各排水企业在签订项目施工合同时，应同时签订安全生产协议，规定各自的管理职责。

④ 坚持按章作业。实施下井作业之前，应严格执行先检测后作业的规定。凡是不符合标准的，应在采取通风或空气置换等措施后，再次进行检测，直至各项指标符合标准后，方可作业。作业时，监护人员要与作业人员保持不间断联络。作业过程中，监护人员不得擅自离开作业现场。

⑤ 加强现场管理。作业单位应加强作业现场安全生产管理，制订符合有关规定的作业方案。同时，加强对现场作业人员的岗位安全教育，严格执行安全操作规范。实施对作业现场的安全监督和作业全过程的监控。禁止在未采用任何防护措施的情况下私自下井作业。遇突发情况，应及时报警寻求专业救护，禁止盲目施救，避免出现更多的伤亡。

⑥ 制订预案。相关企业应制订防范硫化氢中毒应急预案。落实有毒有害气体防范措施、应急人员、器材和装备，并定期组织演练。


### 12.1.4 排水检查井行人坠落事故案例

#### 1. 事故概述

2013 年 3 月以来，一些城市连续发生因排水窨井造成的人身伤亡事故。如 2013 年 3 月 22 日，长沙暴雨中 1 名女大学生不幸坠入被雨水顶起窨井盖的排水检查井身亡。2013 年 6 月 9 日，广西南宁 1 名女士雨夜坠井身亡。2013 年 6 月 19 日，青岛 1 名男子踩到窨井盖边缘，因井盖翻转夹裂双腿。2014 年 11 月 10 日，1 名四岁男童在上海松江九亭失足掉入检查井内，公安、消防、水务、120 等部门连夜抽水营救，近 5 小时后找到失踪孩子，但已无生命迹象。据家长称，11 月 10 日 19 时许，孩子在沪松公路近九杜路附近玩耍，失足掉入没有盖窨井盖的污水管道内。现场目击者发现孩子掉入窨井后，立即报警，公安、消防、水务、120 等部门纷纷派人赶到现场。22 时 30 分，据正在现场施救的松江消防中队长介绍，经现场勘查，小孩跌落的检查井是市政污水系统，井深八九米。由于汛期下水道涌水反冲、井盖损坏等因素导致检查井井盖缺失，类似的行人坠入检查井并造成人员伤亡的情况时有发生。窨井盖安全事故引起了社会的广泛关注。

#### 2. 管理要求与防范措施

① 切实做好排水窨井盖和雨水口设施的日常维护工作，建立排水窨井盖和雨水口设施档案，登记数量、型号、材质、尺寸等信息。落实排水养护与运行单位对排水窨井盖的巡视、检查、维护责任制，加强排水设施日常巡视和维护，及时补齐丢失、缺损的井盖，确保井盖处于良好状态。

② 在排水设施工程建设和维护中,应严格执行国家和本市有关标准规范,选用符合标准带有防盗功能的产品。

③ 认真开展排水窨井盖和雨水口隐患排查整改工作。全面排查排水井窨盖和雨水口安全隐患,重点调查责任范围内是否存在窨井盖被水流顶起的情况。对井盖易丢失、破损、被水流顶托及位于人行道上的排水检查井应加装防坠落装置。2014年年底,上海市水务局发布了《上海市排水检查井塑料防坠格板应用技术规程》,全市开始安装检查井防坠格板(图12-8和图12-9)。

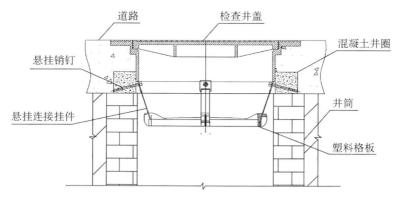

图 12-8　塑料防坠格板安装示意图

图 12-9　安装好的塑料防坠格板

④ 做好施工作业和暴雨放水时的安全警示和看护工作。在日常养护或暴雨放水时打开井盖后,应同步设置安全护栏或交通安全帽等,一对一专人看护,防止车辆、行人发生坠落、碰伤等。在车站、广场和交通流量较大的干道上,还应组织人员现场维持秩序。撤离现场时,应仔细检查,确保井盖盖好、警示设施撤走、同来人员到齐后,才能安全撤离。做好施工及放水人员的自身安全保障工作,放水人员应穿着专用识别服装,戴好安全帽,注意来往车辆、高空坠物和脚下安全,防止发生交通意外和工伤事故。

## 12.1.5　过河倒虹污水管道事故

### 1. 事故概述

过苏州河倒虹管由于施工质量不佳或管节(接头)质量缺陷,管节接口处会发生渗漏事故。当处于"管道内高水位、上部河道低潮位"的工况下,会发生管道内污水外溢的情况;而在"管道内低水位+上部河道高潮位"的工况下,则会发生河水倒灌进管道的情况。同时由于管道输送能力下降,上游污水泵站将不能正常传输地区污水,存在污水放江污染河道的可能。其表现特征为管道水量与前期相比明显增加或减少,或是管道内水质与前期相比发生明显的变化。

2. 修复方案

由于管道常为顶管法施工,埋深较深,顶部低于河底实土 3～4 m,无法使用通常的开挖修复方案,需要采用管道内衬抢修工艺。常规的管道内衬抢修工艺有如下 5 种。

① U 形 HDPE 内衬修复管道技术。

② 点状不锈钢内涨环止水修复。

③ U 形薄壁 HDPE 管修复＋不锈钢内衬环加固。

④ CIPP 翻转修复法。

⑤ 包塑钢管内衬修复法。

通常考虑到河底倒虹管埋深、长度及潜水员作业半径,直接的点状修复可能性较低。因此,相对来说 U 形 HDPE 内衬修复、点状不锈钢内涨环止水修复、U 形薄壁 HDPE 管修复＋不锈钢内衬环加固更适用于过河管的修复。

U 形 HDPE 内衬修复管道技术是利用 HDPE 材料具有形状记忆的特点,在 HDPE 衬管插入待修管道之前,将 HDPE 衬管的直径暂时缩小,衬管穿入管道后,用加热或加压方法将 HDPE 的记忆激活,使 HDPE 衬管恢复到原来的直径(图 12-10 和图 12-11)。

图 12-10　U 形 HDPE 内衬修复管道技术示意图

图 12-11　U 形 HDPE 管、U 形压缩及穿管现场照片

### 12.1.6　污水输送箱涵变形缝渗漏事故

**1. 事故概述**

早期建成的排水箱涵,由于变形缝处橡胶止水带接口处处理不当、止水带老化、外部荷载的不均匀变化导致地基不均匀沉降等原因,变形缝处容易出现止水带拉裂而发生渗漏水的情况。该类事故多发生在排水箱涵位于公园、绿化带等局部地面起伏较大的地段。地面覆土荷载不一(超出原始设计工况)时,造成地基不均匀沉降,引起变形缝处止水带拉裂。由于变形缝处出现渗漏水,导致箱涵内部污水外泄或地下水渗入箱涵,影响了排水箱涵的运营安全及周边环境。事故发生时,可观察到地面潮湿、冒水或凹陷;压力流箱涵内水压发生变化;重力流箱涵由于地下水渗入造成水量增大。

**2. 抢修方案**

常规的变形缝修复方案包括内修法和外修法两类,需针对不同的情况使用。

(1)整体内贴式止水带修复(需进入箱涵内部施工,运营配合要求较高)

对于多孔箱涵,中间隔墙变形缝处的止水带通常也损坏严重,容易发生串水现象。因此需要采用临时嵌缝或临时内贴止水支架方式对中间隔墙变形缝的渗漏进行临时封堵。以双孔箱涵为例,修复工程可分为一孔、二孔箱涵分别进行。先行修复一孔箱涵,此时需一孔停水、二孔可正常运行。待一孔修复完成后,切换至一孔运行,二孔停水,再进入二孔进行修复。当中隔墙渗漏、串水较轻微时,可采用临时嵌缝方式对中间隔墙的渗漏进行临时封堵,为待修复孔箱涵创造无水环境,便于施工及质量控制。当中间隔墙渗漏、串水严重时,由于水压较大,常规的临时堵漏方式(背水面堵漏)一般无法施工,需先行进入另一孔箱涵,采用临时内贴止水支架方式堵漏(图 12-12 和图 12-13)。该方式为迎水面堵漏,效果较好。

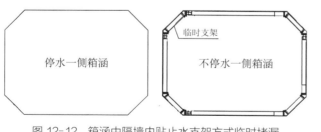

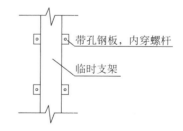

图 12-12　箱涵中隔墙内贴止水支架方式临时堵漏　　　图 12-13　临时支架详图

(2)局部外贴式止水带修复

变形缝渗漏损坏多发生在箱涵顶部(底部由于枕梁的存在,止水带不易拉裂),当排水箱涵输送水量较大,如合流一期工程,无法长时间停水,且止水带的损坏较轻微、外泄水量较小时,可选择在箱涵外部施工、对箱涵正常运行影响较小的局部外贴式止水带方案。

局部外贴式止水带通过化学螺栓固定橡胶止水带。首先在变形缝表层设置密封胶,再将橡胶止水带及钢压板平铺在变形缝安装部位处,最后通过化学螺栓将橡胶止水带固定于箱涵结构上(图 12-14 和图 12-15)。

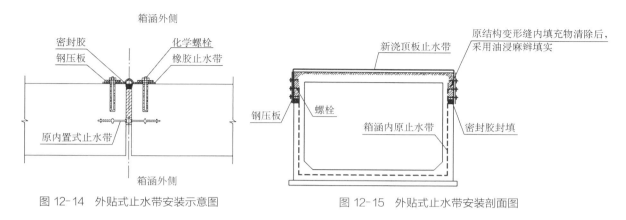

图 12-14 外贴式止水带安装示意图          图 12-15 外贴式止水带安装剖面图

### 12.1.7 管道接缝渗漏事故

1. 事故概述

汇总并分析近年来部分污水管道的内部 CCTV 影像资料,发现污水管道主要损坏内容包括管道内的防腐层环向位置纵向整段脱落;接口的渗漏、错位(图 12-16);井壁处的严重腐蚀现象(图 12-17)。这些区域的损坏造成管道承载力下降,给管道运行带来很大安全隐患。根据以往经验对管道进行评估计算,当管道的修复指数位于 $4 \leqslant R_1 < 7$ 区间时,已为较严重的二级,如果不及时进行修复处理,将导致污水外泄,影响管道结构的可靠性、管道正常运营的稳定性及社会公共设施的安全性。

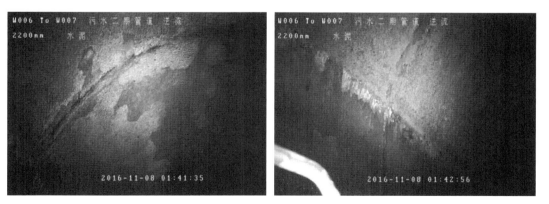

图 12-16 污水管道严重渗漏

当污水管道发生损坏时,还能观察到损坏段管道上部覆土塌陷、水量明显变化、周边地面变化明显、有异味产生等。损坏的管道将无法传输上游泵站来水;对正常的生活生产秩序造成严重影响;处于人口密集的地区时,可能造成意外事故;污水外泄对周围生态环境造成不良影响。

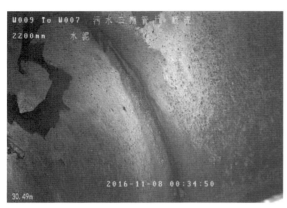

图 12-17　污水管道腐蚀

## 2. 抢修方案

根据管道局部破损特点,主要采用内衬加固工艺方案。

对于常见的管道局部错位部位的加固修复,在管道接口部位安装带齿状橡胶板,橡胶板就位后,采用扩张器撑开不锈钢压板并放入插片,达到止水目的。还可采用双道楔形止水密封圈,在管节插口埋设带两道环形凹槽的插口钢环,在两道环形凹槽内镶嵌两道环形密封橡胶圈,两道环形凹槽中间设置试压孔,此接口形式提高了工程安全性(图 12-18)。

图 12-18　不锈钢内涨环照片

对于管道局部渗漏部位的修复可采用以下方法:先钻孔注浆,对管道和管内空洞进行注浆,形成隔水帷幕防止渗漏,填充因砂土流失造成的空洞并增加地基承载力。然后采用上述局部错位部位的加固修复方法(图 12-19)。

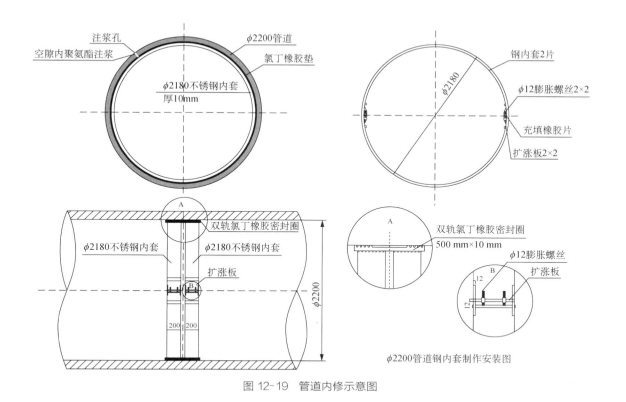

图 12-19　管道内修示意图

## 12.2　城市排水基础设施风险识别

排水管网是现代化城市和工业、企业不可或缺的一项重要设施,是基本建设的一个重要组成部分,同时也是控制水污染、改善环境的重要措施。如果排水管网出现问题,将会对整个社会经济的发展产生重大影响,因此排水管网的风险管控显得尤为重要。

### 12.2.1　排水管网存在的风险

1. 收集过程中的风险

污水收集是将污水从用户管道汇入小区管网,再汇入外部市政管网的过程。根据《室外排水规范》的要求,除降雨量较少的干旱地区外,新建地区应采用分流制排水体制。但由于排水系统建设不完善、用户环保意识差等原因,我国部分城市雨污混接现象较为普遍。

雨污混接现象,可简单地认为是雨水管道和污水管道的错接,有多种表现形式。污水管道接入雨水管道,造成污水通过雨水管道直接排入水体,污染环境,引起水体黑臭,造成河道污染,危害水生动植物,破坏水生态平衡,影响生态环境质量;雨水管道接入污水管道,雨天影响污水管道输送能力,造成污水冒溢,也造成污水量增质稀,不仅增加污水处理成本,也影响污水处理厂平稳运行。

2. 输送过程中的风险

随着城市建设快速发展、人口规模快速增长,污水收集传输系统承载的压力也迅速增加。地铁、高架、下穿隧道的建设,对于这城市的"血管"都或多或少造成了危害。最近几年,多起污水输送过程中发生的紧急事件使我们认识到污水输送系统存在着巨大的风险。

1)输送管道系统中的风险

(1)管道爆管风险。污水管道超负荷运行、管道腐蚀、结构破损导致污水输送管道爆漏,压力管道中的污水喷涌而出,造成污水横流,从而污染环境、影响污水厂正常运行及周边居民的正常生活。污水管道爆管的原因有以下两方面。

① 不规范或野蛮施工等人为因素造成爆管。由于近年来城市建设快速发展,污水管线保护范围内新建大量建筑物,许多建设施工单位存在不规范施工的情况,在未对地下管网进行有效勘察了解的情况下盲目施工,导致污水输送管线爆管的情况屡有发生。

② 管网老旧、腐蚀严重等因素导致爆管。部分排水管道敷设年代较早,受制于当时的设计标准及施工技术,经过数十年的运行后部分管道已接近设计使用年限。此外,管道内淤泥中生成的硫化氢等气体导致管壁混凝土被腐蚀。混凝土被腐蚀后,钢筋暴露在空气中,发生化学反应和电化学反应,加剧钢筋的腐蚀,使得顶板的承载力下降,久而久之容易发生爆管事故。

(2)管道堵塞淤积风险。由于排水管网施工时不按标准施工,管道承接不严或清理不净,接口处有砂浆或土石挤入下水道,造成下水道的沉淀与淤积,久而久之,就会发生堵塞。此外,雨水管道内淤积的沉积物如果不及时清除,在降雨时随着雨水排入周边河道,会引发环境污染。

(3)水锤风险。在有压污水管道中,由于某种外界原因(如阀门突然关闭、水泵机组突然停车)使得污水流速突然发生变化,从而引起压强急剧升高、降低或交替变化,这种水力现象称为水击或水锤。水锤的产生使得管道中压力急剧增大至正常压力的几倍甚至几十倍,会引起管道的破裂,影响生产和生活。压强过高将引起管道的破裂;反之,压强过低又会导致管道的瘪塌,还会损坏阀门和其他管件。

(4)接口渗漏风险。近几年排水管材种类繁多,制造质量控制也愈发完善,但排水管道中管道接口已成为影响排水系统正常运转的制约因素。由于管道的接口处没有完全连接到位,引发长期渗漏,就会造成管道脱节、断裂,轻则导致污水大量渗漏、污染环境,重则隔断污水的排放路径,使上游污水外溢,影响城市居民的生产与生活,此外还会引起道路塌陷,造成安全事故。大口径排水箱涵在运行过程中,由于变形缝橡胶止水带自身的老化、断裂引起渗漏,造成基底土的软化、扰动,从而进一步加大变形缝处的变形,加剧止水带的损坏。

(5)结构风险:

① 检查井沉陷、井盖破损、井室下沉。检查井沉陷是市政排水系统普遍存在的问题。检查井砌筑时,不按照规范要求进行操作,基础厚度不够,砌筑砂浆不饱满、质量不合格砂浆与砖砌体结合不好,抹面砂浆与墙体结合不好等都会造成裂缝、空鼓、脱落,降低检查井整体强度,使井室在雨、污水的腐蚀下失去强度,造成井室塌陷、下沉。

② 箱涵表面出现裂缝。箱涵表面裂缝主要指由于外部因素（如箱涵顶部的施工、堆载等）造成箱涵表面（主要为顶板）裂缝。其特征为箱涵构件（主要为顶板）的承载能力完好，从设计角度来讲，即构件的受力状态尚在承载能力极限状态以内，结构的强度未减弱，仅局部范围超出了正常使用的极限状态而发生了超过规范允许的裂缝。

③ 顶板局部破损。大口径排水箱涵顶板局部破损主要指由于外部因素（如箱涵顶部的施工或箱涵本身施工缺陷）造成箱涵结构（主要为顶板）局部破损而发生雨污水外溢。

2）排水泵站的风险

（1）流量不匹配的风险。前后级泵站由于流量不匹配，导致泵站开启、关闭频繁，不仅使得管网系统内流量变化幅度大，还会影响泵站内设备的使用寿命。

（2）失电的风险。泵站失电通常在雷雨或其他极端天气状况下，或当电力系统过载时发生。泵站失电会导致严重的后果，如污水泵站失电后导致上游污水冒溢、影响环境，雨水泵站失电后导致地区内涝灾害，影响居民正常生活和出行。

（3）附属设施失效的风险。通常排水泵站内的附属设施包括进出水闸门、泵的通风和冷却系统等，如果这些附属设施失效，将导致排水泵不能正常发挥提升的功能。

（4）泵站淹水的风险。由于外部排水系统中的内涝导致泵站内的电机或者配电设施进水，从而引发水泵停车或动力线路跳闸，也会导致排水泵不能正常发挥提升的功能。

3. 处理过程中的风险

污水处理厂运行过程中可能产生的安全风险包括以下五方面。

（1）水量冲击风险。地区开发强度、区域人口分布、用水习惯等原因使得污水纳管流量与污水处理厂进厂流量不匹配，处理系统受到不均匀水量的冲击，运行稳定性受到影响，易发生水质超标现象甚至会造成减量或者停产的后果。超过设计负荷的水量若未经处理溢流，会造成水环境污染。

（2）水质冲击风险。上游企业超标排放，使来水水质浓度偏高，且含有有毒有害和大量难被微生物分解的物质，可能造成生物处理系统瘫痪或水质超标。此外，由于部分城市排水系统仍然为合流制，在降雨工况下，排水系统内的水量激增，导致进厂流量增加，而水质浓度下降，影响生物处理系统的稳定运行。

（3）污泥处置风险。随着污水处理量的增加，污泥产生量也随之增长，污泥的出路一旦受阻，将会影响污泥的最终处置，造成环境风险。

（4）处理过程中的臭气风险。污水处理过程中，进水泵房、格栅、曝气沉砂池、初沉池、生化处理池、污泥浓缩与脱水等区域均会产生含甲烷、硫化氢等成分的恶臭气体，若不能进行有效收集并处理，将污染周边的大气环境，造成环境风险。

（5）危化品风险。污水处理厂根据污水处理工艺特点及出水水质要求，使用液氯和臭氧消毒，甲醇作为脱氮处理的碳源。甲醇属于易燃易爆品，且具有较强的毒性，一旦泄漏、发生火灾或爆炸，将对周边大气环境、地表水体造成一定的影响。液氯和臭氧均属于有毒有害物质，尤其是剧毒品氯气，在生产使用过程中，一旦发生泄漏，将对周边环境造成严重的污染，环境风险较高。

### 4. 排放过程中的风险

(1) 污水处理厂超标排放风险。由于污水处理厂进厂流量与处理量不匹配、生物处理系统瘫痪等,导致污水处理厂出水不达标,可能引发收纳水体环境污染,影响河流、湖泊和地下水水质。水质污染一般可分为化学型污染、物理型污染和生物型污染。

(2) 雨水泵站排江风险。城市雨水径流通常是影响收纳水体水质的主要污染源头。旱季污染物在城市地区的地表积累,污染物通常包括来自机动车辆的尾气、建设活动的沉积物、草坪的药剂、固体废弃物、大气干沉降颗粒,这些污染物通过雨水冲刷最终进入雨水排水系统。

此外雨水管道内的沉积物如果不及时清除,最终通过雨水泵站进入收纳水体,也会引发周边水体的水质恶化。

## 12.2.2 排水管网风险识别

目前,城市排水基础设施风险识别的主要方法有检查表法、专家调研法、情景分析法和事故树分析法等。

依据引起风险的原因,排水管线的运行风险可以划分为两大类:一种是由于管线自身因素(内部因素)引起的排水管网运行风险,另一种是由于外部因素引起的排水管网运行风险。内部因素引起的风险是指由于管线自身或环境原因致使管线结构老化、部件锈蚀、功能退化和外观破损等,从而发生污水冒溢、地下结构破坏等现象;外部因素引起的风险是指外界单位或个人施工、堆载、挖土、私接头子、违章排水等行为引起(或预计会引起)管线受力变异、结构损坏、水流冲突、水质变化等损害管线结构安全、设施功能和运行安全等的状况或事件。

上海市排水管网在几十年的运行中,出现的运行风险问题总结如表 12-1 所列。通过表 12-1 可以清晰地看出上海几十年排水运营管理中遇到的主要风险,这些风险有的是由管线自身原因造成,有的是由外部因素造成,还有的往往是由这两种因素共同造成的。

表 12-1　　　　　　　　　上海市排水管网风险项目汇总表

| 项目 | 起因 | 风险描述 |
|---|---|---|
| 降雨积水 | 系统接纳能力不足;<br>运营不良 | 由于城市排水管网设计标准偏低,大于设计标准的降雨即可引起积水;或者由于运营管理不良造成低于设计标准的降雨引起积水 |
| 爆管 | 超设计流量 | 当来水流量超过管道最大通过能力时,即有可能发生管道爆裂 |
| 污水冒溢 | 管道破损;<br>运营不良 | 由于管道破损或泵站运行不当,造成污水从破损处流出地面;或污水运行水位高于管顶标高,造成地面污水冒溢 |
| 中毒 | 有毒有害气体 | 在排水作业空间内,除了硫化氢等常规有毒有害气体受控监测之外,其他不明有毒有害气体缺乏监控手段,如果短时大量涌入,在有限的地下空间内,容易造成作业人员中毒 |

（续表）

| 项目 | 起因 | 风险描述 |
|---|---|---|
| 地下结构破坏 | 管道破损 | 管道破损后,污水长期冲刷,破坏了地下基础,造成地下空洞,引发地面塌陷,危及构筑物基础 |
| 闪爆 | 可燃气体 | 管网中出现的高浓度可燃气体在有限空间聚集到一定程度,与明火或电火花反应,产生爆燃 |
| 水质超标 | 来水超过接管标准 | 后续污水处理单元无法达标处理污水,引发次生环境污染风险 |
| 检查井发生问题 | 没有按照规范砌筑;井盖破损、下沉、被盗 | 检查井高突或低洼形成路面障碍,行程中躲闪检查井容易引起交通事故,大大制约道路功能 |

## 12.3　城市排水基础设施风险分析

排水管网的风险具有多样性,包括管网本身的系统性风险、外界环境对其的影响乃至管网内部的水质及气体都存在相当大的风险性。在此,从内、外两方面因素对其进行分析和探讨如下:

首先,从内因角度讲,管网本身的材料和状态是决定管网内在风险的根本要素。管网在设计之初,就应充分考虑到各种外因对管网的影响,针对区域内的相关特征,应当选取恰当的管网材料和设计形式,预防可能的不利外界环境。风险性最为突出的点,在于排水管网在应对突发性的极端外界条件或者排水状况时的耐受不足。管网系统是否能够抗风险,不取决于正常工作条件下管网是否运行稳定,而取决于极端条件下管网是否具有良好的抗受性。例如在降雨的时节,大量积水进入管网系统,此时管网如果无法容纳如此大量的雨水,则很有可能出现雨水溢出或者损坏管网系统。与此同时,排水系统中可能存在的污染物及有机质需要得到充分考虑,因为这些物质不仅可能会侵蚀管路,而且有可能产生毒气,严重的则可能直接导致管网泄漏而污染土壤环境。因此,在设计管网时需充分考虑当地的环境条件及可能的突发状况,保证排水管网发挥必要的作用及价值。

和内部因素相比较,导致排水管网风险的外界因素则更具有不可控性。总体而言,外界因素可以分为环境因素和排水冲击因素两大类。前者主要是区域内会对排水管网产生直接影响的环境条件,如降水、土壤塌陷、土层变化、地下水以及生物因素等,这些因素不仅会对排水管网产生相当大的影响,而且其不可控性相当大,例如排水管网附近如果出现土层塌陷等事件,很有可能对管网造成损伤,进而导致排水事故。后者则主要体现为排水本身存在的污染物对管网的侵蚀或者突发性的极端水量对管道的冲击,如果排水管网不能承受排水的长时间侵蚀,则很有可能导致风险的产生。

总体而言,各类因素的叠加对排水管网的影响相当巨大,其产生的风险不仅可能导致排水管网的部分瘫痪,更会影响排水管网的布局和城市的排水安全,因此必须予以重视。

## 12.4　排水基础设施风险评估相关分析算例

### 12.4.1　泵站报警系统事故树分析

某污水泵站在处置紧急溢流情况中，配备了两个报警系统。第一个报警系统是在水泵系统故障下激发，第二个报警系统是在集水池处于最高水位时激发。试构建系统事故树，量化泵站故障和排放未处理污水的风险。

为构建事故树，首先分析可能引起紧急溢流的基本事件，包括：

（1）水泵系统故障，假设为每年 10 次。

（2）系统故障警报未及时接听，或故障难以及时处理，假设概率为 0.08。

（3）系统故障报警系统故障，假设概率为 0.02。

（4）最高水位警报未及时接听，假设概率为 0.3。

（5）最高水位警报系统故障，假设概率为 0.02。

为此构建的事故树分析见图 12-20 泵站报警系统事故树示例图。由图 12-20 可以看出，如

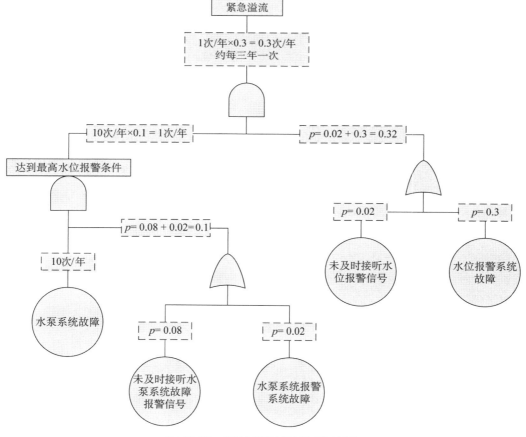

图 12-20　泵站报警系统事故树示例图

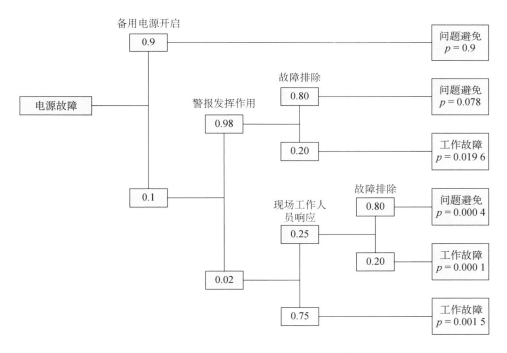

果没有最高水位报警信号系统,紧急溢流的概率为每年一次。当具有最高水位报警信号后,紧急溢流概率变为每三年一次。在本例事故树分析基础上,若再考虑水泵系统的故障类型、未及时接听警报信号的原因以及警报系统故障原因,就可以构建更复杂的FTA模型。

### 12.4.2 污水处理厂供电事故事故树分析

某污水处理厂的运行对供电故障非常敏感。当供电出现故障时,曝气池内生物处理工艺中止,二沉池中活性污泥难以回流。为了防止供电故障,该处理厂配备了备用发电机。但是备用发电机也可能出现故障。每日24小时内,工作人员每8小时班次内仅有1小时是在现场巡逻;有3小时的例行维护。供电系统与警报系统相连,当接到报警后,有机动工作人员响应。

假设厂区内供电故障为10次/年;备用发电机可开启概率为0.90;警报系统可工作概率为0.98;维护人员可维修好供电设备的概率为0.8;当电源出现故障时,工作人员刚好在现场的概率为24小时中的6小时。根据这些数据,构造的电源故障事故树如图12-21所示。最终事件的概率由事件分支内各概率乘积计算。从图12-21可以看出各种措施所发挥的作用,例如,警报系统可避免问题发生概率0.078;最高电源故障概率0.0196;为降低事故概率,应首先改善备用电源的可用性。

图 12-21 污水处理厂供电事故事故树示例图

### 12.4.3 暴雨强度重现期风险计算

某特定值暴雨强度的重现期是指等于或大于该值的暴雨强度可能出现一次的平均间隔时

间。事实上,特定重现期暴雨的真正间隔时间与平均值 $T$ 有相当大的差别,某些间隔远小于 $T$,某些间隔远大于 $T$,超过排水系统设计年限内的年事件风险分析推导如下。

任何一年内,年最大暴雨事件强度 $X$ 大于或等于 $T$ 年设计暴雨强度 $x$ 的概率为

$$P(X \geqslant x) = \frac{1}{T} \qquad (12\text{-}1)$$

在任何一年内不会发生 $T$ 年重现期设计暴雨的概率为

$$P(X < x) = 1 - P(X \geqslant x) = 1 - \frac{1}{T} \qquad (12\text{-}2)$$

在 $N$ 年内不会发生超过设计暴雨的概率为

$$P^N(X < x) = \left(1 - \frac{1}{T}\right)^N \qquad (12\text{-}3)$$

在 $N$ 年内发生至少一次大于或等于设计暴雨的概率或风险 $r$ 为

$$r = 1 - \left(1 - \frac{1}{T}\right)^N \qquad (12\text{-}4)$$

如果系统的设计年限为 $N$ 年,则在这段时间内超过设计暴雨事件的风险为 $r$。

如果对于较大的 $T$ 值,$T$ 年设计年限发生 $T$ 年重现期的暴雨,则风险为

$$\lim_{T \to \infty}\left[1 - \left(1 - \frac{1}{T}\right)^T\right] = 1 - \lim_{T \to \infty}\left(1 - \frac{1}{T}\right)^T = 1 - \frac{1}{e} = 63.2\%$$

即在 $T$ 年设计期限内发生 $T$ 年重现期暴雨的风险为 $63\%$。

【例 12-1】 当设计年限为 10 年时,10 年重现期的暴雨至少发生一次的概率是多少? 40 年设计年限的暴雨至少发生一次的概率是多少?

解:10 年设计年限,10 年重现期:$T = 10$, $N = 10$。 根据式(12-4):

$$r = 1 - (1 - 0.1)^{10} = 0.651$$

可以看出,10 年设计年限发生 10 年重现期暴雨的概率为 $65.1\%$。而不是 $r = 1/T = 0.1$,也不是 $r = 10 \times 1/T = 1.0$。

40 年设计年限,10 年重现期:$T = 10$, $N = 40$。

$$r = 1 - \left(1 - \frac{1}{10}\right)^{40} = 0.985$$

通常,如果在系统生命期内最大限度降低风险,则需要很大的重现期。表 12-2 是根据公式(12-4)给出了不同风险和期望设计年限的重现期。

表 12-2 不同风险和期望设计年限下对应的重现期

| 风险/% | 期望设计年限 | | | | | | | |
|---|---|---|---|---|---|---|---|---|
| | 2 | 5 | 10 | 15 | 20 | 25 | 50 | 100 |
| 75 | 2.00 | 4.02 | 6.69 | 11.0 | 14.9 | 18.0 | 35.6 | 72.7 |
| 50 | 3.43 | 7.74 | 11.9 | 22.1 | 29.4 | 36.6 | 72.6 | 144.8 |
| 40 | 4.44 | 10.3 | 20.1 | 29.9 | 39.7 | 49.5 | 98.4 | 196.3 |
| 30 | 6.12 | 14.5 | 28.5 | 42.6 | 56.5 | 70.6 | 140.7 | 281.0 |
| 25 | 7.46 | 17.9 | 35.3 | 53.6 | 70.0 | 87.4 | 174.3 | 348.0 |
| 20 | 9.47 | 22.9 | 45.3 | 67.7 | 90.1 | 112.5 | 224.6 | 449.0 |
| 15 | 12.8 | 31.3 | 62.0 | 90.8 | 123.6 | 154.3 | 308.0 | 616.0 |
| 10 | 19.5 | 48.1 | 95.4 | 142.9 | 190.3 | 238.0 | 475.0 | 950.0 |
| 5 | 39.5 | 98.0 | 195.5 | 292.9 | 390.0 | 488.0 | 976.0 | 1 949.0 |
| 2 | 99.5 | 248.0 | 496.0 | 743.0 | 990.0 | 1 238.0 | 2 475.0 | 4 950.0 |
| 1 | 198.4 | 498.0 | 996.0 | 1 492.0 | 1 992.0 | 2 488.0 | 4 975.0 | 9 953.0 |

【例 12-2】 设计排水系统中,若将来 5 年内某地块可能发生积水的风险为 10%,试确定需要采用的暴雨设计重现期是多少? 如果将来 50 年内发生积水的风险为 50%,采用的暴雨设计重现期又是多少?

解:风险计算中 $r=0.10$,$n=5$ 年,代入公式(12-4),得

$$0.10 = 1 - \left(1 - \frac{1}{T}\right)^5$$

即 $T=48.1$ 年。 说明 48.1 年重现期的降雨将具有 10% 的机会,在下一个 5 年内发生一次或者多次。

根据以上步骤,当 $r=0.50$,$n=50$ 时,解得 $T=74$ 年。

## 12.4.4 致命性故障速率概念的应用案例

某污水厂目前连续由两名人员三班制工作。为了检查处理厂的运行,需要人员进入受限空间。进入受限空间会对生命构成危险。企业记录说明进入受限空间每年发生事故的频率为 1/1 000,这些事故中有 1/5 是致命性的。根据现场工作调查,估计操作人员每年需要 1 000 h 进入受限空间。计算运行人员操作处理厂内过程的致命性故障速率 $F_{AR}$,以及检查自动化站点的效应。

假设过程的连续人工操作为每日 24 h,通过两名操作人员的三班制,其中:

受限空间事故的频率=$10^{-3}$/年;

每年工作小时数=2 000;

每年受限空间中每名操作人员工作小时数=1 000 h;

受限空间中操作人员的概率=0.5;

任何时间在现场操作人员总数＝2；

引起死亡的故障概率＝0.2。

该信息保证确定以下属性：

事故中致命性概率＝2×0.2＝0.4；

每年致命性的频率＝0.5×($10^{-3}$)×2×0.2；

花在工作中每小时的致命性频率＝0.5×($10^{-3}$)×2×0.2/2 000，则 $10^8$ h 中致命性总数为

$$F_{AR} = \frac{0.5 \times 0.2 \times 2 \times (10^{-3}) \times 10^8}{2\,000} = 10。$$

该风险要高于工业平均值（工业的 $F_{AR}$ 通常为 4），因此应降低风险。如果系统是自动化的，以及 24 h 手工不再需要，操作人员的暴露时间就会降低。

假设三班制，每 1 名操作人员暴露现在为 1 h/d。因此

事故频率＝$10^{-3}$/年；

每年每 1 名操作人员工作总小时＝2 000 h；

每 1 名操作人员每日暴露历时＝1 h，在 8 h 制中，＝300 h/y；

受限空间中操作人员的概率＝300/2 000＝0.15；

任何时刻在现场的操作人员总数＝2；

总事故的概率＝0.2；

事故中致命性的概率＝2×0.2＝0.4；

每年致命性的频率＝0.15×$10^{-3}$×2×0.2；

如果 $F_{AR}$ 为 $10^8$ h 内的致命总数，那么 $F_{AR} = \frac{0.15 \times 0.2 \times 2 \times (10^{-3}) \times 10^8}{2\,000} = 3$。

总结：根据 $F_{AR}$ 估计，通过工作安装警报系统，建议终止 24 h 人工监视工作的事件。系统的手工检查将降低为一个例行检查每班。

# 13 城市排水基础设施风险管控措施

## 13.1 城市排水管网的规划设计

### 1. 设计原则

排水管网的设计应该遵循以下原则:一是必须认真贯彻执行国家和地方有关部门制定的现行有关标准、规范和规定;二是处理好城市排水与自然地理环境排水的关系问题,要尽量利用好自然地理环境排水;三是应符合区域规划以及城市和工业企业的总体规划,并与城市建设中其他的工程建设密切配合城市管网的标准应该适当提高,以应对极端降雨天气变化;四是设计应全面规划,按近期设计,考虑远期发展有扩建的可能,并应根据使用要求和技术经济的合理性等因素,对近期工程做出分期建设的安排;五是要考虑管道施工、运行和维护的方便性。

### 2. 规划设计趋势

近年来,随着全球性气候变化,强降雨天气出现频率很频繁,城市防汛设施面临巨大的压力,雨水径流污染问题也日益引起广泛关注。按照《国务院关于加强城市基础设施建设的意见》(国发〔2013〕36 号)、《国务院办公厅关于做好城市排水防涝设施建设工作的通知》(国办发〔2013〕23 号)和《室外排水设计规范》(GB 50014—2006)(2016 版)的要求,规划设计上必须进一步提高防灾减灾能力和安全保障水平,需要提高排水基础设施的设计标准,目前,根据上海市的雨水规划和相关文件,内环内考虑采用 5 年一遇的设计标准,以提高内涝风险的控制和应对能力。

此外,初期雨水作为城市面源污染的一部分开始被广泛认识,在规划设计时,也需要考虑初期雨水治理的需求,增设调蓄、处理等设施,另外为减少雨污混接对河道的污染,目前在分流制排水系统的雨水泵站内均增设了截流设施,旱季对混接的旱流污水截流,雨季对混接污水和初期雨水截流。

### 3. 管道布置要求

排水管道的布置应符合以下规定:

(1)管道平面位置和高程,应根据地形、土质、地下水位、道路情况、原有的和规划的地下设施、施工条件以及养护管理方便等因素综合考虑确定。

(2)排水干管应布置在排水区域内地势较低或便于雨污水汇集的地带。排水管道宜沿城镇道路敷设,并与道路中线平行。

(3)管道系统布置要符合地形趋势,一般宜顺坡排水,取短捷路线。每段管道均应划给适宜的服务面积。汇水面积划分除依据外,在平坦地区要考虑与各自毗邻系统的合理分担。

(4)管道高程设计除考虑地形坡度外,还应考虑地下设施的关系。尽量避免和减少管道穿越不容易通过的地带和构筑物,如高地、基岩浅露地带、基底土质不良地带、河道、铁路、地下铁道、人防工事以及各种大断面的地下管道等。当必须穿越时,需采取必要的处理或交叉措施,保证顺利通过。

(5)排水管道与其他直埋的地下管线(或构筑物)水平和垂直的最小净距,根据二者的类型、高程、施工顺序和管线损坏后果等因素,按当地城镇管道综合规划确定。排水管道与其他管道交叉处应注意对管道进行保护,当相交管道垂直距离较小时应采取加固措施。

(6)同直径及不同直径管道在检查井内连接,一般采用管顶平接,不同直径管道也可采用设计水面平接,但在任何情况下进水管管底不得低于出水管管底。

(7)输送腐蚀性污水的管渠必须采用耐腐蚀材料,其接口及附属构筑物必须采取相应的防腐措施,以保证管渠系统的使用寿命。

(8)排水管道系统设计应以重力流为主。当无法采用重力流或重力流不经济时,可采用压力流。

## 13.2 针对各种危害管道安全的因素应当采取的安全措施

危害排水管道安全的因素主要包括:管道及箱涵的腐蚀,管道接口处渗漏,由于地质沉降导致的管道脱节,检查井的渗漏,管道内淤积导致排水不畅,有异物进入排水管道,管道超负荷运行增加运行风险。

针对上述各种危害排水管道安全的因素,政府通过制定相关政策法规、做好统筹规划工作、完善城市水利基础设施建设和应急管理机制保障排水管道安全。上海市水务局作为承担涉水行政职能的政府机构,协同排水管理处等行业监管部门,制定了一系列的政策和制度,例如要求在排水设施的设计和施工过程中采取针对性安全措施,具体如表13-1所列。

表 13-1 危害排水管网的因素及采取的安全措施

| 危害因素 | 安全措施 |
| --- | --- |
| 管道腐蚀 | 对埋地管道内外均涂刷防腐涂料,防止腐蚀 |
| 钢筋混凝土管道接口渗漏 | 管道接口形式采用承插接口,并采用1～2道橡胶圈止水 |
| 由于沉降产生管道脱节 | 在管道敷设前对地基进行处理,使地基承载力符合设计要求;浇筑钢筋混凝土管道基础 |
| 检查井渗漏 | 弃用砖砌井、少用砌块井,一般使用混凝土井,防止检查井渗漏 |
| 管道内淤积,导致排水不畅 | 适当调整管道坡度,增加管内流速;在管道倒虹吸段采用双管,便于对管道进行清淤、检修 |
| 异物入管 | 在雨水口设置截污栏等,防止异物进入排水管道 |
| 管道超负荷运行 | 适当放大管径,为水量增加预留输送能力 |

　　同时,上海城投(水务)集团下面的上海市城市排水有限公司和各区排水管理单位共同承担上海市城区内排水管道、泵站等设施的运行和维护,定期开展排水管道的养护,定时排查,及时排除排水管道风险。

## 13.3　排水管道的施工管理

### 1. 排水管道开挖施工管理

　　开挖沟槽铺设预制成品管道是目前国内外地下排水管道工程施工的主要方法。开挖沟槽铺设排水管道只要场地允许,可在沿线全面展开施工,施工不受工作面的限制,机械及人员可以大面积展开,机械利用率及施工效率高,可以有效降低因工期压力而造成的各项费用的支出,如图 13-1 所示。

图 13-1　管道开挖施工照片

　　开槽敷设排水管道主要适合以下条件:①一般适用于管道埋深小于 5 m 的排水管道;②适用于开挖地质为黏土、硬塑的轻亚黏土、碎石土、砂类土及砂砾石混合土;③城市交通许可,两侧无大型建筑物;④适应于地下水不太丰富,可用井点降水法解决地下水问题的地质环境。

　　开槽法管道施工主要工艺流程如图 13-2 所示。

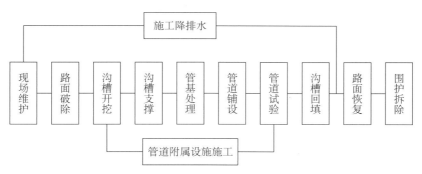

图 13-2　管道开槽施工流程图

开挖沟槽的施工要点如下：

（1）沟槽开挖。沟槽开挖采用挖掘机机械挖土，人工配合。机械挖土应严格控制标高，防止超挖或扰动基槽底面地基土，应挖至槽底标高以上 20 cm 的预留底层土，再采用人工挖除 20 cm 厚的预留土层，修整槽底，边人工挖土边修整，直到挖至槽底设计标高，并立即进行基底基础施工。挖出的土方应根据施工环境、交通等条件，妥善安排堆放位置，搞好土方调配，余土方应及时外运。

（2）沟槽支护。为防止施工过程中沟槽壁坍塌，采用钢板桩或其他支护形式加设支撑。支撑的形式与方法，根据土质工期、施工季节、地下水情况、槽深及开挖宽度、地面环境等因素确定。两侧挖临时排水沟，以利槽内积水汇集到水井，保持槽底不受水浸泡。

（3）管基处理。管道底座为块石加碎石底座，外包土工布一层，上面为砾石垫层，预置混凝土基础，置管后用级配砂石回填，压实度需要≥95％。基础的底层应人工挖出、修整槽底，清除淤泥和碎石，如有超挖，应用砂砾石冲平，垫层应按规定的沟槽宽度满堂铺筑、摊平、排实，人工摊铺、夯实或用平板振动器振动密实。

（4）管道敷设。管道敷设前需要对管材、管件等作外观检查。下管可使用人工搬运，由地面人员将管材传递给槽内施工人员；对于管径较大的，也可用吊装设备系住管身两端，保持管身平衡匀速溜放，使管材平稳放入沟槽内；严禁直接将管材滚入槽内。

（5）沟槽回填。在确认管道闭水试验合格后应及时回填，回填时基槽内不得有积水，保持管槽干燥。位于道路下的管道采用中粗砂回填至管顶以上 500 mm，位于绿化地的管道采用中粗砂回填至管中心，其余部分回填土，可采用开挖出的黏性土，但含有有机质或含粒径大于 150 mm 的碎石的土不得用于回填。沟槽回填施工时按规范要求分层夯实。

**2. 排水管道非开挖施工方法的管理**

管道非开挖施工方法主要指不开槽管道施工，常见不开槽管道施工方法主要由顶管法、盾构法、定向钻法、夯管法等。

（1）顶管法。顶管法是指隧道或地下管道穿越铁路、道路、河流或建筑物等各种障碍物时采用的一种暗挖式施工方法。

在施工时，通过传力顶铁和导向轨道，用支承于基坑后座上的液压千斤顶将管压入土层中，同时挖除并运走管正面的泥土。当第一节管全部顶入土层后，接着将第二节管接在后面继续顶进，这样将一节节管子顶入，做好接口，建成涵管。

顶管法特别适于修建穿过已有建筑物、交通线下面的涵管或河流、湖泊。顶管按挖土方式的不同分为机械开挖顶进、挤压顶进、水力机械开挖及人工开挖顶进等，如图 13-3 所示。

（2）盾构法。盾构法是暗挖法施工中的一种全机械化施工方法。它是将盾构机械在地中推进，通过盾构外壳和管片支承四周围岩防止发生隧道内的坍塌。同时在开挖面前方用切削装置进行土体开挖，通过出土机械运出洞外，靠千斤顶在后部加压顶进，并拼装预制混凝土管片，形成隧道结构的一种机械化施工方法，如图 13-4 所示。

图 13-3　顶管法施工照片

盾构机于 1847 年发明,它是一种带有护罩的专用设备。利用尾部已装好的衬砌块作为支点向前推进,用刀盘切割土体,同时排土和拼装后面的预制混凝土衬砌块。盾构机掘进的出砟方式有机械式和水力式,以水力式居多。水力盾构在工作面处有一个注满膨润土液的密封室。膨润土液既用于平衡土压力和地下水压力,又用作输送排出土体的介质。

（3）定向钻法。定向钻法是在不开挖地表面的条件下,利用水平定下钻机铺设多种地下公用设施（管道、电缆等）,

图 13-4　盾构法施工照片

它广泛应用于供水、电力、电信、燃气、石油等管线铺设,适用于沙土、黏土、卵石等地况,我国大部分非硬岩地区都可施工。目前其发展趋势正朝着大型化和微型化方向发展,适应硬岩作业、自备式锚固系统、钻杆自动堆放与提取、钻杆连接自动润滑、防触电系统等自动化作业,向超深度导向监控、应用范围广等方向发展。定向钻法一般适用于管径 $\phi300\sim\phi1\,200$ mm 的钢管、PE 管,最大铺管长度可达 1 500 m,适应于软土至硬岩多种土壤条件,应用前景广阔,如图 13-5 所示。

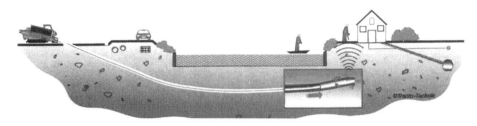

图 13-5　定向钻施工图示

（4）夯管施工法。夯管施工法是一种用夯管锤将待铺的钢管沿设计路线直接夯入地层，实现非开挖铺管的技术。夯管施工法的工作原理是夯管锤在压缩空气驱动下产生的较大冲击力直接作用在钢管后端，克服土层与管体间的摩擦力，通过前端钢质切削管头切入土体，被切削的土芯暂时留在钢管，待夯管成功后，取下切削管头，用压气、高压水射流或螺旋钻杆等方法将土芯排出。

夯管施工法对地层的适应性较强，除有大量岩体和较大石块土质不适合外，可在其他土层中使用。可在覆盖层较浅的情况下施工，铺管直径范围大，设备简单，投资少，操作、维修方便，施工成本低，施工精度较高，水平和高程偏差可控制在 2% 范围内。

（5）各种非开挖管道施工法特点及使用条件如表 13-2 所列。

表 13-2　　　　　　　　非开挖管道施工法特点及使用条件比较

| 施工工法 | 密闭式顶管 | 盾构 | 定向钻 | 夯管 |
|---|---|---|---|---|
| 工法优点 | 施工精度高 | 施工精度高 | 施工速度快 | 施工速度快，成本较低 |
| 工法缺点 | 施工成本高 | 施工成本高 | 控制精度低 | 控制精度低 |
| 适用范围 | 给水排水管道综合管道 | 给水排水管道综合管道 | 柔性管道 | 钢管 |
| 适用管径/mm | DN300～DN4000 | DN2000 以上 | DN300～DN1000 | DN200～DN1800 |
| 施工精度 | 小于±50 mm | 可控 | 不超过 0.5 倍内径 | 不可控 |
| 施工距离 | 较长 | 长 | 较短 | 短 |
| 适用地质条件 | 各种土层 | 除硬岩外的相对均质地层均可 | 砂卵石及含水地层不适用 | 含水地层不适用，砂卵石地层困难 |

# 13.4　日常运行养护的风险管控

## 13.4.1　概述

随着排水管网系统不断完善并陆续投入使用，作为城市的"血脉"，排水系统的正常运转显得尤为重要，如果管道发生损坏等问题，将给城市的生产生活造成重大影响，所以城市排水管道的养护工作显得尤其重要。

## 13.4.2　排水管网养护

排水管道在建成通水后，为保证其正常工作，必须进行定期养护和管理。排水管渠内常见的故障有：污物淤塞管道；过重的外荷载、地基不均匀沉陷或污水的侵蚀作用，使管渠损坏、裂缝或腐蚀等。

### 1. 管理养护的任务
（1）验收排水管渠的侵蚀作用。

（2）监督管渠使用规则的执行。

（3）经常检查、冲洗或清通排水管渠，维持其通水能力。

（4）修理管渠及其构筑物，并处理意外事故等。

## 2. 排水管道养护的一般规定

（1）定期巡视，及时发现和修理管道功能性与结构性缺陷。

（2）压力管养护应采用满负荷开泵的方式进行水力冲洗，至少每三个月一次。

（3）定期清除透气井内的浮渣。

（4）保持排气阀、压力井、透气井等附属设施的完好有效。

（5）定期开盖检查压力井盖板，发现盖板锈蚀、密封垫老化、井体裂缝、管内积泥等情况应及时维修和保养。

（6）管道、检查井和雨水口内允许积泥深度如表 13-3 所列。

表 13-3　　　　　　　　　　　　管道、检查井和雨水口内允许积泥深度

| 设施类别 | | 允许积泥深度 |
|---|---|---|
| 管道 | | 管径的 1/5 |
| 检查井 | 有沉泥槽 | 管底以下 50 mm |
| | 无沉泥槽 | 主管径的 1/5 |
| 雨水口 | 有沉泥槽 | 管底以下 50 mm |
| | 无沉泥槽 | 管底以上 50 mm |

落底井为管底以下沉泥槽深度大于 30 cm，半落底井位管底以下沉泥槽深度小于 30 cm，平底井为井底与管底齐平。

## 3. 管道清淤的常用方式

（1）绞车清淤。绞车清淤又称摇车清淤或铁牛清淤，采用竹片穿过需要清通的管道，利用管道两端的检查井上的绞车往复绞动钢丝绳，使淤积物被清通工具推入下游检查井中，绞车有手动、机动、电动等，清通工具也有很多种，根据管径大小和用户需要选用。这种方法适用于各种直径的管道，比较适合管道淤积严重、淤泥黏结密实的管线，如图 13-6 所示。

（2）通沟机清淤。通沟机是用于同管道之间为刚性密封的清淤器，在空气或液体压力作用下作为一个喷射体穿过管道，同时清除了管道内的异物，这种方法要求管壁光滑规则，淤积物不能太多。

与此类似的一种气动式通沟机，借助压缩空气把清淤器从一个检查井送到另一个检查井后，由绞车拉动其尾部的钢丝绳，使翼片张开，淤积物随清淤器被刮出管道。另一种软轴通沟机是由电机或汽车引擎产生动力，通过一根软轴传送给清淤工具，软轴的转动使清淤工具边旋动边前进，将淤积物搅松刮入另一检查井中。

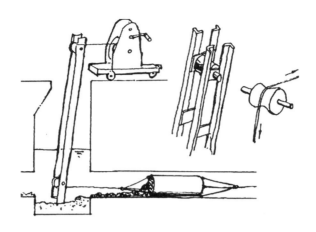

（a）绞车清淤三大组件（绞车、滑轮、铁牛）

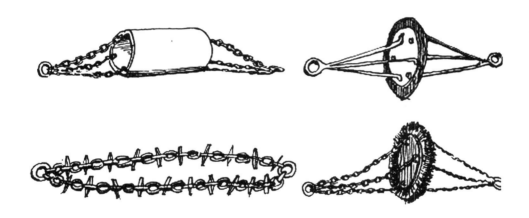

（b）上海常用的通沟牛（铁筒牛、橡皮牛、链条牛、钢丝牛）

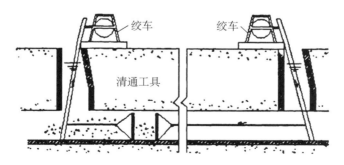

（c）作业示意图

图 13-6　绞车清淤

（3）高压水射流。高压水射流是一种较为广泛应用的清淤方式，使用一台高压射水车装备有大型水罐、机动卷管器、高压水泵、射水喷头等。操作时有汽车引擎驱动高压泵，将水加压后送入射水喷嘴，其向后的喷射产生的反作用力使射水喷头和胶管一起向反方向前进，也同时清洗管壁；当喷头到达下游检查井时，机动绞车将软管收回，射水喷头继续喷射水流将残余的沉淀物冲到下游的检查井，由吸泥车将其吸走，如图 13-7 所示。

（4）水冲刷清淤。该方法通过突然加大管道内水的流速来对管道进行清淤，包括改变泵站的运行方式、安装蓄水闸门以及放置阻水装置等手段。蓄水闸门是较为新式的排水设备，需要安装在特殊的冲洗井内。对于已建的管道，常通过临时放置阻水装置来清淤。该装置一般通过检查井放入清淤管道内，由于井口尺寸限制，一般采用将装置的部件分块放到管道内，然后再进行装配。清淤装置装配好后，将其放到管道某一位置，利用装置将管道中的污水阻挡在装置的上游，当水位达到一定高度后便放水，利用上游蓄水形成的水流来冲走管道内的淤积物，如图13-8 所示。

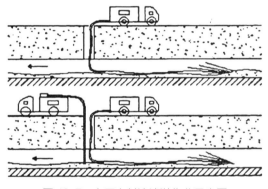

图 13-7　高压水射流清淤作业示意图

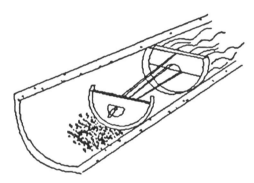

图 13-8　水冲刷清淤作业示意图

## 13.5　事后维抢修的技术措施

### 13.5.1　排水管道的主要缺陷类型及等级

排水管道的缺陷主要分管道功能性缺陷及结构性缺陷，通过对管道的检测进行评判，评判管道功能性缺陷主要为修复方案计算清理管道的工作量及费用；评判管道结构性缺陷是对管道缺陷类型、严重程度和管道损坏程度的判断。目前评价管道损坏程度是按照《排水管道电视和声纳检测评估技术规程》（DB31/T 444—2009）执行的，通过管道结构性缺陷检测，根据损坏评估方法计算出修复指数。

窨井损坏评估方法目前还没有相应的标准，建议参照管道结构性缺陷类型、严重程度来判断。详细检测后需要对损坏情况进行准确的分类并确定损坏等级，其标准如表 13-4 和表 13-5 所列。

表 13-4　　　　　　　　　　　管道功能性缺陷的名称、定义及等级数对应表

| 缺陷名称 | 缺陷定义 | 最高等级数 |
|---|---|---|
| 破裂 | 管道的外部压力超过自身的承受力致使管材发生破裂。其形式有纵向、环向和复合三种 | 4 |
| 变形 | 管道的原样被改变(只适用于柔性管)。变形比率＝最大变形内径÷原内径 | 3 |
| 错位 | 两根管道的套口接头偏离,未处于管道的正确位置,邻近的管道看似"半月形" | 4 |
| 脱节 | 由于沉降,两根管道的套口接头未充分推进或接口脱离,邻近的管道看似"全月形" | 4 |
| 渗漏 | 来源于地下的(按照不同的季节)或来自邻近漏水管的水从管壁、接口及检查井壁流出 | 4 |
| 腐蚀 | 管道内壁受到有害物质的腐蚀或管道内壁受到磨损。管道标准水位上部的腐蚀来自排水管道中的硫化氢所造成的腐蚀。管道底部的腐蚀是由于水的影响 | 3 |
| 胶圈脱落 | 接口材质,如橡胶圈、沥青、水泥等类似的材料进入管道。悬挂在管道底部的橡胶圈会造成运行方面的重大问题 | 3 |
| 支管暗接 | 支管未通过检查井直接侧向接入主管。该方式须得到政府有关部门批准,未批准的定为4级 | 4 |
| 异物侵入 | 非自身管道附属设施的物体穿透管壁进入管道内 | 3 |

表 13-5　　　　　　　　　　　管道功能性缺陷的名称、定义及等级数对应表

| 缺陷名称 | 缺陷定义 | 最高等级数 |
|---|---|---|
| 沉积 | 管道内的油脂、有机物或质量泥沙质沉淀物减少了横截面面积,有软质和硬质两种 | 3 |
| 结垢 | 由于铁或石灰质的水长时间沉积于管道表面,形成硬质或软质结垢 | 3 |
| 阻碍物 | 管道内坚硬的杂物,如石头、树枝、遗弃的工具、破损管道的碎片等 | 3 |
| 树根 | 单根树根或是树根群自然生长进入到管道 | 3 |
| 洼水 | 管道沉降或堵塞形成的水洼,水处于停滞状态 | 4 |
| 坝头 | 残留在管道内的封堵材料 | 3 |
| 浮渣 | 管道内水面上的漂浮物 | 3 |

### 13.5.2　排水管道修复技术

排水管道产生缺陷后需要进行修复,现阶段排水管道修复技术包括开挖修复技术及非开挖修复技术两大类。

开挖修复技术是用于管道更换的常规方法,沿着管道长度挖掘沟槽,以便直接放置管道,之后沟槽被回填修复表面景观。开挖能够进行全面管道修复,适用于现有破损的管道(即作为替代方法)和新的道路(即作为新的安装方法)的方式安装新的管道。缺点是影响交通、成本昂贵。

非开挖修复技术是在少开挖或不开挖地表的前提下对排水管道进行修复的技术。一般可包括整体修复、局部修复、辅助修复及预防性修复四个大类。

**1. 整体修复**

整体修复是对两个检查井之间的管段整段加固修复。主要包括原位固化法（CIPP）、螺旋缠绕法、管片内衬法、穿插法、改进穿插法、喷涂法、碎裂管法等。

（1）原位固化法。采用翻转或牵拉方式将浸渍树脂的软管置入原有管道内，用热水、蒸汽或紫外线光照固化后形成管道内衬的修复方法。

（2）螺旋缠绕法。采用机械缠绕的方法将带状型材在原有管道内形成一条新的管道内衬的修复方法。

（3）管片内衬法。将片状型材（一般为 PVC 材质）在原有管道内拼接一条新管道，并对新管道与原有管道之间的间隙进行填充的管道修复方法。

（4）穿插法。采用牵拉或顶推的方式将新管直接置入原有管道，并对新的内衬管和原有管道之间的间隙进行处理的管道修复方法。

（5）改进穿插法。改进穿插法较穿插法的优点为修复后内衬管与原有管道紧贴在一起。主要包括折叠内衬法及缩径内衬法等。

（6）喷涂法。通过一个快速回转的喷涂头将浆液喷涂到管道内壁形成管道内衬的管道修复方法。

（7）碎裂管法。采用碎裂管设备从内部破碎或割裂原有管道，将原有管道碎片挤入周围土体形成管孔，并同步拉入新管道的管道更新方法。

**2. 局部修复**

局部修复是对旧管道内的局部破损、接口错位、局部腐蚀等缺陷进行修复的方法。主要包括点状 CPPP 修复技术、不锈钢双胀环修复技术、不锈钢发泡筒修复技术、嵌补法、钢筋混凝土加盖修复技术、碳纤维加固修复技术、整体内贴式止水带修复技术等。

（1）点状 CIPP 修复技术：利用毡筒气囊局部成型技术，将涂灌树脂的毡筒用气囊使之紧贴母管，然后用常温或紫外线等方法固化的修复技术。

（2）不锈钢双胀环修复技术：在管道接口或局部损坏部位安装橡胶圈双胀环，橡胶带就位后用 2～3 道不锈钢胀环固定，达到止水目的的修复技术。

（3）不锈钢发泡筒修复技术：在管道接口或局部损坏部位安装不锈钢套环，不锈钢薄板卷成筒状与同样卷成筒状并涂满发泡胶的泡沫塑料板一同就位，然后用膨胀气囊使之紧贴管口，发泡胶固化后发挥止水作用的修复技术。

（4）嵌补法修复技术：对排水管道有地下水渗漏的部分开凿裂缝，用水泥麻丝封堵，然后在裂缝内预埋塑料软管，在预埋管外部封盖双快水泥，逐渐抽出预埋软管，形成注浆空间，等水泥硬化后注入嵌补材料，清除嵌补材料膨胀后的碎片，用水泥砂浆抹平管面后完成。

（5）钢筋混凝土加盖修复技术：主要应用于排水管涵顶板腐蚀、破损及严重渗漏时的局部结构性修复。一般以排水管涵原顶板作为新顶盖的底模板，待新浇钢筋混凝土达到设计强度后作为排水管涵结构的一部分。本修复技术通过新浇筑钢筋混凝土顶板及部分侧壁的方式，与原管涵侧壁相连接,形成新的管涵受力结构体系,对局部腐蚀、破损或渗漏的原管涵顶板进行修复。

(6)碳纤维加固修复技术:包括碳纤维布加固和碳纤维板加固两种。该法加固原理是利用其配套脂的剪切强度将混凝土构件承载的荷载传递给碳纤维,使后粘贴碳纤维和原钢筋混凝土构件共同承受荷载作用力。碳纤维与传统的加大混凝土截面或粘钢混凝土补强相比,具有节省空间、施工简便、不需要现场固定设施、施工质量易保证、基本不增加结构尺寸及自重、耐腐蚀和耐久性能好等特点。

(7)整体内贴式止水带修复技术:主要作用于排水管涵变形缝出现渗漏水的情况。采用螺纹连接方式将内贴式橡胶止水带固定在排水管涵变形缝处,利用橡胶的高弹性,把作用力传递到止水带的两翼,压紧底部的若干道密封唇,达到密封止水效果。该方法对管涵原始结构影响较小,适用性较广。

### 3. 辅助修复

辅助修复技术一般指的是管道基础的注浆处理技术。按注浆方式分为压密注浆、高压旋喷注浆等,按注浆管的设置分为管内向外钻孔注浆和从地面向下钻孔注浆两种方式。

### 4. 预防性修复

预防性修复是指为了防止长时间运行的管道在防腐涂层消耗后发生结构性损坏,通过氢氧化镁凝胶在线喷涂手段,通过附着在管道内壁形成一层凝胶层,增强管道低抗腐蚀的技术手段。喷涂后形成的涂层可确保管道管壁的高 pH,中和硫酸并防止硫酸与下层混凝土产生反应,其易溶性可确保其溶于水中以利于进行喷涂。溶液凝胶附着于混凝土表面,具有无须停水施工、无须人员进入管道作业等优点。

## 13.5.3 维抢修配合要求

在日常巡视、检测等或接相关污水渗漏投诉后,排水运行企业的相关人员应当第一时间赶到事故现场,对事故原因进行初步分析,并采取临时保护措施,主要处置类型包括过河管道应急处置、箱涵变形缝渗漏应急处置、管道接缝渗漏应急处置、箱涵顶板损坏应急处置、管道破损应急处置等。

### 1. 过河管道应急处置

(1)应急抢修程序。办理路面开挖或绿化开挖手续、交通组织及配合(作为前置配合,不占用现场抢修施工时间)→两岸倒虹井清理开挖,施工维护→掀开倒虹井顶板→封堵上、下游管道(上、下游泵站运行配合)→抽水至河道水面之下,判断管道漏损情况→潜水机器人检测管道积淤情况→穿管器穿管拖带牵引绳→清淤→淤泥处置及外运→潜水机器人复测→HDPE 管焊接→机械压成 U 形、缠绕→牵引进待修管道→充气复原定型→抽空管道内余水→内涨环支撑加固→强度试压→端口处理→现场恢复、验收,如图 13-9 所示。

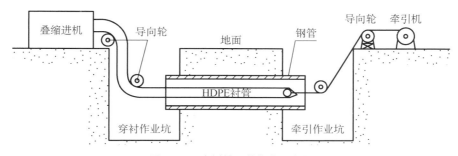

图 13-9　穿衬管工艺作业示意图

（2）运行配合要求。若该倒虹管发生渗漏、破损等情况时，应停止上游 2 座泵站，并对左、右岸倒虹井上、下游 φ1 800 管道进行封堵，并抽水至河道水面之下，以满足穿管器释放，同时判断管道漏损情况。为了尽快修复管道，可采用"U 形 HDPE 内衬修复施工＋内涨环支撑加固施工工艺"。U 形管修复时间大约在 1.5 天，不算拆封头子和准备时间。

**2. 箱涵变形缝渗漏应急处置**

（1）应急抢修程序。办理路面开挖或绿化开挖手续、交通组织及配合（作为前置配合，不占用现场抢修施工时间）→基坑开挖，暴露箱涵顶板及部分侧壁→判定箱涵损坏程度，确认适用修复方式→将漏水点两端 1 m 范围内结构缝进行清理并用涂底液涂刷结构缝及止水带表面→清理箱涵表面，沿变形缝凿宽 40 mm，用钢丝刷清理箱涵表面→在混凝土表面涂刷环氧底胶料→将 20 mm 厚环氧砂浆平铺于混凝土表面，同时安装橡胶止水带并用螺丝固定→在修复结构表面涂抹 C30 细石混凝土，并设置双向钢筋网→现场恢复、验收→基坑回填→道路、绿化恢复。

（2）运行配合要求。局部外贴式止水带修复技术是在排水箱涵外部进行修复，施工人员无须进入箱涵内部施工，因此对于所需的运营配合要求较低，仅需将水位降低于变形缝修复最低点下 10 cm 即可，基本不影响排水运营。也可根据实际情况采用临时引流、堵漏等方式，无须运营配合。局部外贴式止水带修复时间大约为 1 天（未计准备时间）。

**3. 管道接缝渗漏应急处置**

（1）应急抢修程序。办理交通组织及配合（作为前置配合，不占用现场抢修施工时间）→打开检查井盖板→封堵上、下游管道（上、下游泵站运行配合）→管道内抽水→进入管道排查，判断管道漏损情况→清理接缝处→接缝处止水带就位（临时固定）→安装内涨环→渗漏检查→管节损坏处理（如有）→现场恢复、验收。

（2）运行配合要求。内衬加固修复技术需进入管道内部施工，需协调相关运营单位做好临排措施。为了保证施工作业时间，尽量安排在天晴的日子，在下雨前完成维修，确保相关泵站正常运行。如果遇到突发暴雨天气，配合及时做好泵站运行工作。修复完毕后即可恢复管道正常工作。管道内衬修复时间一般在 4～5 h（未计准备时间）。

**4. 箱涵顶板损坏应急处置**

（1）应急抢修程序：办理路面开挖或绿化开挖手续、交通组织及配合（作为前置配合，不占用现场抢修施工时间)→基坑开挖,暴露箱涵顶板及部分侧壁→判定箱涵损坏程度,确认适用修复方式→顶板损坏、渗漏处临时封堵、倒流→新老止水带衔接处止水处理→新浇筑顶板、侧壁模板支护→新浇筑顶板、侧壁钢筋绑扎→新建顶板止水带安放固定→混凝土浇筑→混凝土养护、模板拆除→现场恢复、验收→基坑回填→道路、绿化恢复、验收。

(2)运行配合要求:由于钢筋混凝土加盖修复技术是在排水箱涵外部进行,施工人员无须进入箱涵内部,因此其所需的运营配合要求较低,将水位降低到箱涵顶板下 300~500 mm 即可。

5. 管道破损应急处置

(1)应急抢修程序:办理交通组织及配合(作为前置配合,不占用现场抢修施工时间)→排摸清楚漏水情况和具体位置后,确定基坑开挖方案和位置→制作哈夫节→临时降低管道内污水压力→吊装抢修哈夫节至管道待修复位置→通过螺栓、螺母初步固定哈夫节至管道外部→恢复管道内污水压力→观察是否仍存在渗漏水情况,若有,需调整和拧紧哈夫节螺栓,直至完全不漏水→现场恢复、验收。

(2)运行配合要求:哈夫节抱箍修复仅需在管道外部进行,对管道正常排水影响较小,但为了保证施工作业的安全性以及降低安装哈夫节的难度,管道应采取临时降压措施,即在低峰时间段内降低排水压力。管道抱箍修复时间一般在 4 h 左右(未计准备时间)。

# 13.6 管理类措施

## 13.6.1 建设运行控制措施

1. 提高管网风险防控水平

为了确保对城市排水管网运行的风险防控,需要提高风险防控和管理的水平,严格把关埋设入地管道的安装程序和操作步骤,规范和控制建设工程中涉及的埋设入地管道的施工。如果工程较大且内容复杂,要预先编制相应的应急方案和安全措施,务必将埋设入地管道的安全管理工作落实到位,防止因施工引起埋设入地管道的断裂和损坏,造成污水泄漏以及其他的安全事故。

2. 加强排水管道施工的监督管理

加强监督管理工作不仅需要建立健全相应的管理制度和流程,同时也需要行业管理企业提高现场管理人员的工作水平,充分掌握管线安装的相关标准和要求,制定管线铺设、管道设计、材料采购、管线防腐等方面的质量控制标准。将管道管理工作的责任落实到个人,每个施工环节和管理阶段的工作都要进一步完善,确保责任落实到位,实现排水管网的安全稳定运行。除此之外,相关部门要加强对群众安全知识的宣传和教育,提高群众的安全意识,使群众积极主动维护排水管道等相关设施。

3. 加强对现有排水管线检测与修复

现在比较常用的检测技术包括闭路电视(CCTV)、管道潜望镜(QV)、声呐、遥控潜水器(ROV)等检测技术。

(1)管道潜望镜(QV)检测是采用管道潜望镜在检查井对管道进行检测,通过操纵杆将高放大倍数的摄像头放入检查井或隐蔽空间,能够清晰显示管道裂纹、堵塞等内部状况。设备由探照灯、摄像头、控制器、伸缩杆、视频成像和存储单元组成。

(2)闭路电视(CCTV)检测是指通过闭路电视录像,将摄像设备置于排水管道内,拍摄影像并传输至计算机后,在终端电视屏幕上进行直观影像显示和影像记录存储的图像通信检测系统。检测时操作人员在地面远程控制 CCTV 检测车的行走并进行管道内的录像拍摄,由相关的技术人员根据这些录像进行管道内部状况的评价与分析。CCTV 的基本设备包括摄像头、灯光、电线及录影设备、监视器、电源控制设备、承载摄影机的支架、爬行器、长度测量仪等。

(3)声呐检测是采用声波探测技术对管道内水面以下的状况进行检测的方法,是通过声呐设备以水为介质对管道内壁进行扫描,扫描结果以计算机进行处理得出管道内部过水断面状况。声呐检测系统包括水下扫描单元(安装在漂浮筏、爬行器上)、声学处理单元、高分辨率彩色监视器和计算机。

(4)管道潜望镜(QV)也称潜水机器人,是一种水下极限作业机器人,可解决潜水人员在极端水下环境中所受到的某些限制问题,广泛应用在科考、海油工程、军警水下探测等方面。近年来被用于排水管道的检测,主要是 ROV 搭载声呐来进行检测。其工作方式是技术人员在地面的控制台操纵 ROV,进行水下视频摄像、声呐探测等,还可以通过遥控机械手臂进行管道内作业。

4. 加快排水管道信息化建设

市政排水管网信息化系统包含城市排水管网基础数据、专题数据和业务数据。可以充分整合市政信息资源,实现信息获取、信息传递、信息处理、信息再生和信息利用。排水管网地理信息系统、在线监测、水力模型的建设是城市排水管网信息化建设的重要组成部分。

排水管网地理信息系统是集计算机图形和数据库于一体,储存和处理空间信息的高新技术。即充分运用地理信息系统(GIS)强大的空间数据管理和分析能力,建立集设施资产管理、管网规划与分析、运营管理、信息共享于一体的城市给排水工程。使全部排水设施的地理位置与相关属性有机地结合,同时辅以相关的地形数据,将整个排水系统的排水现状在 1 张图上清晰地展示出来。这样不仅可以准确掌握整个系统排水现状,也可以清晰地看出各排水设施的具体位置、系统类型及连接关系,同时各排水设施的管径、埋深等相关属性信息也能在地理信息系统中很方便地查询到。对于日常市政排水工程的监管、维护具有重要意义。

## 13.6.2 财产风险防控措施

1. 树立正确的风险意识,建立完善的财产管理系统

排水企业要根据实际情况,分析财务状况,掌握财产管理的变化方向,编制应急预案,适时

调整财产管理的政策和管理手段,及时解决有针对性的问题,从而减少因环境因素而导致的各种财产风险。同时,企业也要建立高效的财务管理机构,加强财务监督机制,提高企业财务管理的工作效率。

### 2. 健全排水企业的财务风险预警系统

企业的发展管理必须根据市场情况的变化而变化,根据市场环境,排水企业要建立预警系统。财务工作人员可根据资产负债状况分析财务风险,主要分为三种类型:①流动资产大部分通过流动负债筹集,小部分通过长期负债筹集;固定资产通过长期自有资金和长期负债筹集。即流动负债全部用来筹集流动资产,自有资金全部用来筹措固定资产,这是正常的资产结构,财务风险很小。②资产负债表中累计结余是红字,表明一部分自有资金被亏损侵蚀,从而使得总资产中自有资金比重下降,出现财务危机,必须引起警惕。③亏损侵蚀了全部自有资金,而且还占据了一部分负债,这种情况属于资不抵债,属于高度风险,必须采取强制措施。

财务工作人员还可从企业收益状况分析财务风险。企业收益分析分为三个层次:①经营收入扣除经营成本、管理费用、销售费用、销售税金及附加税金等经营费用后的经营收益;②在经营收益基础上扣除财务费用后为经常收益;③经常收益与营业外收支净额的合计,即期间收益。对这三个层次的收益进行认真分析,就可以发现其中隐藏的财务风险,具体可分为三种情况:①如果经营收益为盈利,而经常收益为亏损,说明企业的资产结构不合理,举债规模大,利息负担重,存在一定风险;②如果经营收益、经常收益均为盈利,而期间收益为亏损,可能出现了灾害或出售资产损失等,严重时可能引发财务危机,必须十分警惕;③如果从经营收益开始就已经亏损,说明企业财务危机已显现。反之,如果三个层次的收益均为盈利,则说明经营状况正常。

针对不同的结果,财务工作人员要采取相应的策略,建立财务风险预警系统。此外,应加强财务识别,采用定性和定量相结合的手段进行风险评估,找出根源,有针对性地解决问题。

### 3. 提高财产管理人员的素质

财产风险管理主要依靠工作人员专业的、完善的风险管理工作,管理人员应具有过硬的管理能力和对环境信息的敏感性,能及时收集到经济、法律、政策等方面的信息,善于预测环境变化带来的不确定因素,发现问题并及时解决。

## 13.6.3　社会参与控制措施

### 1. 宣传与教育

在构建城市生命线"多元共治"的风险防控格局的过程中,排水基础设施运行单位应当向企业及周边群众、社区、场所宣传排水管线安全常识和管线保护知识;发挥社会的参与性,创造全社会的安全氛围。加强各部门信息共享,及时向排水管理企业发布台风、地质、地震、水文、气候等自然灾害预警信息,以便于排水企业及时做好管线的防护措施。

### 2. 发挥行业协会优势

发挥行业协会组织的优势,协助政府,联络企业,发挥桥梁作用,增强与政府及企业之间的良好互动与沟通；协助企业与政府定期组织各项交流活动；协助组织各种宣传教育、培训和竞赛等活动，鼓励社区、企业及各种民间组织参与排水安全管理，提供更多更好的建议和公共监督。

## 13.7 新技术应用展望

### 1. 排水管网的数学模拟

目前，开始用计算机数学模型来对管网的排水能力进行模拟和评估。欧盟的排水设计规范提出排水管道流量计算方法有三种，第一种是用于计算管道内水流为均匀恒定流的推理公式法，仅用于汇水面积小于 2 km² 或汇水时间小于 15 min 的排水管道流量计算；第二种是用于计算管道内均匀非恒定流的运动波法，可用于汇水面积大于等于 2 km² 的排水管道流量计算，或用于校核已建排水系统的排水能力，或用于模拟管网在长时间降雨条件下的工况；第三种是用于计算非均匀非恒定流的动力波法，能模拟存在压力流或停滞状态的管道水流情况，可用于校核排水管网在应对内涝时的工况。后两种计算方法一般需要借助计算机模拟来完成。

发达国家和地区对管道水力状况定义了超载和内涝两个概念。超载（Surcharge）与内涝（Flooding）为雨水管渠工作的不同水力状态。欧洲管渠设计标准 EN752 中，"超载"的定义为：重力流管渠中，雨污水处于压力流，但尚未溢出地面造成洪灾的水力状况。"内涝"则定义为：雨污水不能进入排水管渠，从而滞留于地面或进入建筑物的状况。由于管道在超载情况下其水流较为复杂，应采用动力波方程进行计算。

国外一般采用数学模型对管道的超载情况进行模拟评估。

目前全球使用较广的模型和软件包括美国的 HEC 系列模型、TR-55 系列软件、SWMM 模型、PCSWMM 模型、HSPF 模型、丹麦的 Mike 系列、英国的 Inforworks 系列、澳大利亚的 MUSIC 系列等。通过管网模型，结合数字高程信息，可以制作洪涝灾害地图，成为水务管理部门进行洪涝灾害风险沟通的主要工具和洪涝灾害风险缓解规划的主要资源。

### 2. 海绵城市建设

2014 年，《海绵城市建设技术指南》（以下简称《技术指南》）对海绵城市做出了定义：城市能够像海绵一样，在适应环境变化和应对自然灾害等方面具有良好的"弹性"，下雨时吸水、蓄水、渗水、净水，需要时将蓄存的水"释放"并加以利用。《技术指南》要求城市在开发建设过程中采用源头削减、中途转输、末端调蓄等多种手段，通过渗、滞、蓄、净、用、排等多种技术，实现城市良性水文循环，提高对径流雨水的渗透、调蓄、净化、利用和排放能力，维持或恢复城市的"海绵"功能[16]。通过海绵城市的建设，可有效降低城市建成区的综合径流系数，减少雨水径流的产生，增强城市排水的应对能力[17]。

在国外，也有类似的理念正在推广，称作自然（或者可持续、生态）措施也是指"最佳管理实践"（美国的 BMP），"可持续排水系统"（英国的 SUDS）或者"水敏感城市设计"（澳大利亚的 WSUD）。这些措施的主要目的均是确保更好地在源头管理径流（根据水量和水质），仿效自然水文循环,保持自然排水模式。

上海市先后出台了《上海市海绵城市建设技术导则(试行)》《上海市海绵城市建设指标体系》《上海市海绵城市建设技术标准图集》等文件,推进海绵城市建设,上海市水务局编制了《上海市水务设施(厂站)海绵城市建设技术导则》,推进海绵城市建设内容中的水务设施建设。

上海市的临港地区作为国家海绵城市建设试点区,制定了《上海市临港地区海绵城市建设试点区建设管理暂行办法》,通过规划管理和国土资源管理两种手段,将海绵城市建设要求落实到控制性详细规划、参与海绵城市设计方案会审、在土地供应中落实海绵城市建设的相关指标和要求等手段,对试点区内的新建、改建和扩建建设项目落实海绵城市建设相关内容。

### 3. 智慧水务

智慧水务建设将通过应用新信息技术带动水务信息化技术水平的全面提升,通过重点建设应用系统促进信息化建设效益的发挥,从而为水务管理的精细化、智慧化提供信息化技术支撑,这也是解决城市水环境问题的重要途径。

智慧水务整合了"物联网"与"大数据",通过数采仪、无线网络、流量计、液位计等在线监测设备实时感知城市排水管网、泵站和污水处理厂的运行状态,采用可视化的方式有机整合水务管理部门与排水基础设施,形成"城市排水物联网",通过数据采集设备 RTU 对排水基础设施的运行信息进行实时数据采集,将采集的数据传输至水务云平台系统,平台再将入库的数据自动汇总。

此外,在软件层面,通过搭建智慧运行平台收集排水基础设施运行过程中产生的数据并加以分析处理,以大数据的方式,分析、比对、查找可能出现的问题和风险点,实现实时监控、早期预警、历史数据追溯、运行优化以及自动生成图表及报告等功能(图 13-10)。对排水设施运行信息进行实时采集、分析,有效掌握排水管网的实际运行情况、瓶颈点和薄弱点;通过计算机模型、大数据计算等技术手段,优化运行方案,进一步挖掘排水设施潜力,提高排水服务水平;通过物联网技术实现排水设施在线远控、智能诊断、自动运行,进一步提高排水设施运行效率和运行安全;泵站、污水厂、管网、调蓄设施从点、线、面到全局联动,为排水设施复杂运行添加"大脑",使其运行更加智慧,最终为城市排水基础设施的平稳运行提供安全保障。

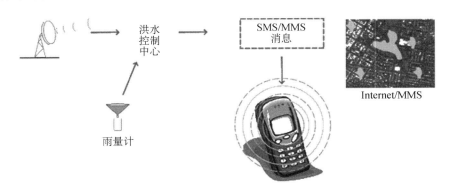

图 13-10　实时洪水控制中心示意图:在洪水风险情况下自动发送警报

# 14 城市排水基础设施风险的应急处置

城市排水基础设施风险的应急处置措施分为事前预警预案、事中防控调度和事后救助保险三大类,其中事前预警预案和事中防控调度均已纳入上海市的城市排水基础设施的应急安全维抢修体系。

## 14.1 城市排水基础设施应急安全维抢修体系

城市排水目前总体形势严峻,排水行业管网建设多方投资、多头建设,部分排水设施建设与管理脱节,排水设施质量良莠不齐;部分老旧管网不能满足排水需要,一旦出现冒溢、塌陷等将对环境和交通产生较大影响;部分路段地势低洼,特别是铁路桥下位置,强降雨时汇水超过排水设施排放能力,造成严重积水,对交通及安全形成严重影响;部分明沟被违规覆盖,部分暗渠上方违规加盖建筑物,暗渠内一旦因可燃气体积聚或油气泄漏流入遇明火爆燃,可能造成重大生命财产损失。而在城市排水运行过程中,受外界和行业自身因素影响,主要存在以下几方面风险因素:风暴潮、海啸、台风、地震、特大暴雨等自然灾害导致市政道路大面积积水、生命财产重大损失、环境污染、交通中断等;污水处理厂、泵站等排水设施因停电、主要设备故障、安全事故、自然灾害等情况停运产生污水溢流造成环境污染;污水厂沼气系统泄漏、地下排水设施沼气积聚、油气泄漏在地下管渠等有限空间内发生爆燃;地下排水管道漏水或断裂掏空地下、施工接管或回填不规范、暗渠盖板破损导致路面塌陷;排水检查井盖、雨水篦子缺失造成交通安全隐患;下井作业人员或其他人员进入雨污水检查井、暗渠等有限空间违反操作规程导致窒息、中毒。

因此必须构建排水基础设施应急安全维抢修体系予以积极应对。

### 14.1.1 排水管网系统风险管控体系

1. 应急指挥机构

以上海市为例,市属市管的排水设施主要为污水干线和泵站,由上海市城市排水有限公司负责维护管理;其余的雨、污水管网的管理和养护,全部由所在地的区政府负责;自管排水设施主要为开发区、工业区等自行投资建设并自行管理的设施(图 14-1)。

每个维护管理单位均设立专门的排水管网应急领导小组与工作小组,在领导小组领导下开

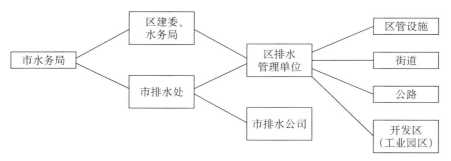

图 14-1　排水设施管理分工

展突发事件处置的各项工作,预案是否启动由领导小组决定。当预案启动时,工作小组在领导小组的领导下,按各自的分工及时到位开展工作并完成任务。

2. 应急安全维抢修流程

排水管网应急安全维抢修体系的流程与实施如图 14-2 所示。

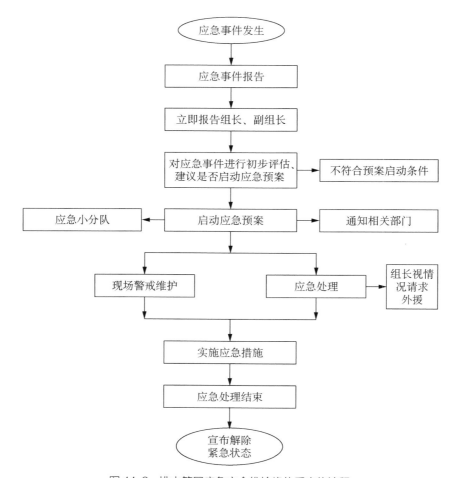

图 14-2　排水管网应急安全维抢修体系实施流程

### 14.1.2　污水处理厂风险管控体系

#### 1. 应急指挥机构及职责

突发事件应急组织体系：由厂长亲自督导，由副厂长全面负责，厂安全、厂保卫、各部门、车间负责人组成。厂生产安全事故领导小组在生产事故现场组成应急救援指挥部。污水处理厂应急组织体系如图14-3所示。

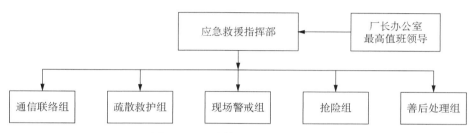

图 14-3　污水处理厂应急组织体系

污水、污泥处理厂应急组织体系由应急指挥部和应急救援小组组成。

应急指挥部为应急情况下的最高领导机构。指挥部下设 5 个应急救援小组，负责具体应急救援工作。5 个应急救援小组分别为通信联络组、疏散救护组、现场警戒组、抢险组及善后处理组。

#### 2. 各应急救援专业队伍及职责

（1）通信联络组成员和职责。由运行管理科负责第一时间发出紧急求救信息，协助总指挥协调应急救援工作，届时代表指挥部对外发布事故通报。

（2）疏散救护组成员和职责。负责对事件中的受伤人员及抢险救灾的受伤人员进行紧急救治，并负责将受伤人员及时转送专业医院进行救治。负责对伤亡人员的医疗、抚恤、安置等工作。

（3）现场警戒组成员和职责。负责现场警戒保卫和维护治安与交通秩序。

（4）抢险组成员和职责。由运行管理科负责事故现场有害物质扩散区域的认定监测，确立临时安全处所的设置。

（5）善后处理组成员和职责。善后处理组由各车间负责人组成。按事故后生产调度指令，正确处置有关开停车工作，做好停车后的各项善后工作，集中车间工人及外来援助人员、消防器材、防护用具，随时按现场指挥部的命令，支援现场抢救的各项工作。

## 14.2　城市排水基础设施应急风险处置的基本规则

在接到应急事件报警，巡检人员在第一时间（2 h 内）赶到现场，对事故原因进行初步分析，并采取临时保护措施后，向应急小组电话汇报事故情况。

1. 汇报的信息内容

（1）通报人的姓名和职务。

（2）事故发生时间、地点以及预期持续的时间。

（3）对周边环境可能会产生的影响、有无人员伤亡。

（4）采取哪些临时措施，实施后效果。

（5）通过微信等通信手段，将现场影像资料上传。

2. 处理排水应急事故掌握的基本规则

（1）以人为本，预防为主。把保障公众的生命安全和身体健康、最大程度地预防和减少突发事件造成的人员伤亡作为首要任务，切实加强应急救援人员的安全防护。

（2）统一领导，分级负责。在应急小组的统一领导下，组员各司其职。

（3）快速反应，协同应对。加强应急队伍建设，加强各部门的合作，建立协调联动机制，形成统一指挥、反应灵敏、功能齐全、协调有序、运转高效的应急管理快速应对机制。充分发挥专业技术人员的骨干作用。

（4）资源整合，科学决策。

## 14.2.1 排水管网系统事件分级及响应

1. 事件分级

根据水务行业突发事件的性质、可控性、危害程度和影响范围，以上海市为例，水务行业突发事件分为四级：Ⅰ级（特别重大）、Ⅱ级（重大）、Ⅲ级（较大）和Ⅳ级（一般）。

1）Ⅰ级（特别重大）水务行业突发事件

有下列情形之一，为Ⅰ级水务行业突发事件：

（1）造成5万户以上（含本数，下同）居民供水连续停止48 h以上。

（2）水务行业各单位因突发事件造成直接经济损失1亿元以上。

（3）水务行业各单位在建设工程、设施运营、船舶过闸过程中造成30人以上死亡（含失踪）的安全事故。

2）Ⅱ级（重大）水务行业突发事件

有下列情形之一，且未达到Ⅰ级水务行业突发事件标准，为Ⅱ级水务行业突发事件：

（1）造成5万户以上居民供水连续停止24 h以上、48 h以下，或3万户以上居民供水连续停止48 h以上。

（2）造成供水压降低到50 kPa以下，且导致10万户以上居民超过24 h用水困难。

（3）水务行业各单位因突发事件造成直接经济损失5 000万元以上、1亿元以下。

（4）水务行业各单位在建设工程、设施运营、船舶过闸过程中造成10人以上、30人以下死亡（含失踪）的安全事故。

（5）造成 100 万 m³/日以上污水处理厂或污水输送干线持续停运 48 h 以上。

3）Ⅲ级（较大）水务行业突发事件

有下列情形之一，且未达到Ⅱ级水务行业突发事件标准，为Ⅲ级水务行业突发事件：

（1）造成 3 万户以上居民供水连续停止 6 h 以上，或 1 万户以上居民供水连续停止 24 h 以上。

（2）造成供水水压降低到 50 kPa 以下，且导致 1 万户以上、10 万户以下居民超过 24 h 用水困难。

（3）造成 500 户以上居民房屋进水的供水管线或排水管道损坏事故。

（4）水务行业各单位因突发事件造成直接经济损失 100 万元以上、5 000 万元以下。

（5）水务行业各单位在建设工程、设施运营、船舶过闸过程中造成 3 人以上、10 人以下死亡（含失踪）的安全事故。

（6）水闸事故造成四级以上重要航道发生较严重堵塞，五至六级航道断航或严重堵塞 7 天以上。

（7）排水管道损坏，造成内环线以内主要道路停止通行 48 h 以上。

（8）造成城市 30 万 m³/d 以上污水处理厂或污水输送干线持续停运 48 h 以上。

4）Ⅳ级（一般）水务行业突发事件

有下列情形之一，且未达到Ⅲ级水务行业突发事件标准的，为Ⅳ级水务行业突发事件：

（1）造成 1 万户以上、3 万户以下居民供水连续停止 6 h 以上，或 500 户以上居民供水连续停止 24 h 以上。

（2）造成供水水压降低到 50 kPa 以下，且导致 1 万户以下居民超过 24 h 用水困难。

（3）造成 500 户以下居民房屋进水的供水管线或排水管道损坏。

（4）水务行业各单位因突发事件造成直接经济损失 10 万元以上、100 万元以下。

（5）水务行业各单位在建设工程、设施运营、船舶过闸过程中造成 3 人以下死亡（含失踪）的安全事故。

（6）水闸事故造成五至六级航道严重堵塞 7 天以下。

（7）排水管道损坏，造成内环线以内道路停止通行 24 h 以上、48 h 以下，或内环线以外主要道路停止通行 48 h 以上。

**2. 事件分级响应**

1）Ⅰ级、Ⅱ级应急响应

（1）市应急处置指挥部。发生特别重大、重大水务行业突发事件，启动Ⅰ级、Ⅱ级应急响应，市政府视情成立市应急处置指挥部，设置水务处置、污染处置、交通保障、物资保障、新闻报道等专业小组。由市应急处置指挥部及相关专业小组组织、指挥、协调、调度本市应急力量和资源，统一实施应急处置；各有关部门和单位及其应急力量及时赶到事发现场，按照各自职责分工，密切配合，协同处置。市应急处置指挥部要及时将水务行业突发事件及处置情况报告市政府。

(2)市水务局。市水务局进入Ⅰ级、Ⅱ级应急响应状态,立即派专业人员赶到现场调查确认,经市水务局局长批准及时向市委、市政府以及住房和城乡建设部、水利部报告,并在市应急处置指挥部的指挥下,迅速实施应急处置。

启动相应应急处置规程,组织应急抢险队伍积极开展应急处置,落实相关抢险设备和应急物资;召集专家组为水务行业突发事件应急处置提供决策咨询建议和技术指导。

(3)相关单位。市应急联动中心在实施先期处置的同时,相关单位启动相应等级应急响应行动,根据市应急处置指挥部指令,积极组织本系统应急力量和资源,协助实施应急处置。

(4)事发地区县政府。事发地区县政府及有关部门进入相应等级应急响应状态,在市应急处置指挥部的统一指挥下,迅速落实应急措施,组织抢险、人员撤离和应急救助,及时排除险情,全力保障居民正常生产生活。

2)Ⅲ级、Ⅳ级应急响应

(1)市水务局。市水务局进入Ⅲ级、Ⅳ级应急响应状态,要立即组织专业处置队伍赶到现场并实施处置。在处置过程中,及时判断事件发展趋势,并视情经分管副局长批准上报市政府。

启动相关应急处置规程,在先期处置的同时,组织相关应急专业队伍,有针对性地开展应急处置。必要时,组织专家提供决策咨询建议与技术指导。

组织落实各种抢险物资和设备,并根据需要及时给予增援。

(2)应急联动单位。市应急联动中心负责实施先期处置,市应急联动中心根据应急处置需要,协同市水务局组织、指挥、调度相关联动单位及其应急力量,密切配合,共同实施应急处置。

(3)事发地区县政府。事发地区县政府及相关部门要立即赶到现场,迅速落实应急措施,组织开展抢险、人员撤离和应急救助,及时排除险情,搞好居民生活保障,并将相关情况报告市水务局。

### 14.2.2 污水处理厂事件分级及响应

1.内部预警等级

针对是否会发生事故、事故灾难可控性、后果的严重性、影响范围和紧急程度,本预案预警级别分为三级:一级预警、二级预警、三级预警。

(1)一级预警。凡是符合下列情形之一的重大事件,进行一级预警:化验室内危险化学品泄漏、引发火灾爆炸事件,影响范围超出企业控制范围;污水水质不达标排放,其影响范围超出企业控制范围。

(2)二级预警。凡符合下列情形之一的较大环境事件,进行二级预警:污水和污泥管道发生小型泄漏,发现后立即启动二级预警,尚不能及时处置时,立即启动一级应急响应。

(3)三级预警。一般环境事件,进行三级预警:除重大环境事件(Ⅰ级)、较大环境事件(Ⅱ级)以外的其他突发环境污染事件。

**2. 内部预警响应**

（1）预警发布。对突发环境事件进行分析判断,确认各种来源信息可能导致的环境污染程度,初步确定预警范围并向应急指挥部报告,由指挥部发布预警信息。预警警报发布后,应急指挥部各职能部门应当迅速做好有关准备工作,应急队伍应当进入待命状态。

（2）预警措施。在确认进入预警状态之后,根据预警相应级别,应急指挥部按照相关程序可采取以下行动:对事故现场进行核实;启动相应事件的应急预案;按照环境污染事故发布预警的等级,向全厂以及附近居民发布预警等级。报警程序如图 14-4 所示。

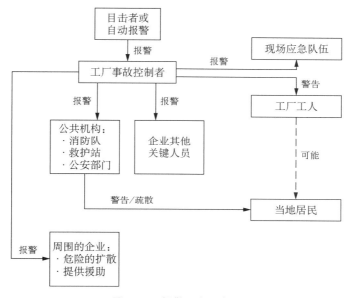

图 14-4　报警程序示意图

若收集到的有关信息证明突发环境污染事件即将发生或发生的可能性增大,应及时向应急救援指挥部通报相关情况,提出启动相应突发环境事件应急预警的建议,然后由总指挥确定预警等级,采取相应的预警措施,如表 14-1 所列。

表 14-1　　　　　　　　　　　　预警启动情形及相应措施

| 预警级别 | 预警预设启动条件 | 相应措施 |
|---|---|---|
| 三级预警 | 可能发生只影响厂区部分辅助设施,有可能引起车间内环境污染的事件,如化学品储罐和化学品储藏间发生泄漏 | 现场人员重点关注,保持与应急指挥部的联系 |
| 二级预警 | 周边企业启动厂外应急预案;污水和污泥管道发生泄漏 | 立即汇报至应急指挥部,做好应急救援准备 |
| 一级预警 | 可能发生对厂界外有重大影响的事故,如较大的燃烧、爆炸事件,会引发对厂外产生显著影响的环境污染事故 | 立即与当地环保部门、安监部门、应急办取得联系,发生事故后,各项救援行动由上级部门统一指挥 |

（3）预警解除和终止。在低于上述预警级别或事件消灭后，由应急指挥部对现场进行复查，确认无二次事件发生可能的，应急指挥部研究决定可以解除预警后，由总指挥宣布预警解除。

## 14.3  城市排水基础设施应急风险处置的工作制度

### 14.3.1  预案启动

制定事故应急预案，一旦发生事故立即启动预案。处置责任单位要立即启动《下水道损坏应急处置预案》《污水输送干线突发事件应急处置预案》，组织专业应急抢险队伍迅速抢修。

### 14.3.2  信息报告

1. 信息接收与通报

突发排水管网系统发生事故，根据现场应急救援工作的需要，由事发地区县政府负责，开设现场指挥部，提供现场指挥部运作的相关保障。

市水务局负责事故专项应急抢险。

突发环境安全事故，所在岗位要立即启动现场处置方案实施自救，同时将事故发生的时间、地点、原因、人员伤亡、事故现状、抢险情况及事故发展预测通过公司 24 h 应急值班电话报告，值班人员在接到电话后，应立即报告应急指挥部总指挥，由总指挥发布是否启动应急预案的命令。当厂区内发生火灾或爆炸事故，现场人员在上报、请求启动预案的同时，必须立即拨打 119 请求政府部门支援；若发生污水直接排放环境污染事故，应立即拨打 12369 并报告当地环保局，请求对上游水量进行调节，靠水体自净能力恢复水体水质；发生人员伤亡事故，应立即拨打 120。

2. 信息上报

突发重大、特别重大干线管道损坏事件，维修养护责任单位要及时报告市应急联动中心，组织、指挥相关联动单位协助实施处置；交警部门组织力量赶到现场指挥交通，防止发生拥堵；交通部门调整原有公交线路，合理配置临时线路；供水、煤气、通信、供电等地下管线责任单位及时抢修受损管线设施，并在抢修污水输送干线、排水管道时加强现场监护；授权相关媒体及时发布损坏路段交通情况。

污水处理厂发生环境安全事故时，根据事故中伤亡人员人数、可能造成的环境影响，在 1 h 内（情况紧急时在 30 min 内），由总指挥分别向当地环保、安监、消防等政府部门报告。报告事故应当包括：事故发生的时间、地点、现场情况；简要经过；事故已经造成或可能造成的伤亡人数（包括下落不明的人数）和初步估计的直接经济损失、环境影响的情况；已采取的措施；其他应当报告的情况。

3. 信息传递

后勤通信保障组负责与政府管理部门之间的信息传递，应急值班人员负责指挥部、应急救援组之间的信息传递。

如果发生事故对周边企业可能造成影响的,由应急指挥部指定人员向周边企业发出通报,确保周边企业的安全。

### 14.3.3　应急监测

对于污水处理厂发生的环境污染事件,由于企业不具备应急监测的能力,当突发环境事件发生后,立即拨打环保热线 12369,由环保部门确定监测方案,现场监测,企业应全力配合。

当进水水质发生异常时,应根据需要增加监测项目和频次;一旦发生污水水质不达标排放事件,可以通过在线监测系统直接反馈出水浓度,若在线监测系统发生故障,化验室取水样进行检测,对于下游河道水水质由环保部门进行检测。企业不具备大气监测的能力,当发生火灾、爆炸事故时,立即拨打环保热线 12369,建议环保部门根据风评报告中事件后果分析计算出的影响范围制定监测方案,现场监测,企业应全力配合。

### 14.3.4　应急措施

1. 排水管网应急措施——污水输送干线、排水管道突发损坏事件

(1)根据现场应急救援工作的需要,由事发地区县政府负责,开设现场指挥部,提供现场指挥部运作的相关保障。主要任务是:根据灾情,组织指挥参与现场救援的各单位行动迅速,控制灾情,把损失降到最低,在实施属地管理中确保灾害事故周边地区的治安,灾民的安置,负责安稳好民心,组织好交通及道路卫生清理、路面修复以及事故善后处理工作。市水务局负责事故专项应急抢险。

(2)污水输送干线、排水管道突发损坏,处置责任单位要立即启动《下水道损坏应急处置预案》《污水输送干线突发事件应急处置预案》,组织专业应急抢险队伍迅速抢修。污水输送干线严重损坏,市排水公司调度中心根据应急预案要求及时进行科学调度运行,防止事态扩大。抢修污水输送干线、排水管道时应加强现场监护。

(3)突发重大、特别重大干线管道损坏事件,维修养护责任单位要及时报告市应急联动中心,组织、指挥相关联动单位协助实施处置;交警部门组织力量赶到现场指挥交通,防止发生拥堵;交通部门调整原有公交线路,合理配置临时线路;供水、煤气、通信、供电等地下管线责任单位及时抢修受损管线设施,并在抢修污水输送干线、排水管道时加强现场监护;授权相关媒体及时发布损坏路段交通情况。

(4)造成道路积水,按照防汛相关应急预案实施应急处置。

(5)启动《上海市排水行业处置突发事件应急预案》,召集专家拟订应急抢险、抢修和临时排水方案。

(6)维修养护责任单位组织抢险队伍、设备迅速赶到事故现场,开展应急抢险。

(7)污水输送干线损坏需采取污水放江措施的,申报手续实行特事特办快速审批。实施污

水放江措施,要立即启动《上海市水源地重大污染事件水质水情适时监测预案》,密切监测放江水域水质水情,如影响自来水取水口取水,要及时向市应急处置指挥部或市水务局报告。

2. 排水泵站应急措施——排水泵站停电时的应急供电措施

(1) 在泵站上级分公司指派的临时供电负责人监护下,泵站操作工实施切断主变压器高压侧高压开关和高压负荷开关并挂好禁止合闸标示牌,要有明显断路点。有高压合闸控制钥匙的,钥匙由泵站临时供电负责人保管。

(2) 在临时供电负责人监护下,泵站操作工实施切断主变压器低压侧低总开关和低压负荷开关并挂好禁止合闸标示牌,要有明显断路点。有低压合闸控制钥匙的,钥匙由泵站临时供电负责人保管。

(3) 在临时供电负责人监护下,泵站操作工对主变压器的低压侧实施验电、放电、确认没有电后,接好接地线,并挂好已接地的标示牌。有效防止泵站临时供电对外倒送电,确保外部恢复正常供电时不会引发用电事故。

(4) 在临时供电负责人监护下,泵站操作工按倒闸操作顺序切断低压开关柜的所有负荷开关和隔离开关。由下到上,先负荷后开关。

(5) 发电机的电源线可以接入泵站低压总线(低压负荷开关以后的,或负荷开关后有隔离开关的在隔离开关后)。

(6) 在临时供电负责人监护下,泵站操作工对临时供电接入点的低压总线(母排)实施验电、放电,确认没有电后,接好接地线,并挂好已接地的标示牌。

(7) 泵站临时供电负责人通知发电机机组人员可以进行电源线接入。

(8) 发电机机组人员确认发电机机组处于停止运行状态,并且发电机机组的供电负荷开关和隔离开关都处于断开状态。

(9) 接线人员打开低压开关柜后封板,将发电机的电源线 20 m 接入泵站低压总线(低压负荷开关以后的)按预定的相序接入,接入点位置照片,泵站母线的螺栓是 M(8),电源线的截面面积不小于 $180 \ mm^2$。

(10) 泵站临时供电负责人确认发电机组电源线接入点正常有效。接入现场没有遗漏的工具、材料,工完料清。

(11) 泵站操作人员拆除接地线,收起已接地的标示牌。

(12) 挂好临时电源线,做好临时电源线的保护措施,防止被门窗挤坏,或可能被其他物品伤害。

(13) 三相用电设备,有相序要求的设备,要先点动观察相序是否正常。特别是水泵、起重设备、格栅机、压榨机、存水泵。

(14) 泵站操作工按送电操作规程,先上后下合上开关(不准合负荷开关)。测试准备在临时供电条件下运行的机泵和其他设备。

(15) 泵站操作工再次点动有相序要求的电动设备,观察到供电电源的相序符合泵站的运行要求,泵站可以运行在临时供电条件下的机泵和其他设备。

(16)如果泵倒转,断开发电机组供电的负荷开关、隔离开关。

(17)如果供电电源的相序不符合泵站的运行要求,供电电源线的接入点任意二相的相线作相互换接。

(18)检查供电临时线路绝缘,符合低规要求。

(19)发电机机组人员、泵站临时供电负责人向领导汇报临时供电接线完成,可以开始供电。

(20)经领导同意,指示可以开始实施临时供电。发电机组开启发电机,待发电机运行正常稳定后,发电机机组人员负责保持发电机组正常运行,做好运行记录,包括燃料油供给。

(21)发电机机组人员合上电源开关和负荷开关,通知泵站临时供电负责人,泵站可以开始用电。

(22)泵站操作工负责泵站设备运行,泵站临时供电负责人监视泵站用电设备的负荷必须在临时供电的发电机组额定负荷范围内。

(23)发电机组开启发电机,发电机运行正常稳定后,发电机机组人员保持发电机组正常运行。

(24)临时供电不停,发电机机组人员、泵站临时供电负责人。不能撤离,要配备倒班人员。

### 3. 污水处理厂应急措施

1) 进水水质超标应急措施

污水厂收纳的污水主要是生活污水,如果有企业废水进入污水厂,将导致污水厂进水水质中 COD 或 $NH_3\text{-}N$ 超标,最终导致出水不达标,会影响下游生态环境。当有关人员发现进水水质出现异常时,应立即上报。工艺工程师必须到进水口和工艺处理环节仔细观察,分析缘由,并向厂长报告。若确实进水水质异常,对工艺设备产生影响或出水水质产生影响,工艺工程师则根据现有工艺设备,组织各工段对工艺设备参数进行修改。

2) 污泥膨胀应急措施

(1)临时应急措施。通过投加混凝剂如聚合氯化铁、氢氧化铁、硫酸铁、硫酸铝、聚丙烯酰胺等无机或有机高分子混凝剂提高污泥的压密性,改善污泥的沉降性能;化学药剂的投加可杀灭或抑止丝状菌,从而达到控制污泥膨胀的目的,常用的化学药剂有 $NaClO$,$ClO_2$,$O_3$,$Cl_2$,$H_2O_2$ 和漂白粉等。该方法运行费用较高,无法从根本解决问题,仅作为应急措施。

(2)工艺运行控制措施。在日常维护管理过程中,定期测定碳、氮、磷浓度,检验其比例是否合理;若比例不当,可适当补充营养元素;改变污水的进水方式,将连续进水改为间歇进水,可控制浮游球衣细菌引起的污泥膨胀;沉淀池及时排泥,以避免污水的早期消化,对已产生消化的污水进行预曝气等;投加填料,主要作为载体来吸附、凝聚丝状菌和污染物,增加比重,从而提高分离速率。

3) 恶臭气体泄漏应急措施

除臭系统发生故障,送风机不工作,污泥车间臭气浓度明显增大的处置措施:

（1）停止除臭设备工作。

（2）撤离污染区人员至安全区，并进行隔离，严格限制出入。

（3）救援人员佩戴空气呼吸器，穿防护服，寻找泄漏点；如送风机等不工作，则排查设备故障原因。

（4）如发现管道泄漏，则对泄漏点进行堵漏，切断事故源头。

（5）如遇不能及时处理的情况（如送风机不工作）等，立即紧急停车作业。

（6）打开作业现场的门窗或进行强制通风，降低作业现场有毒物质的浓度。

（7）在硫化氢浓度最大处，用喷雾状水稀释、溶解，用水泵或容器将产生的大量废水收集进入污水进水口。

事故后期做好污水处理厂内有毒气体浓度的动态监测，联系专业维修人员进行设备维修。

4）危险化学品泄漏的应急措施

以次氯酸钠装卸运输事故、次氯酸钠储罐泄漏的应急处置为例。

（1）一般环境事件：由于管道或储罐老化锈蚀，出现密封不严或缝隙使次氯酸钠少量泄漏。事故发现人在保证安全的前提下，避免扬尘，将泄漏物用洁净的铲子轻轻收集于干燥、洁净、有盖的容器中。然后通知车间当班负责人，在其指挥下，车间维修人员做好自身防护后，用堵漏材料进行堵漏或更换阀门。

（2）较大环境事件：当出现次氯酸钠大量泄漏时，事故发现人要立即告知可能受到伤害的岗位人员做好个人防护，并在第一时间上报车间当班负责人，车间当班负责人在 5 分钟之内上报事故应急领导小组，由应急总指挥启动应急预案，各个应急小组依据各自职能展开救援，必要时污水处理厂局部或全部停车，加药设备立即停止工作，现场处置组到达现场，首先关闭进口阀门，切断次氯酸钠事故源并清除现场附近所有易燃、可燃物质、有机物质，防止火灾爆炸。同时调用大量水或砂土进行处理，并在保证安全的情况下用堵漏材料进行堵漏或进行倒罐处理。待应急结束之后将处理后的废渣装入密闭容器中，进行无害化处理。

（3）重大环境事件：主要是次氯酸钠大量泄漏与明火或有机物、酸性物质接触发生爆炸，在此情况下，应急总指挥应及时向环保局、区政府报告事故情况，报告频率为每 5 分钟 1 次，并拨打 119 消防救援。公司内救援小队各司其职，按照应急预案部署实施救援，在外来消防援救队到来之前，现场处置组要调动所有灭火器及沙袋对火势进行抑制，对敏感区居民立即进行必要的疏散、隔离工作；对中毒受伤人员进行及时治疗；对周围空气质量加强监测。消防队到达之后，积极协助其做好救援，在事故控制之后，要迅速用堵漏材料进行堵漏或更换阀门，最后将收集消防废水经漂白粉氧化处理后通过污水泵抽到集水井中，进入污水处理系统处理。并立即通知当地环保部门对河流水质进行监测。

（4）次氯酸钠装卸运输事故应急措施：迅速撤离泄漏污染区无关人员至上风处，并立即进行隔离，小泄漏时隔离 100 m，大泄漏时隔离 300 m，严格限制人员出入。建议应急处理人员佩戴自给正压式呼吸器，穿防毒服，从上风处进入现场。尽可能切断泄漏源。用消防沙土盖住泄漏点附近的下水道等地方,防止气体进入。合理通风,加速扩散。救援人员佩戴防毒面具(全面罩)或隔离式呼吸器;在上风口进行应急处理。

(5)次氯酸钠泄漏会蒸发,当次氯酸钠大量泄漏时,现场人员应迅速撤离泄漏污染区至上风口200 m外,应急处置人员应佩戴隔离式防毒面具,穿全封闭化学防护服。应向泄漏点周围喷雾状碱液(氢氧化钠和氢氧化钾溶液)或水,吸收已经挥发到空气中的次氯酸钠,防止其大面积扩散,导致隔离区外人员中毒。处在下风向区域内职工立即佩戴过滤式防毒面具,或以湿毛巾、口罩等物品捂口鼻,到集结地点,按统一安排,协助现场处置组进行工作,一定要注意对自身眼睛和面部的防护,以免造成新的伤害。

5)设备故障应急措施

当现场人员发现设备故障而无备用设备或备用设备无法启用等情况时,要及时与应急领导小组联系。

(1)立即上报:现场发现人员立即向事故所在当班负责人报告,当班负责人根据设备故障严重程度在5分钟内向污水处理厂应急领导小组报告,由应急总指挥决定是否启动应急预案(由环境事故应急工作领导小组总指挥指挥协调整体应急抢险工作),根据事态发展情况,决定是否上报当地环保局;接到报告后当地环保局根据事态的进一步发展,决定是否启动一级响应。

(2)现场处置:积极组织力量维修,采取相关措施在大修期间存放污水,防止外排。在调节池与外排渠道间设置闸板,及时关闭闸板,污水临时存放在调节池内,待事故排除后,再将污水重新提升至污水处理厂。同时,根据大修时间的长短及污水厂事故池、管网情况确定能否容纳大修期间入场的污水,如若不能则及时通知环保部门,提高排入污水处理厂企业的排放标准,确保达标排放。

(3)应急监测组迅速赶到事故现场监测污水厂出水水质情况,并监测下游河流控制断面水质,详细记录好监测数据,以备应急领导小组参考。

(4)事故排除后,环境监测人员持续监测出水环境状况,机械设备抢修人员负责对设备进行全面的维修保养,确保环境与设备全部安全后方可恢复生产;进行事故原因调查和全面的设备安全检查,询问事故发现人有关情况,包括电力设备运行情况、故障部位等。

6)停电造成污水处理厂无法正常工作应急措施

(1)计划停电事故应急预案。接到停电计划后,班组负责人立即向污水厂负责人报告,污水厂负责人及时进行电力协调及现场考察,由单位负责人启动三级响应。同时,及时上报应急领导小组,应急总指挥根据事态发展的情况,决定是否启动Ⅲ级响应。

具体的应急过程为:应急小组应保持停电信息与各污水泵站进行沟通,停电前,开启排水设备将管道内污水降至最低水平,充分利用管网容积储水,送电后,立即开启水泵,通知泵站进水,恢复生产,同时,根据停电时间的长短及污水厂事故池、管网情况确定能够容纳停电期间入厂污水,如不能,及时通知当地环保部门,提高排水污水厂企业的排污标准,实现达标排放。

(2)临时停电应采取以下措施:

① 立即上报。现场发现人员立即向当班负责人报告,当班负责人根据停电维修严重程度

和波及范围在 10 min 内向应急领导小组报告,由应急总指挥决定启动三级响应(由应现场指挥负责人指挥协调整体应急抢险工作),根据事态发展情况,决定是否上报当地政府及上级单位;根据事态的进一步发展,决定是否启动Ⅱ级响应。

② 现场处置。积极组织力量维修,启动备用发电机组,并立即与电力部门取得联系;在调节池与外排渠道间设置闸板,无电力供应时关闭闸板,污水临时存放在事故池内,待事故排除后再将污水重新提升至污水处理厂。

③ 应急监测组迅速赶到事故现场监测污水厂出水水质情况,并详细记录监测数据,以备应急领导小组参考。

④ 事故排除后,应急监测组持续监测出水环境状况,机械设备抢修人员负责对设备进行全面的维修保养,确保环境与设备全部安全后方可恢复生产;善后处理队负责进行事故原因调查和全面的设备安全检查,询问事故发现人有关情况,包括电力设备运行情况、故障部位等。

### 14.3.5　应急终止

1. 应急终止的条件
(1) 事件现场得到控制,事件条件已经消除。
(2) 污染源的泄漏或释放已降至规定限值内。
(3) 事件所造成的危害已经被彻底消除,无继发可能。
(4) 事件现场的各种专业应急处置行动已无继续的必要。
(5) 采取了必要的防护措施以保护公众免受再次危害,并使事件可能引起的中长期影响趋于合理且降至尽量低的水平。

2. 应急终止的程序
(1) 应急指挥部确定应急终止时机,由总指挥发布应急终止信息。
(2) 应急指挥部向所属各专业应急救援队伍下达应急终止命令。
(3) 应急状态终止后,应根据有关指示和实际情况,委托进行环境监测。

## 14.4　城市排水基础设施风险的事后救助

对于雨水排水设施来说,洪灾是排水基础设施风险的直接体现,在洪灾过后,对排水基础设施进行恢复重现以及对于受灾害影响的区域开展灾后救助工作则尤为重要。灾后救助是一种非工程措施,可分为物质上的救助和精神上的救助两个方面,其中洪水保险作为基础设施风险防控的重要组成部分,可形成多元的资金筹措体系,已在美、英、法等发达国家得到了充分的重视和广泛的实施。洪水保险不仅能起到经济补偿作用,还有利于加强洪泛区的全面管理,间接减轻洪水灾害,是洪泛区风险管理的重要手段。

洪水保险资金筹集主要由政府、商业保险公司及家庭三方共同承担。首先,政府作为主要责任主体,应当通过财政拨款的方式建立专项洪水保险金。其次,商业保险公司可通过部分居民家庭及企业购买洪水保险获得资金源,同时通过再保险的方式转嫁其所承保的风险。最后,家庭作为洪水灾害的主要利益相关者,为其财产及人身安全进行投保,将保费理赔所得作为日后灾害发生时的补偿资金[18]。

1968年,美国国会通过了《国家洪水保险法》,并于1973年对《国家洪水保险法》进行修订,将保险计划自愿性改为强制性。洪水保险制度有利于加强社区洪水风险防范能力建设,提高民众的防灾减灾意识,降低政府的财政压力,这是一种有效的风险转移手段。

在我国,虽然《防洪法》第四十七条规定"国家鼓励、扶持开展洪水保险",但洪水保险作为一个特殊的险种,目前尚缺乏法律的支持,没有就如何鼓励、扶持洪水保险提出具体的条文。我国需要在借鉴外国洪水保险制度的基础上,推动洪水保险立法工作的推进。

**参考文献**

[1] 王文远,王超.国内外城市排水系统的回顾与展望[J].水利水电科技进展,1997(6):8-11.

[2] 刘鸿志.国外城市污水处理厂的建设及运行管理[J].世界环境,2000(1):31-34.

[3] 张丹明.美国城市雨洪管理的演变及其对我国的启示[J].国际城市规划,2010,25(6):83-86.

[4] Spillett P, Brett H. The Thames Tideway Strategic Study[J]. Proceedings of the Water Environment Federation,2005(11):4856-4869.

[5] 唐建国,曹飞,全洪福,等.德国排水管道状况介绍[J].给水排水,2003,29(5):4-9.

[6] 周建高.日本城市如何应对暴雨灾害?[J].社会观察,2013(8):52-55.

[7] 许国栋,高嵩,俞岚,等.新加坡新生水(NEWater)的发展历程及其成功要素分析[J].环境保护,2018,46(7):70-73.

[8] 中华人民共和国国家统计局.2017年中国统计年鉴[M].北京:中国统计出版社,2018.

[9] 中华人民共和国住房和城乡建设部.2016年城乡建设统计公报[J].城乡建设,2017(17):38-43.

[10] 北京市统计局.2017北京统计年鉴[M].北京:中国统计出版社,2018.

[11] 上海市统计局,国家统计局上海调查总队.2016年上海市国民经济和社会发展统计公报[J].统计科学与实践,2017(3):12-21.

[12] 上海市统计局.2017上海统计年鉴[M].北京:中国统计出版社,2018.

[13] 广州市统计局.2017广州统计年鉴[M].北京:中国统计出版社,2017.

[14] 李树平.城市水系[M].上海:同济大学出版社,2015.

[15] 邬扬善.城市污水处理发展近况和问题[J].给水排水,1995(12):40-43.

[16] 中华人民共和国住房和城乡建设部.住房城乡建设部关于印发海绵城市建设技术指南:低影响开发雨水系统构建(试行)的通知:建城函[2014]275号[A/OL].(2014-10-22)[2014-11-02].http://www.mohurd.gov.cn/wjfb/201411/t20141102_219465.html.

[17] 仇保兴.海绵城市(LID)的内涵、途径与展望[J].给水排水,2015,41(3):1-7.

[18] 张鑫,王嘉鑫,王全蓉.洪水灾害的风险特征及保险制度设计[J].水利经济,2018,36(5):57-60,77-78.

# 第 4 篇
# 电力基础设施风险防控管理

　　城市电力基础设施是城市生命线的重要组成部分。它的安全运行关系到城市的运行状态和市民生活质量。电力管网遍布城市的各个区域,而电力在输送过程中具有易燃易爆等危险性,如何有效实现电力基础设施的风险防控,本篇将重点阐述。

# 15　电网发展基本情况

城市电力基础设施是城市经济发展的"血液"和"命脉",它的安全运行关系到城市的社会、经济发展和市民生活质量。如何有效实现电力基础设施的风险防控,是城市管理中一项十分重要的工作。

我国城市电力基础设施目前面临的威胁主要包括电源侧风险、电网侧风险和用户侧风险三类。针对这些风险,我国当前已经形成了一系列的风险预防和应对措施,如风险识别与评估、科学规划建设、统一电网调度、强化安全技术水平、强化城市电网运维管理与加强应急管理等。

随着政府管理方式的变化和民众维护自身生存环境意识的觉醒,未来城市电网风险防控将朝着多元共治的方向发展,充分发挥政府、市场、社会在城市风险管理中的优势,构建政府主导、市场主体、社会主动的城市风险长效管控机制,全面提升城市电网风险防控效率和水平。

本篇借鉴了我国城市电网基础设施风险评估研究的成果,以及众多专家学者的科研成果和论著,结合国家行业标准规范,重点阐述了城市电网基础设施风险管理和控制措施,主要有三个核心内容:

一是总结国内外城市电力基础设施系统的发展与特点,以及相应风险管理研究的发展与意义。

二是着重阐述城市电力基础设施系统电源侧、电网侧和用户侧的风险特征、风险识别、风险分析和评价。

三是全面论述城市电力基础设施系统风险防控的管理目标、管理机制,建立风险防控共治体系,完善风险防控程序,严格执行城市电网应急管理制度和各项工作程序。

## 15.1　概述

### 15.1.1　现代电力行业概况

电力[1]是以电能作为动力的能源,电力的发明和应用掀起了第二次工业化高潮,成为人类历史上自 18 世纪以来世界范围内发生的三次科技革命之一,深刻地改变了人们的生活方式。1875 年,巴黎北火车站建成世界上第一座火电厂,为附近照明供电。1879 年,美国旧金山实验电厂开始发电,是世界上最早出售电力的电厂。19 世纪 80 年代,英国和美国建成了世界上第一批水电站。1913 年,全世界的年发电量达 500 亿 kW·h,电力工业已作为一个独立的行业,进入人类的日常生产生活中。

　　中国的电力行业发展与欧美大体同步，1879年，上海公共租界点亮了第一盏电灯。随后，英国商人于1882年在上海创办了第一家公用电业公司——上海电气公司。此后外国资本相继在天津、武汉、广州等地开办了电力工业企业。为配合新工业地区的建设，1905年，我国开始投资于电力工业，此后虽有一定程度的发展，但增长速度缓慢。1949年以前，中国发电量最高年份只有59.6亿kW·h，到1949年全国发电设备容量为185万kW·h，发电量只有43.1亿kW·h，用电量34.6亿kW·h。1949年后，国家对电力工业进行了大量投资，使电力工业得到了很大发展，到1984年年底，全国发电量3 770亿kW·h，约为1949年的87倍；全国发电设备容量约7 995万kW·h，约为1949年的43.2倍。随着国民经济的发展，人们对电的需求量不断增加，电力销售市场的扩大刺激并推动了整个电力行业快速发展。

### 15.1.2　我国城市电网的发展概况

　　城市电网是城市范围内为城市供电的各级电压等级电网的总称，它包括输电网、高压配电网、中压配电网和低压配电网，也包括提供电源的变电站和网内的发电厂。城市电网是电力系统的重要组成部分，具有用电量大、负荷密度高、安全可靠和供电质量要求高等特点。城市电网是城市现代化建设的重要基础设施之一。为此，城市电网的各项建设和改造项目必须与城市发展统筹规划，相互配合，同步实施，并且与环境相协调。

　　我国的城市电网是随着城市的发展而逐步发展起来的，从1882年上海首先出现公用电力企业到1949年的67年间，我国的城市电网发展缓慢，而且主要集中在东北、华北和华东的一些城市，其他地区的城市电力设施较少。当时全国城市配电网高等级电压为154 kV和77 kV，基本上是以中压、低压供电的简单电网，电压等级繁多，供电可靠性差，电损高达22%以上。

　　我国城市电网的发展大致经历了以下几个阶段：

　　第一阶段：1949—1957年。1950—1952年为国民经济恢复时期，而1953—1957年为第一个五年计划时期，在此期间我国城市电网得到相应发展，全国用电量年平均增长率达到21.4%，新建立了大批发电厂，逐渐出现220 kV，110 kV的高压线路。新建的线路和变电站基本上是和一些重要用电企业同时进行的，电网结构主要是放射型的，对重要用户一般采用双回线双电源供电，这期间城市电网的发展促进了经济建设的发展。

　　第二阶段：1958—1978年。期间全国用电量以年平均增长率12.9%的速率递增。然而由于其间电力工业的发展速度较慢，相对低于用电的增长，电网一度出现低频运行、拉闸限电等情况，不少城市发生严重的"卡脖子"现象，有电送不进、供不出，在一定程度上影响了城市经济建设。这20年间，以各大中城市为中心的外环网逐步形成，并在50年代末解决了城市非标准电压的升压问题。一些城市分别将低压110 V和中压3.3 kV，5.2 kV，6 kV以及高压22 kV，77 kV，139 kV，154 kV等分别升压到标准电压，并且通过升压和简化电压层次进行城市电网改造，增强城市电网供电能力。

　　第三阶段：1979—1997年。从20世纪80年代起，我国城市电网的发展进入一个新的时期。

各城市在总结城市电网改造经验的基础上,认真研究在城市经济建设快速发展的新形势下如何发展城市电网等问题,认识到迫切需要编制一个整体改造的远景发展的城市电网规划,采用统一技术规范和质量标准建设经济合理和安全可靠的现代城市电网。20世纪90年代以来,各地城市继续快速发展,对城市电网的供电能力和质量安全提出了更高的要求,在城市电网规划中,充分分析现有城市电网的状况,着重研究城市电网的整体。按负荷增长规律,解决电网中的薄弱环节,扩大供电能力,加强电网结构布局和设施的标准化,提高安全可靠性,做到远和近、新建和改造相结合,技术和经济上趋于合理。

第四阶段:1998—2008年。随着经济和城市建设的发展,对城市电网也相应地进行了建设和改造。1998年,全国开展了一次大规模的城市电网和农村电网的建设与改造工程。城市电网改造坚持"全面规划,综合改造,结合实际,着重效益"的十六字方针,加强规划工作,进一步简化电压等级,确立以380/220 V, 10 kV, 35/63 kV, 110 kV和220 kV为标准电压系列,很多城市正逐步简化成220/110/10/0.38 kV, 220/63/10/0.38 kV和220/35/10/0.38 kV四级降压层次,目标是以220 kV为基础,高压、中压、低压均采用一级,避免重复降压。城市电网改造注重建设外围环网,高压深入市区供电。我国的一些大城市先后按负荷的发展建设220 kV外环网,部分城市负荷增长较快,当新电源接入而使环路的短路容量超过规定值时,已建成的500 kV外环网将原来的220 kV环网开环分片运行,部分小城市则先形成110 kV环网,然后按发展需要再建220 kV环网。此外,配网设施也朝着自动化、数字化蓬勃发展。经过城市电网改造,城市供电可靠性和电能质量明显提高,线路的电缆化水平和绝缘水平也得到了大幅提升,同时还增强了电网建设中的规划理念,加强了电网系统的制度管理。

第五阶段:2008年至今。我国经济社会的快速发展带动用电需求持续增长。为满足电源大规模集中投产和用电负荷增长的需要,我国电网规模不断扩大。通过加快城乡电网建设和改造,我国电网供电能力显著增强,供电可靠性大幅提高。与此同时,城市电网改造继续深化进行,推动城市电网朝着现代城市电网的方向发展。2010年,上海建成的世博500 kV地下变电站,成为国内首座城市中心地下变电站,进一步提高了城市电能质量和电力可靠性。全国特大城市也陆续实现了500 kV环网,城市电网的骨架基本形成。随着能源危机的加深,特别是近年来越来越严重的环境问题,大力发展分布式电源来缓解能源和环境的双重压力成为国际能源发展的潮流。风能、太阳能等新能源发电具有随机性和间歇性特点,大规模开发利用对电网的控制和协调能力带来巨大挑战,迫切要求运用先进的自动化技术、协调控制技术和储能技术,实现对包括新能源在内的各类能源的准确预测和精确控制;同时社会的进步和电动汽车、智能家电等新型用电业务的发展,对电能供应服务质量、电力服务内容也提出了更高的要求。因此,国家电网公司2009年提出了智能电网发展规划。我国智能电网发展坚持坚强与智能并重,统筹协调发展,高效集约发展和安全环保发展的发展思路,统筹各级电网发展,加强配电网建设,完善城市和农村电网,形成网架结构合理、资源配置能力强大的坚强智能电网。

### 15.1.3 城市电网的地位和作用

电力工业作为国民经济发展的基础部门、工业化和城镇化进程中的先行产业,在国民经济结构调整与经济体制改革中发挥着重要作用。对城市来讲,电力是最重要的城市基础能源之一,是城市经济发展的"血液"和"命脉";城市电网作为电力供应的通道,电网是城市中最基本的市政公用设施,是保证城市正常秩序的生命线,是城市运行和民生保障的"基石"。进入 21 世纪以来,我国对于电网的作用愈发重视。《国家中长期科学和技术发展规划纲要(2006—2020 年)》[2] 中首次把公共安全列为重点领域,并指出"电网安全稳定的运行是保证该地区经济建设顺利进行、居民安居乐业的前提和基础,关系到人民群众的日常生活和社会的安全稳定,是建设和谐社会的必要保障"。

随着我国城市经济快速发展和人民生活水平日益提高,城市用电呈现逐年上升的趋势,给城市电网带来了更大的压力。当前,世界各地由于突发事故和自然灾害引发的电力系统事故频繁发生,并且事故后果越来越严重。国内外几次重大的停电事故都导致了巨大的经济损失。2017 年 8 月 15 日 16 时 51 分,电力公司桃园大潭电厂 6 部机组跳机,造成 17 个县市无预警大规模停电,电力公司启动了罕见的分区限电,直到晚间 9 时 40 分恢复供电,受停电影响的户数高达 668 万户,造成 3 起火警、1 人死亡的惨剧,民众生活一片混乱,消防单位接到 730 件受困电梯求救报案;停电状况最严重的新北市,有 1 000 多处路口交通信号灯失灵,正值下班高峰时段,导致交通拥堵。根据经济估计,辖下工业区的厂商损失金额近 8 800 万元新台币。由此可见,建立高效城市电网防灾安全保证体系,保证城市供电安全,防止城市大面积停电事故的发生,是当下迫切重视的问题。

## 15.2 城市电网主要构成

### 15.2.1 城市电网组成

城市电网[3] 是以输电网、配电网为主体,上游连接供电电源,下游连接电力用户,是将一次能源转换成电能并输送和分配到电力用户的统一系统,统称城市电网,以下简称城网。根据《上海电网规划设计技术导则》,上海城市电网指上海除崇明三岛以外的供电区域。

城网是电力系统的重要组成部分,其用电负荷密度比较大,供电质量和可靠性要求高。城市供电企业的营运范围,常常包括城市配电网,以及向它提供电源的输电网。城市输电网与配电网也常常总称为供电系统或供电网。一般电力系统通常包括几个城市电网。每个城市电网即是电力系统的一个重要组成部分,同时又是电力系统所服务的城市建设中的一项重要基础设施。为此,城市电网建设要与城市建设紧密配合,同步实施,还要与环境协调,与城市景观和谐(图 15-1)。

1. 供电电源

城市供电电源是为城市提供电能来源的发电厂和接受市域外电力系统电能的电源变电所总称。

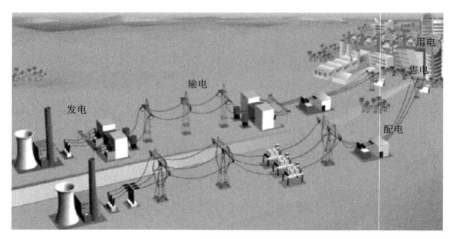

图 15-1　电力系统示意图

1）发电厂

发电厂是电力系统的中心环节,它的基本任务是把一次能源转变成电能,经过电网将电能输送和分配到电力用户的用电设备,从而完成电能从生产到使用的整个过程。用于发电的一次能源主要有石油、天然气、煤炭、水力和核能。随着电力负荷的不断增长、电力系统的不断扩大及科学技术的发展,发电机组的单机容量也在不断地增大。发电厂一般建设在动力资源比较丰富的地区,如水电站建设在江河流域水位落差较大的地方,火电厂多建设在燃料和其他能源的产地或交通便利的地方,一般大的电力负荷中心,则多集中在工业原料产地、工农业生产基地及大城市等地,因此,发电厂和电力负荷之间,往往相距甚远,发电厂的电力需要经过升压变压器、输电线路、降压变压器、配电线路、配电变压器,然后供给用户。

2）变电站

变电站是指电力系统中对电压和电流进行变换,接受电能及分配电能的场所。发电厂和电力负荷中心之间往往相距数十千米、数百千米乃至数千千米,电能在输送过程中,会产生电压降落、功率损耗和电能损耗。在远距离的电能输送中,为提高电能质量,提高供电的经济性,必须在电源端提高电压,升压变压器即用于此目的。电能经过高电压、远距离输送到负荷中心后,又必须由降压变压器把电压降到安全经济的电压等级。变电站是由变压器及相应的开关等电气设备构成的变换电能的系统。根据变电站在电力系统中所处的位置及作用,变电站分为枢纽变电站、中间变电站和终端变电站,枢纽变电站在电力输送和分配中起着重要的作用。

2. 输电网络

输电网络[4]是由若干输电线路组成的将许多电源点与许多供电点连接起来的网络体系。输电网络是按电压等级划分层次,组成网络结构,并通过变电所与配电网连接,或与另一电压等级的输电网连接。

1）网络结构形式分类

输电网络按网络结构形式分类,一般可分为放射状网络、环状网络、网状网络和链状网络等基本结构形式,实际的输电网络可能是多种结构的混合体。

(1)放射状网络。除放射的中心节点外,其他节点均只与一条输电线(或一个方向的几条并联输电线)相连,该输电线的容量以满足它所连接的节点的要求而定。一条线路或一个方向的并联线路如果中断,该节点即与网络分离,其可靠性较差。

(2)环状网络。任一节点均有两条输电线(或两个方向的并联输电线)与之相连,任一方向上的线路断开后,节点处与网络相连,故其可靠性较放射状网络的要高。输电线的输电容量除应满足网络正常状态下的输电要求外,还应满足网络中其他方向的线路断开后非正常方式下的输电要求,避免未中断的线路因潮流改变而过负荷跳闸,造成连锁反应。

(3)网状网络。任一节点均有两条以上的输电线(或两个方向以上的并联输电线)与之相连。输电线路的容量同样须满足网络正常及非正常方式下的输电要求,但由于每一节点上的输电线路数比环状网络的多,因连锁反应而导致不必要跳闸的可能性小,故其可靠性比环状网络的还要高。网状网络的节点间联系繁密,输入阻抗及转移阻抗小,网络的短路容量水平高,有时会对断路器提出较高要求。

(4)链状网络。网络中每个输电线路通过节点首尾相连。每一条输电线(或每一方向的几条并联的输电线)的输电容量取决于相连节点的电源出力和负荷水平以及相邻线路的潮流。

2)输电线路性质分类

按其重要性及其在输电网络中所起的作用不同,输电网络又可分为输电干线、连接线和联络线三类。同时,大型输电网络是由主干电网(简称主网)和若干地区电网相连组成,被接入主网的地区网络的性能与输电网络的运行有着密切关系。

(1)输电干线。输电干线是主要电力输送通道上的输电线路,它的开断或故障会导致整个网络运行状况的恶化,甚至造成连锁反应。若干输电干线连接成为骨干网络,或称网架。保证输电干线以及骨干网络安全运行,是整个电网安全运行的关键。形成一个坚强的网架,是电网建设的基础措施。

(2)连接线。连接线是非主流电力输送通道上的输电线路,它的开断或故障不会影响整个网络的运行,甚至并不导致电网局部停电。形成这种线路的原因包括:①可靠性原因;②经济性原因;③局部潮流平衡;④电网发展使原来的输电干线的重要性降低。

(3)联络线。联络线连接两个或多个电网的线路。联络线在电网正常运行时的作用是调剂电网间的电力余缺,合理使用能源,实现经济运行;在电网故障时的作用是相互支援,减小停电范围以及易于恢复供电。联络线除正常时即有大量输送电力时外,一般故障开断会引起所联电网的运行困难。连接两个大容量电网的联络线上的功率往往会有振荡。造成这种功率振荡的原因包括:①电网间的调频误差;②自动调节装置的随机扰动;③电网操作引起潮流变动;④负荷的随机波动;⑤电网弱阻尼以至负阻尼。所以,联网宜于强联系。

3)地区网络性质分类

地区网络按其在电网中所处位置不同,一般可分为送端电网、中间电网和受端电网三类。

地区电网的送端、中间、受端之间是相对的，会随着电网的发展而改变，注意地区电网的这种变化而随之改变和加强地区电网是十分必要的。

（1）送端电网。有大量电源并以向主网输出电力为主的地区网络。它与主网的联网点通常为地区主力电网的最高以及电压母线。送端网络的结构薄弱，地区电网的故障有可能波及主网，若主网结构不强，也有可能导致全网稳定被破坏。

（2）中间电网。与主网有一定的电力交换，但并非处于主网送端、受端的地区电网。中间电网的电压支持作用与主网的输送能力有较大影响。链状结构的主网，尤其需要中间电网的电压支持。主网震荡会造成中间电网的电压大幅度波动。中间电网的无功补偿能力、电压调节能力强，有利于平息主网的功率振荡，反之则导致中间电网稳定被破坏。进而加剧主网的震荡事故，以致全网瓦解。为了加强中间电网的电压支持作用，常采用中间无功补偿措施。

（3）受端电网。以受电为主，本地区内有一定电源，处于主网一端的地区电网。大型输电网络往往有多个受端电网。受端电网联网点通常要满足以下技术要求：①电力吞吐灵活、方便；②有足够的电压支持能力；③地区网络与主网的联系阻抗要小等。适宜的联网点通常是地区电网的枢纽变电所。地区主力电源点虽有电压支持能力，但不宜选作联网点，因为所受电力会加大地区主力电厂的出线潮流，造成潮流阻塞。若受端电网受电比例过大（例如大于 30%），在电网结构上要防止与主网突然断开的可能性。这种故障会造成地区电网因大功率缺额而产生负荷失稳，电压或频率崩溃。

### 3. 城市配电网

城市配电网[5]是向一个城市及其郊区分配和供应电能的电网。它包括高压配电网、中压配电网和低压配电网。城市配电网大部分分布在城市的核心地带，其电源主要来自向城市供电的 220～500 kV 输电网或主干线（一般多在城市外围），也有来自城市或其近郊的发电厂。城市配电网的基本特点是：随着负荷的增长、电源的扩充以及供电质量要求的提高，配电网络必须不断发展、不断改造，既不能长期不变，又不能一次建成最终规模。为此，在城市配电网的规划设计上，通常是吸取本国及各国的经验，建立若干技术发展原则，作为逐步发展、依次过渡的方针与目标。

设在城市外围的环网，是供应城市配电网的主要电源，对其可靠性的要求很高。各国的经验，都是以建成双环网为规划目标。一般都是在做好双环网规划的基础上，在城市外围预留双环网的线路走廊及其枢纽变电所的位置，并纳入城市建设规划。在发展初期，一般是先按照双回路设计，先建其中一回输电主干线及其变电所，以后要便于逐步发展成双环网。城市外围的双环网，一般都采用 220 kV 输电电压。大城市的负荷增长很快，当需要更新电源接入而使环网的短路容量超过规定值时，有必要建设更高一级电压的 500 kV 双环网。在高一级电压环网形成后，应将原有的环网开环分片运行，已取得降低短路容量的效益，并避免高压与低压形成电磁环网的运行困难。在城市电网发展初期，常常时线形成 110 kV 单（或双）环网，待 220 kV 环网建成后，由于类似原因，将 110 kV 环网开环分片运行。城市外围的环网，是城市配电网的重要网架。这个网架上的枢纽变电所，一方面向城市中心地区直接以放射结构供电，或者降压配电，另一方面向城市近郊区及远郊区县供电。城市郊区供电技术与农村供电技术有许多共同之处。

### 4. 电力用户

使用电能的单位称为电力用户,电力用户所有用电设备所需功率的总和称为电力负荷。电力用户大致可分为居民生活用电(电压等级不满 1 kV，10 kV)、大工业用电(电压等级为 10 kV，35 kV，110 kV，220 kV),例如工矿企业、商用楼宇、居民小区等电能用户。

### 15.2.2　城市电力管网体系

城市电网一般由 110～220 kV 电压的输电网、35～110 kV 的高压配电网和 10 kV 及以下的配电网 3 层电网组成。送电网在城市的外围,一般采用双环形接线,至少有两个或两个以上的独立电源供电。高压配电网通常采用双回线,将电能送到负荷中心,担负着向城市所辖各区供电的任务;或采用环网布置,开环运行,加强各区之间的相互联系。10 kV 及以下配电网包括 10 kV 配电线路、10 kV 配电所和 380/220 V 低压配电线路,在各个区域内承担向用户供电的任务。输电线路、配电线路有架空输电线路和电力电缆两种。在大城市中心区、重点旅游城市广泛使用电力电缆。市区高压架空配电线路为了减少走廊占地,采用双回线或与中压配电线同杆架设,或采用窄基铁塔。

#### 1. 架空输电线路

架空线[6]是在电力系统中架空敷设的用以输送电力的导线和用以防雷的架空地线的统称。架空线具有低电阻和高强度的特性,用以减少运行时的损耗和承受线路上动态和静态的机械荷载。同时,架空线还具有耐大气腐蚀和耐电化学腐蚀的能力。最常用的架空导线有铝绞线、钢芯铝绞线、铝合金绞线和钢芯铝合金绞线等。架空输电线路是架设于地面上,由导线、架空地线、绝缘子串、杆塔、接地装置等部分组成,如图 15-2 所示。

导线承担传导电流的功能,必须具有足够的截面面积,保持合理的通流密度,为了减小电晕放电引起的电能损耗和电磁干扰,导线应具有较大的曲率半径。架空地线(又称避雷线)主要用于防止架空线路遭受雷电击所引起的事故,它与接地装置共同起防雷作用。绝缘子串是由单个悬式绝缘子串接而成,需满足绝缘强度和机械强度的要求,主要根据不同的电压等级来确定每串绝缘子的个数,也可以用棒式绝缘子串接。对于特

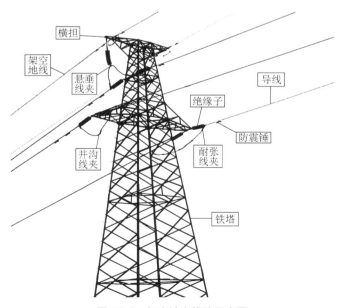

图 15-2　架空输电线路示意图

殊地段的架空线路,如污秽地区,还需采用特别型号的绝缘子串。杆塔是架空线路的主要支撑结构,多由钢筋混凝土或钢材构成,根据机械强度和电绝缘强度的要求进行结构设计。接地装置包括接地体和接地线,架空地线通过接地装置与大地相连,当雷电击地线时可迅速将雷电流向大地扩散,降低杆、塔顶电位,保护线路绝缘不致击穿闪络,它与架空地线密切配合对导线起到了屏蔽作用。

架空线路所经路径要求有足够的地面宽度和净空走廊,或称线路走廊。由于土地利用、自然环境和城市建筑等条件的限制,高压和超高压架空线路以及城市供电用架空线路不易开辟线路走廊,常常给线路建设带来困难,成为发展架空输电线路的障碍。一些工业发达的国家多采用同杆并架的方式,即将相同或不同电压等级的输电线路架设在同一杆塔上,以节省线路走廊。

与电力电缆相比较,架空线路建设成本低,施工周期短,易于检修维护。因此,架空线路输电是电力工业发展以来所采用的主要输电方式。通过架空线路将不同地区的发电站、变电站、负荷点连接起来,输送或交换电能,构成各种电压等级的电力网络或配电网。

### 2. 电力电缆线路

电力电缆[7]指外包绝缘的胶导线,有的还包有金属外皮并接地,也有不包金属外皮的某些橡塑电缆。主要用在地下或水下的输电、配电线路中,按照电压等级和绝缘材料的不同,将电力电缆分为油浸纸绝缘电缆、固体挤压聚合电缆和压力电缆三大类。而电力电缆线路指的是采用电缆输送电脉冲的输电和配电线路。一般敷设在地下或水下,也有架空敷设的配电电缆线路,电力电缆线路主要由电缆本体、电缆接头、电缆终端等组成,有些电力电缆还带有配件,如压力箱、护层保护器、交叉互联箱、压力和温度示警装置等。有些电力电缆线路也包括相应的土建设施,如电缆沟、排管、竖井、隧道等。

1)电力电缆的主要优点

(1)不受自然气象条件(如雷电、风雨、盐雾污秽等)的干扰。

(2)不受沿线树木生长的干扰。

(3)有利于城市环境美化。

(4)不占地面走廊和安全用电。

(5)有利于防止触电和安全用电。

(6)维护费用小。

2)电力电缆的缺点

(1)同样的导线截面面积,输送电流比架空线小。

(2)投资建设费用比率成倍增大,并随电压增高而增大。

(3)事故修复时间长。

3)应采用电缆线路的情况

由于城市工商业的发展,电力负荷密度不断增加,用架空线作为城市中的输电、配电线路已无法满足城市发展及美化城市的需要,因此,电力电缆线路得到不断发展并成为建设现代城市

的一个重要环节,电力电缆线路多建在城市,我国规定城市电网的输电线路与高压、中压配电线路在下列情况下应采用电缆线路:

（1）依据城市规划,繁华地区、重要地段、主要道路、高层建筑区级对市容环境有特殊要求者。

（2）架空线路和线路导线通过严重腐蚀地段在技术上难以解决者。

（3）供电可靠性要求较高或重要负荷用户。

（4）重点风景旅游区。

（5）沿海地区易受热带风暴侵袭的主要城市的重要供电区域。

（6）电网结构或运行安全的需要。

4. 城市电网低压配电线路应采用电缆线路情况

（1）负荷密度高的市中心区。

（2）建筑面积较大的新建居民住宅小区及高层建筑小区。

（3）依据规划不宜通过架空线的街道或地区。

（4）其他情况经技术经济综合比较采用电缆线路更为合适者。对于应采用电缆线路而地下不具备敷设条件时,可采用绝缘电缆架空敷设方式。

### 15.2.3　城市电力管网规划

城市电力管网规划的任务是研究城市负荷增长的规律,改造和加强现有城网的结构,逐步解决薄弱环节,扩大供电能力,实现设施的标准化,提高供电质量和安全可靠性,建立技术经济合理的城网。管线规划则主要研究5～15年内大中城市供电发展规划,并在对现有城网状况进行充分调研的基础上,按照未来电力负荷预测的水平,从改造和加强现有城网入手,合理选择供电电源、电压等级、城网接线、无功补偿与电压调整措施,提出电力负荷分布图,城网地理接线图、单线图,以及对线路、变电所的预留走廊和选址。

选择供电电源时根据中期规划中论证的电源建设原则,考虑城网电力负荷密度大小和厂址条件而定。通常,城市电源的类型和容量由中期发展规划确定,而电源的具体选点,则由城网规划完成。电源要考虑有足够的可靠性,当某一电源因事故停电后,其余电源应仍能保证供电,电源要尽量靠近负荷中心,城网供电电压各地情况不同,但一般尽可能有计划地简化等级,各国城市输入电源的高压送电电压也各不相同,如美国芝加哥,其高压为500/138 kV,法国巴黎、意大利米兰则为380/220 kV,日本东京为500/275 kV,加拿大魁北克为735/220 kV。

为了保证供电可靠性,城网多采用以最高电压的双回架空线作为外环,汇集由区域发电厂和电力系统供电的全部电力,然后从外环高压配电电压转送到城市负荷中心。如果电力系统短路电流已达到现有开关容量极限值时,则采用在已有城网的基础上,再叠加更高的电压电网,如日本东京在已建成275 kV环网上,又在外围叠加500 kV环网,而且以后建设的大型电厂,直接接入到500 kV环网上,再由此环网转给275 kV系统供电。

　　近年来,我国城市建设高速发展,愈来愈重视城市电网规划。我国城市电网的规划工作,一方面要借鉴和汲取经济发达国家的成功经验和教训,另一方面要考虑我国城市的具体情况,创造性地进行城市电网规划工作。以深圳市宝安区为例,近年来,宝安区经历了行政区划的调整,加之大空港、大前海的发展概念在宝安区及相关地区日臻成熟,城市更新项目不断涌现,整个宝安区步入了新一轮的经济社会快速发展阶段。为适应宝安区现实及规划状况,满足新一轮城市建设对供电负荷的需求,宝安区依据《深圳市城市总体规划(2010—2020)》中确定的城市发展原则,结合已批和在编的法定图则、城市更新规划,按照高起点、高标准、高品质、可操作的要求,对宝安区电力管网如电力设施及高压走廊进行了详细的规划(图 15-3 和图 15-4)。

 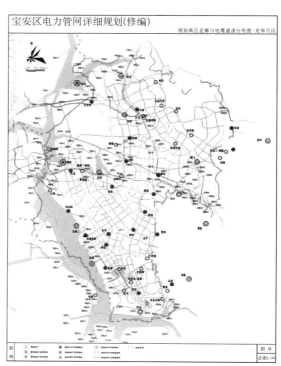

图 15-3　2015年深圳市宝安区电力管网规划示意图——龙华片区规划电力系统地理界限图　　　图 15-4　2015年深圳市宝安区电力管网规划示意图——龙华片区规划高压走廊与电缆通道分布图

## 15.3　上海城市电网概述

　　上海城市电网是我国最大的城市电网,供电范围覆盖上海全境(包括崇明、长兴、横沙三岛),电网电压等级系列为 1 000/500/220/110/10 kV 或 1 000/500/220/35/10 kV。

　　从供电电源看,上海位于长江入海口,长江三角洲的顶端,是一次能源匮乏的地区。区内没有煤炭、水能资源,风能资源有限,附近海域有一些天然气资源,所需一次能源基本上由区外输入。目前上海已形成以五大市内发电基地为主、两大市外发电基地和 $X$ 个其他市外来电为辅的"5+2+X"的电源布局框架。除此之外,上海市也在探索新能源的利用,在崇明三岛和浦东南汇沿海沿江地区集中建设风电场。进入"十三五"以来,国家对新能源发电的支持力度不断加大,上海电网接入 35 kV 及以下电压等级的各种分布式电源的装机容量逐年增加,由 2010 年 37.71 万 kW 增长至 2016 年 106.26 万 kW,净增 68.55 万 kW,年均增长率 18.85%。截至 2017 年年底,上海各风电场发电量共计 16.64 亿 kW·h,比 2016 年的 13.52 亿 kW·h 增加了 3.12 亿 kW·h,增长率为 23.11%。

从输配电网上看,500 kV 电网是上海的主干电网,担负着接收市外来电并在网内分配电力的任务。目前,上海 500 kV 及以上电网已形成了双环九通道的格局:在 500 kV 双环网的基础上建成了 500 kV 南外半环,与华东主网相连,并与华中电网、西南电网联络。220 kV 电网是上海的高压输电网,从大型电厂和 500 kV 变电站受电,降压后转送 110 kV 或 35 kV 高压配电网。根据上海电网负荷密集的特点,在中心城区,部分 220 kV 变电站采用了深入负荷中心送电的方式。110 kV 电网是上海中心城区 10 kV 电网的主要上级电源,其他地区根据现状变电站布点情况,结合地区负荷密度及增长水平,统筹优化建设 110 kV 和 35 kV 配电网。截至 2016 年年底,上海电网内共有 500 kV 线路 52 条,线路总长度约为 1 181 km;220 kV 线路 442 条,线路总长度约为 4 156 km;110 kV 线路 566 条,线路总长度约为 2 792 km;35 kV 线路 3 672 条,线路总长度约为 13 550 km。10 kV 线路 16 286 条,线路总长度约为 69 131 km。

"十三五"期间,上海"全球城市"的定位提高了对电网供电可靠性的要求,上海市还将进一步改造优化城市供电主网架和配电网。在双环(双环网+外半环)的基础上,适度加强市中心和重点发展区域 500 kV 电网布点,建成 500 kV 虹杨地下变电站,新建 3 座、改(扩)建 4 座 500 kV 电站。优化发展 220 kV 电网,进一步完善"中心站+终端站"的放射状电网结构,打造满足检修方式下"N-1"的高可靠性电网,新建 25 座 220 kV 变电站。以国家推行城市配电网改造工程为契机,加快城市配电网和农村电网改造,对超过运行年限、设备老化的中心城区户外变电站有序实施改造,逐步将上海城市电网建成为现代化一流坚强智能配电网(图 15-5)。

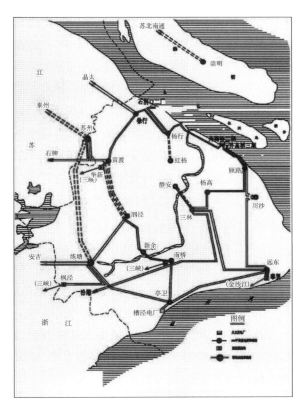

图 15-5 上海市"十三五"电力 500 kV 骨干网架规划示意图

# 16 城市电网风险识别

## 16.1 城市电网风险案例拓展阅读

2016 年 10 月 12 日下午,日本东京都部分地区因东京电力公司设备火灾出现大面积停电,练马区和港区等地约 35 万栋房屋发生大范围停电;文部科学省及厚生劳动省等所在的东京霞关政府办公区域也发生了停电,部分地区的交通信号灯也停了;停电期间,西武铁路除秩父线外全线暂停运行,都营大江户线也一度停运。直到下午 4 点半左右才基本恢复供电。

**1. 事故经过概况**

(1) 14 点 49 分,新座变电所 275 kV 城北线 3 号黑相发生绝缘破坏事故。

(2) 15 点 29 分,新座变电所 275 kV 北武藏野线 1 号黑相发生绝缘破坏事故。

(3) 15 点 30 分,新座变电所 275 kV 北武藏野线 3 号红相发生绝缘破坏事故。

(4) 15 点 30 分,练马变电所停电,导致供应紧张电力 181 000 kW,停电电力 45 000 kW。

(5) 15 点 31 分,目白变电所自动切换恢复停电电力 45 000 kW。

(6) 15 点 33 分,新座变电所 275 kV 城北线 2 号白相发生绝缘破坏事故。

(7) 15 点 38 分,新座变电所 275 kV 城北线 1 号白相发生绝缘破坏事故。

(8) 15 点 38 分,练马变电所送电(恢复供应紧张电力 181 000 kW)。

(9) 15 点 38 分,池袋、常盘台、北新桥、南新桥变电所停电,导致供应紧张电力 139 000 kW,停电电力 241 000 kW。

(10) 15 点 38 分,北新桥、南新桥变电所自动切换恢复停电电力 234 000 kW。

(11) 15 点 39 分,稻荷台变电所局配变压器自动切换恢复停电电力 7 000 kW。

(12) 15 点 48 分,池袋、常盘台变电所送电,恢复供应紧张电力 139 000 kW。

(13) 16 点 33 分,配电系统全面恢复送电。

根据现场调查结果,停电是由东京电力公司设备火灾造成,造成火灾的原因是城北线 3 号黑相丰岛·费马变电站侧的电缆铜管变形、破裂,发生绝缘破坏而导致火灾,火灾蔓延导致同一洞内的城北线 1 号、2 号和北武藏野线 1 号、3 号的绝缘被破坏,引发火灾事态进一步扩大,导致了东京停电事故的发生。

事件发生后,东京电力公司立即采取紧急应对措施,派遣员工赶赴现场调查原因,受影响变电所自动切换,约 55 分钟全面恢复正常供电。2016 年 11 月 10 日东京电力公司发布了《电力相关事故报告》,公布事故调查结果以及预防措施,东京电力公司计划将城北线和北武藏野线的 OF 电缆调换为 CV 电缆,预计在 2017 年 6 月完成北武藏野线 2 线调换工作,于 2019 年完成剩余线路调换工作。为了防止停电事故再次发生,东京电力公司 2016 年 10 月 17 日设置了由外部专家组成的新座洞道事故验证委员会,对事故原因进行调查,制定了防止事故再次发生的应对策略,2016 年 12 月前在电缆洞道内迅速设置消防设施等,截至 2019 年年末,最大限度地完成设置 275 kV OF 电缆的洞道"工作区",例如设置防火墙或自动灭火设备等。

## 16.2　城市电网风险基本概念

### 16.2.1　城市电网风险含义

城市电网风险指城市电网规划及运行安全的不确定性,即可能影响城市电网安全的因素、事件或状态发生的概率及后果的组合。城市电网风险管理是指以防止电网大面积停电作为首要任务,系统梳理电网安全隐患和薄弱环节,通过危害识别与风险评估,对识别的电网风险采取科学有效的措施加以控制或化解,实现城市电网安全稳定运行的管理行为。

由于目前城市电网处于快速发展阶段,影响城市电网安全的因素不断增加,安全管控难度很大,电网安全面临严峻挑战。城市电网风险管理必须准确识别分析电网存在风险,并为后续监视和控制提供依据。

### 16.2.2　城市电网风险特征

2003 年 8 月 14 日,美国东部时间 16:11(北京时间 15 日 4:11),美国东北部和加拿大部分地区联合电网发生了一连串的相继开断事故,最终导致系统失稳,造成有史以来最大规模的停电事故,历史上称为"8·14"大停电。此次停电波及范围超过 930 万 $km^2$,受影响的地区包括美国密歇根州、俄亥俄州、纽约市、新泽西北部、马萨诸塞州、康涅狄格州和加拿大安大略省、魁北克在内的十多个地区。"8·14"大停电造成美国东北部和加拿大东部及机场瘫痪、公共交通瘫痪、航班延迟,成千上万的人被困在地铁、电梯、火车和高速公路上,超过 5 000 万人市区电力供应,停电 29 小时之后才完全恢复电力。"8·14"大停电给盟国经济带来严重影响,据美国经济专家预测,此次大停电事件造成的经济损失超过 300 亿美元。加拿大方面表示 8 月 GDP 下降 0.7%,失去 1 890 万工作小时。

由此可见,城市电网风险一旦发生,往往会造成巨大的经济损失。电力管线遭受破坏的情况下,如果不及时整修,很有可能造成大停电事故,并进而引发一系列后果。由于电力管网体系本身网络状特性以及电力在城市运转和居民生活中的重要作用,城市电网的风险通常具有以下特征。

1. 灾时破坏严重

城市电力管线系统特点如下:地理范围分布广,具有公共性、共享性、网络性,各系统之间具有互用性、互制性、近距离共存性等。电力管线一旦发生破坏，会造成严重的后果，一方面，供电系统本身的损失严重；另一方面，由于供电系统功能破坏，将严重影响城市的生产和居民的生活。

2. 灾害波及范围广

电力管线跨越的范围广、覆盖面广，造成电力管线遭受自然灾害的可能性比独立建筑多，而且由于工程环节多、结构形式复杂，整个输电管线系统抵御外来作用的薄弱环节相对较多。例如，城市电网系统越大、联网程度越高，运行就越经济、安全和可靠，但同时稍有不慎引发的电网事故会给社会带来严重的影响。例如 1995 年日本阪神发生里氏 7.3 级地震，导致交通大面积瘫痪，堤岸 80% 破坏，电力管线遭到严重破坏，约 100 万电力用户断电。

3. 灾害耦合性放大

电力管线虽然与供水、供气、供暖、交通、通信等城市地下管线相互独立，但它们之间在功能上具有耦合性，因此灾害发生后，各管线系统的相互影响使灾害更趋严重。各系统产生相互影响的主要方式有三种：构造影响、功能交叉影响和恢复功能影响。构造影响主要是因为管线系统近距离共存，发生灾害的设施及其构件使其他管线系统受害。而管线系统之间的相互制约是产生功能影响的重要原因，恢复功能影响主要表现形式是一种管线发生灾害后影响其他生命线的恢复进程。或者说，一种管线灾害将成为其他管线灾后恢复的障碍。例如交通系统的灾害会对电力系统的灾后恢复造成很大的影响。

4. 灾害社会影响大

电力管线与城市居民日常生活息息相关，其破坏性可能造成极大的社会影响，电力管线的破坏对供水、供气、供暖、交通、通信等系统的影响十分严重。供电系统瘫痪会导致自来水设备无法运行，进而使得城市供水系统无法正常运行；有可能导致通信基站断电，网络服务设备无法使用；还可能导致一些利用电力供暖的供暖系统瘫痪，进而对整个城市的供暖造成不利影响；甚至还能够对燃气系统造成不利影响，燃气储运设备无法正常运行，加气站设备也不能正常工作，可能造成整个城市燃气供气故障。

### 16.2.3 城市电网风险识别流程

城市电网风险识别即识别城市电网存在的风险因素并确定其特性的过程。首先要确定城市电网风险因素的存在，然后确定风险因素的性质，即应识别出城市电网不同环节或设备的风险因素的种类与分布、伤害或损失产生的方式、途径和性质。其中，风险因素是指一个系统中具有潜在能量和物质释放风险的、在一定的触发因素作用下可转化为事故的部位、区域、场所、空间、岗位、设备、装置及其状态。城市电网风险识别是指按照相关标准，结合电网实际运行特点，对固有和潜在的影响电网安全的各种因素进行系统科学的分析、归纳和鉴别，并对事故可能引起的后果进行客观评价的过程，是城市电网风险管理的起点和重要环节。

## 16.3　城市电网风险类型

城市电网按其构成,可以将其风险划归为三类:电源侧风险、电网侧风险和用户侧风险。

### 16.3.1　电源侧风险

**1. 关键厂站停电风险**

电网运行中的关键厂站可能因设备故障或人为操作失误造成停止供电,导致城市电力供应产生巨大缺口,大面积停电。

**2. 区外来电风险**

城市电网通常用电集中,耗电量高,且用电峰谷差比较大。随着城市环境治理工作的开展,城市内部陆续关停一些电厂,如果仅靠城市本地电源,已经无法满足城市正常运转的电力需求,特别是东部沿海城市,电力缺口巨大,亟须接入外部电源。与此同时,我国西部如新疆、西藏、云南、广西等地区的风能、水能、光能等资源丰富,发电量大,且本地电力需求相对较少。2000 年以来,我国建设"西电东送"工程,长三角地区和珠三角地区均大规模接入区外来电。上海电网作为典型受端电网,电气联系相当紧密,随着"四交四直"的受电格局形成,大功率直流密集馈入上海后,直流多落点系统安全稳定问题以及交直流混合输电问题日益凸显,交直流受电安全性问题突出。在某些不利的情况下,单一故障可能引发多重故障,导致大面积停电风险。

**3. 新能源接入风险**

在我国,风能、太阳能以及生物智能等发电技术在近几年得到了迅猛发展。如上海市"十二五"期间崇明、长兴和老港等陆上风电基地加快建设,东海大桥二期工程投产发电,分布式光伏呈现爆发式增长,风电和光伏装机分别达到 61 万 kW 和 29 万 kW,分别是"十一五"期末的 3 倍和 15 倍。"十三五"期间,全市新增风电装机 80 万～100 万 kW,总装机达到140 万 kW。随着新能源利用的快速增长,新能源接入给现有电网带来的冲击和挑战将越来越大。但由于诸多技术和商业模式还在摸索和研发阶段,因此存在着如影响调峰能力和电能质量、功率预测困难、新能源资源与电力需求逆向分布等诸多问题,对电网安全稳定运行也造成一定影响。

以风电接入主网为例,对电网可能造成以下影响。一是增大调峰、调频难度。风电随机性强、间歇性明显、波动幅度大、波动频率无规律性。二是加大电网电压控制难度。风电场运行过度依赖系统无功补偿,限制了电网运行的灵活性。三是局部电网接入能力不足。风电场大多处于电网末梢,大规模接入后,风电大发期大量上网,电网输送潮流加大,重载运行线路增多,热稳定问题逐渐突出,加剧送出矛盾,这也是风场弃风问题长期存在的原因之一。四是增加电网稳定隐患。风电的间歇性、随机性增加了电网稳定运行的潜在威胁。如风电引发的潮流多变,增加了有稳定限制的送电断面的运行控制难度;风电发电成分增加,导致在相同的负荷水平下,系统的惯量下降,影响电网动态稳定;风电机组在系统故障后可能无法重新建立机端电压,失去稳定,从而引起地区电网的电压稳定破坏。

### 16.3.2 电网侧风险

#### 1. 电网布局风险

电网架构及布局的不合理往往使电网运行于薄弱的网架结构中,这将会大大增加发生电网事故的概率,例如电网规划布局时未充分考虑未来负荷增长,管线及附属设施由于自身材料可承受的强度或刚度不够,埋下了安全隐患;或电力管线布局不合理,电力管线之间或电力管线与其他管线之间间距过小等,也容易引发管线安全事故。例如,2009 年 11 月 10 日,巴西全国范围内发生大面积停电,损失负荷 24.436 GW,约占巴西全部负荷的 40%,受影响人口约 5 000 万,约占巴西总人口的 26%,是近年来世界上影响较大的大停电事故之一。巴西电网大停电属于故障连锁反应造成的大面积停电,雷电和暴风雨使依泰普水电站输电系统圣保罗受端变电站变压器短路接地,使两条输电线同时断开,在几秒钟内第三条输电线跳开,形成故障连锁反应,造成南部—东南部互联电网 15 条输电线路跳闸断开,引起依泰普水电站全部运行机组与电网解列,造成南部—东南部互联电网大面积停电,依泰普水电站运行机组解列,同时造成巴拉圭电网大停电。虽然事故的导火索是继电保护隐性故障,但是本次事故能够扩大到如此规模,主要是巴西电网网架结构不合理,单一受电通道输送规模偏大,一旦重要送电线路断开,受端系统将由于大量的功率缺额导致稳定破坏,最终导致事故大面积停电。

#### 2. 供需不平衡带来的风险

城市电网的负荷特性决定了电网用电负荷中心空调负荷占比很高,负荷受天气因素影响明显且用电峰谷差很大,周末、周一的负荷特性转换带来的调峰难度十分明显。随着城市发展,城市电网用电峰谷也会逐年加大,调峰压力不断增加。另外台风与雷阵雨天气、双休日负荷特性、直流大功率送电以及天然气供给不确定等因素都将导致调峰压力持续存在。在电网负载过重的条件下,管线负荷急剧增加导致过载、过热,严重情况下可能会引发火灾等,严重影响到管线的安全运行。当部分发电或输变电设备故障跳闸后,容易引起其他设备电流过大,一旦引起另一设备跳开,则容易导致更多的设备电流过大,从而形成连锁反应,最终使电网崩溃。例如,1978 年 12 月 19 日,以巴黎为主角的法国大停电,冬季严寒条件下供热负荷持续升高,又恰逢巴黎附近电厂多台发电机组不能发电的情况,当时从法国东部输送到巴黎的电力迅速增加,无功损耗增大,400 kV 电网电压下降,巴黎附近 3 个变电站母线电压分别下降到 347 kV、331 kV、354 kV,其后出现线路持续过载相继跳闸,最终导致电网崩溃。而东京大停电则是在夏季高温下因空调负荷快速上升而导致电网出现低电压状态,其后部分发输电设备因电流过大相继退出运行,从而导致电网崩溃。随着上海市城市规模扩大,人口日益增多,降温负荷逐步增大,上海夏季降温负荷逐步超越 1 000 万 kW,比重高于 40%。上海市最高负荷的释放能力很大程度上取决于当年夏季的气温条件。在夏季绝对温度较低,高温天数又少的情况下,上海夏季的降温负荷不能充分释放,继而出现最高负荷负增长的情况。而在夏季绝对温度高、高温天数持续较长的情况下,上海夏季的降温负荷增长强劲,继而出现最高负荷大幅增长的局面,由此给上海城市电网安全带来一定的威胁。

### 3. 线路故障风险

电力线路长、分布广,若不定期进行维护和管理,容易发生绝缘受潮、绝缘老化变质、护层的腐蚀、电缆的绝缘物的流失等故障,引发电力电缆事故的发生,严重影响电网运行。当电力电缆长期处于比较潮湿的环境下,就会导致电缆自身具备的绝缘性能下降。在绝缘性能逐渐衰退的情况下,该电缆的绝缘层抗击穿能力直接下降,容易受外力作用导致击穿短路故障,有时甚至会发生线路烧毁等严重故障。电力线路的严重故障往往会导致系统失稳,或导致发、输、变电设备过载并发展成大停电。另外,架空线路容易发生接头受损。例如,2005 年 8 月 18 日,印度尼西亚爪哇岛和巴厘岛发生大面积停电事故,事故由电力线路故障引发,由于故障前系统已接近运行极限,引发了过载设备的连锁跳闸。事故使爪哇—巴厘互联电网中若干主力电厂停运,出力①损失 270 万 kW,约占全网负荷的 30%,波及西爪哇、东爪哇、巴厘岛和西雅加达地区,约1 亿人受到影响。

### 4. 外力破坏风险

#### 1) 违章施工

外力破坏风险在各大城市输配电及变电中均大量存在。在城市中,电缆线路的排布错综复杂,如同毛细血管遍布全身一样,抵达城市的角角落落。然而,随着城市的迅猛发展,建房子、造地铁、修马路的施工项目越来越多,导致地下电缆设备经常被破坏。违章(野蛮)施工、大型机械施工、线路保护区违章搭建和超高林木、空中飘物以及道路开发、鱼塘开挖等破坏基础或地下线缆均会威胁到电网安全。一旦挖断电缆,轻则造成局部断电,严重的则会造成整个电网波动,后果难以预料。一次外力破坏导致的停电,不仅直接导致电网企业巨大经济损失,还会影响城市正常运转。以武汉为例,武汉电网是华中电网和湖北电网最大的供电枢纽和用电负荷中心,境内除武汉电网的电力设施以外,还有国家电网大量在境和过境的超高压、特高压电力设施,发挥着"三峡电外送""西电东送""南北互供"和全国联网等重要作用。武汉电网发生电力设施遭外力破坏的案(事)件,不仅事关武汉电网安全,更有可能危及湖北、华中乃至全国电网的稳定。2015—2017 年,武汉市每年发生的输电线路遭破坏的事件多达 50 余起,供电部门每年的直接经济损失达 1 000 万元左右。2017 年 6 月,汉阳区一名水泥泵车司机在电力线路保护区内,操作水泥泵车进行施工作业,造成 110 kV 输电线路受损跳闸停电,导致东风本田二厂、沌口调峰

---

　　① 出力,专业术语,电厂单位时间内输出的能量,又称电厂输出功率。电厂 24 小时出力的平均值称为日平均出力,在一日内,出力随时间的积分值就是电厂日发电量。

电厂、东湖泵站三家单位停电数小时,沿线架设的通信光缆烧毁,仅东风本田二厂超千台车报废,损失过亿元。上海市也深受外力破坏的困扰,电缆遭受外力破坏的事件层出不穷,"野蛮施工"导致电缆破坏的事件,几乎每年都会发生。

2)电力管线及附属设备失窃风险

电路管线被盗将直接导致停电事故的发生。2004年2月,贵州省福泉市都匀供电局所属的110 kV福麻线054#、055#、056#、附01#和110 kV麻龙线064#门形杆18付拉线UT线夹以及接地线被盗走,销赃款90元,2月15日10时40分,被盗窃破坏的五基门形电杆发生倒塌,此次事件对电网安全造成了极其恶劣的影响,直接导致该线路停电10小时26分,架设在杆塔上的电力专用通信光缆因倒杆损毁,致使贵州东部电力通信中断。同时,在倒杆过程中由于输电线路短路产生电弧引发山林大火,烧毁生态林和经济林446亩、灌木林160亩。直接经济损失约163万元。

3)动物损害风险

自然界中,某些动物生活区域与电力通道重合,部分行为也会破坏电力设备,尤其是鼠类和鸟类对电路危害最大。由于配电线路设备的导线或接头多裸露,且带电设备因电流、电压致热等效应,导致自身温度比周围环境稍高,加之电房、台架变压器等区域常有垃圾堆放,这都成为吸引猫、鼠、蛇类或鸟类等动物光顾的原因。暴露在外面的部分开关有时会因动物的攀爬而发生变动,进而造成停电事故。

4)自然灾害风险

自然灾害,比如暴雨、飓风、地震、冰雹和泥石流等也会直接、大范围地破坏电力输送设施,造成大面积停电事故。对于自然灾害只有在电网建设时,加强管网的质量监管,才有可能保证管线能承受住灾害的破坏。此外,还应加强管理和维护,及时发现管网中存在的隐患并及时维修,保证输电线路在灾害发生时可正常供电。

(1)风灾。风灾是自然灾害中引发电网事故最严重的一种。近年来,每年都有风灾引起的电网事故发生。我国东南沿海一带主要是强台风,在内陆主要是飓风、龙卷风等。强风能够导致输电线路闪络跳闸等,严重时会造成输电线路杆塔倒塔。在历次风灾事故中,倒塔现象比较普遍,危害也比较深远,需引起足够重视。改革开放以来,我国电力工业得到飞速发展,500 kV输电线路逐步成为我国各电网的主干线路。但同时,500 kV输电线路的累积倒塔次数和倒塔基数也呈现越来越多的趋势。2016年9月15日15:05,台风"莫兰蒂"在福建厦门翔安沿海登陆,登陆时中心附近最大风力15级,给厦门电网造成严重破坏,集美区3座220 kV高压铁塔拦腰折断,另外还有1座500 kV的高压铁塔拦腰折断,造成全市大面积停电。由于停电,厦门主要供水厂也中断运行,导致厦门岛内和集美区停水,全城水厂均无法正常供水。厦门市的供电公司从福建全省调集了70%的力量投入了几千人奋战在厦门电力抢修一线。但由于树木倒伏、交通受阻,再加上高压电比低压电修复更复杂、更困难,所以要完全恢复供电需要一定的时间(图16-1)。

图 16-1　"莫兰蒂"给厦门电网造成严重破坏情形

（2）雷击灾害。雷击对电网安全具有严重威胁。1977 年 7 月 13 日的纽约大停电也是由于输电通道严重故障引起的。当日纽约与北部电网连接的一段同塔双回 345 kV 线路遭受雷击跳开后,导致并联输电通道的多回线路及东、西部的联络线连锁反应跳开,部分电源脱网且部分地区电网解列为孤网。其后因频率过低及电压越限等原因导致发电机组逐台跳开,最终使纽约电网崩溃。

（3）冰雪灾害。冰雪灾害也是引发电网事故的一大因素,比较普遍的事故现象是开关设备冻结卡死,输电设备因覆冰裹雪导致闪络、舞动,以及线路和杆塔断裂、损毁等。冰雪灾害以覆盖面积广、持续时间长、受损设备维修困难等特征,通常会造成大范围的电网事故,有时冰雪灾害伴随强风互相作用,还会扩大事故影响。例如,2008 年 1 月 10 日至 2 月 2 日,我国南方地区先后出现 4 次大范围低温雨雪冰冻天气,遭遇了 50 年一遇的冰雪灾害,使电网安全运行经历了前所未有的严峻考验。由于暴雪、冻雨导致河南、湖南、湖北、江西、安徽、浙江、福建等地输变电线路出现大范围的断线倒塔事故,造成大范围停电限电,包括重要交通枢纽及设施等的供电中断,严重影响了电网安全运行。甚至部分地区电网瓦解,江西赣州电网进入了孤网运行,湖南郴州断电断水 10 多天。随即引发交通运输、物资调运、市场供应等方面严重受影响的连锁反应,人民生活一度陷入了困境。据报道,全国范围电网此次因灾停止运行电力线路共 37 606 条,停止运行的变电站共 2 027 座,110～500 kV 线路因灾倒塔共 8 165 基。可以认为电力设施在极端气候下的灾害防范设计标准不够,在冰冻严重灾害到来时,重电源、轻电网的弊端认知是造成这次南方冰冻灾害大停电的主要原因。

（4）雾霾灾害。雾霾对电网正常运行的影响主要体现在两方面:一是雾的影响,即湿度的影响,体现在导致电力系统设备外绝缘表面受潮,外绝缘水平下降,从而导致污闪现象;二是霾的影响,即大气中污秽物的影响,体现在使电力系统设备外绝缘表面污秽度增加,与高湿度环境叠加后,也可能造成污闪。2001 年 2 月 22 日,辽宁省内出现了 1949 年以来最严重的一次浓雾天气,造成东北电网大面积停电事故,波及沈阳、鞍山、营口、辽阳、抚顺、锦州、铁岭和阜新等

8 个地区,事故中 500 kV 线路跳闸 17 条次;220 kV 线路跳闸 151 条次;66 kV 线路跳闸 171 条次;1 座 500 kV 变电所、12 座 220 kV 变电所、120 座 66 kV 变电所停止运行。全网共损失负荷 937 万 kW·h,对工农业生产及人民生活用电产生较大影响。1990 年 2 月 11 日石家庄浓雾,水平能见度小于 40 m,浓雾也曾导致京津唐电网 3 条 500 kV 线路发生故障 22 次,22 条 220 kV 线路发生故障 107 条次,使北京、天津等城市一度处于危急状态。

(5) 地震灾害。地震的发生会对电力系统产生破坏。近几年发生的多次强烈地震对所在地区的电力系统造成了严重的破坏。电力系统的震害主要集中在发电、变电的变压器、开关设备等,并对地下电力管线造成较大影响,导致电力管线损坏和变形,引发停电事故。2008 年的"5·12"汶川地震,受灾最严重的四川电网灾后最大负荷降至正常负荷的 62%(损失 444 万 kW),灾害造成 1 座 500 kV 变电站、15 座 220 kV 变电站停运,4 条 500 kV 线路、59 条 220 kV 线路停运,26 座发电厂停运。

**5. 管线附属设备故障风险**

电力管线附属设备运行情况的好坏也是电网主要风险点,电力管线附属设备的老化、超期限服役运行带来较高风险。例如,未对电力隧道的电力支架定期进行维护,会导致电力支架防腐性能差,锈蚀严重,尤其近几年电缆数量及电缆截面不断增大,许多支架已不满足强度要求,产生了变形。另外,支架规格低、档距太小、结构不合理,不满足大截面高压电缆的敷设要求,易造成电缆的护套损伤,严重威胁电缆线路的安全运行,易发生支架割伤电缆,引发主绝缘击穿事故。

**6. 电力隧道失修风险**

早期隧道设计防水标准低,伸缩缝设计不合理,防水效果差,再加上隧道结构开裂等因素,若不定期进行维修,会导致电力隧道老化严重,隧道内渗漏水问题会严重影响电缆设备的正常巡视、检修和事故处理。早期修建的电力隧道安装的电力井盖无"五防"功能,井盖破损和丢失严重威胁着行人、车辆以及隧道内电缆线路的安全运行。

### 16.3.3 用户侧风险

城市电网受到电力用户的影响,电力用户内部故障造成电网安全事件的情况屡有发生。这主要是因为用户对安全隐患整改措施落实不重视,致使治理工作难以有效开展;部分重要用户对安全用电的风险认识不到位,拒签重要用户申报表及供用电安全保障协议,部分重要用户不满足安全供电配置条件,致使重要用户可能发生停电事件;而且一般情况下,电网企业在督促用户定期开展设备试验的工作上无有效的制约手段,用户设备影响电网安全的风险依然存在。

# 17 城市电网风险评估

城市电网风险评估是针对城市电网面临的主要风险,在风险事件发生之前或之后(但还没有结束),对该事件给人们的生活、生命、财产等各方面造成的影响和损失的可能性进行量化评估的工作。作为风险管理的基础,风险评估是确定城市电网风险防控需求的一个重要途径,属于城市电网安全管理体系策划的过程。

## 17.1 城市电网风险评估内容

城市电网风险评估通过建立表征系统风险的指标,评估失效事件发生的可能性及其后果的严重程度,反映城市电网的负荷变化以及元件故障等方面的概率属性,确定系统可接受的风险水平和风险防控措施。

1. 城市电网风险评估的基本内容
(1) 选择风险并计算其出现概率。
(2) 评估所选择风险状态的后果。
(3) 计算风险指标。

2. 城市电网风险评估的特点
与大电网相比,城市电网的风险评估具有如下特点:
(1) 城市电网包含电压等级较多,不同电压等级下电网接线方式有所区别。通常,高压配电网呈单环或双环式结构,中压配电网多呈手拉手结构、辐射状,低压配电网一般呈辐射状结构。这些电网结构的特点在风险评估计算中应有所体现。
(2) 城市电网各点的负荷水平随机性更大,在风险评估计算中需要用一定的数学手段进行处理,以保证模拟的结果接近真实负荷变化情况。
(3) 城市电网直接面向各类电力用户,它们具有不同的停电损失影响,对供电水平的要求有明显区别,停电风险水平也显著不同。因此在风险评估中要考虑对不同类型电力用户产生的影响。

## 17.2　城市电网风险评估方法

**1. 南方电网运行安全风险量化模型**

《南方电网运行安全风险量化评价技术规范》[8]（以下简称《风险量化规范》），电网风险值可以定量表示为待研究运行方式下的各种潜在危害与风险发生的概率之乘积的最大值，即

$$R = \max(P \cdot D) \tag{17-1}$$

式中　$R$——电网风险值；

　　　$P$——风险概率值；

　　　$D$——风险危害值。

根据电网风险值大小，将电网风险分为 6 级，如表 17-1 所列。

表 17-1　　　　　　　　　　　　　　电网风险分级

| 等级 | 颜色 | 详细描述 | 风险值 $R$ |
|------|------|----------|-----------|
| Ⅰ级 | 红 | 地区电网特大风险 | $R \geqslant 1\,500$ |
| Ⅱ级 | 橙 | 地区电网重大风险 | $800 \leqslant R < 1\,500$ |
| Ⅲ级 | 黄 | 地区电网较大风险 | $120 \leqslant R < 800$ |
| Ⅳ级 | 蓝 | 地区电网一般风险 | $20 \leqslant R < 120$ |
| Ⅴ级 | 白 | 地区电网低风险 | $5 \leqslant R < 20$ |
| Ⅵ级 | — | 地区电网可接受风险 | $0 \leqslant R < 5$ |

**2. 风险评估矩阵法**

风险矩阵法又叫风险矩阵图，是一种能够把危险发生的可能性和伤害的严重程度综合评估风险大小的定性的风险评估分析方法。它是一种风险可视化的工具，主要用于风险评估领域。其应用方法如下：

（1）将风险因素的结果（影响程度）按危害大小程度进行分级。表 17-2 为普遍适用的划分方法，具体分级情况要根据需要、风险管理的细度和深度确定。

表 17-2　　　　　　　　　　　　　影响结果的划分等级及其详细描述

| 等级 | 标识 | 详细描述 |
|------|------|----------|
| 1 | 可忽略 | 无伤害，较低财产损失 |
| 2 | 较小 | 立即受控，中等财产损失 |
| 3 | 中等 | 接受控制，高财产损失 |
| 4 | 较大 | 大伤害，较大财产损失 |
| 5 | 灾难性 | 风险很高，巨大财产损失 |

（2）对风险事件发生的可能性进行相应的等级划分，可能性越大，级别越高。风险事件发生的可能性等级划分为 5 级，划分规则如表 17-3 所列。

表 17-3　　　　　　　　　　　风险事件发生的可能性等级及其详细描述

| 等级 | 标识 | 详细描述 |
|---|---|---|
| 1 | 罕见 | 仅在例外的情况下可能发生 |
| 2 | 不太可能 | 在某个时间能够发生 |
| 3 | 可能 | 在某个时间可能会发生 |
| 4 | 很可能 | 在大多数情况下很可能发生 |
| 5 | 几乎肯定 | 预期在大多数情况下发生 |

（3）按照如下公式，结合风险分析矩阵的形式确定相应的风险等级 $R_c$。

$$R_c = L_c \cdot P_c \qquad\qquad (17-2)$$

式中　$L_c$——财产损失的后果（严重程度）等级；

　　　$P_c$——发生风险事件的可能性等级，计算结果如表 17-4 所列，其中，可能性用 5 个等级表示：5 表示几乎肯定，4 表示很可能，3 表示可能，2 表示不太可能，1 表示罕见。

表 17-4　　　　　　　　　　　风险分析矩阵

| 可能性 $P_c$ | 后果（财产重要度）$L_c$ | | | | |
|---|---|---|---|---|---|
| | 可以忽略 | 较小 | 中等 | 较大 | 灾难性 |
| | 1 | 2 | 3 | 4 | 5 |
| 5 | 5 | 10 | 15 | 20 | 25 |
| 4 | 4 | 8 | 12 | 16 | 20 |
| 3 | 3 | 6 | 9 | 12 | 15 |
| 2 | 2 | 4 | 6 | 8 | 10 |
| 1 | 1 | 2 | 3 | 4 | 5 |

（4）将矩阵中的 25 个风险值，按风险结果划分的范围标准重新映射为 1~5 个级别，如表 17-5 所列：区间[20，25]为 5 级；区间[15，20]为 4 级；区间[10，15]为 3 级；区间[5，10]为 2 级；区间[1，5]为 1 级。

对于各种需要研究的风险，从定量（等级分值）和定性（等级描述）两个方面，对风险发生的可能性、产生的后果进行评估，最终得出风险的等级，用以衡量风险的大小情况，为后续的风险防控和风险规避提供参考依据（表 17-5）。

表 17-5 风险等级及其详细描述

| 等级 | 标识 | 详细描述 |
|---|---|---|
| 1 | 极低 | 风险极低、导致系统受到较小影响 |
| 2 | 低 | 风险低、导致系统受到一般影响 |
| 3 | 中等 | 风险中等、导致系统受到较重影响 |
| 4 | 高 | 风险高、导致系统受到严重影响 |
| 5 | 极高 | 风险极高、导致系统受到非常严重的影响 |

## 17.3 城市电网风险分级

城市电网风险分级是将城市电网风险评估工作常态化,并将评估结果固化形成标准的过程。我国的城市电网分级主要根据风险可能导致的后果进行划分。国家能源局关于印发《电网安全风险管控办法(试行)》的通知(国能安全〔2014〕123 号)[9]中,对电力风险分级做出规定:"电网企业及其电力调度机构负责组织进行风险分级。风险分级在于判明风险大小,并为后续监视和控制提供依据。"

风险等级主要根据风险可能导致的后果进行划分。对于可能导致特别重大或重大电力安全事故的风险,定义为一级风险;对于可能导致较大或一般电力安全事故的风险,定义为二级风险;其他定义为三级风险。

除此之外,基于《电网安全风险管控办法(试行)》,各家电网企业还结合自身业务实际衍生出了具体操作性的电网风险等级体系,如国家电网公司将电网风险划分为 8 个等级(表 17-6)。

表 17-6 国家电网公司电网风险等级划分标准

| 风险等级 | 判 定 标 准(有表中所述情形之一的,为相应电网事件) |
|---|---|
| 一级电网事件 | 造成区域性电网减供负荷 30%以上者;<br>造成电网负荷 20 000 MW 以上的省(自治区)电网减供负荷 30%以上者;<br>造成电网负荷 5 000 MW 以上 20 000 MW 以下的省(自治区)电网减供负荷 40%以上者;<br>造成直辖市电网减供负荷 50%以上,或者 60%以上供电用户停电者;<br>造成电网负荷 2 000 MW 以上的省(自治区)人民政府所在地城市电网减供负荷 60%以上,或者 70%以上供电用户停电者 |
| 二级电网事件 | 造成电网负荷 1 000 MW 以上 5 000 MW 以下的省(自治区)电网减供负荷 50%以上者;<br>造成直辖市电网减供负荷 20%以上 50%以下,或者 30%以上 60%以下的供电用户停电者;<br>造成电网负荷 2 000 MW 以上的省(自治区)人民政府所在地城市电网减供负荷 40%以上 60%以下,或者 50%以上 70%以下供电用户停电者;<br>造成电网负荷 2 000 MW 以下的省(自治区)人民政府所在地城市电网减供负荷 40%以上,或者 50%以上供电用户停电者;<br>造成电网负荷 600 MW 以上的其他设区的市电网减供负荷 60%以上,或者 70%以上供电用户停电者 |

（续表）

| 风险等级 | 判　定　标　准（有表中所述情形之一的，为相应电网事件） |
|---|---|
| 三级电网<br>事件 | 造成区域性电网减供负荷7％以上10％以下者；<br>造成电网负荷20 000 MW以上的省（自治区）电网减供负荷10％以上13％以下者；<br>造成电网负荷5 000 MW以上20 000 MW以下的省（自治区）电网减供负荷12％以上16％以下者；<br>造成电网负荷1 000 MW以上5 000 MW以下的省（自治区）电网减供负荷20％以上50％以下者；<br>造成电网负荷1 000 MW以下的省（自治区）电网减供负荷40％以上者；<br>造成直辖市电网减供负荷达到10％以上20％以下，或者15％以上30％以下供电用户停电者；<br>造成省（自治区）人民政府所在地城市电网减供负荷20％以上40％以下，或者30％以上50％以下供电用户停电者；<br>造成电网负荷600 MW以上的其他设区的市电网减供负荷40％以上60％以下，或者50％以上70％以下供电用户停电者；<br>造成电网负荷600 MW以下的其他设区的市电网减供负荷40％以上，或者50％以上供电用户停电者；<br>造成电网负荷150 MW以上的县级市电网减供负荷60％以上，或者70％以上供电用户停电者；<br>发电厂或者220 kV以上变电站因安全故障造成全厂（站）对外停电，导致周边电压监视控制点电压低于调度机构规定的电压曲线值20％并且持续时间30 min以上，或者导致周边电压监视控制点电压低于调度机构规定的电压曲线值10％并且持续时间1 h以上者 |
| 四级电网<br>事件 | 造成区域性电网减供负荷4％以上7％以下者；<br>造成电网负荷20 000 MW以上的省（自治区）电网减供负荷5％以上10％以下者；<br>造成电网负荷5 000 MW以上20 000 MW以下的省（自治区）电网减供负荷6％以上15％以下者；<br>造成电网负荷1 000 MW以上5 000 MW以下的省（自治区）电网减供负荷10％以上20％以下者；<br>造成电网负荷1 000 MW以下的省（自治区）电网减供负荷25％以上40％以下者；<br>造成直辖市电网减供负荷5％以上10％以下，或者10％以上15％以下供电用户停电者；<br>造成省（自治区）人民政府所在地城市电网减供负荷10％以上20％以下，或者15％以上30％以下供电用户停电者；<br>造成其他设区的市电网减供负荷20％以上40％以下，或者30％以上50％以下供电用户停电者；<br>造成电网负荷150 MW以上的县级市电网减供负荷40％以上60％以下，或者50％以上70％以下供电用户停电者；<br>造成电网负荷150 MW以下的县级市电网减供负荷40％以上，或者50％以上供电用户停电者；<br>发电厂或者220 kV以上变电站因安全故障造成全厂（站）对外停电，导致周边电压监视控制点电压低于调度机构规定的电压曲线值5％以上10％以下并且持续时间2 h以上者；<br>发电机组因安全故障停止运行超过行业标准规定的小修时间两周，并导致电网减供负荷者 |
| 五级电网<br>事件 | （1）未构成一般以上电网事故（四级以上电网事件），符合下列条件之一者定为五级电网事件：<br>造成电网减供负荷100 MW以上者；<br>220 kV以上电网非正常解列成3片以上，其中至少有3片每片内解列前发电出力和供电负荷超过100 MW；<br>220 kV以上系统中，并列运行的两个或几个电源间的局部电网或全网引起振荡，且振荡超过一个周期（功角超过360°），不论时间长短，或是否拉入同步；<br>变电站内220 kV以上任一电压等级母线非计划全停；<br>220 kV以上系统中，一次事件造成同一变电站内两台以上主变压器跳闸；<br>500 kV以上系统中，一次事件造成同一输电断面两回以上线路同时停运；<br>±400 kV以上直流输电系统双极闭锁或多回路同时换相失败；<br>500 kV以上系统中，开关失灵、继电保护或自动装置不正确动作致使越级跳闸。<br>（2）电网电能质量降低，造成下列后果之一者：<br>① 频率偏差超出以下数值：在装机容量3 000 MW以上电网，频率偏差超出（50±0.2）Hz，延续时间30 min以上。在装机容量3 000 MW以下电网，频率偏差超出（50±0.5）Hz，延续时间30 min以上； |

（续表）

| 风险等级 | 判 定 标 准（有表中所述情形之一的，为相应电网事件） |
|---|---|
| 五级电网事件 | ② 500 kV 以上电压监视控制点电压偏差超出±5%，延续时间超过 1 h；<br>一次事件风电机组脱网容量 500 MW 以上；<br>装机总容量 1 000 MW 以上的发电厂因安全故障造成全厂对外停电；<br>地市级以上地方人民政府有关部门确定的特级或一级重要电力用户电网侧供电全部中断 |
| 六级电网事件 | （1）未构成五级以上电网事件，符合下列条件之一者定为六级电网事件：<br>造成电网减供负荷 40 MW 以上 100 MW 以下者；<br>变电站内 110 kV（含 66 kV）母线非计划全停；<br>一次事件造成同一变电站内两台以上 110 kV（含 66 kV）主变压器跳闸；<br>220 kV（含 330 kV）系统中，一次事件造成同一变电站内两条以上母线或同一输电断面两回以上线路同时停运；<br>±400 kV 以下直流输电系统双极闭锁或多回路同时换相失败，或背靠背直流输电系统换流单元均闭锁；<br>220 kV 以上 500 kV 以下系统中，开关失灵、继电保护或自动装置不正确动作致使越级跳闸。<br>（2）电网安全水平降低，出现下列情况之一者：<br>① 区域电网、省（自治区、直辖市）电网实时运行中的备用有功功率不能满足调度规定的备用要求；<br>② 电网输电断面超稳定限额连续运行时间超过 1 h；<br>③ 220 kV 以上线路、母线失去主保护；<br>④ 互为备用的两套安全自动装置（切机、切负荷、振荡解列、集中式低频低压解列等）非计划停用时间超过 72 h；<br>⑤ 系统中发电机组 AGC 装置非计划停用时间超过 72 h。<br>（3）电网电能质量降低，造成下列后果之一者：<br>① 频率偏差超出以下数值：<br>在装机容量 3 000 MW 以上电网，频率偏差超出（50±0.2）Hz；<br>在装机容量 3 000 MW 以下电网，频率偏差超出（50±0.5）Hz。<br>② 220 kV（含 330 kV）电压监视控制点电压偏差超出±5%，延续时间超过 30 min。<br>装机总容量 200 MW 以上 1 000 MW 以下的发电厂因安全故障造成全厂对外停电；<br>地市级以上地方人民政府有关部门确定的二级重要电力用户电网侧供电全部中断 |
| 七级电网事件 | 未构成六级以上电网事件，符合下列条件之一者定为七级电网事件：<br>35 kV 以上输变电设备异常运行或被迫停止运行，并造成减供负荷者；<br>变电站内 35 kV 母线非计划全停；<br>220 kV 以上单一母线非计划停运；<br>110 kV（含 66 kV）系统中，一次事件造成同一变电站内两条以上母线或同一输电断面两回以上线路同时停运；<br>直流输电系统单极闭锁，或背靠背直流输电系统单换流单元闭锁；<br>110 kV（含 66 kV）系统中，开关失灵、继电保护或自动装置不正确动作致使越级跳闸；<br>110 kV（含 66 kV）变压器等主设备无主保护，或线路无保护运行；<br>地市级以上地方人民政府有关部门确定的临时性重要电力用户电网侧供电全部中断 |
| 八级电网事件 | 未构成七级以上电网事件，符合下列条件之一者定为八级电网事件：<br>10 kV（含 20 kV，6 kV）供电设备（包括母线、直配线）异常运行或被迫停止运行，并造成减供负荷者；<br>10 kV（含 20 kV，6 kV）配电站非计划全停；<br>直流输电系统被迫降功率运行；<br>35 kV 变压器等主设备无主保护，或线路无保护运行 |

# 18 城市电网(基础设施)风险防控

## 18.1 城市电网风险防控的管理目标

国家能源局关于印发《电网安全风险管控办法(试行)》的通知(国能安全〔2014〕123 号)中规定,"电网安全风险防控在于把电网安全风险可能导致的后果限制在合理范围内"。结合城市电网管理实际,城市电网风险管理的目标包括以下两个方面。

### 1. 有效防范电网大面积停电风险

大面积停电事件,是指由于自然灾害、电力安全事故和外力破坏等原因,造成区域性电网、省级电网或城市电网大量减供负荷,对国家安全、社会稳定以及人民群众生产生活造成影响和威胁的事件。防范电网大面积停电是城市电网风险防控的最核心的内容和首要目标。

随着社会的发展,电网的大规模互联成为世界范围内电力系统发展的必然趋势。在大区电网的互联和电力市场机制的引入给人们带来巨大利益的同时,系统的设计及其安全运行却向人们提出了非常具有挑战性的问题。缺电或停电将会造成巨大的经济损失和社会损失。特别是在城市中,如果停电事故大面积发生将导致城市系统的崩溃,对人类生活的方方面面造成无法预估的伤害。以"9·15"韩国停电事件为例,2011 年 9 月 15 日,首尔最高温度为 88 华氏温度(31℃),韩国知识经济部下属负责发电和供电的电力交易所预测当天下午的最高用电负荷为6 400 万 kW,但实际用电负荷达到了 6 726 万 kW,超出预测 326 万 kW。由于夏季用电高峰已过,许多发电厂进入检修维护状态,以应对冬季用电高峰期,导致供给能力降低。全国电力备用率降至 6%,低于 7%(400 万 kW)的安全警戒线。事故造成包括首尔、仁川、釜山、大田、京畿道、江原道、忠清北道、忠清南道、庆尚南道在内的全国各地陆续停电。受停电影响,韩国首都圈46 万户、江原和忠清 22 万户、湖南 34 万户和岭南 60 万户等全国 162 万户居民家庭在没接到任何通报的情况下突然遭遇停电 300 min,给人民生活带来了极大的不便。

### 2. 保障城市正常运转

城市电网风险事故的出现通常会给城市带来不同程度的损失和危害,特别是对于工业发达的国家和城市,其直接和间接的损失都很大。直接损失包括发电和输电设备的损坏,工业停产,铁路、航空的停运,商品因缺乏冷冻而变质,人员伤亡,电力公司为恢复供电所增加的开支等。间接损失则包括交通控制失灵形成城市堵塞,公安、急救、消防等重要单位由于失去通信联系而不能正常工作,医院因停电而造成正常工作运行受影响,高层建筑因电梯停用造成工作停止等。

2017年4月4日,美国纽约、洛杉矶和旧金山同时大面积停电,导致三大城市多处写字楼陷入一片黑暗,旧金山市8万居民陷入停工、黑暗和"提前放假"的复杂情绪中,纽约曼哈顿七街和五十三街之间的地铁站断电直接导致一辆正在运行的D线地铁被困隧道中2个小时45分钟,许多居民纷纷在网络上留言:"这真的不是恐怖袭击吗?"因此,做好城市电网风险防控应当以保障城市正常运转为重要目标,保障城市重要用户电力供应,消减人们因意外灾害事故导致的心理恐慌,维护城市秩序。

## 18.2 城市电网风险防控的主体

城市电网安全稳定与各行各业正常运行息息相关,因此,城市电网的风险防控也不是某个或某一类主体的事情。一个健全的城市电网风险防控体系应当充分考虑到各类主体的作用,合理分配城市电网风险防控义务,充分发挥各类主体优势。按照电力生产使用和管理关系,将城市电网风险防控主体划分为三大类:政府主体、市场主体和社会主体。充分发挥政府、市场、社会在城市风险管理中的优势,构建政府主导、市场主体、社会主动的城市风险长效管控体系。通过社会参与途径多元化,结合移动互联等时代背景,应对城市风险动态化带来的管制难点,完善城市风险源发现机制;与政府其他同为城市生命线的企业以及社会力量紧密协作,建立统一规范的城市风险防控标准体系;构建覆盖全面、反应灵敏、能级较高的风险预警信息网络,形成城市运行风险预警指数实时发布机制。形成跨行业、跨部门、跨职能的城市风险管理大平台,并以平台为核心引导城市相关职能部门和运营企业进行常态化风险管理工作。

### 18.2.1 政府主体

政府是城市电网风险防控的最高领导者和决策者。由于城市电网风险现实的隐蔽性和危害性,政府必须将电网风险管理纳入日常的管理和运作中,使之成为政府日常管理的重要组成部分。以上海市为例,上海市经济信息化部门是电力运行主管部门,负责电力日常运行的监控、协调,并会同有关部门监督供电、用电运行安全;同时还应当制订上海市处置供电事故应急预案,定期开展处置供电事故应急演练,参与供电事故的调查与评估;每年制订上海市应对电力紧缺或者超负荷运行的有序用电总体方案,并会同有关部门指导、协调有序用电工作;组织开展重要电力用户供用电安全的日常监督检查和宣传教育。发展改革部门负责组织编制上海市电网建设规划,并将其纳入相应的城乡规划。规划国土部门应当结合电网建设规划,对规划控制的变电所(站)、输电线路通道等划定规划控制界线,明确相关控制指标和要求。住房城乡建设、工商、环境保护、质量技监、公安、交通、水务、绿化等部门按照各自职责,做好电力供应、使用与风险管理的相关管理工作。国家电力监管机构的地方派出机构按照国家有关规定,负责电力监管相关工作。

### 18.2.2 市场主体

市场主体主要指的是电力的供给端和消费端。供给端主要包括电网企业及其电力调度机构、发电企业,消费端主要指电力用户。电网企业应当按照法律、法规规定和供用电合同约定安全供电,并接受社会监督,履行确保居民、农业、重要公用事业和公益性服务等用电的基本责任。电力用户按照法律、法规规定和供用电合同约定安全有序用电,不得损害他人合法权益和社会公共利益。

### 1. 电网企业及其电力调度机构、发电企业

电网企业是城市电网风险防控最主要的执行者。在城市电网风险防控中,电网企业应当制订风险防控方案,按照国家有关法规和技术规定、规程等的要求,综合考虑风险防控方法与途径,必要时与发电企业、电力用户等其他风险相关方进行沟通和说明,确保风险防控措施的可行性和可操作性。同时,电网企业及其电力调度机构还负责组织并进行风险识别,发电企业、电力用户应当配合电网企业及其电力调度机构做好安全检查、隐患排查和风险识别工作。电力应急工作中,电网企业通常负责大面积停电事件应急处置,根据需要提供现场临时用电,抢修被损坏的电力设施;各发电企业一般服从电网企业指挥,发生异常情况及时向电网企业调度机构报告;正确快速执行调度指令,防止事态扩大;搞好厂用电及支流系统的检查等。

此外,电网企业及其电力调度机构、发电企业还负责对电力用户安全用电的指导。电网企业发现重要电力用户存在用电安全隐患,应及时告知,指导、督促其整治,并按照规定报电力运行主管部门和安全生产监督管理部门备案。

目前,我国的电网企业主要包括国家电网有限公司和南方电网公司。国家电网作为关系国家能源安全和国民经济命脉的国有重要骨干企业,以建设和运营电网为核心业务,承担着保障更安全、更经济、更清洁、可持续电力供应的基本使命,经营区域覆盖全国 26 个省(自治区、直辖市),覆盖国土面积的 88%,供电人口超过 11 亿人。南方电网经营范围为广东、广西、云南、贵州和海南五省(区),负责投资、建设和经营管理南方区域电网,经营相关的输配电业务。

### 2. 电力用户

凡是利用电力的企业、事业单位、非营利组织、家庭和居民个体,统称为电力用户。电力用户是城市电网风险防控的重要主体。城市电网风险防控中,电力用户的用电设备接入电网应当符合相关技术标准,避免对电网供电质量或者供电安全产生危害。电力用户要严格执行安全用电制度,并定期开展安全隐患排查和治理。因内部故障引发停电事件时,电力用户应当及时上报电网企业,合理配置自备应急电源,并制定相关运行操作和维护管理规程。

某些电力用户在国家或者省市的社会、政治、经济中占有重要地位,中断供电可能造成人身伤亡、较大环境污染、较大政治影响、较大经济损失、社会公共秩序严重混乱等电网供电范围内的电力用户,统称为重要电力用户。在城市电网风险防控中,重要电力用户是重点保护对象,同时也是城市电网风险防控的重要参与主体。一般来讲,重要电力用户应当按照相关技术标准,配备多路电源、自备应急电源或者采取其他应急保安措施。若供电企业不能满足其特殊要求的,重要电力用户应当自行配备发电设备或者不间断电源。

### 18.2.3　社会主体

社会主体指的是法律上无规定有履行城市电网风险防控义务,且未受到行政命令调遣,由民间自发组织起来,主动积极参与城市电网风险防控的社会组织及个体。随着我国经济社会的发展,居民教育和生活水平的提高,我国居民素质获得了极大的进步。在物质生活需求得到满足后,社会上许多有识之士纷纷行动起来,自觉维护赖以生存的城市环境,保护城市运转和居民生活依赖的城市电网。如由世界自然基金会(WWF)倡导的"地球一小时"活动,提倡于每年3月份最后一个星期六的当地时间20:30(2018年"地球一小时"时间为3月24日20:30),家庭及商界用户关闭不必要的电灯及耗电产品一小时,以节约能源消耗。同时,居民在选购各类电气产品时,通常会自觉选择节能型产品。诸如此类,直接降低了城市电网负荷,减少了电网事故风险。另外,社会主体也会直接参与到城市电网风险管控的工作中,如自发组织社区电力安全使用宣传、群租房举报以及在反窃电、电力设备偷盗治理工作上区域联防治理等。随着越来越多的有识之士加入该行列,社会主体越来越成为我国城市电网风险防控中的重要新兴力量。

## 18.3　城市电网风险防控的手段

城市电网风险防控可从三个方面进行,即降低风险概率、减轻风险后果以及提高应急处置能力。在电网领域,降低风险概率的措施包括专项隐患排查、组织设备特巡、精心挑选作业人员、加强现场安全监督、加强设备技术监督管理。减轻风险后果的措施包括但不限于转移负荷、调整运行方式、合理安排作业时间、采取需求侧管理措施。提高应急处置能力的措施包括但不限于制订现场应急处置方案、开展反事故应急演练、提前告知用户安全风险以及提前预警灾害性天气。

城市电网面临的安全风险与日俱增,上述手段在有效管控电网固有风险,确保电网安全方面将会有些力不从心。从城市电网安全风险管控长期发展规律看,城市电网应当以预防大面积停电事故为核心[6],从规划建设、电网调度、安全科技、运维管理、风险共治以及应急管理等各个方面,增强抵御风险的能力,综合防控电网安全风险。

### 18.3.1　科学规划建设电网

1. 科学规划城市电网

城市电网规划是城市电网发展和改造的总体计划。根据规划期负荷增长及电源规划方案,提出网络坚强、结构合理、安全可靠、运行灵活、节能环保、经济高效的电网网架结构,指导电网未来的建设和发展,提高城市电力系统的供电能力和可靠性。它是城市总体规划中的重要组成部分,也是各层次规划的一个重要内容。

城市电网规划在一定程度上体现了城市整体规划情况,一切从实际出发,在深入研究分析该城市电网情况的基础上,提出科学合理的电网规划方案。城市电网规划的意义主要体现在以

下几方面:

（1）对电网进行规划后,配电系统能够得到优化,这是提高系统效益的有效途径,它不仅能够降低电力系统的电量损耗,而且能够提高电网的运行效率。

（2）电网的规划能够优化配电系统的结构,这将极大地提高电力系统供电的可靠性。

（3）科学合理的电网规划能够起到确定变电站容量以及供电范围的作用,这二者的确定不仅有利于电力系统的运行及管理,而且在很大程度上提高了电力系统的管理及运行效率。

**2. 城市电网规划主要内容**

城市电网规划的主要内容包括城市电网现状分析、电力需求预测、电压等级及输电方式的确定、电源接入系统方案论证、主网架结构规划、受端电网规划及周边电网联络规划和电网结构论证、电气计算、输变电建设项目及投资估算等。

**3. 科学规划城市电网原则**

城市电网规划需要遵循电网发展规律,立足于发挥电网优化配置资源作用,满足清洁能源大规模并网、新型用电设施快速发展和电力服务多元化的需要,按照坚强与智能并重、各级电网协调发展的原则,优化电网规划思路。总体而言,城市电网规划需遵循以下原则:

（1）以国家、地方及行业的有关法律法规、标准、导则、规程和规范为基础,坚持与规划区经济、社会、发展相协调,与城乡总体规划相结合,深入推进城市电网与其他基础设施协调发展。

（2）坚持安全可靠的原则,全面贯彻分层分区原则,简化网络界线,满足城市及行业对安全供电和电能质量的要求,防止大面积停电事故发生。

（3）以城市电网现状和负荷预测为基础依据,电网规划适度超前于社会经济发展规划和电源规划。

（4）全面统筹规划,做到电源规划与电网规划之间、各级电网之间、一次规划和二次规划之间的相互协调,努力实现最大范围内资源优化配置。

（5）坚持以市场为导向,以解决现状问题为着眼点,新建与改造并重,先缓急、后发展,远近结合,逐年分步实施,留有裕度。

（6）兼顾可靠性、经济性与灵活性。

（7）为提高电网的安全性,电网规划时还应当执行以下技术准则:①加强受端系统建设;②分层分区应用于发电厂接入系统;③按不同任务区别对待联络路线的建设;④简化和改造超高压以下各级电网。

**4. 城市电网风险管控对电网规划的要求**

（1）适应新技术发展。针对新能源小容量分散接入、大容量集中接入以及新能源充分利用、持续运行,客观上要求城市电网具备更高的适应性和更强的安全稳定控制能力。使用信息通信技术发展,一次规划和二次规划必须相互协调。即与电网一次系统发展规划,结合二次系统技术的发展,规范和统一技术标准;坚持系统开发与资源整合并重原则,实现二次系统整体功能最优,满足城市电网安全稳定运行的要求。

（2）适应外部因素变化。城市电网规划面临的外部不确定因素,包括城市大型电源规划建设的不确定性、电力需求变化、电网规划项目站址和走廊的不确定性等。为了应对这些不确定性,仅仅从电网角度维持城市电网安全的压力越来越大,规划网络需要有较强的灵活性和开放性。

（3）符合安全性准则。根据 2014 年上海电力公司发布的《上海电网规划设计技术导则(试行)》电网规划应当符合一定的安全准则。上海电网应按照正常方式和检修方式 N-1 准则保证电网的安全性。在正常方式和检修方式下,电网任一元件发生单一故障时,不应导致主系统非同步运行,不应发生频率崩溃和电压崩溃。任意电压等级的原件发生故障时,不应影响其上级电源的安全性。上级电网的供电可靠性应优于下级电网。

各电压等级电网对下级电网和负荷的供电电网安全准则如表 18-1 所列。

表 18-1 电网安全准则

| 电压等级 | 故障情况 | | 可靠性标准 |
|---|---|---|---|
| 500 kV | 电厂 | 一个电厂全停 | 允许损失部分负荷 |
| | | 一台机组停机 | 保证正常供电 |
| | | 检修方式下一台机组停机 | 保证正常供电 |
| 500 kV | 变电站 | 一台主变故障 | 保证正常供电 |
| | | 检修方式下一台主变故障 | 保证正常供电(仅有两台主变的供电分区,通过下级电网转供保证正常供电) |
| | 交流线 | 一回线路故障 | 保证正常供电 |
| | | 检修方式下一回线路故障 | 保证正常供电 |
| | 直流线及其换流站 | 单极故障 | 保证正常供电 |
| | | 双极故障 | 允许损失部分负荷 |
| 220 kV | 电厂 | 一个电厂全停 | 允许损失部分负荷 |
| | | 一台机组停机 | 保证正常供电 |
| | | 检修方式下一台机组故障 | 保证正常供电 |
| | 中心站（中间站） | 一台主变故障 | 保证正常供电(仅有两台主变的变电站,通过下级电网转供保证正常供电) |
| | | 检修方式下一台主变故障 | 保证正常供电 |
| | 终端站 | 一台主变故障 | 保证正常供电 |
| | | 检修方式下一台主变故障 | 保证正常供电(仅有两台主变的变电站,通过下级电网转供保证正常供电) |
| | 交流线 | 一回线路故障 | 保证正常供电 |
| | | 检修方式下一回线路故障 | 保证正常供电 |

| 电压等级 | 故障情况 | | 可靠性标准 |
|---|---|---|---|
| 110 kV 35 kV | 电厂 | 一个电厂全停 | 保证正常供电 |
| | 变电站 | 一台主变故障 | 保证正常供电 |
| | | 检修方式下一台主变故障 | 保证正常供电(仅有两台主变的变电站,允许损失部分负荷,下级电网宜提供不少于50%负荷的转供能力) |
| | 交流线 | 一回线路故障 | 保证正常供电 |
| | | 检修方式下一回线路故障 | 保证正常供电,目标网架形成前允许损失部分负荷 |
| | 直流线及其换流站 | 单极故障 | 允许损失部分负荷 |
| | | 双极故障 | 允许损失部分负荷 |
| 10 kV | 主干线路 | 正常方式下发生故障 | 除故障段外,在3 h内经电网操作后恢复供电且不发生电压过低和其他设备过负荷 |
| | 变压器 | 检修方式下发生故障 | 允许局部停电,维修完成后恢复供电 |
| 380/220 V | 任一元件 | 故障 | 允许局部停电,维修完成后恢复供电 |

### 5. 提高电网建设质量

城市电网建设应当坚持把质量作为"百年大计",强化设计、设备、施工、调试、运行全过程管控,全面提高电网建设质量和设备健康水平。大力开展标准化建设,推行"三通一标",提高电网设计水平。严格设备及材料选型、招标、监造、检查、供货商评级等全面质量管理,把好设备入口关。严格执行施工工艺标准,严把电网工程验收关,确保工程大规模建设优质高效。

### 18.3.2 统一电网调度

#### 1. 电网调度一体化管理

实行电网和调度一体化管理体制。这种体制符合电力系统生产运行规律,适应电网智能化和清洁能源大规模发展对电网安全运行的需要,是我国电网安全的重要体制保障。我国在2009年已成功研制特大电网一体化调度控制系统,并在国家电网省级以上调度控制中心全面推广应用。通过一体化机制,依托系统实现不同区域电网互备调度功能。

电网企业及其调度机构在管辖电网的系统运行方式发生大幅度变化可能导致区域性停电时,应向当地政府汇报,对电网运行方式及时调整方案,主要包括跨区电网运行方式调整、电网分层分区方式调整、变电站母线接线方式调整、负荷转移方案、机组运行方式安排等。制订稳定限额和安全稳定控制装置调整方案,主要包括稳定限额的变更、安全稳定控制装置运行方式和策略调整,以及提出有序用电额度紧急拉闸限电方案等。结合实际运行方式,向营销部门提供有序用电、错避峰用电额度,以降低可能达到风险标准的等级;可能造成供电短缺的,需制订紧急拉闸限电方案。此外,还需制订事故处置预案与反事故演练,其中,事故处置预案主要包括多种可能发生的严重故障的处置预案,并根据需要安排调度反事故演练。

**2. 构建科学的电网调度体系**

电网企业应当积极推进运行体系建设,优化调度组织体系,实施调控一体化,提高大电网驾驭能力和应急能力。优化调整电网调控层级,构建国(分)调、省调、地(县)调三级管理体系。减少电网运行管理环节,实现调度机构对设备运行的集中监控,拓展在线安全分析预警,实现计划优化调整和新能源实时预测控制等功能。

**3. 提升调度精细化管理水平**

电网企业应当按照"专、精、深"要求,全面提高电网调度的运行控制决策水平。优化整合调度核心业务流程,统一各层级管理标准,实现运行方式和运行计划安排等核心业务的集中决策。加强调度与其他电网业务的衔接,实现从规划到运行的全发展周期校核。加强电网调度与电力市场交易职能的紧密结合,建设智能电网调度技术支持系统,提高调度智能化水平。

## 18.3.3 强化安全技术水平

加强防外破危险源排查与分析,落实设备的主体责任,夯实固定外破隐患点管理基础,提高流动性外破危险源管控水平,杜绝自破事件发生,完善户外设备防空飘物、防小动物等措施;加强区域联防,深入开展防外损网格化管理,优化区域联防执行流程和职责界面,加强连带责任考核;充分借助政府和社会资源,共同维护电力设施安全,分享推广防外损典型经验,提升电力设施保护管控综合能力。

完善人防、物防、技防手段,全力遏制电力设施偷盗事件。充分发挥电力安保支队的作用,落实专职巡控员,建立群防群治队伍,落实警企联动机制,依法配合司法机关,加大打击破坏电力设施案件的力度,积极联合当地政府开展违章建筑清障活动;加大技防设施建设,建设完成全部覆盖变电站及其他重点场所视频监控系统、电子围栏等技防设施的安装;结合大修、技改项目逐步完成老、旧技防设施的升级改造,进一步细化技防设施日常管理标准;不断研发防盗技术与措施,加快退役、休止设备物资收旧速度,对重点区段线路及时改装、加装防盗设施,提升线路本身的技防水平。

**1. 研究大电网安全与控制技术**

总结国内外电网安全稳定工作的经验和教训,深化对大型交直流互联电网稳定机理和运行机理、控制理论和技术手段的研究分析,增强大电网的支撑能力、系统潮流转移能力和应对连锁反应严重故障的能力。在特高压直流换流站建设一批高性能、大容量的调相机,加强抽水蓄能电站规划建设,优化布局;开展高智能化、高安全性的新一代电力系统保护控制技术研究,综合利用全网资源,构建大电网安全综合防御体系。

**2. 全面推动电网技术升级**

加强新技术在电网规划、设计、建设、运行等各环节的推广应用,提高电网科技含量。积极推广应用特高压输电、紧凑型线路、同塔双(多)回、大容量变压器、灵活交流输电、快速保护等先进适用技术和设备。全面实施设备状态检修,强化电网运行状态监控和分析,推广直升机、无人机巡线和机器人巡检,提高雷区、污区、风区、冰区设备安全防护能力。

### 3. 提升电网防灾抗灾能力

从电网规划建设、生产维护、调度运行、供电服务和应急处置等环节介入,实施电网差异化规划设计,显著提高电网设防标准;加大电网抗灾能力专项改造;在冰灾机理、气象预警、新材料以及军工技术等交叉技术领域,开展科技减灾技术研究,推广应用线路融冰、电力设备防震垫、可控放电避雷针等技术和装置。

加强对自然灾害和外力破坏易发地区电脉冲生产设备设施及周围环境等的隐患排查摘抄工作,做好电力设施及周边环境等的隐患排查工作,做好电力设施抗灾能力和防外力破坏能力评估,建立动态评估机制。一是加强预测预警工作,保持与当地气象、水文等部门的密切联系,及时掌握洪水、暴雨、泥石流等自然力灾害的预测和预警信息。二是加强应急管理,健全应急联动和响应机制,做好事故预想和应急抢险救援的各项准备工作。针对局部地区采取电网差异化设计、建设和改造,有效提高电网抵御自然灾害的能力。三是加大电力设施保护工作力度,争取政府支持、做好沿线群众的工作和建立严密的巡线制度等方面作为切入点,掌握重点,把事故和不安全现象消灭在萌芽状态。四是加大电力执法工作力度,深入开展电力法规宣传教育工作以及在关键地段要多设立警示牌和警告牌等。

### 4. 解决新能源并网技术难题

以功率预测技术、调度技术、大规模储能技术、虚拟同步机技术为重点,加大新能源并网关键技术研究与应用,提高新能源大规模接入条件下电网稳定控制能力和调度灵活性。推动建立新能源并网技术标准和规范,提升新能源并网技术水平。随着风电、光伏发电大规模集中接入,对电网的影响从局部配电网逐渐扩大到主网。针对并网风电机组大规模脱网事故暴露出的问题,以新能源机组低电压穿越能力、无功配置与管理、二次系统配合、结网设备安全等方面为重点,全面排查治理事故隐患,强化风电等新能源机组的运行维护和调度管理,加强风险管理与控制,防范新能源机组大规模脱网事故的发生。

## 18.3.4  强化城市电网运维管理

### 1. 巡视与检查

电力管线的运行监视工作,主要采取巡视和检查的方法。通过巡视和检查掌握线路运行状况及周围环境的变化,及时发现缺陷和隐患,预防事故发生,并为线路检修提供信息。电力管线的巡视,按其工作性质和任务以及规定的时间不同,分为定期巡视、特殊巡视、夜间巡视、故障巡视等。

(1)定期巡视。定期巡视也叫正常巡视。目的是为了全面掌握线路各部件的运行情况及沿线情况。按不同的电压等级采用不同的巡视周期,在干燥或多雾季节、高峰负荷时期、线路附近有施工作业等情况下,应当对线路有关地段适当增加巡视次数,以便及时发现和掌握线路情况,采取相应对策,确保线路安全运行。

(2)特殊巡视。特殊巡视是在发生导线结冰、结雾、粘雪以及发生冰雪、河水泛滥、山洪暴发、火灾、地震、狂风暴雨等自然灾害情况之后,对线路的全段、某几段或某些元件进行仔细的巡视,查明是否有异常,以及在线路异常运行和过负荷等特殊情况下进行的巡视。

(3)夜间巡视。夜间巡视是为了检查导线连接器及绝缘子的缺陷。夜间巡视应在线路负荷较大、空气潮湿、无月光的夜晚进行。因为在夜间可以发现白天巡线中不能发现的缺陷,如电晕现象;由于绝缘子严重污秽而发生的表面闪络前的局部火花放电;由于导线连接器接触不良,当通过负荷电流时温度上升很高,致使导线的接触部分烧红的现象等。

(4)故障巡视。当线路发生故障时,电网企业需立即进行故障性巡视,以查明线路接地及跳闸原因,找出故障点,查明故障情况。故障巡线特别需要注意安全,如发生导线断落地面时,所有人员都应站在距故障点 8~10 m 处并设专人看守,禁止任何人走近接地点并尽快组织抢修。

## 2. 维护与管理

(1)电力杆塔的维护检修。电杆由于制造质量差、运输过程中碰撞或施工、运行中局部弯曲力过大,在经过长期运行后,电杆的个别部位会出现裂纹、裂缝,水泥脱落露钢筋,甚至出现孔洞。及时对电杆损坏进行修补,对铁塔生锈刷油漆,对裂缝宽可涂刷环氧树脂水泥浆防水层,以防钢筋与大气接触,减少锈蚀程度或采用喷水泥砂浆法修补。对保护区内树木和保护区外超高的树木,当生长高度不满足对线路的安全距离时,必须有计划地及时砍伐,保证树木与线路间有一定的安全距离。

(2)电力线路防风。风对线路的危害,除了大风引起倒杆、歪杆、断线等造成架空电力线路停电事故外,还会因风在较低风速或中等风速情况下使导线和避雷线震动,发生导线损伤或导线跳跃,造成碰线、混线闪络事故,严重时造成断线、倒杆、断杆事故。线路防风措施一般包括安装防震锤或加装护线条,减少发生震动的概率;适当调整导线弧垂,降低平均运行应力可降低导线的震动,加强线路维护,提高安装和检修质量;采取加长导线横担、加强导线间距离等措施。

(3)电力线路雷害。线路上的防雷,可在特殊地段加装、测雷附属设施(如线路避雷器、磁钢棒、光导纤维、招弧角、可控避雷针、耦合地线等),建立设备档案及运行记录并密切监视,及时记录雷击动作情况。还应建立必要的检修、试验、轮换制度,确保装置运行的可靠性。对输电线路本体上的防雷设施(绝缘子、避雷线、放电间隙、屏蔽线、接地引下线、接地体等),应按周期进行巡视和检查;及时对损坏的防雷设施修复或更换。雷击多发区加强接地电阻的测试,接地电阻有变化时应及时查明原因,进行整改,保证接地装置合格与完好。

(4)电力线路防污。输电线路长期暴露在大自然中,特别是在工业区域和盐碱地区域,输电线路经常受到工业废气或自然界盐碱、粉尘等污染,通常在其表面形成一定的污秽。在气候干燥的情况下，污秽层的电阻很大，对运行没有危险。但是，当遇到潮湿气候条件时，污秽层被湿润，此时可能会发生污秽闪络。

（5）电力线路防腐蚀。铁塔、电杆以及金属构件都由钢铁材料制成。铁易生锈，塔材锈蚀后，截面迅速减小，强度降低，造成倒杆、断线事故。绝缘子悬挂点，塔材锈蚀物随雨水淌到绝缘子上，会大大降低其绝缘强度，引发污闪事故。利用电镀或热镀锌，可以在钢铁的外层包裹一层化学性质稳定、不易发生腐蚀的金属锌，从而使其同大气中的有害成分隔绝，达到防止腐蚀的目的。另外，还可以在镀锌塔材表面涂刷一层防化学腐蚀的油漆，达到防腐的目的。

（6）电力线路防止鸟害。鸟类在输电线路杆塔上叼树枝、铁丝、柴草等物筑巢，当铁丝或鸟巢等物落在横担与导线之间时，会造成线路故障。鸟类在导线间可能造成相间短路或单相接地故障，在绝缘子上方排泄，粪便会沿绝缘子串下淌，在空气潮湿、大雾时易发生闪络或造成单相接地。制订防鸟害的方案，根据鸟害出现的季节性，制订巡视周期，在鸟害高发期，增加巡视，缩短巡视周期。

（7）电力线路防止外力破坏。输电线路遭受外力破坏往往是难以预测或突然发生的，其危害性很大。为防止人为故意破坏，应对易于发生人为故意破坏的线路或区段加强线路巡视，必要时可缩短巡视周期或增加特巡，及时掌握邻近或进入保护区内出现的各种施工作业（建筑施工、种植树木等）情况；在铁塔主材各接头部位的螺栓、距地面以上一定高度（至少8 m）以内及拉线下部的螺栓，应采用防盗螺栓或其他防盗措施；加强电力设施保护的宣传，使《电力法》《电力设施保护条例》及《电力设施保护条例实施细则》等法规广为人知；建立健全群众护线制度，明确群众护线员职责并落实报酬，充分发挥其作用；配合地方政府堵塞销赃渠道，在必要地方及线路附近或杆塔上加挂警告牌或宣传告示。

### 18.3.5 建立风险防控共治体系

在城市电网防控中，政府、电网企业以及其他社会组织，在电网规划发展、安全隐患治理、防范外力破坏、应对自然灾害等方面形成共治局面。协调发电企业、电网企业、电力用户建立共同保障安全的长效机制，依法统一调度，加强与电厂的沟通协调，督促并网电厂落实系统安全稳定措施。积极开展电力供需形势和用电知识宣传，加强与用户沟通，建立良好的互动关系，促进电力用户共同维护用电秩序。针对党政机关、交通枢纽、学校、医院等重要及敏感用户，加强安全用电检查，合理安排客户供电方式，完善预控和应急措施，督促客户整治用电隐患，保障用电安全。

### 18.3.6 强化应急管理

按照涵盖预防与准备、监测与预警、处置与救援、恢复与重建全过程的应急理念，着力建设统一指挥、资源共享、反应灵敏、保障有力的应急体系。加大应急工作人力、物力和财力投入，做到预案先行，人员、物资储备随时可用。每年在不同层级进行大量的应急演练，保障城市电网应急体系反应快速、运转高效。强化和完善应急制度和标准体系建设，建设常态化应急机制、应急综合处置机制和恢复重建机制。不断完善应急预案体系,实现"横向到边、纵向到底"的要求。加强应急保障体系建设,建立专门基地开展应急技能专项培训,打造专业化的应急抢险队伍。

# 18.4 城市电网风险防控程序

## 18.4.1 城市电网风险预警信息发布

### 1. 预警发布条件

城市电网风险预警按照"分级预警、分层管控"原则,规范各级风险预警发布。以上海市为例,将城市电网风险预警级别分为四级:Ⅰ级(特别严重)、Ⅱ级(严重)、Ⅲ级(较重)和Ⅳ级(一般),依次用红色、橙色、黄色和蓝色表示,如表 18-2 所列。

表 18-2 城市电网风险预警级别分类

| 等级 | 颜色 | 出现下列情况之一,可发布对应预警 |
|---|---|---|
| Ⅰ级 | 红色 | 1. 气象台发布自然灾害(暴雪、寒潮、霜冻、台风)红色预警;<br>2. 电力燃料储备不足 2 天 |
| Ⅱ级 | 橙色 | 1. 气象台发布自然灾害(暴雪、寒潮、霜冻、台风)橙色预警;<br>2. 电力燃料储备不足 3 天 |
| Ⅲ级 | 黄色 | 1. 气象台发布自然灾害(雨雪冰冻、台风)黄色预警;<br>2. 上海电网对外直流输电通道非正常解列达四回直流;<br>3. 电力燃料储备不足 4 天 |
| Ⅳ级 | 蓝色 | 1. 气象台发布自然灾害(雨雪冰冻、台风)蓝色预警;<br>2. 上海电网对外直流通道非正常解列达三回直流;<br>3. 电力燃料储备不足 5 天;<br>4. 上海市重要用户出现停电风险 |

### 2. 预警发布方式

城市电网风险预警发布方式分为直接发布与委托发布。直接发布指各级单位直接发布风险预警通知书;委托发布指上级单位委托下级单位发布风险预警通知书。以上海市为例,上海市经济信息化委需明确预警工作要求、程序和责任部门,落实预警监督管理措施,并按照权限适时发布预警信息。信息发布可通过市预警发布中心、广播电视、信息网络等方式进行。对于上海市发布的大面积供电事故预警信息,由上海市经济信息化委及时向国家大面积停电事故应急机制办公室报告,同时,根据供电事故预警的发展态势和处置情况,预警信息发布部门可视情对预警级别做出调整。

## 18.4.2 城市电网风险预警执行

进入城市电网风险预警期后,上海市经济信息化委、事发地区县政府、市应急联动中心、市电力公司、发电企业等有关部门和单位可视情采取相关预防性措施,措施包括:

(1)准备或直接启动相应的应急处置规程;

（2）根据可能发生的事件等级、处置需要和权限，向公众发布可能受到突发供电事故影响的预警，宣传供电事故应急避难知识；

（3）通知重要用户做好启动应急响应和启动自备应急保安电源的准备；

（4）组织有关救援单位、应急救援队伍和专业人员进入待命状态，并视情动员后备人员；

（5）调集、筹措所需物资和设备；

（6）加强警戒，确保通信、交通、供水等公用设施安全；

（7）法律、法规规定的其他预防性措施。

特别对于电网企业而言，还应当做好网源协调和政企联动的工作。网源协调指针对电网风险的具体情况，协调相关电厂做好设备配合检修，调整发电计划，优化开机方式，安排应急机组，做好调峰、调频、调压准备。加强技术监督，确保涉网保护、安全自动装置等按规定投入。政企联动指电网运行存在风险时，电网企业应主动寻求政府部门的帮助与支持，积极做好与政府的汇报和沟通，促请政府相关部门协调电力供需平衡和有序用电，将预警电力设施纳入治安巡防体系，有效利用政府资源开展外力破坏隐患管控。采用广播、电视等手段对电网运行风险进行社会公示告知，做好舆情风险管控和应对。

### 18.4.3　城市电网风险预警解除

一旦供电事故风险消除，预警信息发布部门及时解除预警，中止预警响应行动，并组织发布预警解除信息。

#### 1. 预警解除条件

风险预警明确的工作内容结束后，电网恢复正常运行方式，即可解除电网运行风险预警。以国家电网公司为例，其对解除条件、实施部门、解除方式、延期变更等明确的管理要求，体现出电网风险的闭环管控。根据明确的工作内容和计划时间，电网恢复正常运行方式，解除电网运行风险预警。预警解除由调控部门负责在预警管控系统实施，并在周生产安全例会或日生产早会通报。相关部门和单位接到预警解除通知后，应及时告知预警涉及的重要客户和并网电厂，并向政府部门报告。

#### 2. 预警延期、变更

预警状态因故延期或变更，需重新履行审批流程后方可延期或变更，由调控部门再次发布，相关部门和单位履行报告与告知手续。

## 18.5　城市电网风险的转移策略

### 18.5.1　城市电网风险防控转移策略的意义

一般的风险防控理论中，对于风险的处理方式有回避风险、预防风险、自留风险和转移风险四种。回避风险是指主动避开损失发生的可能性。预防风险是指采取预防措施，减小损失发生的可能性及损失程度。自留风险是指自己非理性被动承担或理性地主动承担风险。转移风险是指通过某种安排,把自己面临的风险全部或部分转移给另一方。

对于一般的单个企业,运用回避风险、预防风险、自留风险和转移风险的处理方式,或是组合的处理方式,企业都具有很大的自主性,完全可以根据自身对收益、风险损失以及风险管控的成本计算,灵活运用上述处理方式及组合。但是城市电网作为城市基本的公共基础设施之一,强烈的公共事业属性使电网企业不能像一般企业,因为对自身经济损失很小而放任风险发展。城市电网的规划、建设都具有很强的战略性,面对风险时,电网企业不能随意选择回避,通常以预防风险为主,减小风险发生的概率和控制风险可能带来的损失,理想状况下消除风险的根本原因。

城市电网风险防控不是单一类型或单一社会组织或群体的工作,城市电网与城市运转和居民生活息息相关,因此,一个有效的城市电网风险防控体系也应当是政府主导、市场主体、社会主动的多元共治的精细化风险防控体系。在这种体系中,城市电网的风险是各类主体共担的,部分城市电网面临的风险可以在体系内各类主体间转移,有效避免部分主体在城市电网风险防控中承载过重的情况,避免城市电网事故发生给单独某类主体造成过于重大的损失,影响城市生命线风险防控的常态化运行。

### 18.5.2 城市电网风险防控转移策略的运用

城市电网风险防控中,常用的风险转移方式主要包括合同转移和保险转移。

1. 合同转移

合同转移指通过签订合同,可以将部分或全部风险转移给一个或多个其他参与者。当前供电公司在如水产养殖电力用户之类的群体进行提供电力服务前,都会与电力用户签订告知书,对其在经营过程中发生的用电行为可能涉及的突发情况、风险防控与应急工作相关的义务、损失承担主体等内容做出明确规定。另外如电网公司与设备供应商、设备主人之间签署的责任条款也都属于通过合同转移风险的行为。

2. 保险转移

城市电网防控中,对于无法规避的风险,一般采用保险的方式将风险转移。电力行业风险的发生通常不是单一的,往往伴随着一连串风险,保险公司拥有为大量同类企业服务的经验,对电力行业风险数据资料有足够的积累,当前保险对电力公司的风险管理作用最主要的是表现在事后补偿方面。2008年年初,长江流域持续出现特大风雪,造成国家电网华中、华东两个区域电网和湖南、江西等10个省级电网设施受损。其中湖南地形为东西南三面环山,中北部低落,呈蹄形,冬季容易受到北面强冷空气袭击,成为2008年受冰冻雨雪灾害最为严重的省份之一。在受灾最为严重的郴州市,郴州电网甚至一度被迫脱离了湖南电网,"孤网"运行不到3天,地方电站与电网之间的联系也被冻断,郴州11个县(市、区)、500万人口多数停电,持续时间多数超过8天。这次冰灾中,许多线路的覆冰厚达60~100 mm,远超电网覆冰设计标准(一般不超过

15 mm)。赴现场调查的专家组发现,一座原来只有 6 吨重的双回线铁塔,结冰后重达 50 吨。其负荷远超过设计能力,致铁塔和电杆被大量压垮和拉垮。事后统计,国家电网湖南电力公司的冰灾损失约 32 亿元。冰灾发生后,中国人民保险、平安保险、太平洋保险 3 家财产保险公司立即启动了大灾理赔预案,经过 13 轮会谈,最终与湖南省电力公司达成了 2008 年冰灾赔偿协议,湖南电力公司因冰灾获得保险公司总计赔付 7.028 5 亿元,有效转移了因冰灾而造成的巨额损失。

# 19  城市电网应急管理

应急[10]是风险管控失效、安全事件发生时的紧急应对措施,是安全生产的最后一道防线。城市电网风险防控的各类主体应当在日常工作中强化主动应急意识,全面分析电网运行中存在的风险,针对可能出现的突发事件做好各项应急准备,确保在面对各类突发事件情况下,快速正确应对,争取最理想的应急结果。在长期的电网风险防控与安全生产实践中,全面加强应急管理工作,逐步建立起以"一案三制"(应急预案,应急管理体制、机制和法制)为基本框架的应急管理体系,显著提升应对突发事件的能力和效率。

## 19.1  应急预案与演练

应急预案是针对具体设备、设施、场所和环境,在安全评价的基础上,为降低事故造成人身、财产损失与环境污染程度,就事故发生后的应急救援机构和人员,应急救援的设备、设施、条件和环境,行动的步骤和纲领,控制事故发展的方法和程序等,预先做出的科学有效的计划与安排。应急预案是指导生产安全事件应急处置工作技术性文件体系,是快速、有效应对生产安全事件的基本保障。

### 19.1.1  应急预案分类

应急预案有不同的分类方法。按照制订主体划分,分为政府及其部门应急预案、单位和基础组织应急预案两大类;按照事故影响范围划分,分为现场应急预案和场外应急预案;按照预案作用划分,分为环境应对应急预案、目标业务处置应急预案和外部协同应急预案等。各企业根据各自业务需要,也会有自己的应急预案划分方法,如某电网企业的应急预案划分为综合应急预案、专项应急预案和现场处置方案。

### 19.1.2  应急预案编制

应急预案编制问题是城市电网应急管理中的核心问题,应急处理的效果很大程度上是由应急预案的执行效果决定的,执行准确、有效的应急预案可提高应急反应速度、减小突发事件的影响面甚至将突发事件消灭在萌芽状态。目前应急预案编制问题的研究主要集中在防范措施的选取上,一般选取最有代表性、危害程度最严重的灾害场景进行研究并制订详细的预案,以便在此类灾害发生时,迅速为决策者提供支持方案。

### 1. 应急预案一般要素

编制应急预案,无论是综合预案,还是专项预案,都要结合实际,一般包括如下要素:

(1) 应急资源的有效性。

(2) 突发事件后果的预测、识别和评估。

(3) 应急救援组织的职责。

(4) 指挥、协调和反应组织的结构。

(5) 应急反应行动,包括事故控制、防护行动和救援行动。

(6) 通报和通信联络程序。

(7) 现场恢复。

(8) 培训、演练和预案更新。

### 2. 应急预案编制过程

完整的应急预案编制过程如下:

(1) 开展应急预案需求分析,为预案编制的必要性提供充分的理由和依据。需求分析主要包括四方面的内容:突发事件发生的风险,相关法律、法规要求,现有应急预案体系,涉及的相关部门。

(2) 成立应急预案编制小组。

(3) 危险识别和应急能力评估。开展危险识别和风险评价是编制应急预案的关键,所有的应急预案都是建立在风险评价基础之上的。危险识别有两个主要任务:一是识别可能发生的事故后果;二是识别可能引发事故的材料、系统、生产过程和场所的特征。依据风险识别和评估结果,对已有的应急资源和应急能力进行评估,明确应急救援的需求、已有能力和步骤,主要包括人力、物力等。

(4) 编制应急预案。根据风险识别获得的材料,判断城市电力最有可能发生的各类突发事件,据此确定应急预案框架体系目录、人员和职责等,建立应急响应组织,开展预案编制。

(5) 应急预案评审与发布。预案编制完成后预案编制单位或管理部门应依据我国有关的应急方针、政策、法律、法规、规章、标准和其他有关应急预案编制的指南性文件与评审检查表,组织开展预案评审工作。经评审通过后,进行签署发布,并送有关部门和应急机构备案。

### 19.1.3 应急预案演练

应急预案演练(以下简称"应急演练")是城市电网应急管理的重要环节。开展应急演练是提高企业应急管理能力行之有效的措施。应急演练通过实战或虚拟的场景检验、暴露出预案中存在的问题和不足,使预案的实战性、可操作性进一步得到检验。实践证明,在应急预案指导下积极开展应急演练,可以很好地促进应急救援人员相互之间的协调、配合,事故处理的迅捷性和准确性也可以大大提高;同时通过应急演练后的深度沟通,及时总结经验,对相关人员突发事件处理能力的提高也是行之有效的。

应急预案演练按演练内容分为综合演练和单项演练,按组织形式分为桌面演练和实战演练,按演练目的分为检验性演练、示范性演练和研究性演练,按演练范围分本部演练和外部演练,如图 19-1 所示。

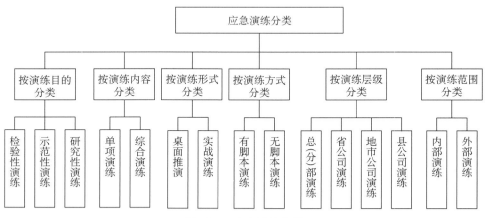

图 19-1　应急演练分类

应急演练是由许多机构和组织共同参与的一系列行为和活动,组织实施非常复杂,良好的应急演练策划是成功组织开展应急演练工作的关键。策划工作应由多种专业人员共同参与,包括来自消防、公安、医疗急救、应急管理、市政、学校、气象等部门的人员,以及新闻媒体、企业、交通运输单位的代表等;必要时,军队、核事故应急组织或机构也可派出人员参与策划。

2016 年 6 月 7 日,上海市政府和国家电网公司开展 2016 年上海市大面积停电联合应急演练。此次演练深入贯彻国家大面积停电事件应急预案要求,参考国内外大停电对城市安全运行影响,与电网实际、安全生产以及超大型城市危机应对相结合。演练模拟上海市因突发灾害性天气,造成上海电网发生 1 000 kV 特高压交直流混合故障,500 kV 杨行、亭卫、顾路等分区突发区域性大面积停电事件,上海市浦东、宝山、金山等部分区域供电中断,减供负荷约 546 万 kW,占上海地区用电总负荷 20% 以上。演练采用同步和分布、模拟和实战、局部和整体、上调下演相结合的方式整体联动。演练策划周密,注重规范程序、突出基层、强调实战,特别是体现在上海市应急管理工作总体框架下,依托上海市"3X"应急联动机制,并带动社会全面参与演练、共同处置。这次演练是对上海一旦发生大面积停电事件应急处置能力的一次锻炼和检验,检验并锻炼了现场处置、市区联手、政企联动、社会参与、封控疏散等综合应急救援能力。

上海市应急管理局(市应急委)和国网安质部全程指导,由上海市经信委、公安局、消防局、交通委、度假区管委会、化工区管委会、华东能监局等部门和电力公司等参演单位组成跨部门、跨行业联合演练策划小组,精心筹备,先后召开联合演练启动工作会,明确演练范围、工作职责,并对演练总体方案、实施方案、技术保障方案组织专家评审,合理改进,演练工作有序推进、有效衔接。演练求真务实。根据上海市突发事件实际处置流程,演练主会场设置在市公安局 110 应急指挥大厅，并与各参演联动单位应急指挥平台实现互联互通，满足各级指挥人员、现场处置人员对事件信息、处置指令的实时互动，提升处置效率。按照预案通过市应急预警平台及时发布停电信息，提醒全社会共同做好电力突发事件应对。

### 19.1.4　应急教育培训

应急教育培训是城市电网风险应急工作的重要一环。随着我国经济发展进一步加速，今后我国城市电网风险的应急管理工作任务也将更加艰巨。随着各级政府和部门逐渐组建和成立应急管理机构，我国应急管理队伍需要不断扩大，通过教育培训，可以使受训对象的应急知识得到拓展，增强危机感，熟悉应急预案，掌握应急处置技术，提高应急管理和应急处置能力。

## 19.2　应急管理体制

在我国电网行业长期的风险防控工作中，逐步建立起"统一指挥、分工负责，以人为本、科学决策，保证重点、分级处置，快速反应、协同应对，预防为主、处防结合"的应急管理体制。

### 19.2.1　应急组织体系

应急组织体系是应急工作的基础。在城市电网风险防控工作中，应当建立由各层级应急领导小组及其办事机构组成的自上而下的应急领导体系，形成"统一指挥、分工负责，以人为本、科学决策，保证重点、分级处置，快速反应、协同应对，预防为主、处防结合"的应急工作格局。以上海市为例，根据《上海市大面积停电事件应急预案》（2017 版），上海市建立了"领导机构—工作机构—应急联动机构—指挥机构—电力企业—专家机构"的全方位组织体系。

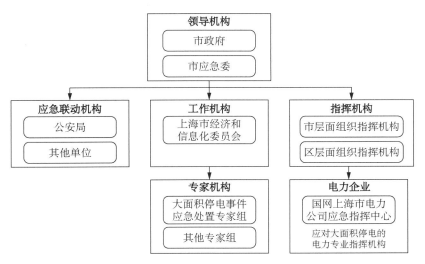

图 19-2　上海市大面积停电事件应急组织体系示意图

**1. 领导机构**

《上海市突发公共事件总体应急预案》[11]明确,上海市突发公共事件应急管理工作由市委、市政府统一领导;市政府是突发公共事件应急管理工作的行政领导机构;上海市委、市应急委决定和部署突发公共事件应急管理工作,其日常事务由市应急办负责。

**2. 工作机构**

上海市经济和信息化委委员会是市政府主管电力运行的职能部门,也是应急管理工作机构之一,作为处置大面积停电事件的责任单位,承担大面积停电事件的应急常态管理。主要履行以下职责:①贯彻执行国家和上海市有关处置大面积停电事件的法律、法规、规章、政策及行政与技术规定;②负责大面积停电事件相关信息的收集处理,初步判断响应等级,及时向上海市政府提出相关处置措施建议;③组织大面积停电事件科普知识宣传,开展应对大面积停电事件的应急演练,提高市民防范与自救意识;④按照规定进行大面积停电事件的调查与评估。

**3. 应急联动机构**

上海市应急联动中心设在上海市公安局,作为上海市突发公共事件应急联动先期处置的职能机构和指挥平台,履行应急联动处置较大和一般突发公共事件、组织联动单位对特大或重大突发公共事件进行先期处置等职责。各联动单位在各自职责范围内,负责突发公共事件应急联动先期处置工作。

**4. 指挥机构**

(1)上海市层面组织指挥机构。一旦发生特别重大、重大级别的大面积停电事件,市政府根据市经济信息化委的建议和应急处置需要,视情况成立市应急处置指挥部,实施对大面积停电事件应急处置的统一指挥。总指挥由市领导确定,成员由市经济信息化委、市发展改革委、华东能源监管局、市公安局、武警上海市总队、市消防局、市安全监管局、市交通委、市卫生计生委、市政府新闻办、市气象局、市民政局、市通信管理局、事发地所在区政府、市电力公司、各发电企业等部门领导担任。市应急处置指挥部开设位置,根据应急处置需要选定。

根据发展态势和实际处置需要,市经济信息化委和事发地所在区政府负责成立现场指挥部。现场指挥部在市应急处置指挥部的统一指挥下,具体负责组织实施现场应急处置。

(2)上海市区层面组织指挥机构。区政府负责指挥、协调本行政区域内大面积停电事件应对工作,要结合本地实际,明确相应组织指挥机构,建立健全应急联动机制。

发生跨行政区域的大面积停电事件,由市一级的指挥机构负责指挥。

**5. 电力企业**

国网上海市电力公司应急指挥中心作为上海市应对大面积停电的电力专业指挥机构,设在市电力公司本部。

**6. 专家机构**

市经济信息化委负责组建大面积停电事件应急处置专家组,并与上海市其他专家机构建立联络机制。在大面积停电事件发生后,从大面积停电事件应急处置专家组中确定相关专家,负责提供应对大面积停电事件的决策咨询建议和技术支持。必要时,专家组参与事件调查。

### 19.2.2　信息报告

一旦发生预案规定的大面积停电事件,上海市电力公司必须在 30 min 内分别向上海市政府总值班室、上海市经济信息化委、华东能源监管局口头报告;在 1 h 内提供书面报告;事件发生后出现新情况,应立即续报。书面报告以及续报的内容,包括时间、地点(区域)、减供负荷、电网故障情况、重要电力用户停电情况、已采取措施等。发生重大和特别重大级别的大面积停电事件,必须立即报告。

上海市应急联动中心、上海市经济和信息化委、华东能源监管局、事发地所在区政府或其他有关机构接到报告后,要迅速汇总和掌握相关事件信息,第一时间做好处置准备。对于上海市发生的大面积停电事件,由上海市经济信息化委及时向国家能源局报告。

上海市经济信息化委要与上海市有关部门和单位建立信息通报、协调机制,整合大面积停电事件有关信息,实现实时共享。一旦发生大面积停电事件,要根据应急处置需要,及时通报、联系和协调。

## 19.3　应急机制和法制

### 19.3.1　应急响应与处置

响应与处置是突发事件应急处置的核心环节,也是应急处置过程中最困难、最复杂的阶段。突发事件发生后,各类风险防控主体应当在精心准备的基础上,针对其性质、特点和危害,立即组织调动各种应急资源和社会力量,依照相关法律、法规、规章的规定进行应急决策,开展应急响应行动,最大程度地减少伤害,防止事态扩大和次生、衍生事件的滋生,降低社会公众生命、健康与财产遭受损失的程度。

#### 1. 应急响应先期处置

大面积停电事件发生后,有关责任单位采取以下措施,实施先期处置:①派出有关人员迅速赶到现场,维护现场秩序,采取有效措施组织抢险救援,防止事态扩大;②了解并掌握事件情况,及时报告事态发展趋势与处置情况。

#### 2. 抢修与恢复

大面积停电事件发生后,电力企业要组织抢修,尽快恢复电网运行和电力供应。电网企业负责协调电网、电厂、用户之间的电气操作、机组启动、用电恢复,保证电网安全稳定,并留有必要余度。条件具备时,优先恢复重点地区、重要用户电力供应。发电企业要有序恢复电力正常供应,确保机组设施安全稳定。电力用户配合电力企业,做好安全恢复供电准备。

### 3. 社会应急响应

大面积停电事件发生易造成重大政治影响、重大生命财产损失的电力用户,如党政机关、部队、机场、铁路、港口、火车站、地铁、医院、金融、通信中心、新闻媒体、体育场(馆)、高层建筑、化工、钢铁等电力用户,需要按照有关技术要求,迅速启动本单位停电应急预案,加强对次生、衍生灾害的监控,避免造成更大的影响和损失。公安部门需要及时增派警力,加强全市主干道路交通疏导,收集、汇总各类道路的通行信息,预判拥堵趋势情况,及时向社会发布交通指引信息。交通委管理部门则视情况及时增加运力,确保人员及时疏散。应急救援总队要及时开展受困群众的救援工作,将被困群众转移出危险区域。同时,加强大面积停电区域内的隐患排查,对可能引起爆燃事故的重点单位和部位进行监管排险。

### 4. 应急响应后期处置

(1)现场清理。大面积停电事件处置结束,电力运行主管部门(一般是经信委)应当负责组织有关单位开展事发区域的勘察及相关工作。责任单位负责清理现场,对因事故导致燃气泄漏、环境污染等情况,要立即通知供气、环保等部门进场处置。

(2)善后工作。对因应急抢险需要,调集、征用有关单位、企业的物资等,各区政府、有关部门要进行合理评估,并按有关规定给予补偿。

(3)事件调查。电力运行主管部门应当同相关部门和单位按照《生产安全事故报告和调查处理条例》《电力安全事故应急处置和调查处理条例》规定,及时对重大、特大级别的大面积停电事件发生原因、影响范围、人员伤亡以及社会影响情况,组织开展调查。

(4)信息发布。大面积停电事件处置责任部门及上级主管部门是信息发布第一责任人,要及时发布事件相关信息,做好舆情追踪收集,回应社会。市政府新闻办指导和协调相关部门做好重大、特大级别大面积停电事件的信息发布、舆情引导等工作。发生特别重大、重大级别大面积停电事件时,市应急处置指挥部视情成立信息发布工作小组,指导相关部门做好信息发布、舆情引导、记者采访管理等工作。

## 19.3.2 应急保障机制

### 1. 体系保障

(1)健全安全风险管控体系。强化电网运行"年方式、月计划、周安排、日管控"工作机制,落实"先降后控"原则,全面评估风险,及时发布预警,用足管控措施,确保风险可控。深化隐患缺陷治理体系。全方位开展隐患排查治理,实施隐患"发现、评估、报告、治理、验收、销号"闭环管理,保证隐患治理"责任、措施、资金、期限、预案"五落实;建立隐患动态跟踪抽查机制,对重大隐患实行挂牌督办。深入开展缺陷分析,及时发现缺陷,加强跟踪监视,尽快消除缺陷,防止缺陷发展为故障;加强家族性缺陷信息收集和分析认定,及时采取根治措施。及时开展故障调查分析,查清故障原因,加强统计分析,查找故障规律,分专业、分类别制订防范措施,有针对性开展专项整治,有效降低线路跳闸、直流闭锁、GIS闪络、变压器跳闸、母线失压等故障率,严控故障重复发生。

(2)提升隐患排查质量与治理速度。充分结合日常巡视、检修和电力建设等常态工作,将隐患排查纳入日常安全生产工作中,保持隐患排查频度。采用形式多样的隐患排查手段,积极应用风险识别、设备在线监测和状态评估、电网运行方式分析、安全性评价、安全标准化达标评级查评、各级各类安全检查、专项督查、事故分析和隐患范例等工作成果,拓宽隐患排查的广度。同时,积极推进隐患快速治理,提高隐患整改完成率,提升隐患治理时效性。分层、分级、分类做好动态管理,严格落实治理和防控措施,及时跟踪、适时预警,迅速、有效管控安全风险,化解"临时性风险不易管控"的难题。

(3)提升应急工作管理体系。健全应急工作规章制度和标准流程,进一步完善预案体系,提升应急管理的针对性和可操作性;树立主动应急意识,坚持先期处置原则,加强危险源监测、分析和预警,及时采取防范措施,快速报送突发信息,积极正面引导舆论,内外协调联动,科学高效处置,最大程度降低事件损失和影响。强化应急组织保障,支撑防灾减灾和重要保电工作,完善覆盖全系统电力应急指挥体系和保障机制,依托各级应急指挥中心统筹协调,确保信息畅通,应急力量跨区联动及时。加强应急队伍建设和管理,开展应急培训和实战演练;加强应急装备配置,做到门类齐全、先进适用;健全应急物资采购、仓储、紧急调拨和快速回补机制;深化应急指挥中心应用,完善应急信息管理,做好突发事件预防预警和应急处置。

### 2. 人力保障

城市电网风险管控关键在人,根本靠队伍,队伍的素质和能力直接决定了预防和抵御事故风险的工作质量。抓队伍能力建设是城市电网风险管理的重要环节和根本保障,城市电网提高风险管理水平就要坚持"以人为本",抓住"人"这个关键因素,把队伍建设作为风险管控工作的根本着力点。通过风险管控组织机构保障、人力资源科学合理配置,充实各专业、各领域、各层级风险管控人员。大力开展常态化风险管控教育培训,提高全体员工风险意识,提升风险管控技能水平,增强风险管控队伍能力。积极推行岗位风险管控等级认证,开展专业技术技能培训考核,通过激励手段有效促进员工队伍风险管控能力提升。注重基层班组基础管理,开展班组风险管控建设,提升一线作业人员风险管控能力。全方位打造一支负责任、素质高、能力强的风险管控队伍,保障城市电网安全稳定和良性发展。

### 3. 技术资源保障

技术保障是城市电网应急救援体系的重要组成部分。为了保证城市电网灾害救援工作的顺利进行,建立灾害应急技术资源保障体系是非常必要的。国家电监会聘请电力生产、管理、科研等各方面专家,组成大面积停电处理专家咨询小组,对应急处理进行技术咨询和决策支持。电网企业应分析电网大面积停电可能造成的社会危害和经济损失,加大技术投入,不断完善电网大面积停电应急技术保障体系。

(1)深化电网安全技术研究。开展基于新型电力通信技术与智能化控制保护技术,开展基于大型城市配电网的广域控制保护技术研究,并结合大型城市配电网特点,构筑具有自愈能力的高可靠性城市配电网,保障电网在灾害、故障等恶劣情况后仍能安全稳定运行;开展大规模交直流混联电网条件下的电网故障仿真分析及故障特征研究,研究特高压交直流省级电网交直流交互作用下的连锁故障机理和风险分析;开展不同网络拓扑结构的直流配电网、交直流混联配电网控制保护原理与配置方案研究,制订典型直流配电网、交直流混联配电网控制保护配置方案等。

(2) 强化作业现场安全监控手段。逐步建立施工作业现场移动(远程)监控系统,全面掌控作业现场安全情况;利用多点监控技术,进一步提升安全监护、监督水平;综合应用智能运检新技术,推动工业机器人、智能装备在危险工序和环节中的广泛应用;开展变电站智能化在线检测、机器人巡视、全景监控系统等技术研究,开展常规运维业务的移动作业;研究输电线路车载和无人机激光三维成像新方法,推广、完善无人机消缺、消除异物技术;建立雷电预报、预警系统,研发区域联防管理系统;推广应用电缆隧道智能巡检机器人、移动巡检、光纤测量震动、视频监控和图像识别等技术;开展电缆户外终端无人机红外测温;提升现代信息技术和安全生产融合度,统一标准规范,加快安全生产信息化建设,加强安全生产理论和政策研究,运用大数据技术开展安全生产规律性、关联性特征分析,开展事故预防理论研究,提高安全生产决策科学水平。

### 19.3.3 协调联动机制

城市电网应急工作是城市应急的重要组成部分,需要政府、电网企业、电力用户以及其他社会相关方建立相应的相互支援和协调联动机制,开展密切的沟通协调,最大程度地减少突发事件造成的损失和影响。一般城市应急联动中心设在公安局,作为城市突发公共事件应急联动先期处置的职能机构和指挥平台,履行应急联动处置较大和一般突发公共事件、组织联动单位对特大或重大突发公共事件进行先期处置等职责。各联动单位在各自职责范围内,负责突发公共事件应急联动先期处置工作。

# 20 多元共治建立用户服务体制和风险防控机制

电力用户是城市生命线防控中的重要主体,在未来城市电网风险"多元共治"风险防控体系中,在政府指导的前提下,社区协作和电力用户的积极响应将发挥越来越重要的作用。推进电网风险管控和安全隐患排查治理工作向用户侧延伸,加强用电安全检查,严格调查分析用户原因导致的电网事件,督促并帮助用户侧设备缺陷整改闭环,将对城市电网风险防控产生积极的影响。

## 20.1 积极构建用户用电安全利益共同体

城市电网风险防控"多元共治"格局下,由电网企业牵头,政府和用户相互协调配合,形成用电安全利益共同体,紧密协作,共同防范用户用电风险。

针对重要用户,电网企业构建重要用户信息管理平台,通过加强与政府及行业主管部门紧密协作,建立重要用户联席机制,探索轨道交通、医疗卫生等行业重要用户的个性化服务举措,创建重要用户"社交圈"(微信群),提供延伸体验。并与政府管理部门配合,组织应急演练等活动,提高此类用户与公司的责任共同体意识,确保用电安全及社会和谐。

针对居民用户,通过"优质服务进社区"等亲民活动拉近与居民用户的关系。电网企业通过开展"社区网格服务""电力志愿者""电力讲坛"等活动,深入了解网格里居民的用电热点、难点等问题,及时将问题提交公司相关部门协调解决。

针对大用户,电网企业通常为大用户设置专职用户经理,提供专业技术服务,通过需求侧管理和用能评估服务,共同识别合作共赢的机会,保障大用户用电充足和经济,实现双赢。

1. 用户应急体系和风险防控体系建设

目前我国对于用户用电安全的要求仍然以预防突发应急事件为主。《上海市供用电条例》中规定,"重要电力用户应当制定处置停电事件应急预案,明确人员职责、处置流程,每年至少组织一次应急演练",表明了用户在用电应急预案方面的责任和义务。电网企业和重要电力用户应当建立健全重要用户应急联运机制,帮助其完善应急预案,并开展联合应急演练,防范重要用户停电带来的不良社会影响和法律风险。但随着今后整个城市公共安全管理关口的前移,用户用电安全从应急管理转向风险防控是必然的趋势。

一般来讲,用户在用电安全上需要树立正确的风险防控意识,但对于重要电力用户,仅仅具备风险防控意识远远不够。由于其在经济、社会上的重要地位和作用,对于风险防控的要求更高,需要体系化的风险防控措施。通常重要电力用户为保障自身发展稳定有序,会制定本单位的风险防控体系,成立风险防控组织,对自身的风险进行辨识、评估分析以及策略化的管控。为进一步保障用户用电安全,用户可以邀请城市电力主管部门以及电网企业的专家,在其指导下建立自身的用电安全风险防控体系,并将保障用电安全纳入本单位的整体风险防控体系中,成立用电安全风险防控组织,明确用电安全风险防控主体和责任,建立健全用电安全风险防控制度,对本单位的用电安全风险进行排查,及时消除各类风险和隐患。

### 2. 用户用电安全宣传教育服务

随着经济的发展,城市电力用户用电量越来越大,电力设备越来越多,电力网络状况也越来越复杂,但用户安全用电意识却并未相应提升,由用户用电安全意识不到位引发的事故层出不穷。例如,小区中居民私拉电线,在楼道内为电动车充电引发火灾事故,且近年来,我国电动车火灾事故还呈逐年增长趋势。因此,当前政府和电力公司愈发重视用户用电安全教育。

2012 年 12 月 31 日,国家发布了《重要电力用户供电电源及自备应急电源配置技术规范》,用于重要电力用户的供电电源及自备应急电源的配置。2016 年 7 月 27 日,上海市住房和城乡建设管理委员会发布《用户高压电气装置规范》,对用户高压电气装置的有关设计条件、装置要求,用户受电变配电所的检验以及接电的实施做出了规定,有效帮助规范用户高压电气装置的设计、安装和验收。

电网企业结合普法宣传教育、电力设施保护、用电安全教育等宣传活动,重点围绕有关法律、法规及规章、典型案例、安全常识、客户服务等内容,面向社会广大人民群众,输变电设施周边企业、居民、大棚所有者等,输变电设施周边房屋、铁路、高速公路及有关大型基础设施建设等施工工程甲方、乙方(承包方)管理人员,以及现场作业人员等四个方面对象推进宣传工作。并综合利用多种媒体和表现形式,以"进校园、进社区、进农村"等多种方式开展集中宣传活动,普及安全用电知识,打造良好的电力设施保护和触电人身伤害安全隐患治理环境氛围。通过微信群、微博等形式网络互动平台,定期发布安全用电漫画和节约用电、安全用电常识。

## 20.2　用户供电电源配备指导

1. 重要电力用户供电电源的配置原则

(1) 重要电力用户的供电电源一般包括主供电源和备用电源。供电电源应依据其对供电可靠性的需求、负荷特性、用电设备特性、用电容量、对供电安全的要求、供电距离、当地公共电网现状、发展规划及所在行业的特定要求等因素,通过技术、经济比较后确定。

(2) 重要电力用户电压等级和供电电源数量应根据其用电需求、负荷特性和安全供电准则来确定。

(3) 重要电力用户应根据其生产特点、负荷特性等,合理配置非电性质的保安措施。

(4) 在地区公共电网无法满足重要电力用户的供电电源需求时,重要电力用户应根据自身需求,按照相关标准自行建设或配置独立电源。

2. 重要电力用户供电电源配置技术要求

(1)重要电力用户的供电电源应采用多电源、双电源或双回路供电。当任何一路或一路以上电源发生故障时,至少仍有一路电源能对保安负荷供电。

(2)特级重要电力用户至少应采用双电源或多电源供电;一级重要电力用户应采用双电源供电;二级重要电力用户至少应采用双回路供电。重要电力用户典型供电模式,包括适用范围及其供电方式参见相关国家标准。

(3)临时性重要电力用户按照用电负荷的重要性,在条件允许情况下,可以通过临时敷设线路等方式满足双回路或两路以上电源供电条件。

(4)重要电力用户供电电源的切换时间和切换方式应满足重要电力用户保安负荷允许断电时间的要求。切换时间不能满足保安负荷允许断电时间要求的,重要电力用户应自行采取技术措施解决。

(5)重要电力用户供电系统应当简单可靠,简化电压层级,重要电力用户的供电系统设计应按《供配电系统设计规范》(GB 50052—2009)执行。

(6)具有敏感负荷的重要电力用户,应自行采取技术措施解决。

(7)双电源或多路电源供电的重要电力用户,宜采用同级电压供电。但根据不同负荷需要及地区供电条件,亦可采用不同电压供电。采用双电源或双回路同一重要电力用户,不应采用同杆架设供电。

# 20.3 用户自备应急电源配备指导

1. 自备应急电源类型

下列电源可以作为自备应急电源:

(1)自备电厂。

(2)发动机驱动发电机组,包括柴油发动机发电机组、汽油发动机发电机组、燃气发动机发电机组。

(3)静态储能装置,包括不间断电源 UPS、EPS、蓄电池、干电池。

(4)动态储能装置(飞轮储能装置)。

(5)移动发电设备,包括装有电源装置的专用车辆、小型移动式发电机。

(6)其他新型电源装置。

2. 自备应急电源配置原则

(1)重要电力用户均应自行配置自备应急电源,电源容量至少应满足全部保安负荷正常供电要求。新增重要电力用户自备应急电源应同步建设。在正式生产运行前投入运行。有条件的可设置专用应急母线。

（2）自备应急电源的配置应依据保安负荷的允许断电时间、容量、停电影响等负荷特性，按照各类应急电源在启动时间、切换方式、容量大小、持续供电时间、电能质量、节能环保、使用场所等方面的技术性能，选取合理的自备应急电源。

（3）重要电力用户应具备外部自备应急电源接入条件，有特殊供电需求及临时重要电力用户，应配置外部应急电源接入装置。

自备应急电源应符合国家有关安全、消防、节能、环保等技术规范和标准的规定。

3. 自备应急电源配置技术要求

1）允许断电时间的技术要求

重要负荷允许断电时间为毫秒级的，用户应选用满足相应技术条件的静态储能电源、快速自动启动发电机组等电源，且自备应急电源应具有自动切换功能。

重要负荷允许断电时间为分钟级的，用户应选用满足相应技术条件的发电机组等电源，可采用手动方式启动自备发电机组。

2）自备应急电源需求容量的技术要求

自备应急电源需求容量达到百兆瓦级的，用户可选用满足相应技术条件的独立于电网的自备电厂等自备应急电源。参照《往复式内燃机驱动的交流发电机组 第 1 部分：用途、定额和性能》（GB/T 2820.1—2009）的有关规定执行。

自备应急电源需求容量达到千瓦级别的，用户可选用满足相应技术条件的中等容量静态储能电源（如小型移动式 UPS）或小型发电机组等自备应急电源。

自备应急电源需求容量达到千瓦级别的，用户可选用满足相应技术条件的小容量静态储能电源（如小型移动式 UPS）或小型发电机组等自备应急电源。

3）持续供电时间和供电质量的技术要求

对于持续供电时间要求在标准条件下 12 h 以内，对供电质量要求不高的重要负荷，可选用满足相应技术条件的一般发电机组作为自备应急电源。

对于持续供电时间要求在标准条件下 12 h 以内，对供电质量要求较高的重要负荷，可选用满足享用技术条件的供电质量高的发电机组、动态储能不间断供电装置、静态储能装置与发电机组的组合作为自备应急电源。

对于持续供电时间要求在标准条件下 2 h 以内，对供电质量要求较高的重要负荷，可选用满足相应技术条件的大容量静态储能装置作为自备应急电源。对于持续供电时间要求在标准条件下 30 min 以内，对供电质量要求较高的重要负荷，可选用满足相应技术条件的小容量静态储能装置作为自备应急电源。

对于环保和防火等有特殊要求的用电场所，应选用满足相应要求的自备应急电源。

4）自备应急电源的运行

自备应急电源应定期进行安全检查、预防性试验、启动试验和切换装置的切换试验。

用户装设自备发电机组应向供电企业提交的相关资料，备案后机组方可投入运行。

自备发电机组与供电企业签订并网调度协议后方可并入公共电网运行。签订并网调度协议的发电机组用户应严格执行电力调度计划和安全管理规定。

重要电力用户的自备应急电源在使用过程中应杜绝和防止以下情况发生：

（1）自行变更自备应急电源接线方式。

（2）自行拆卸自备应急电源的闭锁装置或使其失效。

（3）自备应急电源发生的故障后长期不能修复并影响正常运行。

（4）擅自将自备应急电源引入，转供其他用户。

（5）其他可能发生自备应急电源向公共电网倒送电的。

## 20.4  用户诉求管理服务

用户诉求管理服务是城市电网风险防控的重要环节，是城市电力用户参与城市电网风险防控的重要渠道，同时也是城市电网风险隐患排查的重要手段，因此，政府和电网企业都极其重视用户诉求管理。一方面，政府和电网企业会针对不同用户，主动调查用户诉求；另一方面，注重用户诉求反馈渠道的建设，极大降低了广大电力用户踊跃参与城市电网风险防控工作的难度。

### 1. 用户诉求调查

电网企业由于自身业务需要和对于城市电网安全的整体考虑，通常会针对不同用户群特征，采用不同的渠道和方法，以有效获取关键用户的需求、期望和偏好。如通过网站、手机 App 和微信公众号等互联网平台，开展与用户的沟通和交流；或者主动推送用户需求调查，接受用户意见和建议反馈，从中分析了解用户需求，如表 20-1 所列。

表 20-1　　　　　　　　　　　　了解用户需求的渠道和方法

| 方法 | 渠道 | 居民用户 | 非居民用户 | 主要作用 |
|---|---|:---:|:---:|---|
| 业务接触收集 | 95598 电力服务热线 | ▲ | | 了解用户对供用电业务和服务的要求、期望和评价 |
| | 故障抢修回访 | ▲ | | |
| | 用户经理 24 小时服务 | | ▲ | |
| | 新接电力用户回访 | | ▲ | |
| | 营业室及网点 | ▲ | ▲ | |
| | 用户服务 App | ▲ | ▲ | |
| 专项活动收集 | 用户服务异动跟踪 | ▲ | | 根据测量评价和改进需要，收集特定范畴用户的需求和期望 |
| | 意见箱、意见簿 | ▲ | | |
| | 问卷发放 | ▲ | ▲ | |
| | 座谈会 | ▲ | ▲ | |
| | 专业机构调研 | ▲ | ▲ | |
| | 诉求管理平台 | ▲ | ▲ | |

| 方法 | 渠道 | 居民用户 | 非居民用户 | 主要作用 |
|---|---|---|---|---|
| 通过第三方获取 | 微信公众号、微博、公司网站等互联网平台 | ▲ | ▲ | 从外部渠道收集对供电服务的评价和期望 |
| | 媒体 | ▲ | ▲ | |
| | 政府部门 | ▲ | ▲ | |
| | 舆情收集 | ▲ | ▲ | |

注：▲表示与该用户相适宜的了解渠道和方法。

并且，电网企业在不同的用户体验阶段会采用不同的用户需求了解方法，如表20-2所列。

表20-2        用户不同体验阶段的需求了解方法

| 方法 | 渠道 | 申请用电前 | 申请用电 | 用电和缴费 | 故障报修 |
|---|---|---|---|---|---|
| 业务接触收集 | 95598电力服务热线 | | | | ▲ |
| | 用户经理24小时服务 | | | ▲ | ▲ |
| | 故障抢修回访 | | | | ▲ |
| | 新接电力用户回访 | | ▲ | | |
| | 营业室及网点 | | ▲ | ▲ | |
| | 用户服务App | ▲ | ▲ | ▲ | ▲ |
| 专项活动收集 | 满意度调查 | | | ▲ | ▲ |
| | 用户座谈会 | | | ▲ | ▲ |
| | 社区服务交流 | ▲ | ▲ | ▲ | |
| 通过第三方获取 | 微信公众号、微博、公司网站等互联网平台 | ▲ | ▲ | ▲ | ▲ |
| | 媒体 | ▲ | ▲ | ▲ | ▲ |
| | 政府部门 | ▲ | ▲ | ▲ | ▲ |
| | 舆情收集 | ▲ | ▲ | ▲ | ▲ |

## 2. 用户诉求反馈

在城市电网风险防控中，用户用电安全方面的诉求反馈集中体现在诉求反馈渠道的建设上。政府和电网企业为电力用户提供了多种用户诉求反馈渠道。

（1）"95598"热线电话。"95598"电力服务热线是全国供电服务热线，国家电网和南方电网均设有相应呼叫中心。国家电网的呼叫中心分为南北两个中心，南方电网管辖广东、广西、云南、贵州、海南五省，各省设有呼叫中心，呼叫中心号码统一为95598。其主要负责提供当地供电服务和电力政策的解释，并且全天候受理用户的电费查询、用电业务咨询、故障报修以及诉求和窃电举报等。接到"95598"呼叫后，呼叫所在地的电网企业有"专人"负责对95598大量诉求工单分析，对分析结果、结论由各责任部门、责任单位开展"专题"讨论，并制定相应的处理策略；

对已形成的专题处理策略,开展有针对性"专项"诉求消缺工作。

（2）供电公司营业窗口。供电公司在城区中设有营业窗口,负责用户用电的业务办理、收费和洽谈,并发布相应的用电公告,引导用户安全用电。用户通过营业窗口与电网企业工作人员面对面沟通,近距离反馈用户心声,帮助电网企业解决用户难题。随着科技的发展,电网企业也与时俱进,应用新型科技,打造新型营业厅。以上海为例,其主城区浦东、市区、市北、市南四大供电公司试点打造了"业扩报装线上化、办理资料电子化、服务渠道多元化、信息录入便捷化"的新型营业厅,开发了虚拟营业厅和移动营业厅等,大大缩短了用户办理业务的时间。

（3）线上"互联网＋"应用。近年来,电网企业顺应移动互联网的变化,推出电 e 宝、掌上电力、微信公众号等多种应用,拓宽用户服务和反馈渠道,整合网上购电、实时查询、电子账单、用电分析、积分服务、用户互动等功能,满足用户一站式体验需求,为用户用电安全提供保障。

（4）供电公司现场服务。接到用户诉求反馈后,如需专业人员至现场进行更详细的调查和处理的,供电公司会派专业人员赴现场服务或与用户进行面对面沟通。例如,供电公司设立用户经理,为非居民用户提供全方位、全过程的"一站式"服务,实现对非居民用户的业扩工程和运营服务的集中管理。

用户通过这些诉求反馈渠道,可以及时将诉求事项反馈给相关部门处理;对于涉及相关方责任的诉求信息,及时传递给相关方,保证诉求得到解决。同时,可以进一步开展用户诉求分析,明确各类用户接触方式及各类用户诉求的数量、分布情况、工单量、处理情况、用户满意度等,掌握用户安全用电规律以及痛点问题,做到城市用电风险防控提早布防、提前预防。并且,还可以针对用户诉求中的一些典型案例,建立典型案例库,导入诉求平台,作为用户安全用电和风险防控的培训教材。

## 20.5　用户安全用电的责任与义务

1. 电力用户用电安全的一般义务

电力用户在城市生命线风险防控中应当遵守有关电力安全的法律、法规,并履行下列义务:

（1）执行国家标准或行业标准、规范。

（2）使用符合国家标准或者行业标准的用电设备;电力用户的用电设备接入电网应当符合相关技术标准,不得对电网供电质量或者供电安全产生危害。对可能产生危害的用电设备,电力用户应当进行整治,整治后仍不符合相关技术标准的,供电企业可以不予接入电网。鼓励电力用户使用节能的用电设备,合理用电、节约用电。

（3）接受有关部门的监督管理,配合供电企业依法开展用电检查。

（4）按照规定维护、定期检修受电设备,及时发现和消除安全隐患。

（5）安装漏电保护装置,并预留电能计量装置安装位置。

（6）自觉有序用电,维护用电秩序;为确保公用电网的安全运行,城市市电力行政管理部门可以制定保障有序用电的方案,经人民政府批准后实施。电力用户应当执行有序用电的方案。

电力用户拒绝采取有序用电措施,可能对公用电网安全运行造成危害,经通知后仍未改正的,电网企业可以根据市电力行政管理部门的指令和国家规定的程序,对该电力用户中止供电。禁止任何单位和个人实施有关扰乱用电秩序的行为。

(7)自觉保护电力设施;电力用户有保护电力设施的义务,禁止实施有关危害电力线路设施的行为。

(8)履行法律、法规、规章规定的其他安全用电义务。

2. 重要用户用电安全附加义务

对于重要用户,由于在国家或者上海市的社会、政治、经济生活中占有重要地位,中断供电将可能造成人身伤亡、较大环境污染、较大政治影响、较大经济损失以及社会公共秩序严重混乱。故除履行上述电力用户的普遍义务之外,还应当履行下列义务:

(1)建立健全安全用电管理制度、操作规程,落实安全用电责任制。

(2)按照有关标准和技术规范进行设计、安装、试验、检修和运行管理。重要电力用户应当按照相关技术标准,配备多路电源、自备应急电源或者采取其他应急保安措施。

(3)建立受电工程、设备技术档案并加强管理。

(4)定期试验、检查用电设备,及时消除安全隐患;危及公共用电安全且不能自行消除的安全隐患,立即报告供电企业。

(5)编制应急预案,制订并落实安全用电应急处置措施,协助做好事故的调查处理工作。《上海市供用电条例》中规定,"重要电力用户应当制定处置停电事件应急预案,明确人员职责、处置流程,并每年至少组织一次应急演练"。

(6)受电装置的标识应当规范,并设有明显的安全警示标识。

(7)落实有关部门和供电企业提出的安全用电整改要求。

## 20.6 用户安全用电服务机制

在我国,政府及电网企业对用户安全用电的服务机制主要包括指导服务、诉求管理服务以及宣传教育服务。

政府和电网企业在电力用户用电安全上有提供服务和指导的义务。特别是电网企业,作为用户服务的主体,在用户用电安全工作服务和指导中发挥着极其重要的作用。例如,电网企业会对安全、合理、节约用电进行宣传,提供用电咨询等服务,发现电力用户受电设备存在故障隐患的,告知电力用户并指导其制订解决方案。电网企业建立有供电故障报修服务制度,公开报修电话,接到报修后派员到现场抢修。在电力线路设施保护区内从事建筑、管线等施工作业,或者在电力设施周围从事爆破等可能危及电力设施安全作业的,电网企业根据电力设施安全保护要求,向作业单位书面提出安全施工建议。在发生自然灾害、安全事故等紧急情况下,作业单位需要进行抢修、抢险作业,可能危及电力设施安全的,电网企业派员到现场实施安全监护。

#### 1. 用户分类分级指导服务

城市电力用户通常包含城市中有可能使用电力能源消费的所有组织及个人。由于不同组织和个人对电力的需求程度不同,通常需要根据用户特征进行分级分类指导。

##### 1) 电力用户分类分级

目前,我国电力用户一般区分为居民用户和非居民用户。居民用户是城市电力用户中数量规模最大的群体,占城市电力用户总数的88.24%。由于居民用电满意是重要的民生问题,对居民用户的服务结果直接影响社会稳定和谐。非居民用户中,根据用户的价值贡献率细分为重要用户、大用户和一般用户。重要电力用户是政府部门要求特别关注的用户,如发生断电会造成人身伤亡、环境污染、较大经济损失、社会公共秩序混乱或较大政治影响。大用户占用户总数比重不高,仅为0.46%,但用电量约占65%,是城市中电力需求最大的群体,在本地区经济中占有举足轻重的地位(表20-3)。

表20-3　　　　　　　　　　　　用户细分及其特征

| 分类 | | 特征 | 典型用户举例 |
|---|---|---|---|
| 居民用户 | | 数量大,户均用电量低 | 包括外籍人士在内的上海地区居住人员 |
| 非居民用户 | 重要用户 | 数量少,但供电中断将会产生重大不良影响 | 政府机构、医院、轨道交通、金融数据中心 |
| | 大用户 | 供电电压等级35 kV及以上 | 重型工业企业 |
| | 一般用户 | 供电电压等级10 kV及以下 | 小企业 |

##### 2) 重要用户分类分级

目前我国的重要电力用户分类主要是依据《重要电力用户供电电源及自备应急电源配置技术规范》(GB/Z 29328—2012),根据目前不同类型重要电力用户的断电后果,将重要电力用户分为社会类和工业类两类,工业类分为煤矿及非煤矿山、危险化学品、冶金、电子及制造业、军工5类;社会类分为党政司法机关和国际组织、广播电视、通信、信息安全、公共事业、交通运输、医疗卫生和人员密集场所8类(表20-4)。

表20-4　　　　　　　　　　　　重要电力用户分类

| 工业类 | 煤矿及非煤矿山 | 煤矿 |
|---|---|---|
| | | 非煤矿山 |
| | 危险化学品 | 石油化工 |
| | | 盐化工 |
| | | 煤化工 |
| | | 精细化工 |
| | 冶金 | |

| 工业类 | 电子及制造业 | 芯片制造 |
| | | 显示器制造 |
| | 军工 | 航空航天、国防试验基地 |
| | | 危险性军工生产 |
| 社会类 | 党政司法机关、国际组织、各类应急指挥中心 | |
| | 通信 | |
| | 广播电视 | |
| | 信息安全 | 证券数据中心 |
| | | 银行 |
| | 公共事业 | 供水、供热 |
| | | 污水处理 |
| | | 供气 |
| | | 天然气运输 |
| | | 石油运输 |
| | 交通运输 | 民用运输机场 |
| | | 铁路、轨道交通、公路隧道 |
| | 医疗卫生 | |
| | 人员密集场所 | 五星级以上宾馆酒店 |
| | | 高层商业办公楼 |
| | | 大型超市、购物中心 |
| | | 体育馆场馆、大型展览中心及其他重要场馆 |

注:1. 本分类未涵盖全部行业,其他行业可参考本分类。
　　2. 不同地区重要电力用户分类可参照各地区发展情况确定。

重要用户由于地位特殊,电力安全需求更高,因此分类更加详细。《上海市供用电条例》规定,"供电企业应当制定重要电力用户安全用电服务制度,根据重要电力用户的等级、行业特性等进行分类服务和指导"。结合对供电可靠性的要求以及中断供电危害程度对重要电力用户进行分级,将重要电力用户分为特级、一级、二级和临时性重要电力用户。应准确地认定用户性质,以便选择恰当的供电方式。

(1)特级重要电力用户,是指在管理国家事务中具有特别重要的作用,中断供电将可能危害国家安全的电力用户。

(2)一级重要电力用户,是指中断供电将可能产生下列后果之一的电力用户:

① 直接引发人身伤亡的;

② 造成严重环境污染的;

③ 发生中毒、爆炸或火灾的;

④ 造成重大政治影响的；

⑤ 造成重大经济损失的；

⑥ 造成较大范围社会公共秩序严重混乱的。

（3）二级重要电力用户，是指中断供电将可能产生下列后果之一的电力用户：

① 造成较大环境污染的；

② 造成较大政治影响的；

③ 造成较大经济损失的；

④ 造成一定范围社会公共秩序严重混乱的。

（4）临时性重要电力用户，是指需要某段时间内特殊供电保障的电力用户，应根据用户书面申请或政府部门书面通知确定。

### 2. 用户安全用电检查

用户安全用电检查是用户侧风险防控的重要措施，上海市对用户安全用电检查极为重视。《上海市供用电条例》第二十条规定，"供电企业和重要电力用户应当定期对各自所有的供电设施和受电设施进行安全隐患排查。"同时，上海市政府每年都会发布年度集中开展电力安全大检查的通知，对发电侧、电网侧和用户侧的检查内容做出规定。其中用户侧的检查重点通常以核定的重要电力用户和完成申请待核定的重要电力用户为主，并视情况对人员密集、影响公共安全和存在显著电力安全隐患的其他用户开展督查。重点检查企业供电电源和自备应急电源配置情况；检查停限电预案、错避峰等有序用电措施和电力事故应急处置预案是否完备，是否进行应急演练；检查地下配电设施安全状况；检查用电企业作业人员持证上岗情况、相应的培训、值班等运行管理制度是否健全。

电力企业也制定有重要、重点用户安全用电服务制度，配备相应的人员，按照法律规定对本单位供电营业区内的重要、重点用户进行安全用电检查。电力企业针对用户的检查内容至少包括以下内容：

1）设备情况

（1）用户继电保护和自动装置周期校验情况和高压电气设备的周期试验情况。

（2）用户无功补偿设备投运情况，督促用户达到规定的功率因数标准。

（3）用户电气设备的各种连锁装置的可靠性和防止反送电的安全措施。

（4）用户操作电源系统的完好性。

（5）督促用户对国家明令淘汰的设备和小于电网短路容量要求的设备进行更新改造。

（6）核实上次检查时发现用户设备缺陷的处理情况和其他需要采取改进措施的落实情况。

（7）电能计量装置及采集终端运行情况，检查计量配置是否完好、合理。

2）运行管理情况

（1）用户用电设备安全运行情况，检查防雷设备和接地系统是否符合要求。

（2）受电端电能质量，针对冲击性、非线性、非对称性负荷，是否采取了相应的检测、治理措施。

(3) 用户变电所(站)安全防护措施落实情况。如防小动物、防雨雪、防火、防触电等措施是否到位。安全用具、临时接地线、消防器具是否齐全合格、存放是否整齐、使用是否方便。

(4) 用户预防事故措施落实情况。

3) 规范用电情况

(1) 用户电力安全运行的规章制度建立健全及落实情况。

(2)"供用电合同"及有关协议履行和变更情况。

(3) 用户有无违约用电、窃电行为。

(4) 变电所(站)内各种规章制度及管理运行制度的执行情况。

(5) 进网作业电工的资格,进网作业安全状况及作业安全措施。

(6) 收集用户的建议和意见。

(7) 法律规定的其他检查。

另外,电力企业也会制订一些专项检查措施。如根据季节性特点,对重要用户实施防污、防雷、防汛、防冻等安全措施情况进行季节性检查;重要用户发生电气事故后,对用户进行一次全面、系统的事故性安全检查。

电力企业发现重要电力用户存在用电安全隐患的,应当及时告知、指导、督促其整治,帮助用户消除缺陷,并按照规定报市电力运行主管部门和安全生产监督管理部门备案。

## 20.7　用户安全用电事故处理

用户安全用电事故处理是对用户安全风险发生后的事后处理与恢复机制。一般由电力企业组织事故调查,指导以及督促用户正确开展事故后恢复与重建。其工作要点主要包括事故调查、用户事故报告以及故障抢修与恢复。

### 1. 事故调查

电力企业用户服务人员事先了解事故单位的地址、联系人和联系电话,初步了解事故的简况。到现场听取用户和现场调查者的事故过程介绍,检查事故设备损坏部位、损坏程度,查阅事故现场的保护动作情况和用户事故记录等,并做好取证记录工作。逐项排除疑点,找出事故的原因,填写事故调查报告。如果发生人身触电死亡事故和电气火灾事故,配合劳动部门和公安机关共同调查处理。事故调查的工作内容:

(1) 检查事故现场的保护动作指示情况;

(2) 检查事故设备的损坏部位和损坏程度;

(3) 查阅事故前后的有关资料,如天气、温度、运行方式、继电保护的投入及动作情况、用电负荷、电压、周波、故障录波图、现场值班记录及其他相关记录。

### 2. 用户事故报告

（1）事故原因包括外力破坏、设备损坏、人为原因等。

（2）事故种类包括经济损失、人员伤亡、影响电网。

（3）事故类型包括人身触电死亡、导致电力系统停电、专线掉闸或全厂停电、电气火灾、重要或大型电气设备损坏、生产设备损坏等。

（4）责任事故等级包括一般责任事故、较严重责任事故、严重责任事故、重大责任事故。

电网企业指导用户对用户事故情况进行登记，包括事故发生时间、性质、地点、事故原因、事故种类、事故类型、责任事故等级、造成的经济损失或影响等，同时记录事故信息来源及有关人员姓名、联系方式等。并由用户服务人员督促用户在7天内提交事故报告。电力公司审查用户用电事故分析报告，督促用户做好事故处理，落实各项防范措施，并负责对经审核后的相关资料进行归档。

### 3. 故障抢修与恢复

在查明电力用户用电事故原因之后，电网公司与用户需做好详细的责任判定。用户在电力公司的指导和参与下制订事故后用电恢复计划，组织恢复供电的供电电源、应急电源以及高压电气装置的配备、安装与验收。

**参考文献**

［1］岑凯军.浅谈我国城市电网发展历程及规划［J］.大众用电，2013(4)：24-25.

［2］中华人民共和国国务院.关于印发实施国家中长期科学和技术发展规划纲要（2006—2020年）：国发〔2005〕44号［A］.

［3］祝贺，庚振新.城市电网供培电系统［M］.北京：中国电力出版社，2016.

［4］中国电力百科全书——输电与配电卷［M］.北京：中国电力出版社，2001.

［5］中国南方电网有限责任公司系统运行部，广东电网公司系统运行部.南方电网运行安全风险量化评价技术规范：Q/CSG 11104002—2012［S］.

［6］国家能源局.关于印发电网安全风险管控办法（试行）的通知：国能安全〔2014〕123号［A/OL］.［2014-03-19］.http:http://www.11315.com/a/m-1471782087115.

［7］国家电网公司.本质安全实践［M］.北京：中国电力出版社，2018.

第 5 篇

# 燃气基础设施风险防控管理

　　城市燃气基础设施是城市生命线的重要组成部分。它的安全运行关系到城市社会经济发展和市民生活质量。实现燃气基础设施的风险防控具有重要的社会意义。我国当前已经形成了一系列燃气基础设施风险的识别及评价方法,燃气管网系统在设计、施工、维护、技术规范和管理规范等方面的风险防控措施,并建立起用户服务体制、风险防控机制和风险应急处置体系,本篇将进行重点阐述。

# 21 城市燃气发展基本情况

城市燃气基础设施是开放性的长链条广覆盖系统,燃气管网遍布城市的各个区域,而燃气在输送过程中具有易燃、易爆等危险性,易受系统自身事故和外界问题等多种风险的威胁。一旦发生燃气事故,将影响到城市的每个角落,扰乱城市运行,妨碍工业生产,影响市民生活。因此,城市燃气安全是整个城市安全和防灾系统的重要组成部分。

国内外城市燃气事业的发展过程是全系统、全过程、全要素的安全保证性提高的过程,涵盖了天然气、液化石油气的气源及输配系统,以及燃气供应风险控制目标全要素。越来越多的燃气企业与部门在达到相应国家标准规范要求的基础上,强化风险意识,增加应对措施,提升备用能力,准备应急预案,实现风险总体控制。

本篇借鉴了国家有关燃气基础设施风险评估研究的成果,以及众多专家学者的科研成果和论著,结合国家行业标准规范,重点阐述了城市燃气系统风险管理和控制措施,主要有三个核心内容:

一是总结国内外城市燃气系统的发展与特点,以及相应风险管理研究的发展与意义。

二是全系统、全过程、全要素地阐述燃气基础设施的风险识别、风险分析和风险评价。包括肯特模型在城市高压燃气管网风险评估中的应用。

三是全面论述城市燃气系统建设和运行各阶段的风险管理和防控,重点是燃气管网系统风险管控,包括项目建设前的系统性、全局性源头风险防控;工程建设和运行管理中,分析厘清各类风险因素,评估风险;建立并健全风险预警与管理机制,加强应急保障能力,持续监督改进,减少风险,控制损失等。

## 21.1 概况

### 21.1.1 国外城市燃气的发展概况

1. 天然气的发展概况[1]

美国是世界上天然气行业发展最成熟的国家之一,天然气市场从 20 世纪 30 年代开始发展,至 70 年代趋于成熟。美国天然气资源丰富,拥有先进的技术、完善的管网体系、比较健全的市场经济基础和完备的监管体系。美国天然气行业发展呈明显的阶段性特点,其中快速发展阶段持续了 30 多年。1938 年以前为美国天然气发展初期阶段,市场规模小,天然气逐步替代煤气。1938—1972 年为快速发展期,天然气消费量年均增长 8% 左右,在此期间,美国天然气管网建设加速,完善的管网体系逐渐成形。1973 年以来进入成熟期,美国天然气消费量保持平稳增长,管网和地下储气库配套完善,政府逐渐放宽管制,实行市场化(图 21-1)。

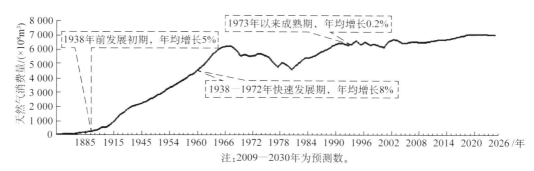

注:2009—2030 年为预测数。

图 21-1　1885—2030 年美国天然气消费量变化情况

　　欧洲国家天然气发展从 20 世纪 50 年代开始,至 90 年代趋于成熟。欧洲天然气市场是世界三大天然气市场之一,管网发达,市场成熟。2008 年天然气在大伦敦地区一次能源消费结构中所占比例为 34%,而煤炭在一次能源中的比例仅占 7%。而在天然气应用中,家庭用天然气所占比例维持在 66% 左右,工业和商业用气所占比例维持在 33% 左右,用气结构基本稳定。

　　日本能源对外依存度高达 90%,天然气几乎全部依赖进口。日本从 1968 年开始进口液化天然气,之后天然气在日本得到了较充分的发展,其用途有发电、民用、商业、工业及其他。2009 年天然气在日本一次能源消费结构中的比例达到 17%。东京作为全球第二大经济中心及日本的首都,天然气发展水平较高。东京燃气主要供应商为东京燃气公司,成立于 1885 年,至今已有 130 多年的历史。东京燃气公司负责东京市及部分关东地区的天然气供应(不包含电力)。

　　**2. 液化石油气的发展概况**

　　液化石油气的问世和发展同石油化学工业的发展是分不开的。1892 年,荷兰首先利用天然气进行试验,获得了液化甲烷,从而为石油气的液化奠定了理论基础。20 世纪初叶,沃尔特斯林(Dr.Walter Snelling)博士对汽油进行稳定性试验,并成功地从天然气中提取了丙烷和丁烷。随后,德国、美国、日本、法国、意大利和东欧一些国家也相继生产和使用了液化石油气。目前,已有 120 多个国家和地区自行生产或进口液化石油气用作燃料和化工原料。美国液化石油气的年用量约 600 万吨,日本液化石油气的年用量约为 200 万吨。

## 21.1.2　国内城市燃气的发展概况

　　我国城市燃气和发达国家相比,起步较晚。至"十二五"期末,我国城镇燃气种类主要包括天然气、人工煤气、液化石油气等,形成了多种气源并存的格局。根据《全国城镇燃气发展"十二五"规划》,"十二五"期末,城镇燃气年供气总量达到 1 782 亿 m³,较"十一五"期末增长 113%。

城镇燃气气源结构中,天然气供气量为 1 200 亿 m³,占供气总量的 67%,液化石油气、人工煤气和其他替代性气体能源供气量分别为 232 亿 m³,300 亿 m³ 和 50 亿 m³,分别占供气总量的 13%,17% 和 3%。全国城镇燃气用气总人口达到 6.25 亿以上。燃气的市场需求快速扩大,广泛用于居民、工商业、发电、交通运输、分布式能源等多个领域,居民用气量占比为 18.5%,工商业用气量占比为 45.5%,交通运输业用气量占比为 16.8%,分布式能源用气量占比为 6.7%,其他用气量占比为 12.5%。"十二五"期末,城市燃气普及率达到 94% 以上。"十二五"期末,我国城镇燃气管网总长度由"十一五"期末的 35.5 万 km 提高至 60 万 km。

上海是我国较早使用燃气的城市之一,1865 年英商在现西藏路桥南建造煤气厂,并于同年实现正式供气,至今已有 150 余年的历史。上海从 1999 年开始引进和使用天然气,逐步替代人工煤气,2015 年实现了管道燃气全天然气化。2017 年天然气年供应量达 83.2 亿 m³,天然气占上海一次能源比例达到 11%,在国民经济中的地位和作用日益提高,天然气安全稳定供应对上海市社会稳定和经济发展的影响日益凸显。

# 21.2 燃气输配体系的主要构成

## 21.2.1 燃气的分类[2]

城镇燃气是以可燃组分为主的混合气体,可燃组分一般有碳氢化合物、氢气和一氧化碳,不可燃组分有二氧化碳、氮气和氧气等。

### 1. 天然气

天然气分常规天然气和非常规天然气,一般可分为气田气、石油伴生气、凝析气田气、煤层气、页岩气;按形态分管道天然气、压缩天然气(CNG)、液化天然气(LNG)。

天然气既是制取合成氨、炭黑、乙炔等化工产品的原料气,又是优质燃料气,是理想的城镇燃气气源。有效利用天然气对促进低碳化、实现节能减排、提高能源利用率和实现能源的可持续发展具有重要的意义。天然气的开采、储运和使用既经济又方便。例如液态天然气的体积仅为其气态时的 1/600,有利于运输和储存。有些天然气资源缺乏的国家通过进口天然气或液化天然气以发展城镇燃气事业,天然气工业在世界范围内发展迅速。

我国的天然气资源地理分布不均衡,为实现资源的合理调配利用,20 世纪 90 年代以来,我国天然气管道向大型化、网络化方向发展,多条天然气长输管线进行建设并投入使用,包括陕京输气一线和二线、西气东输一线和二线、涩宁兰输气管道、忠武输气管道、川气东送管道、南海崖 13-1 气田至香港输气管道、东海平湖至上海输气管道等。

### 2. 液化石油气

液化石油气是在天然气及石油开采或炼制石油过程中,作为副产品而获得的一部分碳氢化合物,分为天然石油气和炼厂石油气。

目前我国城市供应的液化石油气主要来自炼油厂,其主要组分是丙烷($C_3H_8$)、丙烯

($C_3H_6$)、丁烷($C_4H_{10}$)和丁烯($C_4H_8$),习惯上称 $C_3$ 和 $C_4$,即只用烃的碳原子(C)数表示。这些碳氢化合物在常温、常压下呈气态,当压力升高或温度降低时,很容易转变为液态,液化后体积约缩小为原体积的 1/250。

近年来,国内外不少城市以液化石油气作为汽车燃料,另外,液化石油气也是管输天然气很好的补充气源。

### 21.2.2 燃气管道的分类

燃气管道可根据用途、敷设方式和输气压力分类。[3]

(1) 根据用途可分为长距离输气管线和城镇燃气管道。

(2) 根据敷设方式可分为地下燃气管道和架空燃气管道。

(3) 根据输气压力分类,我国城镇燃气管道根据输气压力一般分为 7 级,具体分级如表 21-1 所列。

表 21-1 城镇燃气管道设计压力(表压)分级

| 名称 | | 压力 $P$/MPa |
| --- | --- | --- |
| 高压燃气管道 | A | $2.5 < P \leqslant 4.0$ |
| | B | $1.6 < P \leqslant 2.5$ |
| 次高压燃气管道 | A | $0.8 < P \leqslant 1.6$ |
| | B | $0.4 < P \leqslant 0.8$ |
| 中压燃气管道 | A | $0.2 < P \leqslant 0.4$ |
| | B | $0.01 \leqslant P \leqslant 0.2$ |
| 低压燃气管道 | | $P < 0.01$ |

### 21.2.3 城镇燃气输配系统的构成

#### 1. 天然气输配系统

现代化的城镇燃气输配系统是复杂的综合设施,通常由门站、燃气管网、储气设施、调压设施、管理设施和监控系统等构成。

输配系统应保证不间断地、可靠地给用户供气,在运行管理方面应是安全的,在维修检测方面应是简便的。还应考虑在检修或发生故障时,可关断某些部分管段而不致影响全系统的工作。

在一个输配系统中,宜采用标准化、系列化的站室、构筑物和设备。采用的系统方案应具有最大的经济效益,并能分阶段地建造和投入运行。

#### 2. 液化石油气输配系统

液化石油气的输配方式通常有瓶装和管道两种供应方式。

1）瓶装供应

将液化石油气灌入钢瓶向用户供应。液化石油气钢瓶是薄壁压力容器,各国规格不一,家庭使用的钢瓶容量有 5 kg,12 kg,15 kg 等;公共建筑和小型工业用户使用的钢瓶容量通常是 50 kg;叉车等车用气用户使用的钢瓶容量有 35 L,50 L 等。液化石油气储配站用专用灌装机具将液化石油气灌装到钢瓶里,并经供应站或直接销售给用户。

使用时气态液化石油气经减压器减压后送至燃具,瓶内液态液化石油气吸收环境热量而连续自然汽化。当用户用量较大,靠自然汽化方式不能满足使用要求时,可采用强制汽化方式供气。一般家庭用户多采用单瓶供气或双瓶切换供气,公共建筑、商业和小型工业用户多采用瓶组供气。

2）管道供应

通过管道将汽化后的液化石油气供给用户使用。这种供应方式适用于居民住宅小区、高层建筑和小型工业用户。液化石油气管道供应系统由汽化站和管道组成。汽化站内设有储气罐、汽化器和调压器等。液化石油气从储气罐连续进入汽化器,汽化后经降低压力,通过管道送至用户。为防止液化石油气在管道中再液化,必须正确地确定调压器出口压力。

### 21.2.4　城镇燃气管网系统

城镇燃气输配系统的主要部分是燃气管网,根据所采用的管网压力级制不同可分为以下几种形式。

（1）一级系统:仅用一种压力级制的管网来分配和供给燃气的系统,通常为低压或中压管道系统。一级系统一般适用于小城镇的供气,当供气范围较大时,输送单位体积燃气的管材用量将急剧增加。

（2）二级系统:由两种压力级制的管网来分配和供给燃气的系统。设计压力一般为中压 B-低压或中压 A-低压等。

（3）三级系统:由三种压力级制的管网来分配和供给燃气的系统。设计压力一般为高压-中压-低压或次高压-中压-低压等。

（4）多级系统:由三种以上压力级制的管网来分配和供给燃气的系统。

燃气输配系统中各种压力级制的管道之间应通过调压装置连接。

# 21.3　燃气基础设施风险管控的意义

燃气是一种高效、低污染的新型优质能源。改革开放以来,我国对天然气的勘探力度以及使用规模不断加大,燃气的利用率逐年提高,燃气逐渐成为重要的消费能源。这不仅给人们的生活带来了便利,更减少了大气的污染,提高资源的利用率。

燃气常常借助于管道输送。几十年来,我国在系统的规划设计下,已建成了全国性的城市燃气管网系统,在小城市就能达到数百上千千米的管线长度,另外,燃气管道系统由许多阀门、排水装置、调压器等部分组成,这些零件和组分部分分布在热闹繁华、人流量大、大车重车经常经过和部分地质薄弱的地下,由于地理原因造成的地质差异,铺设管道时施工人员的疏忽等原因而造成燃气管道质量不达标问题,给燃气管道的正常运行带来不必要的麻烦,也给城市燃气事故的发生埋下了隐患。

燃气管道运行在人口稠密的城市,周围建筑物繁多,由于燃气本身具有危险性,严重威胁着人们的生命和财产安全,因此,从科学的角度出发,采用科学合理的风险管理手段保证燃气基础设施安全运行刻不容缓。对燃气基础设施进行准确的风险管理和控制,能够方便管理部门及时发现危险源,针对风险能够采取有效的防止和管理措施,它具有重要的社会现实意义。对燃气基础设施进行风险管控的意义如下:

(1)发现危险因素,提高燃气系统的可靠性和安全性。风险管控可以及时发现燃气基础设施管理的薄弱环节,及时维护,最大限度地降低事故发生率,确保燃气基础设施长期处于安全高效的运行状态,从而提高系统的可靠性和安全性。

(2)降低城市燃气灾难事故发生的可能性。风险管控为系统事故的发生提供了有效的预报,因此它在减少重大事故方面具有科学预报性,提前采取预防措施,降低事故发生的可能性。

(3)提高管理者的决策水平。风险管控可以帮助管理者进行技术决策,改变过去以检漏、抢修为主要手段的被动局面,转而实行以预防为主的风险管控,减少风险事故的发生。

(4)增强操作人员的信心。风险管控增强了操作人员的信心,以及对项目风险的识别、管控和处置能力。

(5)减少环境污染。风险管控降低了燃气事故发生的可能性,从而减少了由燃气事故引起的环境污染。

(6)提高综合经济效益。风险管控最大限度降低了燃气事故的发生率,确保燃气基础设施安全高效运行,提高了综合经济效益。

# 22 燃气基础设施的风险识别

## 22.1 燃气基础设施风险案例

### 22.1.1 某市燃气管网爆炸事故

**1. 事故简介**

2004 年 5 月初,某市一居民楼一楼门市上发现有天然气味,但未引起重视,5 月中旬,天然气气味较浓,承租一楼门市开茶馆的店主向管理所报告。管理所派人检查,但是由于无法确认落水井的气味是否是天然气的气味,管理所又派人来查,以为是污水味道,随即返回,未进一步用仪器检测,也未向负责人报告。5 月底,气压较低,19 时 30 分开始下雨,到 19 时 45 分左右突然发生爆炸,约 60 m 长的夹墙与堡坎上边的混凝土盖板被炸烂,冲击波将负一楼的砖墙推毁,室内物品被掀到河边,造成死亡 5 人,重伤 1 人,轻伤 34 人,直接经济损失 150 万元的重大伤亡事故。

**2. 事故原因**

1)事故直接原因

经检测,爆炸区内 139.3 m 管线存在泄漏。经现场分析,污水下水道横穿通过该区域,是天然气体窜进夹墙的可疑通道。随即组织对该下水道与中 $\phi$108 mm 天然气管线交叉处进行开挖,后发现,$\phi$108 mm 管线与污水下水道交叉处(管线在上,污水沟在下)有一个三角形洞与污水沟相通,沿交叉处中心往管线两侧延伸查找,在距排污沟右侧 1.4 m 处的管线上发现一椭圆形管孔(其长轴为 2 cm,短轴为 1.2 cm)。确认天然气由此泄漏,泄漏的天然气经街道混凝土下的片面和土壤缝隙扩散到排污沟上方,经三角形洞口窜进排污沟,经过排污沟通过公路,窜进居民楼负一楼与街面堡坎构成的夹墙内淤积,并与夹缝中空气形成爆炸性混合性气体,经人行通道盖板缝隙扩散至人行道上,遇不明火种引起爆炸,酿成燃气爆炸事故。

2)事故间接原因

相邻爆炸居民楼的另一幢楼的住户违章建房,将居民楼幢负一楼夹墙端头封闭,使夹墙体内气体不流通,形成死角,使天然气经排污道,从落水井泄出淤积于夹墙内,积累到爆炸极限而酿成燃气爆炸事故,这是事故的间接原因。

某公司擅自违章使用泄洪工程设施,在居民楼负一楼搭建临时职工宿舍,形成负一楼与街道堡坎间的夹缝,为泄漏的天然气积聚创造了条件,同时造成职员聚积较多,加重了事故损失,这也是燃气爆炸事故发生的间接原因。

3. 事故防范措施建议

（1）开展燃气管道安全检查，对老旧管道进行清理和耐压试验，及时更新问题管道，消除隐患。

（2）对类似爆炸居民楼一层违章建筑、违规使用情况进行清理，排查建筑物占压管道情况，消除隐患。

（3）燃气企业应当加强对员工的压力管道安全知识、操作技能岗位培训、强化安全意识，配备有效的检漏仪器设备，建立健全安全规章制度，进一步明确责任，层层落实到基本一线岗位。

（4）进一步强化对城市燃气行业的监督管理，确保燃气压力管道安全法规得到贯彻落实。

（5）强化社区安全管理组织建设，增强公众使用安全燃气知识，建立燃气安全隐患举报、整治、监督、反馈制度，遇有隐患，及时报告，及时处置。

### 22.1.2　某市客户端天然气爆炸事故

1. 事故简介

2015 年 12 月上旬，某小区 D4 栋 1 单元 1103 号与 1104 号住户室内发生一起天然气爆炸事故。D4 栋 1 单元 1103 号户主刘某，在客厅看一份资料，由于一盏灯不亮，于是打开开关，电灯开关设于空心砖共列墙，刚一打开，发生爆炸，共列墙空心砖部分全部炸飞，冲击波将他推出约 4 m 远的卧室分配廊道入口处，当场昏迷。

2015 年 12 月底，天然气爆炸事故调查组对用户楼栋调压箱进行测试，1103 号住户调压箱（调压箱编号 2316）出口供气压力为 2 150 Pa，1104 住户调压箱（调压箱编号 2317）口供气压力为 2 100 Pa，两个调压箱供气压力正常。按《城镇燃气室内工程施工与质量验收规范》（CJJ 94—2009）的规定，对两户室内管道进行了严密性试验，试验压力 5 kPa，试验时间 15 min，用发泡剂检查接头，铝塑复合管外包覆层有无渗漏现象，用最小分度值 1 mm 的 U 形压力计测量，1103 住户室内燃气管道无压力降，符合国家规范要求；1104 住户室内燃气管道压力降为 800 Pa，不符合国家规范要求。

D4 栋住户均由市某公司供气。经现场检查及资料检查，公司每季度按期对调压箱进行维护、检测，调压器出口压力正常；2015 年 9 月中旬分别对 D4 栋 1 单元 1103 号与 1104 号住户开展了人户天然气使用安全检查，未发现异常，并发放了安全用气宣传资料。依法履行了安全供气及指导用户安全用气义务。

2. 事故原因分析

（1）直接原因。暗埋于地板砖下天然气管道泄漏渗透到共列墙空心砖中聚积，形成爆炸性气体，D4 栋 1 单元 1103 号户主开启设在共列墙空心砖中的电源开关产生电火花，引起爆炸事故发生。

（2）间接原因。小区 D4 栋 1 单元 1104 号住户安全意识不强，室内燃气管道工程未聘请有安装资质单位施工，未开展室内天然气暗埋管道安全检查，未及时发现室内天然气管道泄漏，未及时采取措施防止爆炸事故发生。

经调查认定,该天然气爆炸事故系责任事故。

3. 事故防范措施建议

(1) D4 栋 1 单元 1104 住户对室内燃气管道进行改造使之符合《城镇燃气室内工程施工与质量验收规规》(CJJ 94—2009)的要求。

(2) 某公司对 D4 栋 1 单元 04 用户停止供气,待 04 用户整改完成并经验收合格后,方可恢复供气。

(3) 某公司继续加强对用户安全使用天然气的宣传教育,对小区用户全面进行排查,对共列墙中空心砖下设置天然气阀门的要求用户予以拆除或废弃。

### 22.1.3 某市液化石油气泄漏爆炸重大事故

1. 事故简介

2011 年 11 月中旬,位于某市高新技术产业开发区的某大厦 1 号楼一层的个体餐饮商铺,因钢瓶液化气发生泄漏引发爆炸事故,造成 11 人死亡、31 人受伤,12 间商铺(约 150 $m^2$)及 53 台车辆不同程度受损,直接经济损失约 990 万元。

事发前一天中午 11 时许,液化气非法经营者郑某指派聘用人员王某、张某驾驶金杯面包车向位于某大厦 1 号楼一层的个体餐饮商铺配送两个容量为 50 kg 的液化气钢瓶(检验编号分别为 2 号、3 号)。运达后,王某将钢瓶放置于该店库房内并将 3 号钢瓶的气相阀与连接燃气软管的调压器进行了安装。安装完成后,王某以在 3 号钢瓶阀口连接处未闻到液化气味为判断依据,向店长刘某表示可以安全使用,刘某随即签字验收开始使用。2011 年 11 月中旬 7 时 02 分,餐饮店员工王某打开店门随手打开电灯进入厨房操作间,并接通加热电炉开关。7 时 20 分,王某打开大厅南侧防盗门(营业厅后门),发现门外公共通道及库房门口有大量雾状气体聚集并伴有浓烈、刺鼻的液化气味便立即返回,慌乱中没有关闭防盗门,致使泄漏的液化气向店内急剧扩散。当王某返回至店内大厅中央时,遇见同店员工张某(已在事故中死亡),告知其液化气发生泄漏并让其尽快撤离。随后,王某走出店外,向路边行人询问液化气泄漏处置方法并用手机拨打 110、119 报警,同时向物业公司保安人员报告液化气泄漏情况。7 时 37 分发生爆炸。由于事故发生地段处于城市人员密集区,发生时间又正值上班高峰期,爆炸冲击波造成过往行人及在附近公交车站候车人员重大伤亡。

2. 事故原因分析

(1) 事故直接原因。餐饮店违法使用的 3 号钢瓶液相阀未完全关闭,致使钢瓶内液化气发生泄漏,且泄漏地点处于封闭状态,泄漏液化气与空气混合后,大量聚集于库房及通道内,员工王某打开防盗门后,泄漏气体迅速从库房及通道向店内操作间扩散,达到爆炸极限,遇电灯、加热电炉等电器火源,引发爆炸,是导致事故发生的直接原因。

（2）事故间接原因。有关企业及个人安全责任不落实,安全意识淡薄,非法经营、违法使用液化气。有关监管部门及工作人员履行职责不到位,致使液化气经营和使用环节监管缺失。

（3）事故性质。经调查认定,这是一起因有关经营单位及个人安全责任不落实、安全意识淡薄,非法经营和违法使用钢瓶液化气,有关部门及工作人员安全监管缺失、职责履行不到位而导致的重大责任。

### 3. 事故防范措施建议

（1）建议立即组织开展城镇燃气行业专项整治。针对事故暴露出的问题,建议以市政府名义,由燃气行业监管部门牵头,联合公安、消防、质监、工商、安监等部门立即组织开展城镇燃气行业专项整顿,对天然气和液化石油气设施设备进行一次安全检查检测,对不合格的钢瓶等城镇燃气设施设备强制报废销毁,对非法经营城镇燃气的单位和个人依法取缔,同时建立起互通共享的城镇燃气行业管理台账资料,做到城镇燃气安全的受控、可控。

（2）建立城镇燃气管理部门联席会议制度。鉴于城镇燃气监管部门较多的实际,建议建立各燃气重点市、区(县)两级城镇燃气管理联席会议制度,燃气行业监管部门为联席会议召集单位,发改、公安、交通运输、环保、质监、广电、安全监管、工商等部门为联席会议成员单位,定期研究解决辖区城镇燃气管理问题,切实形成监管合力。

（3）燃气行政主管部门要认真汲取事故教训,严格履行燃气市场监管职责,深入开展隐患排查治理行动,严厉打击非法充装、储存、经营燃气行为,加强对燃气使用环节的安全检查,严肃查处在高层建筑、人员密集场所违法使用钢瓶液化气的行为同时,整合、充实全市燃气执法力量,加强与各地区、各部门的联合执法,进一步完善燃气监管体制,形成"横向到边,纵向到底"的燃气市场监管网络。

（4）燃气经营企业要严格遵守国家、省、市关于燃气经营、安全管理的法律、法规及行业标准,依法严格落实企业主体责任,健全完善安全管理制度和事故应急救援预案,定期开展安全演练,加强对燃气从业人员的教育培训,配备必要的安全防护设备并自觉接受有关部门的监督检查。严格禁止向超过检验期限、报废及标识不清、来历不明的钢瓶进行液化气充装,共同维护燃气市场的良好经营秩序,确保用气安全。

（5）加大城镇燃气安全科普力度。建议由城镇燃气管理部门牵头组织制作城镇燃气安全使用等科普节目,通过广播电视公益告、报刊杂志等媒体渠道及政府网站、燃气经营单位平台,加大对广大城镇燃气使用者的宣传教育,提高全社会城镇燃气安全使用水平,提高全民安全意识和自防自救能力。

## 22.2　燃气基础设施风险识别概述

### 22.2.1　燃气基础设施风险识别的定义内涵

风险识别又称危险源辨识或危险因素辨识,是指在收集资料的基础上,对尚未发生的、潜在的及客观存在的各种风险根据直接或间接的症状进行判断、归类和鉴定的过程,是进行风险评价的基础。其主要任务是找出风险之所在及引起风险的主要因素,并对后果做出定性分析。风险识别是风险分析中最基本、最重要的阶段。城市燃气管网系统是一个复杂的系统,很多风险隐藏在系统某个层次中或被某种假象所掩盖,如果不能全面、系统地识别出管网系统的风险因素,就不能有效地实现风险管理的目标。风险源识别应遵从以下原则。

1. 科学性

风险源识别要求必须要有科学的安全理论来指导,以便精确地揭示管网系统的安全状况、风险因素所在的部位和方式、事故的发生途径及其发展变化的规律,以便能清晰地表达定性、定量的概念,用科学、逻辑的理论方法给予解释。

2. 系统性

城市燃气管网的各个方面都存在着风险,因而要全面、详细地剖析系统,研究出管网系统和相应子系统之间的相关性与约束关系,找出主要的风险因素及其危害性。

3. 全面性

在进行风险源识别时,应严格避免发生遗漏而埋下隐患。要从源头到用户,从管线地址、自然条件、运输存储、建筑物或构筑物、生产技艺、生产设备的装置、特种装备、公用设施、安全管理系统及其制度等方面进行全面分析和辨识。

4. 预测性

风险源识别需要分析风险因素发生的条件或设想的事故模式,即风险因素的触发事件。

### 22.2.2 燃气基础设施风险识别的考虑因素

1. 风险源识别时应考虑的因素

(1) 常规和非常规(异常、紧急)活动。

(2) 所有进入工作场所的人员(包括承包方人员和访问者)的活动。

(3) 人的行为、能力和其他人为因素。

(4) 源于工作场所外,能够对工作场所内人员健康安全产生不利影响的风险源。

(5) 在工作场所附近,因工作相关活动(对外)所产生的风险源。

(6) 由组织或外界所提供的工作场所的基础设施、设备和材料。

(7) 组织及其活动的变更、材料的变更或计划的变更。

(8) 相关适用的法律法规和标准。

(9) 对工作区域、过程、装置、机械设备、操作程序和工作组织的设计,包括对人的能力的适应性。

2. 与风险源识别相关的主要内容

(1) 总平面图包括功能分区(生产、管理、辅助生产、生活区)布置,高温、有害物质、噪声、辐射、易燃物、易爆物、危险品设施布置，工艺流程布置，建（构）筑物布置、风向、安全距离、卫生防护距离等。运输线路及码头：厂区道路、厂区铁路、危险品装卸区、厂区码头。

（2）厂址。从厂址的工程地质、地形、自然灾害、周围环境、气象条件、资源交通、抢险救灾支持条件等方面进行分析。

（3）建（构）筑物。结构、防火、防爆、朝向、采光、运输、（操作、安全、运输、检修）通道、开门、生产卫生设施。

（4）生产工艺过程。物料（毒性、腐蚀性、燃爆性）温度、压力、速度、作业及控制条件、事故及失控状态。

（5）生产设备、装置如下所述。

① 化工设备、装置：高温、低温、腐蚀、高压、振动、关键部位的备用设备、控制、操作、检修和故障、失误时的紧急异常情况。

② 机械设备：运动零部件和工件、操作条件、检修作业、误运转和误操作。

③ 电气设备：断电、触电、火灾、爆炸、误运转和误操作、静电、雷电。

④ 危险性较大设备、高处作业设备。

⑤ 特殊单体设备、装置：锅炉房、乙炔站、氧气站、油库、危险品库等。

（6）其他。

① 粉尘、毒物、噪声、振动、辐射、高温、低温等有害作业部位。

② 管理制度、事故应急抢险设施、安全卫生设施和劳动保护。

③ 劳动组织生理、心理因素及人机工程学因素等。

### 22.2.3 燃气基础设施风险源的分类

风险源分类的方法有多种，由于涉及行业、职业及产生原因等多个方面，风险源通常可以按照以下几方面进行分类。

**1. 从导致事故和伤害的角度分类**

从导致事故和伤害的角度分类，风险源可以分为两大类。

1）第一类风险源

根据能量意外释放理论，把系统中存在的、可能发生意外释放的能量或危险物质称作第一类风险源。它是造成系统危险或系统事故的物理本质，也称为固有型风险源。一般地，能量被解释为物体做功的本领。做功的本领是无形的，只有在做功时才显现出来。因此，实际工作中往往把产生能量的能量源或拥有能量的能量载体看作第一类风险源来处理。例如，带电的导体、奔驰的车辆等。

第一类风险源的危险性主要表现为导致事故而造成后果的严重程度方面。第一类风险源危险性的大小主要取决于以下几方面情况：

（1）能量或危险物质的量。第一类风险源导致事故的后果严重程度主要取决于发生事故时意外释放的能量或危险物质的多少。一般地，第一类风险源拥有的能量或危险物质越多，则发生事故时可能意外释放的量也多。当然，有时也会有例外的情况，有些第一类风险源拥有的能量或危险物质只能部分地意外释放。

（2）能量或危险物质意外释放的强度。能量或危险物质意外释放的强度是指事故发生时单位时间内释放的量。在意外释放的能量或危险物质的总量相同的情况下，释放强度越大，能量或危险物质对人员或物体的作用越强烈，造成的后果越严重。

（3）能量的种类和危险物质的危险性质。不同种类的能量造成人员伤害、财物破坏的机理不同，其后果也很不相同。危险物质的危险性主要取决于自身的物理、化学性质。燃烧爆炸性物质的物理、化学性质决定其导致火灾、爆炸事故的难易程度及事故后果的严重程度。工业毒物的危险性主要取决于其自身的毒性大小。

（4）意外释放的能量或危险物质的影响范围。事故发生时意外释放的能量或危险物质的影响范围越大，可能遭受其作用的人或物越多，事故造成的损失越大。例如，有毒有害气体泄漏时可能影响到下风侧的很大范围。

2）第二类风险源

导致约束或限制能量措施失效、破坏的各种不安全因素称作第二类风险源。第二类风险源是导致第一类风险源失控，作用于人员、物质和环境的条件，它是系统从安全状态向危险状态转化的条件，是使系统能量意外释放、造成系统事故的触发原因，又称为触发型风险源。

在生产、生活中，为了利用能量，让能量按照人们的意图在生产过程中流动、转换和做功，就必须采取屏蔽措施约束、限制能量，即必须控制风险源。约束、限制能量的屏蔽应该能够可靠地控制能量，防止能量意外地释放。然而，在实际生产过程中绝对可靠的屏蔽措施并不存在。在许多因素的复杂作用下，约束、限制能量的屏蔽措施可能失效，甚至可能被破坏而发生事故。导致约束、限制能量屏蔽措施失效或破坏的各种不安全因素称作第二类风险源，它包括人、物、环境三个方面的问题。

在安全工作中涉及人的因素时，采用的术语有"不安全行为（Unsafe Act）"和"人失误（Human Error）"。不安全行为一般指明显违反安全操作规程的行为，这种行为往往直接导致事故发生。例如，带电修理电气线路而发生触电等。人失误是指人的行为结果偏离了预定的标准。例如，合错了开关使检修中的线路带电，误开阀门使有害气体泄放等。人的不安全行为、人失误可能直接破坏对第一类风险源的控制，造成能量或危险物质的意外释放；也可能造成物的不安全因素问题，进而导致事故。例如，超载起吊重物造成钢丝绳断裂，发生重物坠落事故。

物的不安全因素可以概括为物的不安全状态（Unsafe Condition）和物的故障（或失效）（Failure or Fault）。物的不安全状态是指机械设备、物质等明显的不符合安全要求的状态。

环境因素主要指系统运行的环境，包括温度、湿度、照明、粉尘、通风换气、噪声和振动等物理环境，以及企业和社会的软环境。不良的物理环境会引起物的不安全因素问题或人的情绪变化。例如，潮湿的环境会加速金属腐蚀而降低结构或容器的强度；工作场所的噪声影响人的情绪,分散注意力而导致失误。企业的管理制度、人际关系或社会环境影响人的心理,可能造成人的不安全行为或失误。

第二类风险源往往是围绕第一类风险源随机发生的现象,它们出现的情况决定事故发生的可能性。第二类风险源出现得越频繁,发生事故的可能性越大。

**2. 参照事故类别和职业病类别进行分类**

参照《企业伤亡事故分类》(GB 6441—86)综合考虑起因物、引起事故的先发的诱导性原因、致害物、伤害方式等,可将与燃气相关的风险源大致分为 16 类。

(1) 物体打击,是指物体在重力或其他外力的作用下产生运动,打击人体造成人身伤亡事故,不包括因机械设备、车辆、起重机械、坍塌等引发的物体打击。

(2) 车辆伤害,是指企业机动车辆在行驶中引起的人体坠落和物体倒塌、飞落、挤压伤亡事故,不包括起重设备提升、牵引车辆和车辆停驶时发生的事故。

(3) 机械伤害,是指机械设备运动(静止)部件、工具、加工件直接与人体接触引起的夹击、碰撞、剪切、卷入、绞、碾、割、刺等伤害,不包括车辆、起重机械引起的机械伤害。

(4) 起重伤害,是指各种起重作业(包括起重机安装、检修、试验)中发生的挤压、坠落、(吊具、吊重)物体打击和触电。

(5) 触电,包括雷击伤亡事故。

(6) 淹溺,包括高处坠落淹溺,不包括矿山、井下透水淹溺。

(7) 灼烫,是指火焰烧伤、高温物体烫伤、化学灼伤(酸、碱、盐、有机物引起的体内外灼伤)、物理灼伤(光、放射性物质引起的体内外灼伤),不包括电灼伤和火灾引起的烧伤。

(8) 火灾。

(9) 高处坠落,是指在高处作业中发生坠落造成的伤亡事故,不包括触电坠落事故。

(10) 坍塌,是指物体在外力或重力作用下,超过自身的强度极限或因结构稳定性破坏而造成的事故,如挖沟时的土石塌方、脚手架坍塌、堆置物倒塌等,不适用于矿山冒顶片帮和车辆、起重机械、爆破引起的坍塌。

(11) 放炮,是指爆破作业中发生的伤亡事故。

(12) 火药爆炸,是指火药、炸药及其制品在生产、加工、运输、贮存中发生的爆炸事故。

(13) 化学性爆炸,是指可燃性气体、粉尘等与空气混合形成爆炸性混合物,接触引爆能源时,发生的爆炸事故(包括气体分解、喷雾爆炸)。

(14) 物理性爆炸,包括锅炉爆炸、容器超压爆炸、轮胎爆炸等。

(15) 中毒和窒息,包括中毒、缺氧窒息、中毒性窒息。

(16) 其他伤害,是指除上述以外的风险源,如摔、扭、挫、擦、刺、割伤和非机动车碰撞、轧伤等。矿山、井下、坑道作业还有冒顶片帮、透水、瓦斯爆炸等风险源。

**3. 按导致事故的直接原因进行分类**

根据《生产过程危险和有害因素分类与代码》(GB/T 13861—2009),可以将生产过程中的风险源分为 4 大类。

1）人的因素

（1）心理、生理性危险和有害因素。负荷超限，指易引起疲劳、劳损、伤害等的负荷超限；健康状况异常，指伤病期；从事禁忌作业；心理异常；辨识功能缺陷；其他心理、生理性危险。

（2）行为性危险和有害因素。指挥错误，操作错误，监护失误，其他错误，其他行为性危险和有害因素。

2）物的因素

（1）物理性危险和有害因素。设备、设施缺陷，防护缺陷，电危害，噪声危害，振动危害，电磁辐射，运动物危害，明火，能够造成灼伤的高温物体，能够造成冻伤的低温物体，粉尘与气溶胶，作业环境不良，信号缺陷，标志缺陷，其他物理性危险和有害因素。

（2）化学性危险和有害因素。易燃、易爆性物质，自燃性物质，有毒物质，腐蚀性物质，其他化学性危险和有害因素。

（3）生物性危险和有害因素。致病微生物，传染病媒介物，致害动物，致害植物，其他生物性危险和有害因素。

3）环境因素

（1）室内（外）作业场所环境不良。

（2）地下（含水下）作业环境不良。

（3）其他作业环境不良。

4）管理因素

（1）职业安全卫生组织机构不健全，职业安全卫生责任未落实，职业安全卫生管理规章制度不完善。

（2）职业安全投入不足，职业健康管理不完善。

（3）其他管理因素缺陷。

## 22.3 燃气气源的风险识别

根据危险源的定义，燃气气源本身的物理化学特性具有易燃、易爆等危险属性，属于可能造成事故和伤害的根源。可以理解为第一类危险源或固有型危险源。

上游来的天然气主要成分有甲烷、乙烷、$CO_2$ 及少量的四氢噻吩、$H_2S$ 等，其主要危险有害性如表 22-1 所列。在 LNG 站液化天然气组分主要为甲烷，其他组分绝大部分被分离出来，LNG 站使用的制冷剂由甲烷、乙烷、丙烷、丁烷、异丁烷、戊烷、异戊烷、氮气组成，脱酸性气体使用乙醇胺溶液，这些物质的主要危险有害性可参见《危险化学品重大危险源辨识》（GB 18218—2009）有关燃气气源组成物质的主要危险有害性表。

表 22-1 天然气危险有害性

| 标识 | 中文名:天然气 | | 英文名:Natural gas | | |
|---|---|---|---|---|---|
| | 分子式: | | 分子量: | | UN编号:1971 |
| | 危货号:21007 | | RTECS号: | | CAS号: |
| 物理化学性质 | 性状:无色气体 | | | | |
| | 熔点/℃: | | 最小引爆能量/mJ: | | |
| | 沸点/℃:—160 | | 溶解性:溶于水 | | |
| | 饱和蒸气压/kPa: | | 燃烧热/(kJ·mol⁻¹): | | |
| | 临界温度/℃: | | 相对密度(水=1):0.45(液化天然气) | | |
| | 临界压力/MPa: | | 相对密度(空气=1): | | |
| 燃烧爆炸危险性 | 燃烧性:极易燃 | | 燃烧(分解)产物:CO,CO₂ | | |
| | 闪点/℃: | | 聚合危害: | | |
| | 爆炸极限体积含量/%:5~14 | | 稳定性:稳定 | | |
| | 自燃温度/℃:482~632 | | 爆炸性物质的分类:Ⅰ T1 | | |
| | 禁忌物:强氧化剂、卤素 | | | | |
| | 危险特性:与空气混合能形成爆炸性混合物,遇卤素、氧化剂能剧烈反应,易引起爆炸 | | | | |
| | 灭火方法:切断气源,采用雾状水、泡沫、二氧化碳、干粉灭火 | | | | |
| 毒性及健康危害 | 接触限值:<br>中国 MAC:未制定标准<br>苏联 MAC:未制定标准<br>美国 TLV-TWA:未制定标准<br>美国 TLV-STEL:未制定标准 | | | | |
| | 侵入途径:吸入 | | | 毒性:无毒 | |
| | 健康危害:<br>短期接触:轻度头痛、头晕、呕吐、乏力;重度昏迷、醒后可有脑水肿,引起失语、偏瘫。<br>长期接触:神经衰弱综合征 | | | | |
| 急救 | 迅速脱离现场至空气新鲜处。给氧,治疗,防脑水肿 | | | | |
| 防护 | 工程控制:生产储存运输需密闭系统,有良好的自然通风环境,有防火、防爆、防静电措施,禁用易产生火花的设备、工具,防高热。<br>个体防护:高浓度环境下戴防护眼镜 | | | | |
| 泄漏处理 | 无关人员撤离污染区。切断火源,气源。应急人员戴自给式呼吸器,在确保安全情况下阻漏。抽排(室内)或强力(室外)通风。禁止泄漏物进入受限制的空气,如下水道、地沟等。防止爆炸。喷水雾稀释、降温 | | | | |
| 储运 | 罐区有禁火标志,有防火、防爆、防静电技术措施。远离卤素、氧化剂。夏季降温,防止阳光直射。配备相关消防器材。槽车运输时不能超压、超量 | | | | |

## 22.4 燃气储存的风险识别

1. 储配站

天然气储配站的主要设备有球罐、引射器、过滤器、阀门、调压器。

(1)设备、管线、阀门连接处密封不良或阀门故障,天然气泄漏出来,遇火源则会发生火灾、爆炸事故。

(2)球罐内若进气压力过高且安全放散阀打不开,或夏季气温较高又无水喷淋等降温措施或降温设施故障,气体膨胀压力升高,当压力超过球罐承压能力,则球罐有发生破裂、爆炸的危险。

(3)在更换过滤器、流量计等设施时,若操作不当或安装不到位,当系统压力升高时有导致大量天然气泄漏的危险,从而造成严重破坏后果。

(4)球罐由于焊接有缺陷或由于腐蚀而造成局部强度下降,在一定条件下有发生开裂或穿孔的危险,从而造成严重破坏后果。

(5)紧急放空管高度若太低或者放空管安全间距内有火源,在紧急放空时会引起火灾爆炸事故。

(6)天然气在紧急放空时会产生较强的噪声,操作人员长期接触而又未佩戴个体防护用品,会对人体健康造成一定危害。

2. 事故气源备用站

(1)事故气源备用站各个工段若设备、管线、阀门连接处密封不良,发生泄漏,遇点火源会发生火灾、爆炸事故。

(2)LNG在储存过程中,若未根据LNG密度选择相应进料方式或加入的LNG与罐内的溶液有温差,使罐内液体发生分层,引起翻滚事故,导致罐内LNG短时间内大量蒸发,压力迅速上升,若不能及时泄放压力,会造成严重破坏后果。

(3)若LNG储罐内壁发生泄漏,LNG会渗入保温层,检修前如对储罐内或保温层内天然气置换不完全,很容易引起火灾、爆炸事故。

(4)生产区内火炬和汽化用的燃烧器都是明火设备,若泄漏或事故状态排放的天然气扩散出来,遇明火很易引发火灾、爆炸。

(5)生产过程中许多设备管线内的物料温度很低,保温不良或低温介质泄漏,人员接触可能致使冻伤。

(6)天然气为窒息性气体,如果发生大量天然气泄漏,空气中浓度过高,对现场人员造成窒息危险。

(7)生产过程中使用多台压缩机和泵,这些设备在运转时以及气体在事故时放空和高压气流在管线中快速流动时都会产生一定强度的噪声,若强度超过卫生标准,人员长期在此环境中工作又无个体防护措施,会对身体健康造成危害。

(8)在爆炸危险区域内若防爆电气选型不当或安装不符合要求,有可能成为火源,引燃可燃气体。

(9)转动设备无防护罩或防护罩损坏,转动部件裸露出来,人若接触有发生机械伤害的危险。

## 22.5　燃气管网的风险识别

根据生产工艺流程、设备设施及涉及的主要危险物料,对生产和储存过程存在的主要危险有害因素分析如下:

(1)管线,由于设计、选材、制造、施工等方面有缺陷,在压力下输送气体导致管线穿孔或破裂,造成天然气泄漏,遇火源引起火灾;若形成爆炸性混合物,遇火源会发生爆炸事故。

(2)若设备、管线、阀门等连接处密封不良或阀门故障,天然气泄漏,遇明火电气火花等火源,导致发生火灾甚至爆炸事故。

(3)如果上游来气 $H_2S$(总硫)含量较高且含水率超标,对设备、管线会造成腐蚀,使其破裂、穿孔,导致天然气泄漏,引发严重后果。

(4)管线施工时若回填土不实或边坡不稳,在运行中长期失去支撑,管线由破裂拉断的危险,从而造成天然气泄漏。

(5)若管线沿线缺乏必要的安全标志,违章挖掘、爆破或故意破坏等人为因素都会造成管线破裂或穿孔,导致漏气。

(6)在更换过滤器或清管时,若操作不当或安装不到位,导致大量天然气泄漏。

(7)在爆炸危险区域内,使用的电气不防爆或防爆电气安装不当,一旦天然气泄漏,就会成为点火源引起火灾、爆炸事故。

(8)场站的高压气体在管线中高速流动时或放空时会产生较强的噪声,操作人员长期接触又无佩戴个体防护用品,会对健康造成一定危害。

美国运输部(DOT)研究与特殊项目委员会(RSPA)将各种致使管线失效的原因分为5类,分别是外力、腐蚀、焊接与材料缺陷、设备和操作以及其他。

虽然在不同地区、不同国家引起油气管线事故的失效原因种类及所占比例有所不同,但是通过排序可以很直观地发现,外力、腐蚀、焊接与材料缺陷是造成管线失效最主要的原因。

### 22.5.1　外力

外力主要指因外在原因或由第三方的责任事故以及不可抗拒的外力而诱发的管线事故,它是油气管线泄漏事故的主要原因之一。

外力引起的管线失效的原因一般可以分为自然环境因素与人为破坏,其中,自然环境因素又分为雷电引发的事故与地震破坏,人为破坏主要表现为在管线沿线修建违章建筑或者在管线上打孔盗气。

### 1. 自然环境因素

雷电危害的表现形式一般为:①阴极保护设备受损;②绝缘法兰的绝缘性降低;③雷雨季节触摸管线会感到电震等。

地震破坏表现为:当地震强度达到Ⅷ度或以上时就会引发管线的严重变形,管线因地层错动或土壤变形产生皱褶弯曲,严重时会出现开裂或者错断。

在自然灾害引发管线失效的事故中,地质灾害是最主要的原因,如山体滑坡或地基沉陷等,其他如雨水冲刷造成的管线暴露与悬空,洪水及泥石流冲断管线,管线穿越河流过程中被河水冲移也是引起管线失效事故的主要原因。

### 2. 人为破坏

20世纪90年代后期,管线侵权与人为破坏事件频发,主要表现为管线沿线修建违章建筑以及在管线上打孔盗气。管线侵权的主要表现是违章建筑的修建以及在施工过程中对管线的破坏,违章建筑的修建使管线的生存空间日益缩小,同时违章建筑又具有势头猛、分布不均匀的特点,这对管线的安全运行构成极大的威胁;施工过程中,在管线上方或者两侧取土、采石、开矿,挖掘等会引起管线防腐层的破坏,施工机械或操作有可能引起管线破裂,管线上方种植根深植物,也会使管线的防腐层遭到破坏,而且这种情况发生的概率较大,难以预防。

## 22.5.2  腐蚀

管线穿越沿途所经环境十分复杂,外部的环境介质与内部的传输介质都会给管线本身带来不同程度的腐蚀。随着管线服役年限增长,管线腐蚀概率增大,因管线腐蚀导致管线失效的事故时有发生。据统计,1985—2000年间,美国输气管线共发生1 318起事故,其中因管线内腐蚀导致失效的占12.8%,因管线外腐蚀导致管线失效的占15.3%,整体因管线腐蚀造成管线失效事故的比例占到28.1%;通过对俄罗斯天然气管线的事故案例分析可以看出,因外部腐蚀导致管线失效的比例是33.0%,因内部腐蚀导致管线失效的比例是6.9%,因腐蚀导致管线失效事故的比例是总体比例的39.9%,由此可知腐蚀是造成输气管线失效的主要诱因。

## 22.5.3  焊接与材料缺陷

焊接或者管线母材中的缺陷,在带压输送中常会引起管线破裂。管线施工不够精细,焊接工艺欠佳,会使焊口质量难以达到预期目标;同时焊缝内部承受压力较大,材质不够均匀密实,使管线输送潜力无法得到有效发挥,也难以达到预期的使用年限;管线运行过程中,频繁受到温度变化及振动影响,焊缝处与材质缺陷的副作用会得到有效放大,引起管线失效,导致管线失效事故。

通过对有关资料分析表明,焊接与材料缺陷在欧洲、苏联及美国是导致管线失效事故的第二大原因,在美国1970—1984年输气管线事故统计中,材料失效事故为990起,占全部事故总数 16.9%,如表 22-2 所示;而在苏联 1981—1990 年中,因材料失效和施工缺陷引起的事故分别为 100 次(占事故总数的 13.3%)和 168 次(22.3%),其对输气管线安全运行的危害显而易见(表 22-3)。

表 22-2                     1970—1984 年美国输气干线运行事故统计

| 事故原因 | 事故次数/次 | 事故率/% |
|---|---|---|
| 外力 | 3 144 | 53.5 |
| 材料损坏 | 990 | 16.9 |
| 腐蚀 | 972 | 16.9 |
| 其他 | 437 | 7.4 |
| 材料结构 | 284 | 4.8 |
| 结构或材料 | 45 | 0.8 |

表 22-3             1981—1990 年苏联干线输气管线事故原因和事故次数分析

| 事故原因 | 事故次数/次 | | | | | | | | | | 事故率/% |
|---|---|---|---|---|---|---|---|---|---|---|---|
| | 1981 年 | 1982 年 | 1983 年 | 1984 年 | 1985 年 | 1986 年 | 1987 年 | 1988 年 | 1989 年 | 1990 年 | |
| 外部腐蚀 | 36 | 22 | 39 | 28 | 34 | 21 | 22 | 17 | 11 | 18 | 33.0 |
| 内部腐蚀 | 3 | 3 | 4 | 12 | 5 | 10 | 9 | 4 | 2 | | 6.9 |
| 外部干扰 | 15 | 9 | 8 | 9 | 14 | 16 | 26 | 7 | 17 | 6 | 16.9 |
| 材料缺陷 | 14 | 6 | 10 | 9 | 16 | 10 | 7 | 9 | 10 | 9 | 13.3 |
| 焊接缺陷 | 7 | 5 | 3 | 13 | 13 | 8 | 12 | 4 | 10 | 6 | 10.8 |
| 施工缺陷 | 11 | 5 | 7 | 9 | 7 | 10 | 6 | 4 | 4 | 2 | 8.6 |
| 违反操作规程 | | | 1 | 3 | 2 | 2 | 4 | 3 | 3 | 4 | 2.9 |
| 设备缺陷 | 1 | 1 | | 3 | 2 | 2 | 2 | 5 | 1 | | 2.3 |
| 其他原因 | 1 | 4 | 4 | 4 | 2 | 3 | 5 | 4 | 5 | 8 | 5.3 |

### 22.5.4  设备和操作

违章操作同样会给管线本身或管线运行过程中的安全造成较大威胁,应该得到足够的重视。在管线施工过程中,不按规划设计操作,如管体埋深不足,沼泽水网地区配重块未按规范设计要求填装,冬季施工管沟回填土壤中混有冰雪;管线系统开车运行或者停车检修过程中,未对管线系统进行清空置换,或置换的不够彻底,导致管线系统中可能产生混合气体并达到爆炸极限,这些操作均会使管线在生产运行过程中面临较大危险。

### 22.5.5  其他

在输气管线生产运行过程中,还会面临其他一些潜在的、影响管线运行安全的危害因素,例如管线内水汽凝结引发的冰堵,或者管线穿越过程中外力引起的断裂等。

## 22.6 液化石油气输配系统的风险识别

### 22.6.1 液化石油气气源的风险识别

液化石油气被列入《危险化学品目录》(2017 版),其标识、物理化学性质、燃烧爆炸危险性、毒性和健康危害、急救、防护、泄漏处理、储运等列表分析如表 22-4 所列,参见《危险化学品重大危险源辨识》(GB 18218—2009)相关识别依据、方法和标准。

表 22-4　　　　　　　　　　　　　　　液化石油气危险有害性

| 标识 | 中文名:液化石油气 | | 英文名:liquefied petroleum gas/ compressed petroleum gas | |
|---|---|---|---|---|
| | 分子式: | | 分子量: | |
| | 危险品目录序号:2548 | | RTECS 号: | CAS 编号:68476-85-7 |
| 理化性质 | 性状:无色液体和蒸汽,加臭前有微弱的碳氢化合物味道,加臭后有臭鼬气味 | | | |
| | 熔点/℃:<br>沸点/℃:−83.8 | | 相对密度(水=1):0.50~0.57<br>相对密度(空气=1):1.8 | |
| | 饱和蒸气压/kPa:4 053(16.8℃) | | 辛醇/水分配系数的对数值:无资料 | |
| | 临界温度/℃:35.2 | | 燃烧热/(kJ·mol⁻¹):1 298.4 | |
| | 临界压力/MPa:5.08 | | 折射率:无资料 | |
| | 最小点火能/mJ:0.02 | | 溶解性:微溶于水、乙醇,溶于丙酮、氯仿、苯 | |
| 燃烧爆炸性 | 燃烧性:易燃 | | 稳定性:稳定　　聚合危害:聚合 | |
| | 闪点/℃:−74<br>引燃温度/℃:426~537 | | 避免接触的条件:受热 | |
| | 爆炸极限体积百分比/%:5~33 | | 禁忌物:强氧化剂、卤素 | |
| | 最大爆炸压力/MPa:无意义 | | 燃烧(分解)产物:无资料 | |
| | 危险特性:极易燃,与空气混合能形成爆炸性混合物。遇热源和明火有燃烧爆炸的危险。与氟、氯等接触会发生剧烈的化学反应。其蒸汽比空气重,能在较低处扩散到相当远的地方,遇火源会着火回燃 | | | |
| | 灭火方法:切断气源。若不能立即切断气源,则不允许熄灭正在燃烧的气体。喷水冷却容器,可能的话将容器从火场移至空旷处 | | | |
| 毒性及健康危害 | 接触限值:<br>中国 MAC(mg/m³):未制定标准<br>苏联 MAC(mg/m³):未制定标准<br>美国 TVL-TWA:1000 ACGIH 10 ppm,49 mg/m³<br>美国 TLV-STEL:1500 | | | |
| | 急性毒性:LD₅₀无资料<br>　　　　　LC₅₀无资料 | | | |
| | 侵入途径:吸入 | | | |
| | 健康危害:本品有麻醉作用 | | | |

| 急救 | 皮肤接触：若有冻伤，就医治疗；眼睛接触：无；食入：无<br>吸入：迅速脱离现场至空气新鲜处，保持呼吸道通畅，如呼吸困难，给输氧；如呼吸停止，立即进行人工呼吸；及时就医 |
|---|---|
| 防护 | 工程控制：生产过程密闭，全面通风。提供良好的自然通风条件<br>呼吸系统防护：高浓度环境中，建议佩戴过滤式防毒面具（半面罩）<br>眼睛防护：一般不需要特殊防护，高浓度接触时可戴化学安全防护眼镜<br>身体防护：穿防静电工作服<br>手防护：戴一般作业防护手套<br>听力防护：工作环境噪声达到 85 dB 以上，佩戴降噪耳塞进行保护<br>其他防护：工作现场严禁吸烟，避免高浓度吸入，进入罐、限制性空间或其他高浓度区作业，须有人监护 |
| 泄漏处理 | 迅速撤离泄漏污染区人员至上风处并进行隔离，严格限制出入。切断火源。建议应急处理人员戴自给正压式呼吸器，穿防静电工作服。不要直接接触泄漏物。尽可能切断泄漏源。用工业覆盖层或吸附/吸收剂盖住泄漏点附近的下水道等地方，防止气体进入。合理通风，加速扩散。喷雾状水稀释。漏气容器要妥善处理、修复、检验后再用 |
| 储运 | 储存注意事项：储存于阴凉、通风的库房。远离火种、热源。库温不宜超过 30℃。应与氧化剂、卤素分开存放，切忌混储。采用防爆型照明、通风设施。禁止使用易产生火花的机械设备和工具。储区应备有泄漏应急处理设备。<br>运输注意事项：本品铁路运输时限使用耐压液化气企业自备罐车装运，装运前需报有关部门批准。装有液化石油气的气瓶（即石油气的气瓶）禁止铁路运输。运输时运输车辆应配备相应品种和数量的消防器材。装运该物品的车辆排气管必须配备阻火装置，禁止使用易产生火花的机械设备和工具装卸。严禁与氧化剂、卤素等混装混运。夏季应早晚运输，防止日光暴晒。中途停留时应远离火种、热源。公路运输时要按规定路线行驶，勿在居民区和人口稠密区停留。铁路运输时禁止溜放 |

## 22.6.2　液化石油气作业过程的风险识别

1. 生产、储存、充装、运输过程的风险识别

液化石油气生产、储存、充装和运输过程中的主要风险有火灾、爆炸、容器爆炸、中毒和窒息、低温冻伤等。

1）火灾、爆炸

（1）液化石油气主要作为民用燃料和工业燃料，一般均使用钢瓶包装。液化石油气为无色气体，有特殊臭味，主要由 $C_3$、$C_4$ 混合烃类组成，对空气的相对密度为 1.5～2.0，沸点在 0℃以下。液化石油气极易燃烧，气体能与空气形成爆炸性的混合物，爆炸极限为 5%～33%。丙烷为易燃气体，遇到热源或火源有着火、爆炸危险。

在储存、装卸、充装液化石油气、丙烷时，如果设备、管线、法兰、阀门等密封损坏或性能不良时，泄漏的液化石油气、丙烷遇到点火源可能导致火灾、爆炸事故；液化石油气、丙烷管线若未设置导除静电的接地装置或接地装置失效，管内气流摩擦而产生的静电无法导除，发生静电聚集可能导致着火燃烧事故。储罐区、装卸台、灌装区内如果违章动火、吸烟、明火作业或有其他点火源存在的情况下可能引起火灾事故；在火灾爆炸危险区域内，若使用非防爆电气或防爆电气选型不合适或安装后整体防爆性能未达要求，有可能成为火灾、爆炸事故的点火源。

（2）电气设备短路可能造成电气设备着火燃烧，配电装置、电动机及各种用电设备若超负

荷运行,也存在电气火灾的危险性。

(3)夏季雷雨季节,储罐遭雷击,若防雷设施损坏或失效,可能发生容器爆炸事故。

电气线路老化,电阻不符合要求等易引发火灾爆炸事故。办公区域、车间违规使用大功率发热电器易引发火灾事故。作业人员动火作业期间违反安全操作规程等,易引发火灾爆炸事故。在禁火区域违规使用明火、吸烟等易导致火灾爆炸事故。违章用火、吸烟等会造成明火,非防爆电气设备、电气短路、超负荷等会产生电气火花,静电、雷击等也会形成点火源。

2)容器爆炸

(1)液化石油气、丙烷储存于密闭容器低温储罐内,若低温储罐超装,容器受热,内部压力增大,有发生物理爆炸的危险。

(2)液化石油气、丙烷充装气瓶为移动式压力容器,储运过程中,若安全附件失效、失控、金属材料腐蚀、疲劳或维护保养不当时,或操作不当,可能会发生容器泄漏和爆炸事故。

3)中毒窒息

液化石油气有低毒性,当空气中的液化石油气浓度超过 1% 时,就会使人呕吐,感到头痛;达到 10% 时,2 min 就能使人麻醉,人体吸入高浓度的液化石油气时,就会发生窒息死亡。

4)低温冻伤

低温液体储罐在向槽车充装时如操作不当或设备故障可能造成低温液体泄漏,引发低温冻伤事故;低温液体储罐材质不良、安全附件失效,若发生超压可能发生泄漏,喷溅到人体可能导致低温冻伤事故。

**2. 检维修过程的风险识别**

检修人员检修、维修过程中危险有害因素可能引起触电、高处坠落、起重伤害、物体打击等。

(1)检维修作业时不办理操作票或不执行监护制度,不使用或使用不合格绝缘工具和电气工具,检修电器设备工作完毕,未办理工作票终结手续就恢复送电等可能发生触电事故;电气设备的非带电金属外壳,若发生漏电,作业人员在操作过程中,有可能发生触电事故。

(2)在安装、检修或检查过程中如防护措施不力,则易发生高处坠落。作业现场的平台栏杆设计不按标准,安装质量缺陷或日常维护保养不当,存在潜在高处坠落的危险性。

(3)对涉及有害介质作业的容器检修时,如果不进行置换、吹扫、清洗等方法对设备进行处理,检修时可能引起火灾或中毒事故的发生。

(4)设备检修作业时,未按《城镇燃气设施运行、维护和抢修安全技术规程》(CJJ 51—2016)等的有关规范,办理相关审批手续,落实各项安全措施,违章进行作业,可发生人身伤害和火灾事故。

(5)在设备检修时,高处作业应佩戴安全带等防护用具并采取相关防护措施。如没有配戴或防护用具不合格,防护措施不到位等,有可能发生高处坠落事故。

(6)物体打击是指在重力或其他外力的作用下产生物体运动,打击人体造成人身伤亡事故。在检修、维修时存在着工具、五金件、管线,废金属块等物体坠落伤人,造成物体打击事故。

3. 自然灾害的风险识别

在公司正常生产运营过程中,也可能遭受暴雨、洪水、雷击、大风、高温、低温、暴雪、冰雹、地震等自然灾害的影响。

4. 日常管理运行的风险识别

1) 火灾

(1) 明火:如违章使用的明火、吸烟、打火机火种等。

(2) 电气火花:如仪表、照明、电气线路、开关、插座、手机等产生的火花;电气设备绝缘不良、安装不符合要求,发生短路、超负荷,接触电阻过大等产生的电气火花和高温等。

(3) 静电火花:易燃液体在管线进料或放料时,如流速过快会产生静电,化纤类工作服摩擦也会产生的静电火花等。

(4) 车辆火星:进入厂区的机动车辆排气管如未安装火星熄灭器(俗称:防火罩、熄火器)产生的火星;无防止火星溅出或高温表面的安全装置而产生的火花等。

(5) 工具火花。

(6) 其他点火源和高温表面。

2) 废弃物管理

废弃物处置不当(如没有按危险化学品特性用化学或物理的方法处理而随意抛弃、倾倒),可因废弃物的燃烧危险性而引起火灾、中毒事故,此外还对环境造成污染。

3) 劳防用品

操作人员在操作过程中,如未正确穿戴劳动防护用品(工作服、手套、防护面罩、工作鞋、防护眼镜等)或管理者未按照标准配发正确的劳动防护用品,可导致人体受刺激或伤害。

4) 应急器材

应急使用的工具、抢险防护器材未按照规定配置、未按照固定地点放置、应急工具/防护器材存放点未设置明显标志。一旦发生紧急状况,可能导致抢险人员受伤或延误抢险时机。

# 23 城市燃气管网系统的风险评价

## 23.1 燃气管网系统风险评价综述

### 23.1.1 风险评价的定义

在充分揭示风险存在和发生可能性的基础上,再对风险进行分析评价,看看究竟会产生什么样的后果,是否需要什么技术措施,采取这些措施后危险会得到怎样的抑制或消除,这些都需要反复进行评价,这种评价称为风险评价。通过风险评价这一现代安全管理的重要手段,可以帮助我们建立一种科学的思维方式,运用系统方法,及时、全面、准确、系统地识别各种危险因素,评价潜在的风险并采取最佳方案,从而降低风险,以寻求最低的事故率、最少的损失和最优的安全投资效益。

通常可以利用"风险矩阵图"(表 23-1)对风险进行描述。根据各自的可接受标准,将事故发生概率和后果严重性分为 5 个等级。表中各小方块是事故发生概率和事故发生后果严重性的综合。小方块中的颜色越偏于红色区域,则表示风险越大。小方块中的颜色越偏于绿色区域,则表示风险越小。

表 23-1　　　　　　　　　　　　风险矩阵图

| 后果严重性 | 事故发生概率 | | | | |
| --- | --- | --- | --- | --- | --- |
| | 低 | 较低 | 一般 | 较高 | 高 |
| 小 | (1, 1) | (1, 2) | (1, 3) | (1, 4) | (1, 5) |
| 较小 | (2, 1) | (2, 2) | (2, 3) | (2, 4) | (2, 5) |
| 一般 | (3, 1) | (3, 2) | (3, 3) | (3, 4) | (3, 5) |
| 较大 | (4, 1) | (4, 2) | (4, 3) | (4, 4) | (4, 5) |
| 大 | (5, 1) | (5, 2) | (5, 3) | (5, 4) | (5, 5) |

风险矩阵中各小方块风险性定义如下:

(1) 低风险区{(1, 1),(1, 2),(2, 1)}:评价对象处于安全状态,防护措施得当,管理完善。

(2) 较低风险区{(3, 1),(2, 2),(1, 2)}:评价对象处于较安全状态,防护措施比较得当,管理较完善。

(3) 中等风险区{(5, 1),(4, 2),(3, 3),(2, 4),(1, 5),(4, 1),(3, 2),(2, 3),(1, 4)}:评

价对象能满足正常运行要求,管理欠缺。

(4) 较高风险区{(5,3),(4,4),(3,5)}:评价对象处于严重事故萌发时期,已有多次事故记录,管理不善。

(5) 高风险区{(5,5),(4,5),(5,4)}:评价对象已经不能满足正常运行要求,管理存在严重问题。

低风险区相当于风险可忽略区,较低风险区和中等风险区相当于风险可接受区,较高风险区和高风险区相当于风险不可接受区。如果风险处于不可接受区,就应该及时针对事故树各类底事件进行分析,确定重点改进对象,以便采取合理而有效的措施。

风险评价的作用是能将不同风险等级的危险源进行重要性分类,优先考虑对风险较大,尤其是风险不可接受等级的危险源进行处置,在资源的分配和投入上有所侧重,避免造成平均分配以及错配(优先投入低风险而忽视高风险治理)的问题,是从资源分配的经济性、适用性、可行性等方面予以考虑。

### 23.1.2  风险评价的主要内容

风险评价内容包括明确系统、危险源辨识、频率分析、事故模拟和风险结果。

#### 1. 明确系统

明确系统是进行量化风险评价的前提。明确量化风险评价工作的范围,哪些行为被包括在内,哪些被排除在外,即要明确将要分析哪些具有潜在危险的装置或行为,以界定工作范围。例如项目对周边居民的影响,包括火灾热辐射影响、有毒物质的泄漏扩散影响等。

#### 2. 危险源识别

危险源识别是进行量化风险评价的基础。危险源识别是对可以导致事故的情况进行确定的系统过程,是为了可能的失效件进行选择。这一过程是基于以往的事故经验或必要判断,对可能发生的事故进行定性评价。目前比较常用的危险源识别方法有安全检查表分析、工作危害分析、预危险性分析、故障假设分析、危险与可操作性分析、失效模式与效应分析、事故树分析和事故树分析等。

燃气基础设施中气源、储存、管网等属于第一类危险源。燃气基础设施第三方损害、设计缺陷、施工不当、材料质量不合要求以及管理漏洞等属于第二类危险源。

城市燃气基础设施非常复杂,既有地下管网又有地上设施,且范围大,危险通常是潜在的、隐含的。城市燃气基础设施各环节的危险源辨识,需要危险源识别方法与实地调研、专家经验等相结合。

#### 3. 频率分析

频率是量化风险评价的重要参数。频率分析是估算事故发生的可能性,通常来源于对以往事故经验的分析或某些理论模拟。在国外经过多年的积累和研究,很多机构已建立起相关领域的数据库,这些数据库的建立和应用大大提高了预测结果的准确性,并提高了工作效率。

4. 事故模拟

事故模拟是量化风险评价的关键。事故模拟是估算事故发生的后果及其影响,包括对人员、设备、建筑、环境等的冲击。这一过程可以通过计算机模拟,也可以基于事故经验或适当的资料判断。在这一技术发展比较成熟的国家或机构已经开发出了模拟软件。

5. 风险结果

风险结果是量化风险评价的结论。风险结果是以事故模拟的结果为前提,通过与量化风险评价指标的对比,确定项目所带来的风险水平是否在可接受的范围之内,是否需要额外的安全系统将风险降低到一个尽可能低的水平或可以承受的水平,并对相关安全措施提出合理的建议。

### 23.1.3 风险评价的重要意义

城市燃气基础设施风险评价有利于提高管理者的决策水平。燃气基础设施的特点是点多、面广、线长且大多埋于地下,容易受到多种内外因素的影响,且埋设地下管道的日常检测困难。对于城市燃气经营企业而言,最棘手的问题不是在事故后如何采取补救措施,而是不知道何时、何地会发生下一个事故以及下一个事故后果的严重程度。虽然下一个事故是无法预测的,但对城市燃气基础设施风险进行评价后,采取必要的措施以减少一定时期内事故发生的频率和严重性却能做到。它可以帮助领导层进行技术决策,改变过去以捡漏、抢修为主要手段的被动局面,转而实行以预防为主,主动建立"跟踪检测—风险评价—计划性修复"的城市燃气基础设施综合管理体系,从而避免了"平均花钱,不见效益"的盲目性。因此,在城市燃气基础设施的整个生命周期,特别是在运行阶段,进行风险评价是非常重要的。

城市燃气基础设施风险评价有利于及时消除风险因素,发现城市燃气输配管网中的薄弱环节,及时维护,最大限度地降低事故发生率,确保城市燃气基础设施长期处于安全高效的运行状态,从而提高设施的使用效益,提高系统的可靠性、完整性和安全度,减少突发性灾难事故的发生。因此,城市燃气基础设施风险评价是风险防控的重要依据。

## 23.2 燃气管网系统风险评价的方法

风险评价的主要目的是探寻事故发生的原因,并对危险源导致事故发生的可能性和危害性进行分析。风险评价方法很多,如专家调查法、模糊综合评价法、事故树分析法、结构模型分析法、肯特模型法等,以下主要介绍事故树方法、半定量分析方法、结构模型分析方法和肯特模型方法。

### 23.2.1 事故树分析法

对于燃气基础设施的风险评价,选用事故树分析法。事故树的分析流程如图 23-1 所示。

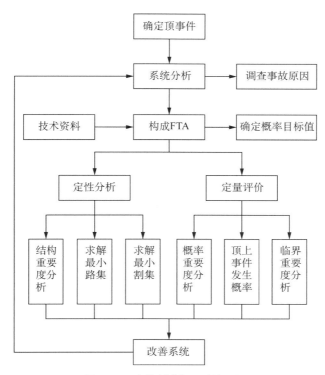

图 23-1　事故树分析程序流程图

### 1. 确定顶事件

所谓顶事件，即人们不期望发生的事件，是分析的对象事件。顶事件的确定可依据所需分析的目的直接确定，并在调查故障的基础上提出。除此，也可事先进行故障类型和影响分析，从而确定顶事件。

### 2. 构建事故树

事故树的构建是事故树分析的核心之一，事故树正确、合理、完整与否直接决定了分析结果的准确性、有效性，故要求构建事故树者必须具有丰富的专业知识和经验，仔细分析设计文件、运行文件，掌握系统的特性，慎重地对待每个细节，方能构建较完整的事故树。

构建事故树时首先应广泛分析造成顶事件起因的中间事件及基本事件间的关系并加以整理，而后从顶事件起，按照演绎分析的方法，一级一级地把所有直接原因事件，按其逻辑关系，用逻辑门符号给予连接，以构成事故树。

### 3. 定性评价

依据所构建的事故树图，列出布尔表达式，求解出最小割集（顶事件发生所必需的最低限度的底事件的集合），进行各基本事件的结构重要度（基本事件在事故树结构中所占的地位而造成的影响程度）分析，从而发现系统的最薄弱环节位置。

#### 4. 定量评价

首先收集到足够量的底事件的发生概率值,根据底事件的发生概率求出顶事件发生概率。在求出顶事件概率的基础上,进一步求出各底事件的概率重要系数和临界重要系数。将所得顶事件发生的概率值与预定的概率目标值(社会能接受的顶事件发生的概率值)进行比较分析,若超过可以接受的程度,应采取必要的系统改进措施并再用事故树分析,验证其效果,使其降至目标值以下。如果事故发生概率及其造成的损失可以接受,则不需投入更多的人力、物力进一步治理。

事故树分析是一种对复杂系统进行风险识别和评价的方法。在生产、使用阶段可帮助进行失效诊断、改进技术管理和维修方案。事故树分析也可以作为事故发生后的调查手段。事故树分析既适用于定性评价,又适用于定量评价,具有应用范围广和简明形象的特点,体现了以系统工程方法研究安全问题的系统性、准确性和预测性。事故树分析的过程比较烦琐,采用事故树对城市燃气基础设施进行定量分析和评价时,则存在更大的困难。由于我国目前还缺乏城市燃气基础设施中各种设备的故障率和人的失误率等实际数据的采集,所以给定量的评价带来很大困难或不可能。但由于事故树分析能直观地指出消除事故的根本点,方便制订预防措施,因为实用价值较高。

### 23.2.2 半定量分析方法

根据近年来,国内外大量的工程实例,我们可以看到定性分析只能区分高、中、低风险的相对等级,风险评价结果粗放,且对于发生频率和事故损失后果不能量化;定量风险评价则需要大量的失效、事故、危害等相关的数据,分析过程复杂难度大。因此,半定量风险评估是目前采用最多的一类风险评估方法。半定量风险评估是以风险的数量指标为基础,对管道事故损失后果和事故发生概率按因素的权重值各自分配一个指标,运用算术法将事故概率和后果严重度指标组合来表示的风险评估模型,然后将事故概率和后果严重程度的指标进行组合,从而形成一个相对风险指标,常用的方法有肯特·米尔鲍尔(W. Kent Muhlbauer)专家评估指标法(简称肯特打分法)、风险矩阵法、模糊数学评价法等。半定量风险评估是对于城市高压燃气管网适用性较好的一种风险评估模型。

城市燃气管网系统包括多个组成部分,影响系统安全性的因素包括气源因素、管网因素、应用因素、管理因素和自然因素5个方面。在供应系统运行的过程中,任何一方面出现问题,都可能导致严重事故的发生。图23-2为半定量风险评价流程图,其中失效可能性评价指标用 $L_i$ 表示($i \geqslant 1$)。

城市天然气供应系统5个安全因素的权重用 $W_i$ 表示($i \geqslant 1$);失效后果评价指标用分值 $C_i$ 表示($i \geqslant 1$),城市天然气供应系统5个安全因素的单个风险大小用 $R_i$ 表示($i \geqslant 1$),城市燃气供应系统整体风险大小用 $R$ 表示。

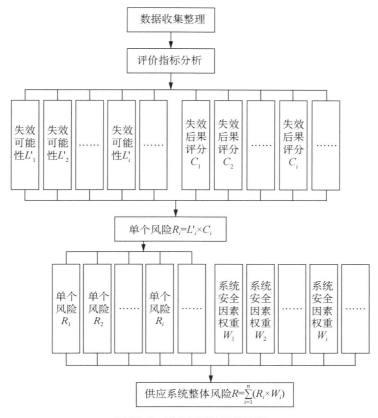

图 23-2 半定量风险评价流程

### 23.2.3 结构模型分析方法

通过管线结构力学模型可以获知管线结构的安全状态,将影响管线受力状态的敏感因素用于管线结构力学模型建模,对管线结构受力状态进行评估。在管线断面设计模型基础上,结构模型分析法考虑了管线结构纵向受力情况,同时分析了沿管线纵向的受力状况以及组合受力状态下的结构应力状态。因为我国《城镇燃气设计规范》(GB 50028—2006)中没有涉及管线荷载、管线变形状态、管线稳定状态的规定,因此这三部分借用了《给水排水工程管道结构设计规范》(GB 50332—2002)和《给水排水工程埋地钢管管道结构设计规程》(CECS 144—2002)的相关规定。

1. 管线荷载作用

管线结构力学荷载作用包含土压荷载 $W_{soil}$、交通荷载 $W_{traffic}$、内压 $P_i$、温度荷载 $\Delta T$ 等。

1)土压荷载

我国《给水排水工程管道结构设计规范》(GB 50332—2002)、《给水排水工程埋地钢管管道结构设计规程》(CECS 144—2002)关于土压荷载的计算方法根据 Marston 模型得到数学表达式为

$$W_{\text{soil}} = C_c \gamma D^2 \qquad (23\text{-}1)$$

$$C_c = \frac{e^{\pm 2K\mu(H/D)} - 1}{\pm 2K\mu} \qquad (23\text{-}2)$$

式中   $\mu$ ——土柱剪切滑动面的摩擦角,土体摩擦系数 $\mu = \tan\varphi$;

       $K$ ——主动土压系数,取 $K = \tan^2(45° - \varphi/2)$;

       $H$ ——管顶至地面的覆土厚度;

       $D$ ——管线外径。

2) 交通荷载

《给水排水工程管道结构设计规范》(GB 50332—2002)以分布角法计算轮压产生的路面荷载。将地面车辆的轮压荷载以某一扩散角(25°～45°)向下传递,并假定车辆附加轮压荷载在管顶平面内均匀分布。采用路面荷载标准值 $q_{vk}$ 计算式为

$$q_{vk} = \frac{\mu_d Q_{vk}}{(A + 1.4H)(B + 1.4H)} \qquad (23\text{-}3)$$

式中   $Q_{vk}$ ——轮压标准值;

       $\mu_d$ ——与埋深相关的动力系数;

       $A,B$ ——机动车着地的长度和宽度;

       $H$ ——管顶至地表的距离。

3) 管线内压

对于服役管线的内压,宜采用实际监测的压力值或水力模型模拟获得的管线压力值进行估算。

4) 温度荷载

季节性温变是管线日常运行中主要的服役环境荷载作用,敷设管线时的环境温度是管线的基准温度 $T_0$,$\Delta T$ 是管线安装时和日后运营服役温度 $T_u$ 的温差,计算式为

$$\Delta T = T_u - T_0 \qquad (23\text{-}4)$$

根据经验一般在春秋季进行施工,有利于管线日后的服役状态。管材的温度应变表达为

$$\varepsilon_T = \alpha_p \Delta T \qquad (23\text{-}5)$$

式中,$\alpha_p$ 为管线的温度膨胀系数。

## 2. 管线应力状态

根据计算得到的管线结构荷载情况,需考虑腐蚀对管线材质包括管壁厚度、管材力学性能的影响。常采用的腐蚀模型有幂函数模型、二阶段模型、线性模型,这些模型表达了管线腐蚀深度随时间的增长规律。其中,二阶段模型能够较好地模拟管线初始腐蚀速率及最终腐蚀作用减弱的规律。

$$d = aT + b(1 - e^{-cT}) \tag{23-6}$$

式中　$a$——管线最终腐蚀速率；

　　　$b$——管线腐蚀比例参数；

　　　$c$——管线腐蚀速率抑制参数。

则管线剩余壁厚为

$$t_u = t_0 - d \tag{23-7}$$

目前,对管线剩余强度的估计基于中低强度材料的弹塑性断裂力学,采用解析式表达管线不连续时的管线强度,结合实验的归纳综合与理论分析,构造基于材料几何特性的应力强度因子,如美国 ASME-B31G 腐蚀管线剩余强度评价方法。目前的剩余强度估计方法主要是开挖后对管线外观腐蚀进行调查,研究中缺乏对不开挖土体管线剩余强度的估计,一般根据管线 50 年使用寿命进行腐蚀深度和剩余强度的估算。

管线周边各种荷载作用在管线上产生的应力包括管线横断面上的环向拉伸应力、环向弯曲应力,以及纵断面的纵向拉伸应力、纵向弯曲应力。

1) 环向拉伸应力

管线的环向拉伸应力由管内外压力和管线纵向弯曲泊松效应引起的,其表达式为

$$\sigma_\theta^h = \sigma_\theta^P + \sigma_\theta^f \tag{23-8}$$

式中　$\sigma_\theta^P$——管线内外压力产生的环向拉伸应力；

　　　$\sigma_\theta^f$——管线纵向弯曲泊松效应引起的环向拉伸应力,各部分表示为

$$\sigma_\theta^P = (P_i - P_e)\left(\frac{D-t}{2t}\right) \tag{23-9}$$

$$\sigma_\theta^f = -\nu_p \frac{M_x r_0}{I_{zz}} \tag{23-10}$$

式中　$M_x$——管线纵向弯矩；

　　　$D$——管线外径；

　　　$t$——管壁厚度；

　　　$P_i$——管线内压；

　　　$P_e$——管线径向外荷载；

　　　$I_{zz}$——管线截面惯性矩；

　　　$\nu_p$——管材泊松比；

　　　$r_0$, $r_i$——管线外半径和内半径,而计算半径 $r = \dfrac{r_0 + r_i}{2}$。

2) 环向弯曲应力

对于刚性管,常采用 Watkins 和 Anderson 公式计算环向弯曲应力,假定不考虑土体的侧向

土压力,且在均布土压荷载 $q$ 的作用下,环向弯曲应力表达为

$$\sigma_\theta^r = q\,\frac{3D}{\pi t^2} \tag{23-11}$$

对于柔性管,常常采用 Spangler 公式计算环向弯曲应力,其中,考虑了拉压刚度影响,没有考虑土体侧向刚度对管线弯曲应力影响,计算表达为

$$\sigma_\theta^r = \frac{6K_b W_{vertical} E_p t r}{E_p t^3 + 24K_z P_i r^3} \tag{23-12}$$

式中  $K_b$, $K_z$ ——管线的弯曲系数和变形系数,二者与管体周边基床角度有关;

$\quad\quad W_{vertical}$ ——管线所受的竖向荷载;

$\quad\quad E_p$ ——管材弹性模量;

$\quad\quad 24K_z P_i r^3$ ——管线内压导致的刚度项;

$\quad\quad P_i$ ——管线内压。

3)纵向拉伸应力

对于刚性接头的连续管,纵向拉伸应力考虑季节性温差效应和管线内外径向土压的泊松效应,表达为

$$\sigma_x^h = \sigma_x^{\Delta T} + \sigma_x^P \tag{23-13}$$

式中  $\sigma_x^P$ ——内外压力造成的纵向拉伸应力,即

$$\sigma_x^P = -\nu_p\,\frac{D(P_i - P_e)}{2t} + \nu_p\,\frac{P_i + P_e}{2} \tag{23-14}$$

$\quad\quad \sigma_x^{\Delta T}$ ——季节性温差效应产生的管线纵向拉伸应力,即

$$\sigma_x^{\Delta T} = E_p \alpha_p \Delta T \tag{23-15}$$

式中  $E_p$ ——管材弹性模量;

$\quad\quad \alpha_p$ ——管线温度膨胀系数;

$\quad\quad \Delta T$ ——温度,升高为正,降低为负。

对于柔性接头连接的管线,由于接头较管线自身偏柔,约束管身的能力有限,变形集中于接头,在受力模型中不考虑纵向拉伸应力。

4)纵向弯曲应力

纵向弯曲应力按照下式计算:

$$\sigma_x^r = \frac{M_x r}{I_{zz}} \tag{23-16}$$

式中,$r$ 为管线半径。

### 3. 管线变形状态

《给水排水工程埋地钢管管道结构设计规程》(CECS 144—2002)对管线的竖向变形进行控制。管线的竖向变形表达式为

$$\omega = \frac{D_{\mathrm{L}} K_{\mathrm{b}} r^3 W_{\mathrm{vertical}}}{E_{\mathrm{p}} I_{\mathrm{p}} + 0.061 E_{\mathrm{s}}^3 r^3} \tag{23-17}$$

式中　$D_{\mathrm{L}}$ ——变形之后效应系数,取 $1.0 \sim 1.5$;

　　　$K_{\mathrm{b}}$ ——竖向压力作用下柔性管的竖向变形系数;

　　　$r$ ——管线的计算半径;

　　　$W_{\mathrm{vertical}}$ ——管线的竖向荷载;

　　　$I_{\mathrm{p}}$ ——管线管壁纵向截面单位长度的截面惯性矩;

　　　$E_{\mathrm{p}}$,$E_{\mathrm{s}}$ ——管线和土体的弹性模量。

### 4. 管线稳定状态

由于管线长细比较大,即管线纵向长度与半径长度比值较高,可能在服役期间发生失稳破坏。管线结构安全状态需考虑管线的稳定性。在《给水排水工程埋地钢管管道结构设计规程》(CECS 144—2002)对管线稳定性校验的数学表达式为

$$F_{\mathrm{cr,k}} \geqslant K_{\mathrm{st}}(F_{\mathrm{sv,k}} + q_{\mathrm{ik}}) \tag{23-18}$$

式中　$F_{\mathrm{cr,k}}$ ——管线截面的临界压力;

　　　$K_{\mathrm{st}}$ ——管线截面的设计稳定性抗力系数;

　　　$F_{\mathrm{sv,k}}$ ——管线单位长度上管顶竖向土压力荷载;

　　　$q_{\mathrm{ik}}$ ——地面车辆荷载或地面堆积荷载,取二者的较大值。

### 5. 管线安全状态分级

管线结构力学模型安全状态应综合管线应力状态、变形状态和稳定状态。

(1) 对于管线结构应力状态,采用形状改变比能失效准则,判断安全系数 $F_{\mathrm{s}}$,借此划分管线应力状态等级。

① 对于双向拉伸的情况,即 $\sigma_1 > 0$ 和 $\sigma_2 > 0$ 的情况:

$$\left(\frac{\sigma_1}{\sigma_{\mathrm{u}}}\right)^2 - \frac{\sigma_1 \sigma_2}{\sigma_{\mathrm{u}}^2} + \left(\frac{\sigma_2}{\sigma_{\mathrm{u}}}\right)^2 = \frac{1}{F_{\mathrm{s}}} \tag{23-19}$$

② 对于拉伸-压缩组合的情况,即 $\sigma_1 > 0$ 和 $\sigma_2 \leqslant 0$ 的情况:

$$\left(\frac{\sigma_1}{\sigma_{\mathrm{u}}}\right)^2 - \frac{\sigma_1 \sigma_2}{n_\sigma \sigma_{\mathrm{u}}^2} + \left(\frac{\sigma_2}{n_\sigma \sigma_{\mathrm{u}}}\right)^2 = \left(\frac{1}{F_{\mathrm{s}}}\right)^2 \tag{23-20}$$

③ 对于双向压缩组合的情况,即 $\sigma_1 \leqslant 0$ 和 $\sigma_2 \leqslant 0$ 的情况:

$$\left(\frac{\sigma_1}{n_\sigma\sigma_u}\right)^2 - \frac{\sigma_1\sigma_2}{n_\sigma\sigma_u^2} + \left(\frac{\sigma_2}{n_\sigma\sigma_u}\right)^2 = \left(\frac{1}{F_s}\right)^2 \tag{23-21}$$

式中　$n_\sigma$ ——一个与管材有关的系数；

　　　$\sigma_u$ ——管材的极限强度。

刚性接口的连续管线,在服役中会出现纵向拉伸应力,情况①②③均为可能出现的复合应力状态;柔性接口的管线,允许接口变形,无纵向拉伸应力,情况③将用于复合应力的安全系数 $F_s$ 计算。管线结构安全系数 $F_s$ 按表 23-2 进行分级。

表 23-2                          管线结构应力状态等级

| 安全系数 $F_s$ | $F_s < 1.5$ | $1.5 \leqslant F_s < 2.5$ | $2.5 \leqslant F_s < 3.5$ | $3.5 \leqslant F_s < 4.5$ | $F_s \geqslant 4.5$ |
|---|---|---|---|---|---|
| 应力等级 $L_1$ | 一级 | 二级 | 三级 | 四级 | 五级 |
| 含义 | 不安全 | 较不安全 | 中等安全 | 较安全 | 安全 |

（2）对于管线结构变形状态,采用变形百分率 $\varphi$ 划分管线结构变形状态等级。变形百分率 $\varphi$ 计算式为

$$\varphi = \frac{\omega}{D_0} \tag{23-22}$$

式中　$\omega$ ——管线竖向变形；

　　　$D_0$ ——管线的计算直径。按表 23-3 进行管线结构变形状态等级划分。

表 23-3                          管线结构变形状态等级

| 变形百分率 $\varphi$/% | $\varphi > 5$ | $4 < \varphi \leqslant 5$ | $3 < \varphi \leqslant 4$ | $2 < \varphi \leqslant 3$ | $\varphi \leqslant 2$ |
|---|---|---|---|---|---|
| 变形等级 $L_2$ | 一级 | 二级 | 三级 | 四级 | 五级 |
| 含义 | 不安全 | 较不安全 | 中等安全 | 较安全 | 安全 |

（3）对于管线结构稳定状态,暂不进行分析。

综上,管线结构的安全状态等级划分,考虑应力和变形状态两方面,管线结构综合安全状态等级 $L$ 按照下式确定：

$$L = \min(L_1, L_2) \tag{23-23}$$

**6. 评估流程**

管线结构受力状态评估流程如图 23-2 所示。

（1）初始化管线结构力学模型,从 GIS 平台中提取管线 $j$ 的属性参数,同预估环境参数,导结构力学模型进行计算。

（2）计算管线 $j$ 的荷载 $F$。

（3）分别计算管线结构应力状态代表值——安全系数 $F_s$；管线结构变形状态代表值——变形百分率 $\varphi$。

（4）综合评价管线结构安全状态，确定安全状态等级。

（5）判断是否完成对所有管线对象的评估，是则结束，否则返回。

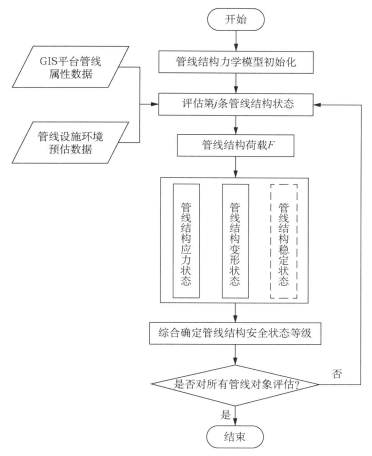

图 23-2　管线结构受力状态评估流程图

### 23.2.5　肯特模型方法[4]

英国的肯特·米尔鲍尔（W. Kent Muhlbauer）提出了较完整的管道风险评分法，该方法评分时将影响风险的各因素假定为独立并考虑到最坏状况，其得分值具有主观性和相对性。引起管道事故的原因有第三方破坏、腐蚀、设计和误操作 4 个大类，分别对这些因素进行分析评分，结合管输介质的危险性和影响面得出相对风险数，风险数越大表明风险越小。

美国管道事故中第三方破坏占 40％左右，第三方破坏因素可分为 6 个方面；腐蚀破坏是管道中最常见的破坏，腐蚀主要指内腐蚀和外腐蚀；原始设计与风险状况有密切的关系，设计因素主要包括钢管的安全因素、系统安全因素、疲劳因素、水击可能性、水压试验状况、土壤移动状况几个方面;据美国统计,人的误操作所造成的灾害占灾害总数的 62%,管道的误操作主要指设计、施工、运营、维护 4 个方面的误操作。

如果管道发生事故,由于泄漏物的危险性及泄漏点的环境状况不同而产生后果的严重程度,用泄漏影响系数表示,它取决于介质危险性和扩散系数。根据引起管道事故的第三方破坏、腐蚀、设计、误操作 4 个方面原因的破坏指数和泄漏影响系数,可确定管道的相对风险数,其数值越高,越安全可靠,风险越低。通过对不同管道或同一管道不同区段相对风险数的积累,判断管道的风险状况,对于长期安全运行很有意义。用管道风险评估法对一条管道进行实际评估,有利于管道工作者提高对风险评估的认识。

1. 管道评分结构框图

造成管道事故的原因大致分为四大类,即第三方案破坏、腐蚀、设计和误操作,这四者总数最高 400 分,每一种 100 分,指数总和在 0~400 分之间,如图 23-3 所示。

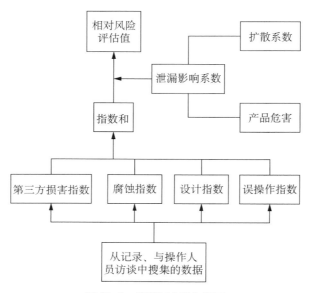

图 23-3　管道评分结构框图

第三方破坏因素的指数高低与最小埋深、地面上的活动状况、当地居民的素质等诸多因素有关,综合评分在 0~100 分之间。

腐蚀原因要考虑到输送介质的腐蚀性、有无内保护层、阴极保护状况、防腐层状况、土壤的腐蚀性、保护涂层已使用的年限等因素,综合评分在 0~100 分之间。

设计原因要考虑到管道安全系数的大小、安全系统的状况、水击潜在可能性的大小、土壤移动的概率大小等诸多因素,综合评分在 0~100 分之间。

误操作原因包括设计、施工、运营、维护 4 个方面的不正确操作。设计方面即对危险认识不足、选材不当、安全系数考虑不周等因素;施工方面指环焊口质量不佳、回填状况、防腐涂层施工状况以及检验状况等诸多因素;运营方面要考虑到 SCADA 通信系统故障、操作人员培训状况等;维护方面指定期维护的状况等。综合评分在 0～100 分之间。

影响泄漏影响系数有两个方面,一是输送介质的特性(产品危害);二是事故可能影响面即事故扩散和波及的特点(扩散系数)。

介质危险性(即图中产品危害)考虑到介质的毒性、易燃性、反应特性等,影响系数包括人口密度等方面。

### 2. 评分法的基本假设及说明

1) 独立性假设

影响风险的各因素是独立的,亦即每个因素独立影响风险的状态,总风险是各独立因素的总和。

2) 最坏状况假设

评估风险时要考虑到最坏的状况,例如评估一段管道,该管道总长为 100 km,其中 90 km 埋深为 1.2 m,10 km 埋深为 0.8 m,则应按 0.8 m 考虑。

3) 相对性假设

评估的分数只是一个相对的概念,例如,一条管道所评估的风险数与另数条管道所评估的风险数相比,其分数较高,这表明其安全性高于其他几条管道,即风险低于其他管道。事实上绝对风险数是无法计算的。

4) 主观性

评分的方法及分数的界定虽然参考了国内外有关资料;但最终还是人为制订的,因而难免有主观性,建议更多的人参与,制定规范,减小主观性。

5) 分数限定

在各项目中所限定的分数最高值反映了该项目在风险评估中所占位置的重要性。

### 3. 关于管道分段的原则

一条管道因不同地段的人口密度、土壤条件、涂层的选用甚至"管龄"的长短差异较大,需要分段评估。分段越细,评估越精确,评估费用越高。故是否要分段以及如何分段需评估者与用户(管道所有者)共同商定。

### 4. 管道"第三方破坏"因素评定

第三方破坏在整条管道的风险评估上占有重要位置,据美国统计,在建筑作业挖掘过程中破坏管道事故是第三方破坏中的主要事故。在此处所指的第三方破坏,不仅限于管道破坏引起介质泄漏,一定程度上碰坏防腐层或给管道造成刮痕、压凹等属于破坏之例。管道防腐层破坏会造成管道腐蚀,金属形成刮痕、压坑,造成应力集中形成疲劳裂纹扩展最终导致破坏,或造成应力腐蚀断裂。

1）第三方破坏可分解评分法

（1）最小埋深 0～20 分；

（2）活动水平 0～20 分；

（3）管道地上设备 0～10 分；

（4）公众教育 0～30 分；

（5）线路状况 0～5 分；

（6）巡线频率 0～15 分。

2）最小埋深评定法

最小埋深的分数按下列经验公式计算：

$$最小埋深分数 = 13.1 \times C \tag{23-24}$$

式中，$C$ 为最小埋深（m）。

某些管道由于地理位置所限或其他原因，在钢管外加设钢筋混凝土涂层或加钢套管，均对减少第三方破坏有利，可视同增加埋深考虑。

油、气管道穿过江、河、湖泊时，其最小埋深的评分办法与以上所述段落不同。

3）活动水平评分法

活动水平是指人在管道附近的活动状况，如建设活动、铁路及公路的状况、附近有无埋地设施等。调查表明，活动水平与第三方破坏的潜在危险有密切关系，活动水平越高，则第三方破坏的危险性越大，满分 20 分。

4）地上设备因素评分法

线路上的地上设备，如干线截断阀等，有时会被车辆碰坏或被过往行人有意无意弄坏，这些是造成第三方破坏的因素。

5）居民教育因素评分法

与管道附近的居民保持良好的关系，对居民进行"管道法"的宣传，讲述管道的常识以及管道破坏对居民可能造成的危险等，对减少第三方破坏有重要意义。

6）线路状况评分法

线路状况在此处是指沿线的标志是否清楚，以便第三方能明确知道管道的具体位置，使之注意，防止破坏管道，同时使巡线或检查人员能进行有效的检查。

7）线频率评分法

巡线是减少管道第三方破坏事故的有效方法，其评分方法决定于巡线的频率及有效性。活动水平越高的地区，巡线就越重要，巡线人员主要任务是通报沿线有无威胁管道安全的活动，如建设、打桩、挖掘、打地质探测井等以及沿线有无泄漏的迹象等。巡线的方法可以是在地上的，也可用直升机进行空中巡线。在国外巡线人员需经专门培训，因此，评分决定于巡线的频率。

第三方破坏因素，在风险评估中由 6 个方面组成，总计在 0～100 分之间，分数越低说明出现第三方破坏的概率越高，反之分数越高，说明出现第三方破坏的概率越低。

**5. 管道"腐蚀破坏"因素评定**

腐蚀破坏是管道最常见的破坏因素。对于埋地管道而言,腐蚀来自两个方面,即内腐蚀和外腐蚀,进行风险评定时应从这两方面进行。

1) 内腐蚀

内腐蚀的风险大小与介质腐蚀性的强弱及内防腐措施有关。内腐蚀总评分为 0~30 分,占腐蚀因素总分数的 30%。

(1) 介质腐蚀(15 分)。在天然气中如含有 $H_2S$、$H_2CO_3$、盐类等成分时均会造成腐蚀风险。

(2) 内保护层及其他措施(15 分)。主要包括三个方面即加设内涂层、注入缓蚀剂、清管。

2) 外腐蚀

外腐蚀占腐蚀因素总分的 70%,即外腐蚀是管道腐蚀破坏的主要因素。外腐蚀与阴极保护的状况、涂层是否优良等诸多因素有关。

(1) 阴极保护(20 分)。阴极保护的优劣取决于两个因素,即:①保护电压、保护长度是否符合设计和规范要求;②要经常检查以确保阴极保护正常运行。

(2) 管道外涂层(30 分)。涂层的可靠性决定于涂层的种类及产品质量、施工水平、检验及质保体系的状况以及检查出的缺陷是否能及时、可靠地修补。

(3) 土壤腐蚀性(4 分)。土壤的腐蚀性按土壤的电阻率考虑。

(4) 使用年限(3 分)。使用年限越长,则风险值越大,得分越低。

(5) 其他埋地金属(4 分)。管道的附近(150 m 以内)有其他埋设的金属物时,可能会造成对阴极保护的干扰,即在 150 m 以内的埋设金属物均对管道不利。

(6) 交流干扰(4 分)。在管道附近有高压交流电线时,会在管道附近产生磁场或电场,并在管道内形成电流,当电流离开管道时会损害涂层或管材。

(7) 应力腐蚀(5 分)。在有拉应力、腐蚀环境、缺陷的情况下,三者具备则存在应力腐蚀断裂的危险。

综上所述,腐蚀原因破坏因素风险分数总计最高为 100 分,内、外腐蚀最高分别为 30 分和 70 分。分数越高说明腐蚀破坏的概率越小,分数越低则说明腐蚀破坏的概率高。

**6. 管道"设计方面破坏"因素评定**

原始设计与管道的风险状况有密切关系。设计时为简化计算,不得不采取一些简化模型来选取一些系数,这些与实际状况的差异都会直接影响风险状况。设计因素可分解为下述几个方面。

1) 钢管安全因素

钢管厚度的计算值与实际选用值会有一定差异,原因有:

(1) 计算值必须向上圆整,按规范取标准厚度。

(2) 有时从经济上考虑,大于计算厚度的库存积压的较厚钢管被采用。

2）系统安全因素

设计计算壁厚时所有采用的压力称为最大允许操作压力,如前所述,用 MAOP 表示。但管道现实的实际操作压力一般小于 MAOP,其原因有:

（1）油气田有一个成长过程,目前尚未达到预定的最大生产量,实际输量小于设计输量,故实际操作压力小于 MAOP。

（2）油气田已到后期,生产量逐年下降,故实际输量小于设计输量,从而实际操作压力小于 MAOP。

（3）原设计输量估计偏高,故实际操作压力一般不可能达到 MAOP。

3）疲劳因素

管道内压的波动及外负荷引起的应力变化,如车辆在埋地管道上方的行驶等均可能因应力的交变及伴随循环次数的增长,造成管道内缺陷性的疲劳裂纹扩展。当裂纹扩展至某一临界值时,造成管道的疲劳断裂,形成事故。评分方法仅依靠两个因素,即应力变化的幅度和交变循环的次数。

4）水击可能性

启停泵时及迅速开闭阀门均可能引起水击。水击值与介质的密度和弹性、流动速度、流动停止的速率等诸多因素有关,水击发生后,水击压力会向上流方向传递,与出站压力叠加,有时会对管道造成威胁。为防止水击超压破坏,有时装设泄压阀或采取超前保护等措施。

5）水压试验状况

一般认为适当提高水压试验压力,可以排除更多存在于焊缝和母材中的缺陷,从而增加管道的安全性。应对水击试验状况进行一定评估。

6）土壤移动状况

在管道埋设处土壤的移动,会造成管道中应力的增加,从而带来危险。土壤移动大致有以下几种状况:

（1）滑坡使管道位移到一个新的位置,管壁中产生了附加应力,滑移可能是突然发生的,也可能是缓慢进行的,二者所产生的后果是近似的。

（2）管道处于不稳定的土壤中,土壤温度的变化及水分的变化均可能造成土壤的上凸及下陷,并给管道带来威胁。

（3）管道埋设在冰冻线以上,冬季土壤结冰或形成冰柱,土壤膨胀,对管道形成威胁。

管道的刚性越大,对土壤位移越敏感。地震以及活动断层的错动对管道的影响在此处不论述,对穿过活动断层及高地震区的管段需单独进行评估。

7. 管道"误操作方面破坏"因素评定

风险的一个重要方面是来自人的误操作,根据美国统计,在所有的灾害中,由于人的误操作所造成的灾害占 62%,而其余的 38% 为天灾。

如何减少"误操作",从工程技术上讲,可能要从两个方面入手。首先要提高人的群体素质,即提高管理水平、技术水平以及群体的道德水平,如敬业精神、合作精神、刻苦钻研的精神等。其次是加强第三方监督,人总会犯错误,有时人或一个群体难以纠正、发现自身的错误,第三方监督显然是必要的。所谓"第三方"是指业主、承包者以外的一方。

误操作因素可分解为以下四个因素评分。

1) 设计误操作因素

根据设计质量,分为优、良、中、差四个等级评分,"优"表明误操作少,即出现设计失误的风险低,"差"表明误操作多,而出现设计失误的风险高。这里所指的失误是指在安全方面的失误,如对引起事故的因素考虑不周、消防措施不得力、材料选择不当等。"优"指设计一方有充分进行该项设计的经验,并有优秀的第三方进行监督;"良"指设计一方有充分进行该项设计的经验,虽有第三方监督但不得力,或有优秀的第三方监督但设计一方经验较欠缺;"中"指设计一方有充分进行该项设计的经验,但无第三方监督;"差"指设计一方无经验又无第三方监督。

2) 施工误操作因素

施工误操作包括未按设计规定的技术要求进行操作,即焊缝有超过规定值的缺陷、涂层质量不佳、下沟回填时将涂层损伤,甚至将钢管本身造成损伤等。施工也按优、良、中、差四个等级评分,"优"指施工一方有丰富的该项施工经验,并有优秀的第三方监督;"良"指施工一方有丰富的该项施工经验,虽有第三方监督但不得力,或有优秀的第三方监督但施工一方经验欠缺者;"中"指施工一方有丰富的该项施工经验,但无第三方监督;"差"指施工一方无经验又无第三方监督者。

3) 运营误操作因素

操作规程不完善,工人不熟练,遇到非常情况处理不当,安全系统操作失灵,机械工人维修不善,电信、电力工人误操作等均可造成事故。运营因素按优、良、中、差四个等级评分,"优"指规章制度完善,工人经过严格培训,持证上岗,且在风险评估前无严重操作失误而造成事故;"良"指规章制度基本完善,主要岗位工人经过专门培训;"中"指规章制度不够完善或虽完善而未严格执行,工人基本上未经过培训;"差"指无规章制度或有章不循,工人未经培训。

4) 维护误操作因素

维护指对设备、仪表的维护。维护不当亦会造成严重后果,维护部分按文件检查、计划检查、规程检查三部分评价。

8. 管道"泄漏影响系数"评定

在分析了第三方破坏原因、腐蚀原因、设计原因、操作原因四个方面的情况后,并根据其出现的概率大小评分,其总分或指数和为相对事故总概率的评分,将此指数和与泄漏影响系数综合才能得出相对风险数。泄漏影响系数反映的是一旦出现事故所产生的后果程度,它包括两部分,即介质危险性和扩散系数。

前面四个方面的分析说明可能产生的危险及危险变为事故的概率,后面要说的是如果发生事故,后果的影响大小。

后果从两个方面考虑,第一是介质,亦即泄漏物危险性有多大。第二是泄漏点周围的环境状况:泄漏物虽然危险,但若发生在无人烟地区,则后果仍然是轻微的;相反,泄漏物虽然危险不大,但若发生在人口稠密地区,则后果可能很严重。

1)介质危害性的评定

危险可分为两类,即当前危险(Acute Hazard)和长期危险(Chronic Hazard)。当前危险指突然发生并应立即采取措施的危险,如爆炸、火灾、剧毒泄漏等;长期危险指危险持续的时间长,如水源的污染、潜在致癌气体的扩散等。当前危险根据其可燃性、活化性及毒性三方面进行评分,长期危险也可根据实际情况具体考虑。

2)扩散系数的确定

$$扩散系数 = \frac{泄漏分}{人口状况分} \tag{23-25}$$

所以求取扩散系数需先评定出泄漏分和人口状况分。

评定泄漏分时,对气、液两种不同介质要采取不同的评定方法。

(1)介质为气体。介质为气体或挥发性很强的液体,均会在泄漏源附近形成蒸汽云。蒸汽云可能造成两个方面的危险:一方面,如果蒸汽云有毒性,则会危及蒸汽云所及之处生物的健康和安全;另一方面,如果蒸汽云易燃易爆,遇火种则会爆炸成灾。无论前者还是后者,蒸汽云的范围越大,危险性越高。

(2)介质为液体。如泄漏物的大部分仍保持液态时,液体的泄漏分按土壤的渗透率及泄漏量二者的情况确定。

3)人口状况分的评定

人口越密集,人口状况分越高,表明越危险;反之,人口越稀少,人口状况分越低,就越安全。

4)泄漏影响系数的确定

$$泄漏影响系数 = \frac{介质影响分}{扩散系数} \tag{23-26}$$

## 9. 相对风险数的计算和分析

相对风险数可按式(23-27)计算:

$$相对风险数 = \frac{指数和}{泄漏影响系数} \tag{23-27}$$

指数和 = 第三方破坏指数 + 腐蚀原因指数 + 设计原因指数 + 误操作原因指数

由以上的论述可以得到最坏的情况(破坏概率最高的极端情况)和最好的情况(破坏概率最低的极端情况)下四类指数的评分,如表23-4所列。

表 23-4　　　　　　　　　　　　　　　　指标评分表

| 指数类别 | 不同情况下的评分值 | |
|---|---|---|
| | 最差情况 | 最优情况 |
| 第三方破坏指数 | 0 | 100 |
| 腐蚀原因指数 | 0 | 100 |
| 设计原因指数 | 0 | 100 |
| 误操作原因指数 | 0 | 100 |
| 指数和 | 0 | 400 |

综上所述：

（1）被评估的管道最坏的情况，亦即破坏概率最高的极端情况为 0 分；

（2）被评估的管道最好的情况，亦即破坏概率最低的情况为 400 分。

故整条被评估管道破坏的概率由高到低，亦即安全的程度由低到高，其分值为 0～400 分。考虑泄漏影响系数的影响，计算出最佳情况（即最安全情况或事故发生概率最低的情况）和最坏情况（即最不安全情况或事故概率最高的情况）时的相对风险数，如表 23-5 所列。

表 23-5　　　　　　　　　　　　　泄漏影响系数的相对风险数

| 分数类别 | 不同情况下的评分结果 | |
|---|---|---|
| | 最差情况 | 最优情况 |
| 指数和 | 0 | 400 |
| 泄漏影响系数 | 88 | 0.2 |

由以上看出，极端最佳情况到极端最坏情况其相对风险数为 0～2 000，其实，0 与 2 000 都是绝对不可能出现的，对于某一具体管道的评估结果为 0～2 000 之间的一个数值，数值越高，表明越安全可靠，风险越低。

通过数据的积累可得出不同状况管道或同一管道不同区段的相对风险数。评估者或管道的所有者得出本管道的评估值后与这些数值对比，即可知道管道的相对风险状况。具体定量评价可参考肯特·米尔鲍尔的《管道风险管理手册》。

### 23. 2. 6　肯特法在某气田集输管道的应用

有一气田的集输管道，已运行十余年，要求对该管道的相对风险进行评估。管道概况：该管道直径为 152.4 mm，壁厚为 6.35 mm，经检测知实际最小壁厚为 5.842 mm，材质为 API 5L，等级 B，SMYS＝241 MPa，最大操作压力 MAOP 为 10 MPa，全线长 3.2 km，埋深 914 mm，但其中 61 m 为浅滩，埋深 762 mm，管道有 1.6 km 经过人口稠密地区，沿线个别居民受过"管道保护法"的教育，与气田关系尚可，沿管道有专人巡线，每周 4 次，有一个干线截断阀，距公路 200 m 处有明显标志，操作人员均经过培训，其他有关情况在各项评估时再行收集。

输送介质 97% 为甲烷,输送前经脱硫等腐蚀介质的处理,但对处理设备无监控系统;阴极保护情况较好,涂层种类评分采用 FBE,土壤湿度大,电阻率低,据调查与管道相距 300 m 处有高压电缆,与管道平行 46 m,然后远离。

据调查,每年有 12 次实际操作压力波动;该管道有产生水击可能,但有水击保护措施;据了解该管道所经地段土壤可能有移动,但不经常;该管道的设计部门有充分进行该项设计的经验,但无整体的第三方监督;该施工部门有充分进行该项工程施工的能力,但只有部分项目有第三方监督;据了解该管道的操作规章制度基本完善,但工人未经过严格培训。

**1. 关于"第三方破坏"因素的评定**

该项评分共分 6 个方面,分别评估如下:

(1) 最小埋深评分(非可变因素)。

最小埋深评分 = $13.1 \times$ 最小埋深量 = $13.1 \times 0.762 = 9.98 \approx 10$ 分

取 10 分(非可变因素)。

(2) 活动水平评分(非可变因素)。

因有部分管段经过人烟稠密区,全线 3.2 km 长均按该评估段最严重的情况考虑,即按高活动区考虑,故活动水平评分 = 0 分(非可变因素)。

(3) 管道地上设备评分(非可变因素)。

全线地上设备只有一个干线截断阀,且离公路 60 m 以外,有明显标志,取管道地上设备评分 = 6 分(非可变因素)。

(4) 公众教育评分(可变因素)。

根据所介绍的情况,公众教育评分 = 10 分(可变因素)。

(5) 线路状况评分(可变因素)。

据了解沿管道所经之处有明显标志,故线路状况评分 = 5 分(可变因素)。

(6) 巡线频率评分(可变因素)。

每周巡线 4 次,按规定可取 12 分,故巡线频率评分 = 12 分(可变因素)。

综合以上 6 个方面可得第三方破坏评分:

$10 + 0 + 6 + 10 + 5 + 12 = 43$(分)

其中可变因素:$10 + 5 + 12 = 27$(分)。

非可变因素:$10 + 0 + 6 = 16$(分)。

**2. 关于"腐蚀原因"破坏因素的评定**

腐蚀因素分别按内腐蚀和外腐蚀评分。

1) 内腐蚀

输送介质 97% 为甲烷,输送前经脱硫等腐蚀介质的处理,故输送介质是纯净的,但对处理设备无监控系统,故存在因处理设备故障而有腐蚀物暂时混入管内的可能,按此情况处理,则介质腐蚀评分 = 7 分(非可变因素)。

管道无内涂层及其他防腐手段,故内保护层及其他措施评分=0分(可变因素),内腐蚀评分=7+0=7分(非可变因素)。

2)外腐蚀

(1)阴极保护(可变因素)。设计取"良"为6分,检查每季度至少一次,小于6个月,按规定取10分,故阴极保护评分=6+10=16分(可变因素)。

(2)涂层状况评分按以下4个方面评分:涂层种类评分采用FBE,按规定为6~8分,取中间值7分;涂层的施工质量评分,取中等为3分;缺陷的修补评分,取良为3分。

所以,涂层状况评分为7+3+3+3=16分(可变因素)。

(3)土壤腐蚀性评分(非可变因素),土壤湿度大,电阻率低,按规定取土壤腐蚀性评分=0分。

(4)使用年限评分(非可变因素),使用年限在10~20年之间,按规定,使用年限评分=0分(非可变因素)。

(5)其他金属埋设物评分(非可变因素)。无其他金属埋设物,按规定,其他金属埋设物评分=4分(非可变因素)。

(6)电流干扰评分(非可变因素)。据调查与管道相距300 m处有高压电缆,与管道平行46 m,然后远离,则电流干扰评分=0(非可变因素)。

(7)应力腐蚀评分(非可变因素)MAOP=10 MPa。

实际操作压力为6.5 MPa;实际操作压力为MAOP的65%。

管道无内腐蚀,但外腐蚀较强,综合考虑,取腐蚀环境为"中",应力腐蚀评分=2分。

由以上分析得到外腐蚀评分为16+16+0+0+4+0+2=38分。

腐蚀原因评分为:7+38=45分。

其中可变因素:16+16=32分;非可变因素:7+0+0+4+0+2=13分。

### 3. 关于"设计原因"破坏因素的评定

设计因素分别按以下6个方面进行评分:

(1)钢管安全因素评分。该管道设计选用壁厚为6.35 mm,由实际检测知实际最小壁厚为5.842 mm,钢管计算厚度为4.4 mm。钢管安全因素评分=9分(非可变因素)。

(2)系统安全因素评分。据调查得知该管道实际操作压力$P=6.46$ MPa,MAOP=10 MPa,系统安全因素评分=12分(非可变因素)。

(3)疲劳因素评分。据调查,每年有12次实际操作压力波动。在6.46~7.54 MPa之间,即PK=7.54 MPa,得

疲劳因素评分=12分(可变因素)。

(4)水击可能性评分。据了解,该管道有产生水击可能,但有水击保护措施,属低可能性,按规定可取5分,即水击可能性评分=5分(可变因素)。

(5)水压试验状况评分。据调查该管道水压试验压力为15 MPa,水压试验评分=15分(可

变因素)。

(6) 土壤移动状况评分。据了解该管道所经地段土壤可能有移动,但不经常,按土壤移动可能性为中等考虑,土壤移动状况评分＝2分(非可变因素)。

综上可得,设计因素评分为:9＋12＋12＋5＋15＋2＝55分。

其中可变因素为:12＋5＋15＝32分;非可变因素为:9＋12＋2＝23分。

### 4. 关于"操作原因"破坏因素的评定

按以下4个方面分别评分:

(1) 设计误操作因素评分。据了解,该管道的设计部门有丰富的该项设计经验,但无整体的第三方监督,按"中"与"良"之间考虑,取设计误操作因素评分＝15分(可变因素)。

(2) 施工误操作因素评分。该施工部门有较强的该项工程施工能力,但只有部分项目有第三方监督,按"中"与"良"之间考虑,取施工误操作因素评分＝10分(可变因素)。

(3) 运营误操作因素评分。据了解该管道的操作规章制度基本完善,但工人未经严格培训,按"中""良"之间考虑,取运营误操作评分＝14分(可变因素)。

(4) 维护误操作因素评分。综合考虑文件检查、计划检查、规程检查三方面因素,取维护误操作因素评分＝6分(可变因素)。综上计算可知,操作原因破坏因素评分为:15＋10＋14＋6＝45分。

其中,可变因素为:15＋10＋14＋6＝45分;非可变因素为:0分。

综上所述可求出指数和,如表23-6所列。

表23-6　　　　　　　　　　　因素评分表

| 项目 | 评分 | 可变因素评分 | 非可变因素评分 |
|---|---|---|---|
| 第三方破坏因素 | 43 | 27 | 16 |
| 腐蚀因素 | 45 | 32 | 13 |
| 设计因素 | 55 | 32 | 23 |
| 操作因素 | 45 | 45 | 0 |
| 总计 | 188 | 136 | 52 |

### 5. 求取介质危害性

介质危险分由可燃性(Nf)、活动性(Nt)、毒性(Nh)以及长期危险性(RQ)4方面因素来评定,以上4方面均取决于介质的性质。该管道输送介质为甲烷,Nf,Nt,Nh,RQ的数值分别为:Nf＝4,Nt＝0,Nh＝1,RQ＝2,则介质危险分＝4＋0＋1＋2＝7分。

### 6. 求取扩散系数

扩散系数取决于泄漏分及人口状况分。泄漏分又取决于泄漏物分子量的大小及泄漏率,即10 min内泄漏的重量。

甲烷分子量＝16,据专家估计该评估管道10 min内的泄漏量可达230 000 kg。

由表 23-5 可求出泄漏得分为 3 分。

根据管道实际情况,确认该管道为 DOT 地区分类法的 3 类地区,取人口状况分为 3 分,因此得出

$$扩散系数 = \frac{泄漏分}{人口状况分} = \frac{3}{3} = 1 \tag{23-28}$$

7. 求取泄漏影响系数

$$泄漏影响系数 = \frac{介质影响分}{扩散系数} = \frac{7}{1} = 7 \text{ 分} \tag{23-29}$$

8. 求取相对风险数

$$相对风险数 = \frac{指数和}{泄漏影响系数} = \frac{188}{7} = 26.857 \approx 27 \text{ 分} \tag{23-30}$$

在相对风险中,可变因素为 136/7≈19.5 分,约占 72%;非可变因素为 52/7≈7.5 分,约占 28%。

由以上计算看出,为提高该段管道的相对风险数,亦即减少危险,增加安全性和可靠性,要在可变因素方面下功夫,而且还有很大潜力,但改变可变因素的具体方案还要通过经济及技术评估后确定。

## 23.3　燃气管网系统风险防控的措施

为减少由于燃气事故而产生的财产损失,燃气企业为所属建筑物和煤气储气柜、过江管等燃气基础设施投保了财产一切险。

投保范围包括:由于供气设备遭受保险事故致使供应中断而造成的损失;由于暴风、暴雨等天气条件造成的存放于露天或简易建筑物内的燃气设施的损失;由于参与罢工、暴乱或民众骚动的人员造成的燃气设施的损失,以及因发生抢劫造成的燃气设施的损失;由于第三者恶意破坏行为造成的燃气设施损失;因发生燃气设施的损失而产生的清除、拆除或支撑受损燃气设施的费用;发生燃气设施损失后,在恢复过程中发生的必要、合理的设计师、检验师及工程咨询人费用;为及时修复或恢复燃气设施而发生的特别费用,即加班费及快运费等费用;因为清洁、改装、维修或其他类似目的,临时从原地址移动至其他地方,在陆路、水路、铁路和航空往返运输途中因保险事故造成的损失;由于自动喷淋系统的突然破裂、失灵造成的燃气设施的损失;由于非保险人及其雇员所有的或管控的动物、车辆及船舶等交通工具的碰撞造成的燃气设施的损失;为扑灭火灾而发生的必要及合理的费用;由于建筑物进行扩建、改建、维修、装修过程中发生的损失;由于任何被保风险造成的损坏而导致重新安装的费用;输气管道本身由于地面下陷下沉、碰撞等产生的损失,消防队为扑灭责任范围内的火灾而依法收取的灭火费用;成对或成套机器

设备组件发生的损失;直接因破坏性地震震动或地震引起的海啸、火灾、爆炸及滑坡所致保险财产的损失;由于对受损燃气设施进行合理临时或永久性修理而产生的必要费用;所有的或管控的锅炉、压力容器在正常使用过程中由于操作不当或爆炸造成的损失;便携式通信装置、便携式计算机设备、便携式摄像器材的直接物质损失;在工作或停机状态下,以清洗、大修或检修为目的拆卸,或在上述操作过程中,或在随后重新安装、试车、调试过程中因承保风险所造成的燃气设施的损失;被保运输工具、流动机械、成品车在移动过程中因承保风险造成的损失及相关费用;作为被保险建筑物组成部分的玻璃破碎损失;因超电压、超负荷、超运转、额外压力、电短路、电弧、电热、电流渗漏、电线接触以及其他包括闪电的电气现象所致的电器或电子仪器装置以及各种设备和机器内的电子和电器部件的损失;在重建或修复受损财产时,由于必须执行有关法律、法令、法规产生的额外费用;由于自燃造成燃气设施的损失;等等。

燃气企业为燃气基础设施投保的财产险,涵盖了燃气设施由于自然灾害、人为原因等在运行、扩建、改建、维修过程中可能产生的风险,可以在燃气管网设施遭受意外破坏或事故后,提供一定的经济补偿,缓冲由于事故带来的经济压力,降低了燃气基础设施的财产损失风险。

## 23.4  液化石油气储配站风险防控措施

液化石油气储配站风险防控措施包括安全管理措施、安全技术措施和重大危险源监控措施。安全生产管理是企业安全生产工作的关键。安全管理水平的好坏直接关系企业生产的安全和效益。一个企业,如果安全技术措施已经到位,但不重视安全管理,则可能导致已有的安全技术措施无法正常发挥作用,仍然很难保证安全运营,因此,必须正确处理好行政措施(安全管理)与技术措施的辩证关系,切切实实地做好企业的安全管理工作。

液化石油气储配站各项风险防控措施项目要求和依据标准,详见《危险化学品重大危险源辨识》(GB 18218—2018)有关规定。

# 24 燃气管网系统风险防控

燃气基础设施中燃气管网数量最大,分布最广,与社会经济和市民生活关系最为密切。燃气管网是城市燃气输送的载体,是城市燃气安全运行的关键环节,因此,本章将就燃气管网系统的风险防控进行重点阐述。

## 24.1 城市燃气管网设计

### 24.1.1 设计原则

燃气管网的设计应以实现向用户供气为根本目的,并应满足城镇燃气输配系统应急和事故工况的要求,同时还应兼顾现状和持续发展的要求。城镇燃气管网设计原则如下:

(1)燃气管网的布置,应根据接收气源方位、用户用量及分布全面规划,并宜逐步形成环状管网供气。

(2)燃气输配干管不宜穿过与供气无关建筑的红线范围。

(3)城镇燃气管道应避开军事禁区、飞机场、铁路及汽车客运站、海(河)港码头等区域。

(4)超高压燃气管道宜敷设在城市规划区外围。

(5)城镇燃气管道应避免设置在不良地质区域,当受条件限制必须设置时,应采取可靠的技术措施或事故供气保障措施。

### 24.1.2 管道布置

1. 城市燃气管道的布置依据

地下燃气管道宜沿城镇道路、人行便道敷设,或敷设在绿化带内。在决定不同压力燃气管道的布线问题时,必须考虑下列基本情况:

(1)管道中燃气的压力。

(2)街道及其他地下管道的密集程度与布置情况。

(3)街道交通量和路面结构情况以及运输干线的分布情况。

(4)所输送燃气的含湿量,必要的管道坡度,街道地形变化情况。

(5)与该管道相连接的用户数量及用气情况。

(6)线路上所遇到的障碍物情况。

（7）土壤性质、腐蚀性能和冰冻线深度。

（8）该管道在施工、运行和万一发生故障时,对交通和人民生活的影响。

（9）在布线时,要决定燃气管道沿城镇街道的平面与纵断面位置。

由于输配系统各级管网的输气压力不同,其设施和防火安全的要求也不同,而且各自的功能也有所区别,故应按各自的特点进行布置。

### 2. 高压燃气管道的布置

高压管道的主要功能是输气,并通过调压站向压力较低管网的各环网配气。一般按以下原则布置:

（1）城镇燃气管道通过的地区,应按沿线建筑物的密集程度划分为 4 个管道地区等级,并依据管道地区等级进行管道设计。不同等级地区地下燃气管道与建筑物之间的水平和垂直净距应符合现行国家标准《城镇燃气设计规范》（GB 50028—2006）的相应规定。

（2）高压燃气管道宜采用埋地方式敷设,当个别地段需要采用架空敷设时,必须采取安全防护措施。

（3）高压燃气管道不应通过军事设施、易燃易爆仓库、国家重点文物保护单位的安全保护区、飞机场、火车站、海（河）港码头。当受条件限制管道必须通过上述区域时,必须采取安全防护措施。

### 3. 次高压、中压及低压燃气管道的布置

（1）地下燃气管道不得从建筑物和大型建（构）筑物的下面穿越。为了保证在施工和检修时互不影响,为了避免由于漏出的燃气影响相邻管道的正常运行,甚至溢入建筑物内,地下燃气管道与建（构）筑物以及其他各种管道之间应保持必要的水平和垂直净距,符合现行国家标准《城镇燃气设计规范》（GB 50028—2006）的相应规定。

（2）低压管道的输气压力低,沿程压力降的允许值也较低,故低压管网每环边长一般宜控制在 300～600 m 之间。

低压管道直接与用户相连,而用户数量随着城镇建设发展而逐步增加,故低压管道除以环状管网为主体布置外,也允许存在枝状管道。

（3）有条件时低压管道宜尽可能布置在街区内兼作庭院管道,以节省投资。

（4）低压管道应按规划道路布线,并应与道路轴线或建筑物的前沿相平行,尽可能避免在高级路面下敷设。

（5）地下燃气管道埋设的最小覆土厚度应满足下列要求:

埋设在机动车道下时,不得小于 0.9 m;

埋设在非机动车道下时,不得小于 0.6 m;

埋设在机动车不可能到达的地方时,不得小于 0.3 m。

（6）输送湿燃气的管道,应埋设在土壤冰冻线以下,燃气管道坡向凝水缸的坡度不宜小于 0.003。布线时,最好能使管道的坡度和地形相适应;在管道的最低点应设排水器。

（7）在一般情况下,燃气管道不得穿过其他管(沟)。如因特殊情况要穿过排水管(沟)、热力管沟及其他用途沟槽等,需征得有关方面同意,同时燃气管道必须安装于套管内,套管伸出建(构)筑物外壁的距离应符合相关国家标准要求,套管两端应采用柔性的防腐、防水材料密封,如图24-1所示。

（8）燃气管道穿越铁路、高速公路、电车轨道或城镇主要干道时宜与上述道路垂直敷设。穿越铁路或高速公路的燃气管道应加套管,穿越铁路的燃气管道的套管宜采用钢管或钢筋混凝土管,套管内径应比燃气管道外径大100 mm以上,套管两端与燃气管的间隙应采用柔性的防腐、防水材料密封,其一端应装设检漏管。套管顶部距铁路轨底不应小于1.2 m,并应符合铁路管理部门

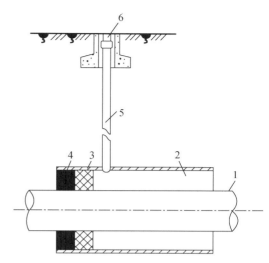

1—燃气管道;2—套管;3—油麻填料;
4—沥青密封层;5—检漏管;6—防护罩
图24-1　敷设在套管内的燃气管道

的要求。套管端部距路堤坡脚外的距离不应小于2 m。燃气管道穿越铁路示意图如图24-2所示。

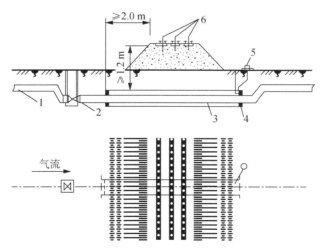

1—燃气管道;2—阀门;3—套管;4—密封层;5—检漏管;6—铁路
图24-2　燃气管道穿越铁路

燃气管道穿越电车轨道或城镇主要干道时宜敷设在套管或管沟内,套管或管沟两端应密封,在重要地段的套管或管沟端部宜安装检漏管。检漏管上端伸入防护罩内,由管口取气样检查套管中的燃气含量,以判明有无漏气及漏气的程度。套管或管沟端部距电车轨道不应小于2 m,距道路边缘不应小于1 m。对于穿过城镇非主要干道,并位于地下水位以上的燃气管道,

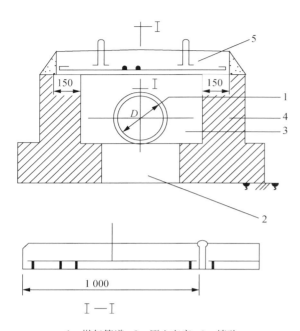

1—燃气管道；2—原土夯实；3—填砂；
4—砖墙沟壁；5—盖板

图 24-3　燃气管道的单管过街沟（单位：mm）

可敷设在过街沟里，如图 24-3 所示。

（9）燃气管道通过河流时，可以采用穿越河底或采用管桥跨越的形式。当条件许可时，可以利用道路桥梁跨越河流。穿越或跨越重要河流的管道，在河流两岸均应设置阀门。

燃气管道采用穿越河底敷设方式时，宜采用钢管，燃气管道至河床的覆土厚度应根据水流冲刷条件及规划河床确定。对于不通航河流不应小于 0.5 m，通航河流不应小于 1 m，还应考虑疏浚和投锚深度。水下燃气管道的稳管重块，应根据计算决定。一般采用钢筋混凝土重块，也允许用铸铁重块。水下燃气管道的每个焊口均应进行物理方法检查，规定采用特加强绝缘层。在加上稳管重块之前，应在管道周围绑扎 20 mm×60 mm 的木条，以保护绝缘层不受损坏。敷设在河流底的输送湿燃气的管道，应有不小于 0.003 的坡度，坡向河岸一侧，并在最低点处设排水器。

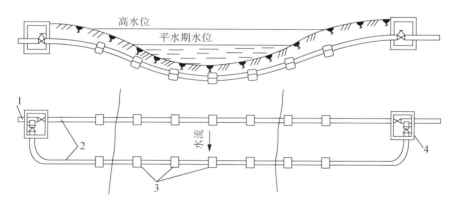

1—燃气管线；2—过河管；3—稳管重块；4—阀门井

图 24-4　燃气管线穿越河流

当燃气管道随桥梁敷设或采用管桥跨越河流时，必须采取安全防护措施。跨越河流的燃气管道支架应采用不燃材料制成，并在任何可能的荷载情况下，能保证管道稳定和不受破坏。燃气管道应做较高级别的防腐保护，并应设置必要的补偿和减震措施。

输气压力不大于 0.4 MPa 的燃气管道，在得到有关部门同意时，也可利用已建的道路桥梁。敷设于桥梁上的燃气管道应采用加厚的无缝钢管或焊接钢管，现场施工尽量减少焊缝，并对焊缝进行 100% 无损探伤。燃气管道与随桥敷设的其他管道之间的间距应符合支架敷管的相关规定。燃气管道沿桥敷设如图 24-5 所示。

### 24.1.3 管网标志识别

城镇燃气标志可分为安全标志和专用标志两类。安全标志应能明确表达特定的安全信息，可由图形符号、安全色、几何形状和文字构成，可分为禁止标志、警告标志、指令标志、提示标志 4 种类型。专用标志应能明确表达燃气设施特有的信息，可包含图形符号、文字和管道定位装置等，可分为燃气输配管线标志、燃气设施名称标志和燃气厂站内地上工艺管道标志 3 种类型。

燃气输配管线标志应提示埋地管道的走向

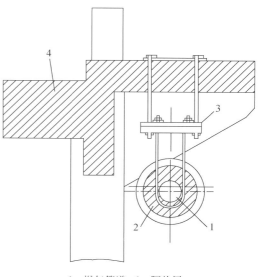

1—燃气管道；2—隔热层；
3—吊卡；4—钢筋混凝土桥面
图 24-5　燃气管道沿桥敷设

及相对位置，分为地面标志、地上标志和地下标志 3 种形式，标志上应标注"燃气"字样。还可根据需要选择标注其他说明性文字。地面标志包括直管道、管道直转角、管道任意角度转角、管道三通、管道末端等标志；地上标志应包括在燃气管道沿线设置的里程桩、转角桩、交叉桩和警示牌（桩）等永久性标志；地下标志应埋设于管道正上方且应能利用设备对其进行探测。

燃气设施名称标志包括调压站、调压箱、阀室、燃气表箱等标志。

燃气厂站内的地上工艺管道标志宜采用管道整体涂色、涂刷色环、箭头和标注说明性文字的方式，标明管道的介质种类、流向、压力级别或介质状态等。燃气厂站内地上工艺管道除整体涂色外，还可按不同压力等级涂刷色环、涂刷标明管道内介质流向的箭头，或根据实际需要选择说明性文字。

标志应设置于适宜的场所，传达的信息应与所在的场所相对应，设置的位置应明显。在需要强调安全的区域入口处，可将该区域涉及的多个安全标志组合使用，并应按照禁止、警告、指令、提示的顺序，先左后右、先上后下地排列在组合标志牌上，标志牌上可配以必要的说明性文字。在需要加强燃气管道安全保护的地方、易发生危及燃气管道安全行为的区域应设置临时标志。当燃气管道穿（跨）越铁路、公路、水域敷设时，应在穿（跨）越两侧醒目处及水域的适当位置设置标志。

## 24.2　城市燃气管网施工

城市地下燃气管道的施工通常采用开挖沟槽进行管道铺设的施工工艺。但由于城市区域场地条件的制约等因素,城市燃气管网施工不再局限在传统的开挖沟槽铺设管道的方法,顶管法和水平定向穿越管道等作为绿色环保的技术工艺得到广泛应用。

### 24.2.1　开挖沟槽铺设燃气管道施工

#### 1. 燃气管道的定线放样

1) 管道定位

燃气地下管道敷设位置必须按照城市规划部门批准的管位进行定位。敷设在市区道路上的管道,一般以道路侧石线至管道轴心线的水平距离为定位尺寸,其他地形地物距离均为辅助尺寸。敷设于小区街坊、里弄或厂区内非道路地区的管线,一般以住宅、厂房等建筑物至拟埋管线的轴心线的水平距离为定位尺寸。

考虑到城市地下管网等设施众多,包括燃气管道在内的各类管道必须各就其位,不得随意更改设计管位。

2) 定线放样

燃气管道敷设遇弯曲道路、障碍或镶接需要盘弯时,可根据现场测量角度定出待敷设管道的样线。由于采用定型弯管,常用弯管为 $90°$,$45°$,$22.5°$,$11.25°$,因此盘弯角度应根据上述 4 种定型弯管的角度近似地选用。

定角放样方法可用经纬仪或预先制作的样板,一般施工现场根据三角形边长的函数关系来放样,该方法简便实用,在施工中被广泛采用。在敷设钢管时,可采用"以线定角放样法",丈量出管道定位轴线交角边的长度,计算出角度,用同口径钢管放样制作所需的弯管。由于钢管焊接接口的拼接无调整余地,故钢板弯管角度放样必须准确。

#### 2. 燃气管道的管沟施工

燃气管道管沟施工中,土方工程量很大,其中路面破碎、土方开挖回填以及施工中沟槽支撑等约占总工程量的 80% 以上。土方工程施工质量直接影响管道的基础、坡度和接口的质量,因此沟槽开挖是燃气管道开槽埋管施工关键的一道工序。

1) 沟槽的形式

城市燃气管道施工沟槽的形式一般采用直沟;在接口镶接或其他超深部位可采用梯形沟或混合沟;在郊区越野地带多数采用混合沟,也可采用梯形沟。

接口工作坑是施工人员在沟槽中进行接口操作的场所,其几何形状大于原沟槽。由于操作时间较长,往往需要设集水坑并加以支撑。

2) 管基处理

埋设于土层的地下管道受土压力和地面荷载的作用是随着管基和回填土的状况,管道的埋设深度和口径等的不同而异,其中管基处理的好坏是主要因素。

如无坚固的土基,或管道不是平稳均匀地置于土基上,那么已敷设的管道很容易产生不均匀沉陷,导致接口松动或管道断裂,因此管基处理在地下管施工中显得十分重要。

（1）严格控制沟槽深度、防止超深挖掘。地下土层的原始状态一般较为紧密，能承受一定的载荷，所以一般情况下燃气管道敷设均以原状土为管基，效果较理想而不必另做处理。因此开掘沟槽中要防止超深，确保管基土壤的原始状态。但是，在开挖管道接口、镶接管段或穿越障碍等的工作坑时，往往出现超深，使管基失去原始土层，此时必须做基础处理。对于管径≥DN400 mm的阀门，管径≥DN200 mm的竖向弯管以及荷重较大的配件，由于压强的增大，原始土层将无法承受其压力时也需要作特殊基础处理。

（2）应加强对管道的防腐或采用混凝土保护层等其他防腐措施。若遇酸性土壤以及含有炉灰、煤渣、垃圾和受化工厂污水浸泡的土壤时，这类土壤对敷设管道均有腐蚀作用，清除管道周围（至少20 cm）的腐蚀性土壤，随即调换成无腐蚀性土壤。如果没有换土条件的，则要对腐蚀性土壤进行处理：一般可采用石灰石中和酸性土壤，断绝化工厂的污染源。换土处的管基必须夯实或垫混凝土预制板。

3）管基坡度

地下人工煤气管道在运行过程中将产生大量冷凝水，因此，敷设的管道必须保持一定的坡度，使管内出现的冷凝水能汇集于聚水井内并排出。地下人工煤气管道坡度规定为：中压管不少于3‰，低压管不少于5‰，引入管不少于10‰。

为使敷设管道符合规定的坡度要求，必须预先对管道基础（原始土层）进行测量，可采用木制平尺板和水平尺或水平仪测量两种方法，采用木制平尺板和水平尺的测量方法简便、工具简单，适用于现场操作。

3. 管道敷设

地下管道敷设的水平和垂直位置，一般不允许随意变动，管位的偏移将影响其他管线的埋设或给其他管线的检修造成困难。地下燃气管线与其他管线相遇时应遵守下列规定：

（1）与其他地下管线平行时的水平位置。当管径＞DN300 mm时，净距不得小于50 cm；当管径≤DN300 mm时，净距不得小于40 cm。

（2）当与其他地下管线相互交叉时，其垂直净距一般应为15 cm以上。交叉管道的间距中不得垫硬块，位于上方的管道两端应砌筑支座（＜DN300 mm管径可设预制垫块）以防沉陷，互相损坏。

（3）在邻近建筑物敷设地下燃气管道时应按照设计图纸要求的管位敷设，不得随意更改，防止管道泄漏直接渗入房屋内。在无管线和建筑物条件下施工时，管位容易偏移，应预先按设计图纸要求在拟埋管道的轴线上设桩点定位，使敷设的管位保持在允许偏差内。

4. 燃气管道的接口施工

燃气管道的接口形式较多，根据管材、施工要求不同而选定。燃气金属管道连接接口常见的为承插式、法兰、焊接、机械接口和螺纹等形式。聚乙烯管材、管件的连接应采用热熔对接连接或电熔连接。

（1）承插式接口。承插式接口主要用于铸铁管的连接，由铸铁管、件的承口和插口配合组成,并保持一定的配合间隙。根据设计要求在环形间隙中填入所需填料。承口内壁有环型凹槽使填料起到良好的密封作用。

(2) 法兰接口。法兰接口主要运用于架空管道,地下管施工中用于管件及附属设备的连接,如阀门、调压器、波形补偿器及大流量燃气表等安装连接。根据管材不同分为钢制法兰和铸铁法兰两种类型。

(3) 焊接接口。地下燃气管道中的钢管,其焊接接口不仅承受管内燃气压力,同时又受到地下土层和行驶车辆的载荷,因此接口的焊接应按受压容器要求操作,并采用各种检测手段鉴定焊接接口的可靠性。

(4) 机械接口。铸铁管机械接口以橡胶圈为填料,采用螺栓、压盖、压轮等零件,挤压橡胶圈使它紧密充填于承插口缝隙,达到气密目的。机械接口形式很多,常见的有压盖式接口、改良形柔性接口、n 形柔性抗震接口、一字形柔性接口、人字形柔性接口等。

机械接口操作简便,气密性好,适用于高、低压管道,是理想的柔性接口,具有补偿管道因温差而产生应力,以及适应接口折挠、振动而不发生漏气的特性。

(5) 螺纹接口。热镀锌钢管应采用管螺纹连接,管螺纹应规整,断丝或缺丝不得大于螺纹全部牙数的 10%。螺纹接口填料应采用聚四氟乙烯带,装紧后不得倒回。钢管与法兰的连接应采用焊接,镀锌钢管与法兰的连接应采用螺纹法兰。

(6) 聚乙烯管的接口。聚乙烯管材、管件的连接应采用热熔对接连接或电熔连接(电熔承插连接、电熔鞍形连接);聚乙烯管道与金属管道或金属附件连接,应采用法兰连接或钢塑转换接头连接。

## 24.2.2　燃气管道的特殊施工方法

### 1. 燃气管道的顶管施工

顶管施工技术运用于燃气管道施工,一般通过先顶进套管,然后将燃气管道安装在套管内,从而实现燃气管道铺设施工。

顶管施工技术不需挖槽或开挖土方,只需在管道的一端挖掘工作井,另一端挖掘接收井,用顶管机将管道穿越土层从工作井顶向接收井。与此同时,把紧随顶管机后的管道埋设在两坑之间,是非开挖敷设地下管道的施工方法之一。这里仅就后续穿芯管的安装做简要介绍。

穿管作业前,根据顶管工作井的尺寸,将待安装的钢管截为合适的长度,并对截断处进行坡口打磨,此后将选好的 1 根钢管在穿管工作坑内下管。

钢管下井前,在钢管两端各安装一个环形滑轮,待钢管下井后,在吊车悬吊下人工将钢管放置于焊接作业位置。同时在钢管的穿管方向安装一个环形滑轮,并在钢管的前段焊接一个"牵牛"用以连接接收井处卷扬机的钢丝绳,并对钢管安装滑块(每 2 m 安装一个滑块)。然后继续悬吊第 2 根钢管,并与第 1 根钢管进行组对、焊接和安装滑块的工作,待焊接质量检查拍片合格、防腐合格后，在接收井卷扬机的拉动下进入套管内，如此反复直至完成顶管内的穿管工作。

2. 燃气管道的水平定向钻施工

水平定向钻技术主要应用于城镇燃气管道施工，主要穿越城镇河流、道路等不便于开挖施工的区域。与大型穿越施工相比较，水平定向钻工艺具有灵活简便、施工周期短、占地面积小、对周边环境影响小等特点，更适合城镇中小型燃气工程的施工；本工法在合理配置泥浆的前提下可适用于各种地质条件；能穿越 PE 管、钢管等管材；穿越长度能从几十米到上千米；穿越深度可从几米到几十米。目前在国内外已越来越多地应用于石油、天然气、电力、上水、通信等多个领域。

水平定向钻施工技术，相对于传统的城市道路开挖作业施工方法，可以大量减少了传统工艺所需开挖的路面，既大大节约了修复路面的费用，又对其他地下管线、交通、绿化等公共设施的影响大量减少，同时加快了施工进度和效率，缩短了施工周期，降低了施工成本，减少对附近商业和居民的影响；相对于传统的城市河道围堰开挖作业施工方法而言，很好地避免了对河道的占用，实现环境污染最小化。

# 24.3　城市燃气管网维护

## 24.3.1　城市燃气管网维护技术

城市燃气管网维护包括城市燃气管网的维修和抢修。

管网维修是指为保障燃气设施的正常运行，预防事故发生对天然气管网所进行的修护、保养等工作。管网维修技术包括内衬修理技术、非开挖修复技术、封堵技术、注剂式密封技术和复合材料修复技术等。

管网抢修是指燃气管网发生危及安全的泄漏以及引起停气、中毒、火灾、爆炸等事故时，采取紧急措施的作业。燃气管网抢修技术目的在于快速处理管网的泄漏，降低管网事故的影响。尤其在管网由于腐蚀、第三方破坏等发生突然泄漏的情况下，合理有效地进行抢修能够保证管网正常运行，为进一步修复提供时间。

1. 非开挖修复技术

非开挖修复技术主要有以下几种：裂管法施工技术（又称胀管法、碎管法、爆管法）、管道穿插技术、内衬管道修复技术。其中裂管法为管道更新技术，内衬管道修复技术为管道修复技术，管道穿插既可用于管道更新，也可用于管道修复。

裂管法可以用于旧管线更换，通过破碎已经存在的旧管线，更换直径与之相等或者更大的新管线。

管道穿插技术根据穿插管的口径可分为异径非开挖穿插和挤压穿插技术，挤压穿插技术按照挤压形式的不同，又可分为均匀缩径法以及 U 形压制法。

#### 2. 封堵技术

封堵技术按封堵头可承受的压力分为低压封堵、中压封堵、高压封堵和超高压封堵。对于管线维抢修作业，过去传统的做法必须停输，甚至清空管线后才能进行。或只能采取一些临时性补救措施，给管线的安全运行带来了极大的隐患，经济上也会造成很大的损失。管道带压开孔与封堵技术是一种安全、经济、环保、高效的在役管线维抢修技术，利用该技术可在不停输的条件下完成管线改造施工。适用于原油、成品油、化工介质、天然气等多种介质管线的正常维修改造和突发事故的抢修。

当燃气管道发生严重燃气泄漏，抢险维修人员难以靠近作业，而管线又不能停止运行时，应采用封堵旁输的抢险技术。但这项抢险技术装备庞大、操作复杂、造价昂贵。封堵旁输技术分为两个步骤：第一步，安装旁通输气；第二步，开孔封堵，修补漏点；第三步，拆旁通，恢复主管道正常通气，如图24-6所示。

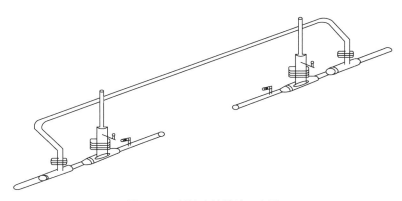

图 24-6　封堵旁输抢险示意图

#### 3. 注剂式带压密封技术

注剂式带压密封技术基本原理是在泄漏部位装上合适的夹具，由夹具与泄漏部位外表面形成密封空腔，在高于泄漏介质压力的条件下将密封注剂注入密封空腔后使其迅速固化，从而达到堵漏的目的。

密封夹具是注剂式带压密封技术的重要组成部分，是加装在泄漏缺陷的外部与泄漏部位的部分外表面共同组成新的密封空腔的金属构件，也是用于包容密封注剂、承受泄漏介质的压力以及注射密封注剂压力的受压元件。

可以通过不同夹具（弯头、直管、法兰等）实现阀门、弯头、直管、法兰等泄漏的快速堵漏。现有技术手段可以实现燃气管道各种压力泄漏的注剂式带压密封。

#### 4. 复合材料修复技术

复合材料修复技术主要有玻璃纤维复合材料补强技术和碳纤维复合材料补强技术等。

目前的玻璃纤维复合材料补强技术由于玻璃纤维的强度低，多制成一定厚度的半成品，在施工现场进行干法缠绕施工。玻璃纤维复合材料补强技术采用不饱和聚酯和玻璃纤维在工厂中预先根据含缺陷管道的管径制备复合套筒,然后在修补现场通过强力胶将复合套筒黏结于管道表面,从而起到恢复管道强度的目的。

碳纤维复合材料修复技术具有"不动火、不停输"的优点,在过去的 10 年内逐步兴起,在管道缺陷修复中得到越来越多的应用。复合材料修复技术利用树脂基纤维增强复合材料在管道外形成复合材料修补层,分担管道承受的载荷,降低管壁的应力并且限制管道缺陷处的应力集中,从而达到对管道补强的目的,恢复管道的正常承压能力。

### 5. 管网维修技术的比较与选择

非开挖修复技术有裂管法、管道穿插法、内衬管道修复法等技术,对这几种技术进行比较,如表 24-1—表 24-3 所列。

表 24-1　　　　　　　　　开挖与几种非开挖工艺的特点及使用范围对比

| 项目 | 开挖施工 | 裂管 | | 管道穿插 | | 翻转内衬 |
|---|---|---|---|---|---|---|
| | | 遁地穿梭矛 | 液压裂管 | 异径非开挖穿插 | 挤压穿管 | |
| 对交通影响 | 影响交通且对环境影响较大 | 影响较小,布管对交通有一定的影响 | | | | 影响较小,占用路面少 |
| 开挖工作量 | 全面开挖,工作量大 | 只需开挖两端工作坑 | | | | |
| 施工周期 | 周期较长 | 缩短周期 40% | | 缩短周期 30% | 缩短周期 20% | 缩 短 周 期 15%～25% |
| 经济成本 | 较高,城市施工时需要赔付较多路面修复费 | 较低,路面修复费用少 | | | | 一般 |
| 工艺特点 | 采用挖机或人工开挖、排管 | 利用高压气体作为冲击力,使旧管道破裂,同时埋设新管道 | 采用液压动力使旧管道破裂,埋设新管道 | 在较大口径旧管中穿插较小口径新管 | 用特制设备,缩小新管口径,拉入旧管道 | 把软管经过树脂浸透(或水)后利用空气使之翻转、延伸、贴合于清洗后的管道内壁上,形成管中管 |
| 适用范围 | 适用所有管材,但受交通,地形等影响 | 旧管为铸铁管等脆性材料,新管可以是高密度聚乙烯管、陶瓷管、钢管等 | | 新管为 PE 管 | | 内衬层为防渗层的纤维软管 |
| | | 适用于 100～1 200 mm 管径 | 适用于 100～400 mm 管径 | | | |

表 24-2　　　　　　　　　　非开挖修复、更新工艺的使用范围

| 工艺名称 | | 更新修复<br>管材质 | 适用旧管<br>直径/mm | 新管外径与<br>旧管内径的关系 | 标准尺寸比<br>（SDR） | 每施工段<br>最大长度/m |
|---|---|---|---|---|---|---|
| 插入法 | | 聚乙烯 | 80～600 | $d_外 \leqslant 0.9 d_内$ | 11.0，17.6 | 300 |
| 折叠<br>内衬<br>管法 | 现场折叠 | 聚乙烯 | 100～400 | $0.98 d_内 \leqslant d_外 \leqslant 0.99 d_内$ | 26.0 | 300 |
| | 预制折叠 | 聚乙烯 | 100～500 | $d_外 \leqslant 0.98 d_内$ | 17.6，26 | 500 |
| 缩径<br>内衬<br>法 | 模压 | 聚乙烯 | 100～500 | $0.90 d_内 \leqslant d_外 \leqslant 1.04 d_内$ | 11.0 | 300 |
| | 辊筒 | 聚乙烯 | 100～500 | $0.90 d_内 \leqslant d_外 \leqslant 1.04 d_内$ | 17.6 | 300 |
| 静压<br>裂管<br>法 | 韧性及<br>脆性管道 | 聚乙烯 | 100～400 | $d_外 \leqslant d_内 + 100$ | 11.0，17.6 | — |
| 翻转内衬法 | | 复合筒<br>状材料 | 200～600 | $d_外 = d_内$ | 按设计 | 300 |

表 24-3　　　　　　　　　　非开挖各工艺对管道清洗的要求

| 工艺名称 | 对旧管道清洗要求 |
|---|---|
| 插入法 | 无影响插管的污物及尖锐毛刺 |
| 折叠内衬管法 | 无明显附着物、无尖锐毛刺 |
| 缩径内衬法 | 无明显附着物、无尖锐毛刺 |
| 静压裂管法 | 在役管道不堵塞，能满足施工要求 |
| 翻转内衬法 | 干燥、无尘、无颗粒、无油污，且无附着突出物。内壁 70% 以上露出金属光泽 |

对于非开挖修复技术、封堵技术、注剂式密封技术、复合材料修复技术等技术，适用性不同。

首先，注剂式密封技术、复合材料修复技术、封堵技术等技术可以在带压情况下进行，而非开挖修复技术需要停气进行。其次，注剂式密封技术、复合材料修复技术只能作为临时性修复，能够保证一段时间的安全运行（5～10 年），但是其实际能够保证安全运行的情况还是要由实际因素确定，更适用于钢制管道。而封堵技术换管道、零件，可以有效保障管道的长期运行，适用于钢管、PE 管。

技术上，非开挖修复技术、封堵技术、注剂式密封技术、复合材料修复技术等技术都有成熟的施工设备与施工方法，施工技术也很成熟。

### 24.3.2　燃气管网维抢修

维抢修是燃气管网发生危及安全的泄漏以及引起停气、中毒、火灾、爆炸等事故时，采取紧急措施的作业。从保障管道安全运行方面讲，维抢修技术主要是管道的应急抢修技术，管线应急抢修技术的宗旨是在最短时间内，把运行管线的意外情况或是破坏控制住，并且尽快恢复管线正常运营，把事故带来的损失降到最低。

城镇燃气供应单位应制定事故抢修制度和事故上报程序;配备专职安全管理人员,抢修人员应 24 h 值班;应设置并向社会公布 24 h 报修电话;根据供应规模设立抢修机构和配备必要的抢修车辆、抢修设备、抢修器材、通信设备、防护用具、消防器材、检测仪器等装备,并应保证设备处于良好状态。当城镇燃气设施运行、维护和抢修需要切断电源时,应在安全的地方进行操作。维抢修人员进入燃气调压室、压缩机房、计量室、瓶组汽化间、阀室、阀门井和检查井等场所前,应先检查所进场所是否有燃气泄漏,检查其他有害气体及氧气的浓度,确认安全后方可进入。作业过程中应有专人监护并应轮换操作。当燃气厂站或管线发生较大事故处理完成后,应对燃气厂站或管线及存在类似风险的燃气设施进行全面安全评价。评价内容及方法应符合《燃气系统运行安全评价标准》(GB/T 50811—2012)的有关规定。

**1. 降压处理抢修技术**

(1)直接焊补。当管道漏点较小或管道运行时间不长且管材质量较好时,将压力降至 400～600 Pa,直接进行焊补。对焊缝漏气,应将焊缝漏气部位重新打坡口,然后直接焊补漏气点,焊完后提高燃气压力,用肥皂水或检漏仪检查焊口。如无漏气现象,即可认为补焊合格,将燃气压力恢复正常。

(2)嵌填焊补。当管道漏气部位为腐蚀穿孔或泄漏缝隙较大以及管道材质较差时,应用相同构质钢材嵌填,以减小漏气面积,然后降压进行焊补,检测方法同直接焊补。

(3)复贴焊补。管道漏气部位为面状泄漏时,应用钢板复贴在漏气部位,然后将钢板与管道焊接牢固。通过对漏气抢险、抢修部位进行统计,凝水缸的比例最高,且危险性较大。漏气部位为缸体时采用钢板复贴焊补,效果较好。

(4)抱箍法焊接。当管道泄漏点较分散,采用局部焊补较困难时,可采用抱箍法焊接,预先做好抱箍,抱箍直径应大于管道直径,将抱箍与管道焊接牢固。法兰连接处发生泄漏时可采用抱箍法焊接,在过去施工中管道多处使用法兰连接,运行一段时间后,经常发生法兰连接螺栓松动,密封圈破损导致漏气。

(5)更换法兰密封垫。当管道附属设施,如阀门、补偿器、自制短节之间或上述附件与管道法兰连接之间漏气时,大多数情况下是密封垫破损,应降压及时更换密封垫。

(6)更换管道附属设施。当管道附属设施,如凝水缸、阀门、补偿器等发生漏气时,应根据实际情况降压,更换管道附属设施。

**2. 不降压处理抢修技术**

(1)急修管箍法。由于腐蚀穿孔、裂纹等原因,燃气管道发生漏气时,可采用急修管箍法。在穿透的管壁破坏点上放置由韧性利料(如铅或纤维材料)制成的垫片,用螺栓将包住管道的管箍(或管夹)与盖板拧紧,将垫片压紧。这种管箍常用在低压燃气管道上。高压管道可先用急修管箍作临时修理,然后焊上补强的钢环作为正式处理。

(2)临时木塞封堵。当凝水缸立管发生整体折断且压力较高时,在特殊条件下,可采用同口径木塞堵住漏气点,作业人员堵漏时应穿防静电服装,戴好防毒面具,钢制工具涂抹黄油,严禁产生火花.必须配备消防器材,由专业人员操作。木塞采用松木,经机械加工成圆锥形,采用防腐处理并且用油浸泡。临时处理后做好保护措施,等待有条件时降压做永久处理。

（3）紧固法兰连接螺栓。当漏气部位为法兰时,在多数情况下,由于管道受热胀冷缩作用,管道连接螺栓松动,可采用更换、紧固螺栓方法,处理漏气更换螺栓前,应向螺栓喷洒松动剂,逐个更换螺栓,如遇锈死螺栓可用钢锯割断,更换螺栓时严禁明火。

（4）采用专用快速堵漏器材方法。快速堵漏器材能在带压正常工作的状态下,对泄漏点进行边漏边堵,方便快捷,技术独特。尤其是它的无火花性能,保证了抢险安全,但价格较贵。

## 24.4 燃气管网技术规范防控措施

针对各危害管道安全的因素采取的安全措施如表 24-4 所列。

表 24-4 危险因素及安全措施汇总表

| 序号 | 危害因素 | | 安全措施 |
|---|---|---|---|
| 1 | 土壤腐蚀环境 | 电化学腐蚀 | 阴极保护(外加电流、牺牲阳极)和外防腐相结合 |
| | | 化学腐蚀 | 外防腐 |
| 2 | 杂散电流 | 轨交系统杂散电流干扰 | 轨交正线运行时,轨地电位波动范围为−40～50 V,甚至更大,分段绝缘结合极性排流可有效降低管道受到的杂散电流干扰。<br>对于基地附近的管道,因为基地内的轨地电位仅−1～−2 V,极性排流不能有效降低管道的电位,排流效果有限,可采取强制排流结合分段绝缘的解决方案 |
| 3 | 防腐涂层失效 | 施工时涂层的修补和更换不及时 | 排管时焊前外观检查、电火花检查,落管前再检查一遍,一旦发现涂层破损,立即进行修补 |
| | | 涂层自然老化剥离 | 直埋钢制管道采用外包绝缘防腐层,管道外防腐采用 PE 加强级防腐,穿越处防腐比相邻直埋管道提高一个等级。管道接口采用热收缩套(带)绝缘防腐 |
| | | 施工质量不合格 | 按照《埋地钢质管道聚乙烯防腐层》(GB/T 23257—2017)修复 |
| | | 外力挖掘损坏涂层 | 加强管道巡检。在管道附近施工时,应向燃气管道产权单位申请管线交底监护卡。施工时按照规范施工,保证埋设深度、设置警示标志 |
| | | 管沟回填时损坏涂层 | 管道敷设进管沟后,人工回填,人工夯实。在管道上方填上 30～50 cm 的细土,分层夯实,然后再回填满整个管沟。可有效避免回填时损坏管道涂层。<br>穿越管道及管件采用外涂双层环氧粉末的防腐方法,现场焊缝采用 3PE |
| 4 | 阴极保护失效 | 阴极保护的电位过小或过大 | −0.85～−1.5 V |
| | | 阳极材料选择不当 | 镁阳极 |
| | | 阳极材料消耗殆尽 | 根据保护电位来确定更换时间 |

| 序号 | 危害因素 | | 安全措施 |
|---|---|---|---|
| 5 | 内腐蚀 | 管道内含酸性气体 | 对气体质量进行监控,严禁不合格天然气进入管道,保证管道不因天然气中含 $CO_2$、$H_2S$ 超标而腐蚀,确保管道安全 |
| | | 管道内含水率高 | 严禁不合格天然气进入管道,保证管道不因天然气中含水超标而腐蚀,确保管道安全。施工时如果采用水为介质做管道压力试验的,要做好干燥措施 |
| 6 | 管材缺陷 | 制造管道的钢材杂质含量偏高 | 管材满足《石油天然气工业 输送钢管 交货技术条件第 1 部分:A 级钢管》(GB/T 9711.1—1997)或者《石油天然气工业 输送钢管 交货技术条件第 2 部分:B 级钢管》(GB/T 9711.2—1999)。长输管线选的是 A 级还是 B 级。或者高于以上等级的钢管 |
| | | 制造管道的钢材晶粒大小不均匀,壁厚不均匀 | |
| | | 钢管制造过程中热处理不当 | |
| | | 制造管道的钢级或钢号选择不当 | |
| 7 | 卷制缺陷 | 钢管卷制时变形不均匀 | |
| | | 焊接缺陷严重,焊后热处理不合格 | |
| | | 管道椭圆度不符合要求 | |
| 8 | 现场焊接缺陷 | 焊接方式选择不当 | 严格按照焊接工艺评定、焊接作业指导书的要求施焊,焊工持证上岗(特种作业) |
| | | 焊接工艺参数选择不当,坡口尺寸不正确 | |
| | | 未进行焊接预处理 | |
| | | 焊接质量差,如存在气孔、夹渣、焊接裂纹、过热组织、焊接错边、未焊透等现象 | 按照《工业金属管道工程施工规范》(GB 50235—2010)、《现场设备、工业管道焊接工程施工及验收规范》(GB 50236—1998)的要求进行施工、无损检测,不合格的及时返修,返修后仍不合格的割除 |
| | | 焊后未清渣 | 全部清渣 |
| | | 焊条使用前未进行烘干 | 焊条使用前全部按《现场设备、工业管道焊接工程施工及验收规范》(GB 50236—1998)烘干 |
| | | 焊条药皮脱落,焊接材料选择不正确 | 对焊工、焊材选用、保管及使用符合《现场设备、工业管道焊接工程施工及验收规范》(GB 50236—1998)的规定 |
| 9 | 施工监控不完善 | 发现施工缺陷未按规定进行返修 | 发现不合格缺陷全部返修 |

| 序号 | 危害因素 | | 安全措施 |
|---|---|---|---|
| 9 | 施工监控不完善 | 投用前未进行压力试验 | 投用前全部管道进行压力试验 |
| | | 未对管道进行缺陷评定 | 严格按照施工要求进行施工和验收,不允许有缺陷的管道投入使用 |
| 10 | 管沟施工缺陷 | 管道埋深不够 | 管道设计埋深参照《城镇燃气设计规范》(GB 50028—2006)和《输气管道工程设计规范》(GB 50251—2015)的相关规定 |
| | | 管基不良 | 机械开挖时留 15 cm 人工开挖,不得扰动管基。管基不良时采用原土、细砂换填,人工夯实 |
| | | 回填土不符合要求 | 管道敷设进管沟后先在管道上方填上 30～50 cm 的细土,分层夯实,然后再回填满整个管沟 |
| 11 | 土层沉降 | 土层沉降 | 排管前对沿线的地质情况进行了地质勘探。投运后对管道的沉降情况进行定期监测 |
| 12 | 管道严重超压 | 沿线场站的安全阀起跳压力过大或者堵塞 | 每年定期校验,控制系统内部调整运行和报警参数 |
| | | 操作人员失误 | 严格按照操作规程操作,员工做好培训 |
| | | 操作规程不完善 | 有完善的操作规程,并对员工进行培训考核 |
| | | 仪表或控制系统失灵 | 加强仪表的维护保养,委托有资质的单位定期对仪表进行检测和保养 |
| 13 | 自然力破坏 | 地震破坏管道 | 输气管道的抗震按照地区抗震设计烈度 7 度进行抗震设计 |
| 14 | 第三方破坏 | 未进行定期巡线或附近居民发现违章施工未及时举报 | 定期进行巡线 |
| | | 道路维护、建设施工等使用挖掘机破坏占用点附近管道 | 施工单位如需施工,应办理施工申请单,施工时燃气企业派人现场监护 |
| | | 违章建筑直接占压损害管道 | 日常维护巡检时发现这类情况及时制止 |
| | | 管道线路标志不明 | 管道沿线设有标志,设置要求参照《城镇燃气标志标准》(CJJ/T 153—2010)的相关规定 |

## 24.5 燃气管网管理规范防控措施

### 1. 提高燃气管网风险防控水平

为了确保对城镇燃气管网运行的风险防控,需要提高风险防控和管理的水平,对埋地管道的安装工作程序和步骤要进行严格把关,在建设工程中规范和控制埋地管道的施工,要求施工单位与燃气安全管理部门在施工中协商作业。如果工程较大且内容复杂,有必要召集相关部门开展相应的协商会,在会上要提出相应的应急方案和安全措施,务必将埋地管道的安全管理工作落实到位,防止因施工造成燃气泄漏以及其他的安全事故。

### 2. 加强燃气管道施工的监督管理

加强监督管理工作不仅需要建立健全相应的管理制度和流程,同时也需要燃气企业提高现场管理人员的工作水平,充分掌握管线安装的相关标准和要求,制定管线铺设、管道设计、材料采购、管线防腐等方面的质量控制标准。将管道管理工作的责任落实到个人,每个施工环节和管理阶段的工作都要确保责任落实到位,将燃气管网的运行风险防控在合理范围内,从而实现燃气管网的安全稳定运行。

### 3. 完善企业间外部协调机制

为了城镇燃气管网安全稳定运行,防止管道第三方损坏,燃气管网运营企业应实行严格的管线巡视和安全隐患处理制度,及早发现事故隐患,及时处理。对于个别遗留的隐患问题,应加大执法力度。企业还应加强外部协调,特别是与其他选线施工单位的协调,防止因协调不力而造成第三方损坏事故。企业应建立埋地燃气管道信息查询系统,便于道路或其他地下管线施工作业者查询。

### 4. 加强安全宣传,提高安全意识

相关部门要加强对群众的安全知识宣传和教育,提高群众的安全意识。以多种多样、寓教于乐的方式开展群众安全知识教育,普及日常安全用气知识,使其更好地掌握燃气安全知识,提高燃气管道安全防范意识,让群众积极主动地维护燃气管道及相关设施。此外,还要提醒燃气用户在室内装修及安装建筑内燃气系统时,必须遵守相关规范。

### 5. 完善规章制度,建立并健全安全责任制和事故预案

燃气管网运营企业应有针对性地完善各项规章制度,从而有利于提高员工素质,调动员工的自觉性、积极性、创造性,形成上下齐心协力、对管网运行安全齐抓共管的局面。从上至下,层层落实安全责任制,明确安全工作职责,各司其职。有针对性地制订应急维抢修方案及技术措施方案,制订事故预案。

### 6. 建立燃气管道相关基础数据库

充分调研国内外燃气管道事故案例,借鉴国外管道管理先进经验,结合我国管道特点,建立管道事故基础数据库。对管道在运行中可能发生的风险事件以及后果的严重性进行分析和识别,建立潜在环境风险的动态数据库,同时利用科学方法对识别出的风险因素进行评价,对于不可接受的风险制订相应的控制措施。

### 7. 制订并运行管道完整性管理计划

面对不断变化的因素,对燃气管道运行中存在的风险因素进行识别和评价,通过监测、检测、检验等各种方式,获取与专业管理相关的管道完整性信息,制定相应的风险控制对策,不断消除识别到的不利影响因素,从而将管道运行的风险控制在合理的、可接受的范围内,持续减少和预防管道事故发生,经济合理地保证管道安全运行。

### 8. 加强管道相关安全技术研究

以国内外先进技术研究成果为基础,结合实际管道运行特点,研究技术可靠,机械性能、绝缘性能和耐受性能好,同时又经济合理的管道防腐技术。以国外管道腐蚀检测器为基础,研究开发适合我国管道实际状况的燃气管道智能检测系统装置,对我国在役燃气管道进行全面检测和安全评价工作具有至关重要的意义。

### 9. 积极利用新型材料和技术

在选择材料时,尽量选择新型可靠的材料进行管道的建设,并积极引进新技术连接管道,利用管道内衬技术或者 PE 管连接技术改造老旧的燃气管道,将存在安全隐患的管道逐一进行改造或者重新安装。新技术和新材料的使用不仅能够在一定程度上减少安全隐患,提高管道的安全性和稳定性,同时还能够延长管道的使用寿命,降低成本,带来良好的经济效益和社会效益。

### 10. 推动燃气管道信息化建设步伐

加强燃气管道的信息化建设,提高燃气管道的风险防控水平。信息化建设主要包括以下几个方面:第一,建立空间数据库,用于存储管网运行的相关数据和线路图等;第二,建立属性数据库,主要用于存储相关属性的特征信息和数据;第三,完成属性数据库和空间数据库的对接,在两个数据库之间建立相应的链接,让二者紧密联系,从而实现良好的动态管理和维护,为燃气管道的稳定运行提供保障。

# 25 多元共治,建立用户服务体系和风险防控机制

　　燃气用户是城市生命线防控中的重要主体,在未来城市燃气风险"多元共治"风险防控体系中,在政府指导的前提下,社区协作和燃气用户的积极响应将发挥越来越重要的作用。推进燃气风险管控和安全隐患排查治理工作向用户侧延伸,加强用气安全检查,严格调查分析用户原因导致的燃气事件,督促并帮助用户侧设备缺陷整改闭环,将对城市燃气风险防控产生积极影响。

## 25.1 燃气用户服务体系

　　1. 燃气用户服务体系及服务原则

　　燃气经营企业应建立与其供气规模、用户数量相适应、可持续改进的服务规范体系,满足用户的服务需求。服务原则应满足指导性、安全性、透明性、及时性和公平性的要求。

　　(1)指导性。燃气行业服务应遵循安全第一、诚信为本、文明规范、用户至上的原则。

　　(2)安全性。燃气经营企业应向用户持续、稳定、安全供应符合国家质量标准的燃气并提供相应的服务;应为社会公共危机处理提供供气方面的安全保障;应实行全年全天候应急服务;提供的服务过程应保障人员和使用设施的安全;不应因燃气质量和服务质量等问题对人身安全和生产、生活活动及环境等构成不良影响和危害;应依法保护用户信息。

　　(3)透明性。燃气经营企业应向用户公示服务规范业务程序、条件、时限、收费标准、服务电话等与服务有关的各项信息。

　　(4)及时性。燃气经营企业的服务系统应在规定或承诺的时限内,应满足用户在使用燃气时,对质量、维修和安全等方面的诉求。

　　(5)公平性。燃气经营企业在其供气范围内,应对符合用气条件的单位和个人提供均等化的普遍服务。

　　2. 燃气用户服务要求

　　(1)供气质量。燃气经营企业供应的燃气应符合国家标准的规定并符合相关燃气种类标准。

　　(2)新增用户。燃气经营企业应与用户签订供用气合同。供用气合同除应符合国家对于燃气供用气合同的规定外,还应包括:供应燃气的种类、质量和相关数据;维护用户信息安全;燃

气设施安装、维修、更新的责任；免费服务的项目、内容等。

（3）服务窗口。服务窗口公示的内容应利于用户有效地得到服务。应包括：办理业务的项目、流程、程序、条件、时限、收费标准、收费依据、免费服务项目和应提交相应的资料；服务规范、服务承诺、服务问责、服务投诉和处理等制度；用气条件、供气质量的主要参数，燃气销售价格；营业站点地址、营业时间；安全用气、节约用气知识；服务人员岗位工号；服务电话和监督电话等。

（4）接待服务。接待用户，应对来电、来访人员按规定做好受理记录；按照燃气经营企业规定或者承诺的时限内答复、办结；不属于本企业解决的问题，应告知用户。

（5）投诉处理。燃气经营企业应有投诉处理的接待人员，建立投诉处理全程记录。接到用户的投诉应在 5 个工作日内处置并答复；因非本企业原因无法处理的，应向投诉人做出解释。对重复投诉人，应告知投诉事项的解决办法及联系方式。对处理期限内不能解决的投诉，应向用户说明原因，并确定解决时间。投诉处理应根据调查结果和处理依据，选择合适的处理方式，并应依法对投诉人的个人信息保密。

（6）安全宣传。燃气经营企业应履行指导用户安全用气、节约用气和宣传安全用气知识的义务；应向用户发放《燃气安全使用手册》，宣传燃气使用的科学知识。安全宣传应包括安全使用燃气的基本知识，正确使用燃气器具的方法，抢修、抢险、维修和维护等业务的联系方法，防范和处置燃气事故的措施，保护燃气设施的义务等。

（7）服务人员。燃气经营企业的服务人员，应按国家规定取得相应的从业资格，并进行岗位培训。在瓶装燃气供应站、燃气加气站的服务人员，应熟悉处置服务纠纷以及危害燃气安全的行为。

（8）信息服务。燃气经营企业应建立服务信息系统，满足用户查询、咨询、预约、投诉、缴费等业务需求，应建立健全真实、完整的用户服务档案，实现服务的可追溯性。

（9）上门服务。服务人员应遵循上门服务规范，规范应包括从入门至离开时全过程的行为要求。应避免多名服务人员为相同的目的或分解服务程序上门干扰用户。

（10）供气保障。燃气经营企业的燃气安全事故应急预案中应具有保证临时供气和维持服务的措施。遇到自然灾害、极端性气候、社会治安、生产事故和气源短缺等严重影响正常供气服务的事件，应遵照燃气应急预案采取相应措施。燃气经营企业应向用户宣传燃气安全事故应急预案，适时组织用户参加培训或演习，应向社会公布 24 h 报险、抢修电话。

## 25.2　燃气用户设施风险防控机制

### 1. 设施安全检查基本要求

燃气经营企业应按照相关法律、法规组织对用户燃气设施进行安全检查。检查前，应提前告知用户，并按约定的时间实施。检查服务的人员应主动表明身份并说明来由。对初次使用燃气的用户和新住宅用户装修后在供气设施投用前，应按规定或约定进行上门安全检查。不符合安全使用条件的,不应供气。

安全检查记录应有用户签字,应符合规范规定并检查下列事项:嵌入式燃气灶和在隐蔽及不易观察位置安装的连接管道情况;采用不脱落连接方式的情况;燃气热水器排烟管的完好情况;用户燃气存放和使用场所的安全条件及通风情况等。

对检查发现存在安全隐患的事项,应履行告知义务,并按照规定的燃气设施维护、更新责任范围实施相关工作,或者提示用户自行整改。向用户发出隐患整改通知书,整改通知书应要求用户签收。

用户要求燃气经营企业协助对其用户燃气设施维护、更新责任范围内的安全隐患整改时,燃气经营企业应组织有资质的施工单位实施。

因用户原因无法进行安全检查的,燃气经营企业应做好记录,并以书面形式告知用户约定安全检查时间及联系电话号码;发现燃气泄漏等严重安全隐患,燃气经营企业应采取相应措施进行及时处理。

2. 设施安全检查内容

(1)室内燃气管道。管道表面应无龟裂、剥落等严重锈蚀情况,管卡应牢固。燃气管道选用的材质和安装应符合规范规定。

(2)阀门。室内燃气管道阀门和液化石油气钢瓶用阀门的手柄开关应自如,阀体无裂纹、无严重锈蚀等有损阀门性能的缺陷。

(3)燃气计量表。燃气计量表的安装位置应符合规范规定,严禁安装在卧室、卫生间及更衣室等场所。燃气计量表安装后应横平竖直,不得倾斜,而且外观无损伤,涂层应完好。

(4)燃气器具。居民和非居民用户应选用符合国家标准的燃气器具,燃气器具铭牌上规定的燃气类别和特性应与供应的燃气一致。

家用燃气灶应安装在有自然通风和自然采光的厨房内。家用燃气热水器应安装在通风良好的非居住房间、过道、阳台内。设置采暖热水炉的房间或部位必须设隔断门,与起居室、卧室等生活房间隔开。

同一用气场所不得使用两种或两种以上的气源。燃气器具应有熄火保护等安全控制装置。敞开式厨房燃气器具的设置与卧室应有实体墙和门进行阻隔。燃气器具燃烧产生的烟气必须排至室外。

(5)燃气器具连接。燃气器具连接管应符合规范规定。橡胶管应无变硬或龟裂损坏,插入式连接时应有防脱落措施。橡胶管与燃气器具的连接长度不得超过 2 m,中间不得有接头,连接时不得使用三通。

(6)液化石油气钢瓶。液化石油气钢瓶不得设置在起居室、卧室、卫生间、地下室、半地下室和高层住宅内。居民用户使用的液化石油气钢瓶应设置在通风良好的厨房或非居住房间内,且室温不应高于 45℃。

液化石油气非居民用户的商业餐饮场所存瓶总重量超过 100 kg(折合 2 瓶 50 kg 或 7 瓶

15 kg)时,应设置瓶组间或瓶库,且严禁与燃气器具布置在同一房间。对瓶组间和瓶库检查应符合规范规定。

(7)瓶装液化石油气调压器。瓶装液化石油气调压器壳体外观应无明显缺陷。调压器结构应安全可靠,并有防止改变调压器设定状态的可靠措施。调压器出气口连接应符合规范规定,使用橡胶管插入式连接时,应选择带过流切断装置的调压器。

(8)燃气泄漏报警器。地下室、半地下室或地上密闭房间、商业餐饮等用气场所、瓶组间或瓶库应安装燃气泄漏报警器。使用的燃气泄漏报警器燃气类别应与用气场所供应的燃气一致,且报警器经有效检测符合规定。

**3. 燃气用户设施风险防控措施**

(1)选择优质的户内支管材质。在选择户内支管材料时,应选用抗腐蚀性强、接口一次性成型、泄漏率低、专用工具才能接驳且用户不容易私自改装等特点的管材,如热镀锌管、不锈钢管等。

(2)增加户内燃气阀门的安全功能。户内燃气阀门宜采用球阀。选用阀门时要综合考虑防腐、寿命等,还要考虑提高使用天然气的安全保障。目前市场上已经有一些具有超压、超温、过流、失压等自动切断保护装置的阀门,该类阀门的使用也可以对下游的管线脱落、燃烧、停气后的恢复起到较好的防范作用。

(3)户内燃气用具的选择、安装与使用。燃气经营企业应对用户在燃气器具的选用及使用中的行为进行宣传、引导,选择符合国家标准的燃气用具。在安全检查中对燃气用具的可靠性等进行检查,及时发现并消除燃气安全隐患。

(4)企业的入户安全检查必须落实到位。燃气经营企业应成立专职的入户安全检查队伍,安全检查人员应经过专业的培训、考核,合格后上岗。对燃气设施进行定期安全检查,并建立完整安全检查档案,对发现的安全隐患及时整改,属用户责任的通知用户限期整改。

(5)用户安全使用习惯的培训与教育。用户安全意识与习惯的宣传、教育及培训,是降低户内燃气安全事故的根本。供气企业除了在用户办理业务时发放一些安全使用宣传手册,还应该通过多渠道进行宣传及教育。利用入户安全检查、入户维修、社区安全宣传活动等多路径进行;还可以通过报刊、杂志、广播、电视等传播渠道进行;也可以通过对留守老人、学校师生等特定人群进行,从而全面提高用户的安全使用知识及安全意识。

## 25.3 燃气用户设施安全管控技术应用展望

随着燃气技术发展,燃气用户端设施可开展尝试性探索,如用户端安全管控技术措施将来可推广采取"4+1"模式,即采用:安全型燃气燃烧器具+智能型燃气表+专用燃气输送管及燃气连接管+燃气自闭阀(或安全型液化石油气调压器),并推荐使用燃气泄漏报警器。

### 1. 安全型燃气燃烧器具

使用带超温、超时等安全管控功能的燃气燃烧器具,可避免因使用不当而引发的燃气安全事故。

### 2. 智能型燃气表

具有无线功能的智能型燃气表,当表端检测到异常大流量、异常微小流量或泄漏报警器信号后自动触发远程报警功能,燃气表可通过无线网络将相关信息传输至燃气表公司服务器、小区物业及用户。

智能型燃气表不仅可以提高燃气的安全使用率,有效地防止和控制燃气爆炸造成民众伤亡,而且也可以对保护民众健康安全维护社会稳定起到作用。

### 3. 专用燃气不锈钢输送波纹管和燃气连接管

室内天然气管道尤其是燃气表后燃气输送管道建议将来可推广使用专用燃气不锈钢输送波纹管替代传统的燃气镀锌管,以免因燃气管道锈蚀而泄漏。燃气灶具和燃气热水器的燃气连接管可推广采用有螺纹接口的专用燃气不锈钢波纹管或专用燃气包覆管,以免因燃气连接管脱落、老化龟裂或鼠咬等形成燃气泄漏。

### 4. 管道天然气自闭阀

自闭阀是一种安装在户内燃气管道上(一般安装在灶前),不用电或其他外部动力源,自动对燃气进行智能监测、判断,当出现停气、漏气,胶管脱落或失火引燃,供气压力低于或高于安全值时均能自动关闭、人工复位的智能阀门。

自闭阀具有低压保护自闭、超压保护自闭、过流切断、在线检漏等功能,是预防燃气用气事故发生的有效的安全措施。

### 5. 可燃气体泄漏报警器及紧急切断系统

可燃气体泄漏报警及紧急切断系统是由可燃气体泄漏探测器和安装在总管的紧急切断电磁阀组成的系统,探测器中的传感器是既能探测甲烷(天然气)又能探测一氧化碳(废气)的双传感器,当管道天然气泄漏或者因燃气器具燃烧后造成室内空间一氧化碳超标时,能马上发出信号及时关闭天然气气源,从源头上防范燃气用气事故的发生。

# 26 燃气基础设施风险的应急处置

随着社会经济和城市建设的快速发展以及日益复杂的国际政治形势变化,城市燃气管网的运行环境越发复杂。燃气管网一旦发生泄漏,将造成严重的经济、安全、环保和生态影响,甚至会导致火灾、爆炸等恶性事件,造成人员伤亡、城市燃气供应中断,给社会安定带来极大的负面影响,而城市燃气管网应急安全维抢修体系的建立,为管道事故快速响应和燃气管网运行风险的应急处置提供了强有力的支持。

## 26.1 燃气基础设施应急安全维抢修体系

燃气应急安全维抢修体系是一整套用于界定和指导维抢修组织机构建立、核心抢险能力配置、执行程序、资源保证、沟通和响应、绩效考核、应急预案的制定和更新等内容的制度组合。

### 26.1.1 岗位职责

1. 政府职责

在应急安全维抢修体系中,政府具有事故指挥的职责,即具有指挥和控制的整体责任。政府的职责应当包括:发起、协调和承担对事故响应所有措施的责任;建立一个应急维抢修组织;考虑开始、升级和终止事故响应活动的进程,并确保事故响应活动满足法律和其他要求。

政府应建立一个不间断运行的指挥和控制过程,包括:观察,信息收集、处理和共享,对局势作出评估与预测,计划,做出决策并进行沟通,决策实施,反馈收集和控制措施。上述指挥和控制过程不仅限于政府对于事故指挥的行动,也适用于所有在各个责任层级上参与事故指挥团队的成员。

2. 燃气企业职责

燃气企业应急维抢修部门是为了实现维抢修工作有序、高效地开展,将企业内人力、物力和相关储备等按一定形式和结构组织起来而形成的一种管理机构,对发挥集体力量、合理配置资源、提高抢修效率具有重要的作用。燃气企业负责应急处置预案的编制、管理、更新、监督;负责编制、实施、完善专项分预案;负责制定现场抢修停气方案,实施抢修;当事故处置需要其他行业或单位协助时负责联系政府相关部门,请求社会援助;负责组织燃气事故调查、总结、善后协调工作。

### 26.1.2 核心抢险能力

核心抢险能力是维抢修体系最直观的要素之一，也是通常最容易被关注和认识的部分。主要包括维抢修专业技术人员、专业维抢修设备、特种工器具及物资、维抢修队伍驻点分布等方面的内容，是维抢修体系的主要因素。

维抢修专业技术人员包括维抢修各专业人员的编制、工种类别及数量、技能水平等，是衡量维抢修力量的关键指标之一。通常情况下，根据不同工况，工种的比例有所差别，比例合理的人员配置才能使工作效率最高。

维抢修队伍驻点分布是维抢修核心抢险能力中不可忽视的组成部分，对紧急情况下人和设备的调遣影响很大，直接关系到抢险的到场及时率。因此，考察核心抢险能力时，需要考虑维抢修队的辐射半径、燃气管线密度以及道路交通拥堵等方面因素，特别是在道路交通比较拥堵的地区，其辐射半径应相应减小。

### 26.1.3 沟通及应急响应机制

应急响应机制是维抢修体系中"软件"构成要素的重要部分，是指在发生重大事故的紧急状态下，按照既定的分工和执行程序，多方形成联动应急的合作机制，用于协调各方资源，迅速调集人员、设备、物资对事发地进行救助和支援。一套完善的应急响应机制对整个体系的高效运行至关重要，尤其在事故发生的紧急状态下，沟通及应急响应机制对响应时间、维抢修力量的调配和事故现场的配合等方面影响巨大。

应急响应机制包括应急组织机构、应急响应程序和应急保障制度等方面内容。应急组织机构是为处理紧急事故而成立的临时性组织，需要明确组织内各岗位的职能和责任，确保该组织各组成部分之间能协调高效运作。应急响应程序包括应急预警、信息报告和应急响应流程等。应急预警包括接警、预警职责、预警启动和预警解除等环节，需要对预警整个过程进行策划，同时，需要对信息报告、应急响应流程制订预案和详细的流程图，按照流程迅速传达和执行。

### 26.1.4 应急预案的制订和更新

应急处置预案要求应根据"以人为本，以防为主，分级管理，先期处置"的原则编制应急处置分预案，对突发事故的应急处置实行"条块结合，属地管理，专业救援，统一指挥，即报情况，跟踪落实，分级负责，先期处置"原则。对引起政府、新闻媒体高度关注，社会影响较大的事故等重要区域建立燃气事故应急处置专项预案。

### 26.1.5 应急演练和培训

对我国的管道事故进行统计发现，管道事故是多种多样的，也很难预测，即使是专门从事管道维抢修业务的维抢修中心也不可能每种事故都能碰到，为检验针对事故专项应急预案的可操作性及锻炼、检验维抢修人员的专业能力,需要定时开展应急演练,并有针对性地进行培训。

应急演练是针对事先设计的紧急情况将多个不同组织、机构的人员及应急物资按一定的组织机构整合起来,按照事故的处理程序,对各自承担的责任和义务进行排演的活动。其目的是通过应急演练对应急预案中人员的安排、沟通机制及事故响应处理程序的合理性进行检验,验证现场的实际操作性,并通过对演练的评估,对演练中出现的不足进行分析,制订完善措施,切实通过演练提高综合应急能力。

## 26.2　应急处置的基本原则

### 26.2.1　基本原则

燃气应急处置工作应遵循"条块结合,属地管理,统一指挥,专业救援,即报情况,跟踪落实,分级负责,先期处置"的原则。

1. 条块结合,属地管理

根据条块结合、属地管理的原则,无论是哪个管理责任单位的燃气设施发生事故,属地管理单位有责任和义务在第一时间赶赴事故现场,并采取相应措施控制现场,做好基本防范措施,防止事态扩大,并代替管理责任单位和燃气企业做好相关工作。

同时,在具体责任的落实上,则体现为以块为主。事故处置的责任主体始终是管理责任单位,无论是现场应急处置指挥部、属地管理单位还是其他参与配合的单位都只是负责协调、配合处置工作。

2. 统一指挥,专业救援

建立完善的应急处置指挥系统,分工明确、职责到位。由燃气企业领导协调统一指挥,专职副总指挥各施其政,各尽其职。

对各管理责任单位的抢修队伍提出更高要求,做到自救、互救、待救、抢救,规范化、条理化救援。

3. 即报情况,跟踪落实

在处置紧急事故时,及时、即时、准确的信息流通显得尤其重要,各部门必须保证落实信息畅通。

随着事态的发展,落实相应的措施,需要各方面的共同努力配合,为使措施到位,发挥应有的效果,需要严谨的跟踪机制,有传递就必须有反馈,确保事故妥善处置。

4. 分级负责,先期处置

燃气事故应急处置工作实行"分级负责,先期处置"原则,按照燃气突发事故的性质、危害程度和涉及范围成立不同层次的指挥部门。作为责任主体的管理责任单位和相关部门按照各自职责、分工负责,紧密配合,迅速有效地开展先期处置、紧急救援和善后处理工作。

先期处置:对于某些特定紧急事故,管理责任单位有权争取时间,在上报上级部门或上级部门给予指示前,进行即时处置,按照分预案有关规定先行动作,以便最大限度降低损失。

### 26.2.2  基本流程(以上海为例)

1. 预警级别

按照燃气事故可能造成的危害程度、紧急程度和发展势态,燃气事故预警级别分为四级:Ⅳ级(一般)、Ⅲ级(较重)、Ⅱ级(严重)和Ⅰ级(特别严重),依次用蓝色、黄色、橙色和红色表示。

1) 蓝色预警

下列情况之一的,可视情发布蓝色预警:

(1) 相关自然灾害管理部门发布预警信号,经研判,可能对城市燃气供应和管网安全造成一定影响的;

(2) 由于突发事件等原因,可能造成3 000户以上居民用户燃气中断供应的;

(3) 因各种原因造成气源保障出现一般问题,实际保障量低于最高计划量95%,且无法在72 h内解决的。

2) 黄色预警

下列情况之一的,可视情发布黄色预警:

(1) 相关自然灾害管理部门发布预警信号,经研判,可能对城市燃气供应和管网安全造成较大影响的;

(2) 由于突发事件等原因,可能造成1万户以上居民用户燃气中断供应的;

(3) 因各种原因造成气源保障出现较严重问题,实际保障量低于最高计划量90%,且无法在72 h内解决的。

3) 橙色预警

下列情况之一的,可视情发布橙色预警:

(1) 相关自然灾害管理部门发布预警信号,经研判,可能对城市燃气供应和管网安全造成重大影响的;

(2) 由于突发事件等原因,可能造成5万户以上居民用户燃气中断供应的;

(3) 因各种原因造成气源保障出现严重问题,实际保障量低于最高计划量85%,且无法在72 h内解决的。

4) 红色预警

下列情况之一的,可视情发布红色预警:

(1) 相关自然灾害管理部门发布预警信号,经研判,可能对城市燃气供应和管网安全造成特别重大影响的;

(2) 由于突发事件等原因,可能造成10万户以上居民用户燃气中断供应的;

(3) 因各种原因造成气源保障出现特别严重问题,实际保障量低于最高计划量 80%,且无法在 72 h 内解决的。

### 2. 预警响应

进入预警期后,燃气行业政府主管部门、政府应急联动中心、属地政府及相关部门和单位可视情采取以下预防性措施:

(1) 有燃气泄漏或者爆炸等险兆的,采取临时停气措施;

(2) 组织有关应急处置队伍和专业人员进入待命状态,并视情动员后备人员;

(3) 必要时,做好相关区域内人员疏散准备;

(4) 调集、筹措应急处置和救援所需物资及设备;

(5) 加强燃气调度和供气压力调节,保障供气安全;

(6) 法律、法规规定的其他预防性措施。

### 3. 应急响应

城市燃气事故应急响应分为四级:Ⅳ级(一般)、Ⅲ级(较重)、Ⅱ级(严重)和Ⅰ级(特别严重)。当燃气事故发生在重要地段、重大节假日、重大活动和重要会议期间,以及涉外、敏感、可能恶化的事件,应当适当提高应急响应等级。

一般和较大燃气事故发生后,由事发地所在区政府和街镇、燃气行业政府主管部门、公安等部门启动相应等级对应措施,组织、指挥、协调、调度相关应急力量和资源实施应急处置。

重大和特大燃气事故发生后,立即启动相应等级对应措施,视情成立市应急处置指挥部,统一指挥、协调、调度全市相关力量和资源实施应急处置。事发地所在区政府和街镇、燃气行业政府主管部门及其他有关部门和燃气企业等单位立即调动相关应急力量,第一时间赶赴事发现场,按照职责和分工,密切配合,共同实施应急处置。

## 26.3 工作制度

### 26.3.1 信息报告

一旦发生燃气事故,各有关单位和个人应当及时通过"110"报警或者本区域燃气应急电话等报告。

一旦出现事故影响范围超出本省市行政辖区的态势,政府相关部门应当依托与毗邻省市的信息通报协调机制,及时向毗邻省市相关主管部门通报。

### 26.3.2 信息发布

一般和较大燃气事故信息发布工作由事发地所在区政府或燃气行业政府主管部门负责。

重大和特别重大燃气事故信息发布工作由市政府新闻办负责,燃气行业政府主管部门提供发布口径。

### 26.3.3　事故处置

燃气事故发生后,事发相关单位及所在社区应当在判定事故性质、特点、危害程度和影响范围的基础上,立即组织有关应急力量实施即时处置,开展必要的人员疏散和自救互救行动,采取应急措施排除故障,防止事态扩大。市应急联动中心应当立即指挥调度相关应急救援队伍,组织抢险救援,实施先期处置,营救遇险人员,控制并消除危险状态,减少人员伤亡和财产损失。相关联动单位应当按照指令,立即赶赴现场,根据各自职责分工和处置要求,快速、高效地开展联动处置。处置过程中,市应急联动中心要实时掌握现场动态信息并进行综合研判及上报。

涉及人员生命救助的燃气事故救援,现场救援指挥长由综合性应急救援队伍现场最高指挥员担任。无人员伤亡或者生命救助结束后,现场指挥长由燃气行政主管部门现场最高负责人担任,指挥实施专业处置。根据属地响应原则,由相关区视情成立现场处置指挥部,对属地第一时间应急响应实施统一指挥,总指挥由事发地所在区领导担任,或者由区领导确定。现场处置措施如下:

(1)事发地所在区公安机关立即设置事故现场警戒,实施场所封闭、隔离、限制使用及周边防火、防静电等措施,维持社会治安,防止事态扩大和蔓延,避免造成其他人员伤害。

(2)公安、消防、燃气行业政府主管部门应急力量迅速营救遇险人员,控制和切断危险链。卫生计生部门负责组织开展对事故伤亡人员的紧急医疗救护和现场卫生处置。

(3)及时清除、转移事故区域的车辆,组织抢修被损坏的燃气设施,根据专家意见,实施修复等工程措施。

(4)燃气企业及时判断可能引发停气的时间、区域和涉及用户数,按照指令制订相应的停气、调度和临时供气方案,力争事故处置与恢复供气同时进行。

(5)必要时,组织疏散、撤离和安置周边群众,并搞好必要的安全防护。

(6)法律、法规规定的其他措施。

### 26.3.4　站点队伍

以 A,B 角的形式配置应急抢险指挥人员,当第一责任人因特殊情况不能履行职责时,由后续梯次补上空缺。同时应保证接替人员具备与其承担的职责相当的资质和能力。

燃气应急处置中,抢险小组人员应穿着统一工作服,工作服需要符合劳动防护要求,佩戴安全帽,夜间或道路抢修应穿戴反光背心。抢险小组指挥人员应由具有组织能力、应急处置能力、并熟悉应急处置预案的人员担任。应急抢险人员都须经过燃气业务培训,掌握燃气安全防护知识和技能。

### 26.3.5　站点物资管理

根据站点需求,设置应急物资仓库,按照仓库管理流程进行管理,确保应急物资的充分和及时。

在应急处置中,根据资源共享原则、局部服从全局原则,应急指挥长可以向其他燃气单位紧急调用物资设备。被调用单位应无条件服从。各单位物资部门必须根据应急物资变更进行及时补缺。

### 26.3.6　车辆工具基本配置

应急车辆必须有明确标识,在应急抢修车内配备充足基本的应急工具,可以根据各自在抢修过程中遇到的实际情况配备个性化工具。

**参考文献**

[1] 上海城建(集团)公司.智慧城市:市政工程建设与管理[M].北京:中国建筑工业出版社,2016.

[2] 段常贵.燃气输配[M].4版.北京:中国建筑工业出版社,2011.

[3] 姜正侯.燃气工程技术手册[M].上海:同济大学出版社,1997.

[4] 肯特·米尔鲍尔.管道风险管理手册[M].2版.杨嘉瑜,译.北京:中国石化出版社,2010.

# 第 6 篇

# 信息通信基础设施风险防控管理

　　城市信息通信基础设施是城市信息化发展的载体,与国民经济的发展密切相关,是城市生命线的重要组成部分。明确信息通信基础设施全生命周期的风险防控要点,将有助于把风险防控由传统的事后应急为主方式转变为事前预警、事中防控、事后处置的管理模式,从而构建完整的风险防控体系。本篇各章将重点阐述信息通信基础设施的风险防控。

# 27 信息通信基础设施基本情况

城市信息通信基础设施具有规模化、标准化、网络化和覆盖广的系统特征,易受系统自身事故和外界问题等多种风险的威胁。一旦发生信息通信事故,将影响到城市的每个角落,严重时甚至影响市民生活、城市运行和社会生产。因此,城市信息通信安全是整个城市安全和防灾系统的重要组成部分。

国内外城市信息通信事业的发展过程是全系统、全过程、全要素的安全保证性提高的过程,越来越多的城市信息通信企业与部门在达到相应国家标准规范要求的基础上,强化风险意识,增加应对措施,提升备用能力,准备应急预案,实现风险总体控制。

本篇借鉴了国家城市信息通信基础设施系统风险评估研究的成果,以及众多专家学者的科研成果和论著,结合国家行业标准规范,重点阐述了城市信息通信基础设施系统风险管理和控制措施,主要有三个核心内容:

一是总结国内外城市信息通信基础设施系统的发展与特点,以及相应风险管理研究的发展与意义。

二是着重从城市信息通信基础设施的全系统、全过程和全要素角度,阐述城市信息通信基础设施的风险识别、风险分析和风险评价。

三是全面论述城市信息通信基础设施系统建设和运行各阶段的风险管理和风险防控。项目建设前,注重系统性、全局性的源头风险防控;工程建设和运行管理中,分析厘清各类风险因素,评估风险;建立并健全风险预警与管理机制,提高应急保障能力,持续监督改进,减少风险发生,控制损失等。

## 27.1 信息通信概述

### 1. 通信

通信(communication)通常指人与人、人与自然之间通过某种行为或媒介进行的信息交流与传递,通信在不同的环境下有不同的解释,且在人类实践过程中随着社会生产力的发展对传递消息的要求不断提升,使人类文明不断进步。在各种通信方式中,利用有线、无线的电磁系统或者光电系统传输信息的通信方式称为电信(telecommunication),这种通信具有迅速、准确、可靠等特点,且几乎不受时间、地点、空间、距离的限制,因而得到了飞速发展和广泛应用。电信包括不同种类的远距离通信方式,例如电报、电视、电话、卫星通信、数据通信、光纤通信以及计算机网络通信等。电信是信息化社会的重要支柱。无论是在社会、经济活动中，还是在人们日常生活的方方面面，都离不开电信。

19世纪30年代，有线电报通信试验成功后，用电磁系统传递信息的电信事业便迅速发展起来。它的兴起与发展，大致经历了电报的发明和应用、电话的发明和应用、大容量自动化通信网的发展和应用、数字通信的诞生和发展等四个时期。

1）电报时代

电报的发明是电气通信的开始。1835年，美国人S.F.B.莫尔斯创造了电报通信用的莫尔斯电码，1837年，他得到机械师A.L.维尔的帮助，研制出了电磁式电报机并在纽约试验成功。电报最初用架空铁线传送，只能在陆地上使用。1850年，英国在英吉利海峡敷设了海底电缆，1866年，横渡大西洋的海底电缆敷设成功，实现了越洋电报通信。后来，各大洲之间和沿海各地敷设了许多条海底电缆，构成了全球电报通信网。

电报技术发展至今已超过180年。电报设备从最初的完全由人工操作的莫尔斯人工电报机，发展到自动化程度相当高的电子式电传打字机，电报传输也从有线传输发展到无线电传输，从直流电报信号传输发展到多路音频载波电报传输等。随着电子计算机、数据通信、卫星通信、光纤通信等新技术的出现，电报通信进一步向着电子化和自动化方向发展。此外，还出现了直接传送文字、图表、照片等信息的传真电报。

2）电话时代

电话由美国科学家A.G.贝尔于1876年发明。最初的电话交换机采用磁石电话交换机，最多只能有几百号电话用户，共电电话交换机使用户增加到几千号。1889年，A.B.史端乔发明了自动交换的步进制电话交换机。随后，纵横制电话交换机、程控电话交换机等自动电话设备也相继问世，电话通信有了更大的发展。

3）大容量自动化通信时代

19世纪90年代，电话通信已相当发达，世界上各大城市都装置了自动电话交换机，同时长途电话的需求亦迅速增加，这就要求有大容量的长距离传输设备，要求架空明线和长途电缆能增加传输电话的能力。1918年，载波电话应运而生，在一对铜线上可开通4路电话。1941年，开始使用的同轴电缆上可以开通480路电话，随后发展至1800路、2700路甚至1万多路电话。50年代初出现了微波接力无线通信方式，由于它具有建设速度快、成本低、可节省铜和铅、能越过无法敷设电缆的地区等优点，很快被各国采用。同轴电缆和微波接力通信的发展，为建设全国长途电话自动化网络奠定了基础。许多国家如美国、日本、英国等在20世纪50—70年代建成了全国长途电话自动化网路。由于卫星通信的发展和海底同轴电话电缆的建成，在60—70年代国际电话自动化网路得到推广。

4）数字通信时代

1939年，英国人A.H.里夫斯发明脉码调制（PCM），可以将长期以来电话通信使用的模拟信号变成数字信号，但当时采用电子管，成本过高，难以推广。1948年，晶体管发明后，到

1962 年制成了 24 路 PCM 设备并在市内通信网中应用。1975 年,PCM 设备已复用到 4032 路,同时程控电子交换机亦已研制成功,电信网具备了由模拟网向数字网转换的条件。采用数字通信对电报和数据通信有更大的优越性,一条数字电话电路可以比模拟电话电路传递效率提高十几倍至几十倍。在大力推广电子计算机在各个领域中应用的时代,数据通信占有重要的地位。此外,现代传输技术如光纤通信是传送数字信号的,卫星通信如使用数字信号亦可提高效率。于是电信网进入了数字通信时代,各种电信业务如电话、电报、数据、传真、图像等均综合在一个数字通信网内实现。

综上所述,一百多年来,电信技术经历了从模拟到数字,从低容量到高容量,从单一业务到综合业务的发展历程,尽管电信的基本概念没有变,但它的外延却发生了巨变。信息高速公路和互联网的建成以及社会各领域巨大的信息化应用需求,形成了现在称之为信息通信系统的大概念。

### 2. 信息技术

信息技术(Information Technology,IT)是主要用于管理和处理信息所采用的各种技术的总称。它主要是应用计算机科学和通信技术来设计、开发、安装和实施信息系统及应用软件。它也常被称为信息和通信技术(Information and Communications Technology,ICT),主要包括传感技术、计算机与智能技术、通信技术和控制技术。

信息技术是指在计算机和通信技术支持下用以获取、加工、存储、变换、显示和传输文字、数值、图像以及声音信息,包括提供设备和提供信息服务两大方面的方法与设备的总称。

信息技术是人类在认识自然和改造自然过程中所积累起来的获取信息、传递信息、存储信息、处理信息以及使信息标准化的经验、知识、技能和体现这些经验、知识、技能的劳动资料有目的的结合过程。

信息技术推广应用的显著成效,促使世界各国致力于信息化,而信息化的巨大需求驱使信息技术高速发展。当前信息技术发展的总趋势是以互联网技术的发展和应用为中心,从典型的技术驱动发展模式向技术驱动与应用驱动相结合的模式转变。

### 3. 信息通信系统

信息通信系统是用以完成信息传输过程的技术系统的总称。信息通信系统主要借助电磁波在自由空间的传播或在导引媒体中的传输机理来实现,前者称为无线通信系统,后者称为有线通信系统。信息通信行业有如下的产业特点:

(1)规模化。信息通信已经成为克服时间和距离障碍的重要的信息传播方式,成为无可代替的最广泛使用的现代通信工具,如有线电话和无线电话、传真、无线电广播、电视、互联网络。

(2)标准化。如电信方式有效传播的前提是编码和解码的对应性,也就是说收信方对于收到的电磁代码必须运用与发信方相逆的算法破译,才能获得电磁码中携带的有用信息。在电信传播方式被大量使用的前提下,编码和解码过程的相逆性要求电信的标准化,如传播规程的统一、协议的一致、终端设备的兼容,这样才可以保证编译和解码的对应性。

（3）规范化。作为被社会多数人经常性使用的信息传播工具，如电信过程只有规范化才可以明确电信服务提供者、电信使用人、电信管理者之间的权利义务关系，做到使用该传播方式的有序和高效。有关电信的规范，一是对电信行业的管理规范；二是规定电信服务部门和使用人之间权利义务关系的民事规范；三是为实现电信的标准化。

## 27.2　中国信息通信业发展概述

### 27.2.1　中国信息通信业发展概况

中国电信业始于 1871 年，当时丹麦大北电报公司私自在中国敷设海底电缆，并在上海租界设立电报局，开办电报业务。1881 年上海英商瑞记洋行在英租界内创立华洋德律风公司开通电话业务。1877 年以后清政府开始了自办电报、电话业务。

我国通信业的发展大体分为三个阶段。第一阶段：1949—1978 年，为低水平发展阶段，全国电话交换总容量仅 31 万门，长途线路仅 2 800 条。到 1978 年全国共有电话用户 214 万户，长途线路 2.2 万条，微波线路 13 958 km，通信业初见雏形。第二阶段：1978—2007 年，为跨越式发展阶段。20 世纪 80 年代中期以来，我国加快了基础电信设施的建设，自 1986—2000 年建成了著名的"八纵八横"光缆干线网，覆盖全国省会级城市，构成了四通八达的长途通信干线传输网络，为我国通信网步入大容量、高带宽的时代奠定了基础。第三阶段：2008 年至今，随着工信部的成立以及后来移动 3G 牌照的发放，我国电信业又一次进行了重组，形成了三家全业务运营商三足鼎立的竞争格局，推动我国电信业进入了全新的历史时期，并获得了举世瞩目的成就。

1. 光纤入户（FTTH）渗透率远超 OECD 国家平均水平

截至 2016 年年底，我国 FTTH 覆盖约 8.8 亿家庭，用户数达 2.6 亿户[1]，占互联网宽带用户数的 80.9%，远远超过 OECD 国家平均水平。

2. 国内国际互联性能不断完善提升

我国互联网架构持续优化。2015 年，100 GbiVs 的光传送网从省际骨干走向省内和城域网；网络架构逐渐由星形网络结构向复杂网状网演进；新增骨干互联互通点全面开通，中西部流量绕转现象明显改善，效率与质量大幅提升，区域均衡格局基本形成。

国际网络布局积极向好。国际互联网出口带宽增长迅速，2015 年，我国国际出口总带宽达到 12.4 TbiVs。我国与周边 12 个国家建立了跨境陆地光缆系统，共有 17 个国际陆缆边境站。国际海缆已通达 30 多个国家和地区，建有 4 个大型海缆登陆站，实现 8 条国际登陆海缆，我国运营商企业在登陆海缆系统上拥有容量超过 10 000 Gbit/s。海外登陆点初步实现全球化部署，我国运营商企业在海外 30 多个城市，建设了 77 个海缆登陆点。

3. 4G 网络加速布局，5G 研发持续演进

我国已建成全球最大的 4G 网络。截至 2015 年年底，我国 4G 用户超过 3.8 亿户，占全球 4G 用户数量 1/3 以上，4G 基站累计建设 183.4 万个，占全球 4G 基站数量一半以上。

移动通信研发向 5G 演进。5G 无线方面,新空口路线主要面向新场景和新频段进行全新设计;5G 网络方面,基于"三朵云"(接入云、控制云和转发云)向新型 5G 网络架构演进,构建基于 SDN、NFV 和云计算技术的智能、高效、灵活和开放的网络系统。

### 4. 数据中心从"中国制造"向"中国设计"迈进

微模块数据中心是国内首创的数据中心模式,实现了数据中心的工业产品化和标准化。据开放数据中心委员会(Open Data Center Committee,ODCC)统计,截至 2015 年 9 月底,国内已部署的微模块数据中心的总量已达到近 1 100 套,实现了超过 40 万台服务器的建设规模,相比 2014 年增长近 2 倍。微模块数据中心的加速落地,标志着我国数据中心产业创新能力的大幅提升,正从"中国制造"迈向"中国设计",并向着"中国创造"方向不断推进。

## 27.2.2　上海信息通信基础设施概况

上海处于东海之滨,是我国最主要的国际业务出入口,拥有中国电信的中美、亚太 2 号、TPE、亚欧、亚太直达等国际通信光缆系统,以及中国联通的 C2C、FLAG 等国际通信光缆系统,共同承担了我国约 80% 的国际互联网数据和国际电话的传送任务,通达近 200 个国家和地区。

作为国际经济、金融、贸易、航运中心及创新中心,上海建有全球先进的信息通信网络,并逐步强化全球信息通信枢纽服务功能。信息通信枢纽是汇接、调度通信线路(电路)和收发、交换信息的中心,全球性的信息通信枢纽,应能够通达全球主要地区,不仅体现在话音业务,更重要的是对国际数据通信、国际互联网等业务的支撑能力。

上海在持续推进国际通信枢纽建设中,互联网国际国内出口带宽进一步增长。截至 2016 年年底,上海已建有两个国际登陆局,登陆的国际海光缆有 6 个系统,10 条光缆,总容量超过14 Tps。上海持续扩容现有海底光缆系统容量,提高面向国际通信的网络管理和服务能力,海底光缆国际通信容量继续保持全国领先。

上海以加快推进宽带城市、无线城市、功能性设施、通信枢纽和信息基础设施规划建设为重点,过去 5 年来着力构建宽带、泛在、融合、安全的信息基础设施体系,全市信息基础设施建设水平持续提升,主要体现在以下 4 方面。

(1) 宽带光纤网建设走在全国前列。截至 2016 年年底,全市光纤到户覆盖总量达 941 万户,实际用户达到 515 万户,家庭宽带平均接入带宽达 58 M,固定宽带用户平均可用下载速率达 14.03 M,千兆小区接入规模在 2015 年基础上进一步扩大,覆盖规模突破万级。

(2) 移动通信建设快速发展。上海 TD-LTE、FDD-LTE 双制式第四代移动通信技术(4G)网络已基本覆盖全市域,正积极开展 5G 网络部署试点;第三代移动通信技术(3G)和 4G 用户总数达到 2 383 万户。2014 年,依据工信部关于推动铁塔公司参与铁塔、基站配套设施及室分系统共建共享的要求,推进铁塔公司参与共建共享。至 2016 年,上海市共建铁塔 7 337 座,共享铁塔 5 582 座,新建共享基站 1 754 座。无线局域网(WLAN)累计接入超 1.7 万个,无线接入点(AP)超过 14 万个,接入场所数和 AP 规模在国内城市中名列前茅,其中向用户提供免费 WLAN 服务的 i-Shanghai 覆盖全市主要公共场所,累计超过 1 400 处,商业场所累计开通 3 000 余处。

(3)有线电视网络基本完成升级改造。截至 2016 年年底,全市有线电视用户 730 万户,完成数字化整体转换用户 694 万户,基本完成全市数字化整体转换。下一代广播电视网(NGB)覆盖 662 万户家庭,达到全市有线电视用户总数的 90.7%。NGB 网络的建成,实现了 T 级骨干、千兆进楼,用户端实现百兆接入,极大释放了网络资源,有效提升了网络承载能力和传输质量,为智慧城市的建设提供有力的基础保障。

(4)全市信息通信管线覆盖面持续扩大,中心城区集约化信息管道平均覆盖率达到 90%左右。截至 2016 年,信息管线累计接入商务楼宇、移动基站、企事业单位、住宅小区等 5 718 栋(处),继续满足了运营商业务发展的需求。

## 27.3 信息通信网概述

### 27.3.1 信息通信网的组成

我国信息通信网络通常分为四层结构:省际干线网、省内干线网、中继网和用户接入网,其中省际干线网和省内干线网称为骨干网,中继网和用户接入网称为本地网。

省际干线网指连接省与国际出口局、省与省或省与直辖市之间的通信网。省际干线网传输节点一般设置在直辖市、省会城市或者经济政治发达的重要城市,为了传输安全,省际干线节点通常设置两个或者两个以上。

省内干线网是连接省内地市之间、市县之间的通信网。省内干线节点设置在省会城市、地级市或个别重要的县级市。

中继网是连接长途端局与本地网端局,以及本地网端局之间的通信网络。

接入网是连接局端业务节点接口和用户端网络接口之间的由线路设施、传输设备等传送实体组成的网络。接入网的接入方式主要有铜缆(双绞线)接入、光纤接入、混合光纤同轴(HFC)接入和无线接入等几种方式,对应的技术有数字用户线(xDSL)、无源光网络(xPON)、HFC、无线用户环路(WLL)等。信息通信网络结构如图 27-1 所示。

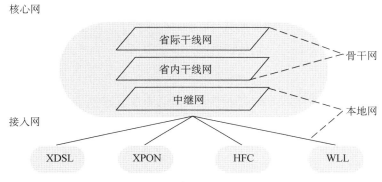

图 27-1　信息通信网络结构图

### 27.3.2 信息通信基础设施的构成

信息通信基础设施是指构成信息通信网络的基础物理网，主要包括局站、通信线路、信息通信管道、架空杆路、移动通信塔、杆等设施。

#### 1. 局站

局站是供各类信息通信设备安装的场所，根据其所处网络位置的不同分为枢纽机房、核心机房、汇聚机房、接入机房，移动通信基站等。枢纽机房内安装有国际、省级干线等重要节点的设备，核心机房内安装有传输骨干节点、数据核心节点等重要节点的设备；汇聚机房内安装有传输转接点、数据汇聚层节点等的设备；接入机房是最靠近用户的通信局站，是各类通信接入层设备的安装场所和用户通信线路的汇聚点。移动通信基站可视作接入机房的一种，它是通过无线电收发信方式与移动电话之间进行信息传递。

#### 2. 通信线路

用于连接局站与局站、局站与用户终端之间的信息通信传输线路。根据传输媒介不同，可分为光缆线路、电缆线路；根据所处网段不同可分为长途中继干线、本地中继线路、用户线路。根据建筑程式不同，可分为直埋、管道、架空、水下等。

连接局站与局站的传输线路叫中继线路，根据其所处网段不同分为长途干线和本地中继线路两种，连接省际长途节点的中继线路叫作省际或一级长途干线，连接省内长途节点之间的线路称为省内或二级长途干线，一个长途区号内（一般是一个地市范围内）的局站之间的中继线路称为本地中继线路。

用户线路是从本地局站经通信管道、交接箱、分纤或分线箱、用户配线系统连接至最终用户通信终端的通信线路，其中局站至交接箱之间的线路称为用户馈线或主干线路，交接箱至分纤或分线箱之间的称为配线线路，分纤或分线箱至用户终端之间的称为用户引入线。

#### 3. 信息通信管道

信息通信管道是为通信线缆在地下敷设提供的通道和构筑物，包括地下管孔、人（手）孔，施工人员在人（手）孔内完成通信线缆在地下管孔内的穿放和分支。人（手）孔一般为砖砌结构，分为基础、墙体和上覆三部分，上覆开口并配有井盖、井框，供人员上下人（手）孔。由于通信线路施工频繁，为了保障通信线路的安全和施工人员的安全，城区通信管道的位置一般位于城市道路的人行道、慢车道或绿化带下。沿高速公路建设的郊外长途管道一般位于高速公路的中央隔离带下。

#### 4. 架空杆路

通信线路在架空杆路上架设方式有钢绞线支撑式和自承式两种，在我国主要采用钢绞线支撑式方式。钢绞线支撑式又分为吊挂式和缠绕式两种。吊挂式架设是将光（电）缆用挂钩吊挂在钢绞线下方。缠绕式架设是采用不锈钢捆扎线把光缆缠绕在吊线上。这种方式具有施工效率高、不易损伤护层、抗风压能力强、维护方便等优点，但需要的施工设备较多。目前国内主要采用吊挂式架设方式。

架空杆路主要由电杆、吊线、拉线组成。电杆是架空线路的主要支持物。电杆承受垂直方向、顺线方向和侧面方向上的负载。一旦电杆倾倒，有可能拉断光（电）缆会导致通信阻断，而且不容易修复，所以有足够的机械强度是电杆的第一要求。由于木杆容易受潮腐蚀，维护工作量大，维护费用高，所以目前国内大多使用水泥杆。

吊线是架空线路的支持物，以七股镀锌钢绞线为主，吊线的规格应根据所挂光（电）缆的重量、杆档平均距离、所在地区的气象负荷以及发展的情况等因素选用。

拉线用于平衡架空光缆线路自身张力和外部自然张力，凡受承固定性不平衡荷载的电杆如终端杆、跨越杆、转角杆等均需安装拉线。人行道上的拉线应该安装拉线警示管。

**5. 移动通信塔桅、杆**

移动通信塔桅是指承载各种移动天线的塔架、桅杆，包括各种形式的落地塔、单管塔、桅杆、结合建筑物设置的拉线塔、抱杆等。

# 27.4　信息通信基础设施的规划、建设

信息通信设施项目从酝酿到建成投产全过程可分为规划、建设两大阶段。在规划和建设的前期阶段对风险源进行全面分析识别并加以规避，有利于实现风险的事前防控。

## 27.4.1　信息通信基础设施的规划阶段

城市规划与发展是信息通信基础设施规划与建设的最直接推动因素和主要依据，区域定位、建设用地规模、人口规模、容积率等因素对信息通信基础设施的布局及配置有较大影响。在编制总体规划、控制性详细规划等不同阶段的城市规划时，同步编制相应阶段的信息通信基础设施建设专项规划，可实现专项规划与城市规划的有效对接，加强局站、管道、基站等信息通信基础设施要素的落实，有利于指导后续开发建设阶段信息通信基础设施的同步建设。作为重要市政基础设施之一，信息通信基础设施是推进城市信息化的基石，是建设智慧化城市的神经网络，是提升、完善城市综合服务功能的重要保障。因此面向未来应用，远近结合地做好与城市未来发展定位相适应的信息通信基础设施规划具有重要的意义。

信息通信基础设施规划应着重坚持统筹规划，远近结合、集约共享，以人为本的原则。具体来说，局站、通信管道、移动通信铁塔等永久性基础设施具有建设成本高、使用年限长、扩容难度大的特点，应基于远期需求进行规划；信息通信线缆可结合开发进度，基于近期需求分批分期规划；基础设施应通过合理布局、运用先进技术、提高网络效率，减少资源消耗等手段，充分实现基础设施的共享，减少重复建设，合理统筹建设需要、行业利益和公共利益之间的关系，实现平等接入和用户自主选择，维护社会公众权益。

信息通信基础设施规划一般包括概述、现状评估、需求预测、建设方案规划等几项主要内容。

## 27.4.2 信息通信基础设施的建设阶段

根据建设阶段不同,信息通信基础设施的建设可分为前期的立项阶段、中期的实施阶段和后期的验收投产阶段。

**1. 立项阶段**

1) 项目建议书

项目建议书又称项目立项申请书或立项申请报告,由信息通信企业根据国民经济和社会发展的长远规划、行业规划和地区规划、国内外市场环境,结合建设单位自身的网络发展规划及业务发展需求,对某建设项目提出的建议文件,它是对拟建项目提出的框架性的总体设想,并从宏观上论述项目设立的必要性和可能性,把项目投资的设想变为概略的投资建议。

项目建议书内容主要包括:项目提出的背景,建设的必要性和主要依据,建设规模、地点等初步设想,工程投资估算和资金来源,工程进度和经济、社会效益估计。项目建议书可以为项目审批部门或机构的审批或决策提供依据,可以减少项目选择的盲目性,同时为下一步可行性研究报告的编制提供依据。

2) 可行性研究

建设项目可行性研究是对拟建项目在决策前进行方案比较、技术经济论证的一种科学分析方法,是基建流程前期工作的重要组成部分。信息通信工程可行性研究报告一般应包括以下几项主要内容:

(1)总论。包括项目提出的背景、建设的必要性和投资效益,可行性研究的依据及简要结论等。

(2)需求预测与拟建规模。包括信息通信基础设施和网络现状,技术和业务发展及需求预测,拟建项目范围及拟建规模、容量等。

(3)建设与技术方案论证。包括组网方案、局站、传输线路等基础设施建设方案、通路组织方案、设备及材料选型方案、原有设施的利用和技术改造方案等。

(4)建设可行性条件。包括资金来源、设备供应、建设与安装条件、外部协作条件以及环保、节能和项目风险评估等。

(5)配套及协调建设项目的建议。如市电引入、机房土建或工艺、空调等配套工程项目的提出。

(6)建设进度安排的建议。

(7)维护组织、劳动定员与人员培训。

(8)主要工程量与投资估算。包括主要工程量、投资股市、配套工程投资估算、单位造价指标分析等。

(9)经济评价包括财务评价和国民经济评价。财务评价是从信息通信企业或通信行业的角度考察项目的财务可行性,主要评价指标有财务内部收益率和静态投资回收期等;国民经济评价是从国家角度考查拟建项目对整个国民经济的净效益,主要评价指标是经济内部收益率等。

2. 实施阶段

1）设计阶段

设计阶段的划分是根据项目的规模、性质等不同情况而定的。一般大中型项目采用两阶段设计，即初步设计和施工图设计。小型项目也可采用一阶段设计即施工图设计，如设计、施工技术都比较成熟的本地网光缆线路工程等，可采用一阶段设计。

设计阶段的主要工作内容是编制设计文件并对其进行审定。信息通信基础设施的工程设计都必须经过勘察和设计两个过程。其中勘察是必不可少的重要环节，是设计文件的主要输入之一，目的是通过现场勘察获得现场数据和资料，为设计方案编制提供依据。

2）施工准备阶段

施工准备是建设程序中的重要环节，建设单位应根据建设项目或单项工程的技术特点做好以下准备工作：

（1）制定建设项目工程管理制度，落实管理人员。

（2）制订年度计划，对建设资金、设备和材料采购、工期组织等进行合理安排。

（3）汇总拟采购设备、材料的技术资料。

（4）落实施工和生产物资的工会来源。

（5）落实施工环境的准备工作，如"三通一平"（水、电、路通和平整土地）等。

3）施工招标或委托

施工招标是建设单位将建设工程发包，鼓励施工企业投标竞争，从中评定出技术、管理水平高、信誉可靠且报价合理的中标企业。依照国家招投标法的规定，施工招标可采用公开招标和邀请招标两种形式。

4）施工阶段

施工阶段通常包括施工组织设计和工程施工两个步骤。

（1）施工组织设计：建设单位与中标施工单位签订施工合同后，施工单位应根据建设项目的进度及技术要求编制施工组织计划并做好开工前相应的准备工作。

（2）工程施工：按施工图设计规定的内容，合同要求和施工组织设计，由施工总承包单位组织与工程量相适应的一个或几个施工单位组织施工。工程开工时，应向上级主管部门呈报施工开工报告，经批准后方可正式开工。

3. 验收投产阶段

为了充分保证施工质量，工程结束后，必须经过验收才能投产使用。这个阶段的主要内容包括工程初验、试运转以及竣工验收三个步骤。

工程初验：检验工程各项技术指标是否达到设计要求，包括检查工程质量，审查交工资料，分析投资效益，对分现的问题提出处理意见，并组织相关责任单位落实解决。初步验收合格后的工程项目即可开始试运转。

试运转：经过试运转，如发现有质量问题，由相关责任单位负责免费返修。在试运转期内运行正常即可组织竣工验收的准备工作。

竣工验收：竣工验收是工程建设过程的最后一个环节，是全面考核建设成果、检验设计和工程质量是否符合要求，审查投资使用是否合理的重要步骤。竣工验收对保障工程质量、促进建设项目及时投产、发挥投资效益、总结经验教训有重要作用。竣工验收后建设单位向上级主管部门提交竣工验收报告、项目总决算、相关技术资料（包括竣工图纸、测试资料、重大事故处理记录等），报上级部门审查。

## 27.5  信息通信基础设施的运维

信息通信基础设施的运行维护是为了保障信息通信网络的可靠性，保证传输质量的良好，通过对信息基础设施进行周期性巡查和日常检修，不断消除由外部环境、网络运行过程中产生的安全隐患，且在出现意外事故时能及时处理，快速修复以确保通信网络运行质量而进行的日常工作。运维工作是落实风险的事前、事中和事后防控的重要保障。

### 27.5.1  运维工作的主要内容
（1）制定和修订维护工作项目的技术规范和标准，制订维护工作计划，确定各项维护工作实施的时间、数量和周期。

（2）平时定期做好巡查、检修等各项维护工作并做好记录，确保信息通信基础设施正常运行。

（3）当网络发生故障、中断等意外事故时及时检修和紧急修复，并对事故原因进行分析，制订整改措施并落实整改，跟踪质量检查中存在问题的处理。

（4）加强维护人员的培训，定期组织应急演练。

### 27.5.2  信息基础设施的巡检工作内容

#### 1. 机房巡检
检查机房屋面、墙身、地面是否有漏水或裂缝，机房安全防护措施是否完好，机房孔洞密封是否完好，检查机房温度和湿度，检查灭火器，检查机房内的照明设备（包括应急照明），机房内是否堆放易燃、易爆等危险品。

#### 2. 管道巡检
检查通信人（手）孔的井盖、井框，是否有破损、丢失或被埋没等情况，井号是否清晰，人孔内的托架、托板是否有缺损，人孔内是否有垃圾或淤泥堆积；检查管线桥、桥梁附挂钢管、引上管等的钢管是否有生锈或受损；检查管道沿线有无开挖道路、排管、打桩等可能危及现状通信管道安全的行为。

3. 通信线路巡检

（1）直埋线路：检查沿线标石、宣传牌、标志牌、警示牌是否歪斜或缺漏，字迹是否清晰；沿线光缆保护措施（沟坎、护坡、挡水墙等）是否损坏，沿线重点部位保护是否到位，沿线有无外力施工等影响直埋线路安全的行为，是否发生鼠害、蚁害等对线路构成威胁的情况。

（2）管道线路：检查人孔内线路的走线排列和固定是否规范，线缆外护套是否破损或被染污，标识牌是否有缺失，标识是否清晰，未占用的光缆子管是否封堵完好等。

（3）架空线路：电杆是否倾斜或倒塌，杆号是否清晰，拉线是否生锈，吊线垂度是否有明显变化，吊线上是否有杂物，挂钩有无脱落，光（电）缆接头盒和线缆盘留架是否固定良好，标志牌、宣传牌、警示牌及光（电）缆标识牌等是否歪斜或缺漏，字迹是否清晰，沿线是否有外力施工等影响线路安全的行为。

4. 移动通信塔桅巡检

检查铁塔外观、垂直度，检查防雷接地装置是否状态良好，检查铁塔的基础是否下陷，检查平台、爬梯、走线架等是否有松动、倾斜，检查塔体构件是否丢失，连接紧固件是否有缺失、生锈，拉线是否有松动、断丝、锈蚀等情况。

## 27.6　信息通信基础设施在城市社会经济运行中的地位作用

### 27.6.1　信息通信业对宏观经济的推动作用

在新一轮科技革命和产业变革中，信息通信业对我国经济转型升级起到了基础性、关键性的支撑作用。

首先，随着信息通信业的发展速度越来越快，体量越来越大，在 GDP 中的比重越来越高，经济发展的新动能也越来越强。其次，信息通信业带动力大，是推动供给侧结构性改革的主力军。信息通信业的发展，有力地促进了信息消费的增长，成为支撑经济发展的首要因素。2017 年，我国信息消费规模达 4.5 万亿元，占最终消费支出的 10%，比 2016 年增长了 15%。在信息通信新技术、新业态、新模式的带动下，我国数字经济发展势头强劲，已成为近年来带动经济增长的核心动力，2017 年我国数字经济总量达到 27.2 万亿元，占 GDP 比重达到 32.9%，对 GDP 的贡献率达到 55%。再次，信息通信技术渗透性强，是推动产业转型升级的加速器。随着信息通信技术渗透进社会的方方面面以及"互联网＋"的深入推进，传统行业的转型创新向纵深发展，迎来新的机遇。而新的商业模式、消费模式又催生了更多新兴行业、产业，给人们的工作和生活方式带来了巨大改变。

### 27.6.2　信息通信基础设施对经济和城市运行的推动作用——以上海为例

20 世纪 90 年代以来，上海一直高度重视信息化和信息基础设施建设，从先行建设信息港到实施信息化发展战略，再到全面建设智慧城市，信息通信技术已经渗透到社会各方面，成为人们工作生活中不可或缺的重要组成部分。信息基础设施在助推上海经济发展和提升城市智慧化水平方面发挥了举足轻重的作用。

### 1. 拉动区域经济发展

信息通信基础设施,尤其是宽带光网的构建对上海的经济发展有显著的拉动效应。上海自2009 年开始持续投入大量资金用于信息基础设施建设,其中有一半以上的投资用于构建城市光网。经过行业咨询机构测算,网络每投资 1 亿元,能带动 GDP 增长 3 亿元左右,拉动产业链增加值约 2.1 亿元左右。城市光网的建设拉动了相关设备、终端和材料等生产厂商的发展,推动了产业结构调整和技术升级,有效带动了通信设备、终端、材料和工程配套从初期研发,到中期商用,再到后期完善的全过程,为城市光网产业链上下游企业带来较好的经济效益,促进了工艺技术的迅速成熟和科研能力的提升,实现光纤宽带接入产业链的繁荣。

城市光网对于经济的贡献,除了网络建设的直接拉动之外,还通过支撑信息产业,尤其是信息服务业的创新来体现。随着城市化程度不断提高和都市型经济特征日益显著,上海正处于城市发展转型的关键时期,信息服务业是上海市经济"调结构,稳增长"的重要支撑,以城市光网为核心和载体的信息技术集群,为上海网络游戏、网络视频和电子商务等信息服务细分行业的发展和创新提供有力支撑。城市光网提供的高速带宽为新型信息应用提供了发展基础,例如 3D 视频、体感游戏、高清视频会议等娱乐和商务应用;视频监控、智能家居等家庭应用;物联网、云计算等企业应用。城市光网的发展激发了内容和应用方面的需求,为信息产业发展和创新带来了巨大空间。

统计数据显示,自 2010 年以来上海信息服务业经营收入连续多年保持两位数增长,远高于上海 GDP 增速。

### 2. 助力智慧城市建设

2011 年,上海就开始探索智慧城市的建设和发展,并于 2011 年 9 月发布第一轮三年行动计划,至今已进入第三轮。在智慧城市建设第一轮三年行动计划中,"宽带城市建设"被列为智慧城市 5 大重点专项工作之一,2012 年上海已建成覆盖全市的城市光网,家庭平均带宽达 16 M,无论是覆盖能力还是平均带宽,均提前完成了智慧城市的基础设施建设要求,为智慧平台的构建和智慧应用的推广打下了基础。

2015 年 12 月,上海市经济和信息化发展研究中心首次发布了《上海市智慧城市发展水平评估报告》,从网络就绪度(信息基础设施)、智慧应用(信息感知与智能应用)、发展环境保障(工作制度建设)三个方面对上海市整体以及各区县的智慧城市建设做了全面评估。报告显示,上海智慧城市建设整体水平在国内处于领先地位。

### 3. 惠及各类企业促进发展

自 2011 年以来,运营商展开了多次提速降费活动,降低企业宽带成本,针对认定的重点企业还进一步加大优惠力度,同时在企业宽带应用方面推出很多有针对性的业务满足各类企业客户的需求。例如提供基于云计算的云桌面、云备份等云应用,助力提升中小微企业信息化水平;

针对大型企业提供个性化的高端光纤宽带产品和服务,诸如视频会议、防 DDOS 攻击安全服务、有线无线综合接入的视频服务、企业个性化互联网接入灾备服务等;针对总部型和跨国企业提供国际优化服务、国内互联互通优化服务以及"国内＋国际"的组合优化服务。

　　4. 丰富市民信息生活

　　上海光网历经多年建设,至今已进行了 8 次大提速,实现了跨越式发展,满足了公众的高速互联网访问需求,开通千兆宽带的小区累计已超过 5 000 个。目前上海市民的上网速度是全国最快的城市之一,上网的体验也是全国最佳。今后伴随着城市网络的不断提速,优惠举措不断加大,公众将以更加实惠的价格享受高速的网络服务。在内容服务上有高清 IPTV、语音、视频监控、远程教育、远程医疗等高带宽产品,市民通过高带宽可方便地获取信息、休闲娱乐,享受多元化的服务。

## 27.7　信息通信基础设施的风险防控的重要意义

　　信息通信基础设施是信息化发展的载体,作为信息通信网络的物理层,是保障信息通信网络正常运行的重要基石;同时作为城市重要基础设施之一,它在国家安全、经济发展、城市管理和人们的日常生活中发挥着越来越重要的作用。信息通信基础设施一旦遭到破坏会直接导致通信业务中断,轻则影响个人通信,重则将影响国家安全、社会运行,引发一系列次生灾害,给社会造成巨大的经济损失。因此信息基础设施的保护在很多国家已被看作是公共安全的重要组成部分。

　　信息通信基础设施几乎遍及城市的每个角落,且绝大部分位于室外公共区域,因此面临的安全风险因素较多。在我国,社会各界对信息基础设施重要性的认识尚不足,民众对信息基础设施的保护意识欠缺,普遍缺少风险意识,因此人为因素引起的信息基础设施破坏事故频发。据某运营商近几年通信故障统计数据,通信光缆线路故障中,因外力施工因素引发的故障始终高居第一,占所有故障的一半以上,自然灾害引起的通信故障居第二。针对这一现象,如果能够预先获知通信管线附近其他市政工程的施工信息,在其他工程开工前对现状通信管线采取必要的防护措施,在施工期间维护人员加强对现状通信管线的巡查看护,则可以有效避免外力施工对通信管线安全造成的威胁。

　　信息基础设施风险防控的重要意义在于:基于充分分析识别信息通信基础设施在规划、设计、运行维护的全生命周期中可能面临的风险源,未雨绸缪,由传统的以事后被动处置为主转变为事前主动干预,事中积极防控为主,预先规避或排除风险;一旦风险事故发生则能快速修复,在最短时间内恢复通信,将影响降到最低,损失减到最少。

# 28 信息通信基础设施的风险识别

## 28.1 信息通信基础设施风险案例拓展阅读

在当今信息化和智慧城市时代,信息通信基础设施一旦因损坏引起通信网络中断,会影响人们正常的工作、学习、生活、交通等方面。严重的通信基础设施损坏事故甚至会影响国民经济的健康发展。

### 28.1.1 海光缆、水线、一级干线外损事故

国际海缆通信是我国与世界主要国家和地区实现网络互联的最主要方式。近年来,受船舶抛锚拖锚与底拖捕捞作业等海上活动的影响,海底光缆阻断事故频繁发生,严重影响我国国际通信安全。

据统计,2015—2018 年,崇明国际海缆登陆站区域发生的海底光缆故障达到 47 次,汕头国际海缆登陆站区域发生的海底光缆故障 20 次,其中绝大部分是由船只抛锚或作业造成的故障。在此期间,崇明海缆巡护船劝离海缆路由违规作业船只 5 140 艘次,汕头海缆巡护船劝离海缆路由违规作业船只 7 089 艘次,其中绝大部分是从事海上作业的渔业船舶。渔业船舶的违规海上作业活动已经成为影响国际通信安全的最主要因素。例如 2017 年,中国电信崇明海缆登陆局监控到 TPE 海缆发生故障,导致崇明出口的国际电路迂回路由中断,受此影响该海缆段上的业务全部中断。崇明是中国最重要的国际通信出口局之一,主用与迂回路由同时中断导致该节点中国至美国方向的国际通信业务严重拥塞,造成的损失不可估量。

对于海光缆,做好日常的维护工作以及关键时刻的应急机制十分重要,尽可能避免和减少海光缆故障的发生,一旦发生也要尽量降低损失。

### 28.1.2 光缆中断严重影响互联网企业正常业务开展

随着云计算技术和应用的快速发展,云存储应用已经变得越来越广泛,而一旦发生事故,造成的损失不可估量。为了将事故危害降到最低,日常维护检查、对重要数据进行备份、对传输光缆链路进行保护等手段也日益重要。

2018 年 7 月 24 日,微博网友反映腾讯云服务出现宕机事故。上午 9:03,腾讯云监控到广州区域部分用户资源访问失败,控制台登录异常。经排查,确定该故障是因腾讯云广州一区

的主备两条运营商光缆同时中断导致的。并称,其随即与运营商紧急进行联合修复,并于11:06得到解决。虽然得到了及时解决,但是故障在客观上给相应区域的用户业务带来了不良影响。

可见,对于光缆的建设,在工程前期应充分考虑光缆敷设所在地理位置安全性以及在满足日后业务需求的同时对光缆路由进行统一规划,在工程施工过程中,严把工程质量关,在工程验收阶段对光性能进行测试,并且保存好工程资料,方便日后维护。此外要完善安全预警防范和快速反应机制,提高通信系统预警和处置能力,一旦出现事故,处理时应遵循“先抢通后修复,先干线后支线,先主用后备用,先全程线路后局部线路”的原则。

### 28.1.3  特大冰雪灾害导致的通信大面积中断事故

架空线路一般受外部环境变化影响较大,比如洪水、台风、冰雪等。一旦架空线网大面积受损,则修复工作量和修复难度极高,导致长时间的区域性网络瘫痪。

2008年年初,发生了席卷我国南方19个省市半个多月的严重冰雪灾害。在冰雪天气下,有些地区架空光缆上结冰后直径粗达100~150 mm。因为做不到及时清理,被冰雪包裹覆盖的光缆因为超过计算承载负荷而损坏,导致线路中断。本次共造成通信杆路倒杆、断杆约33万根,通信线路共受损约3.2万km,引起了大面积、长时间的通信中断,受影响用户近3 000万户。此外,冰雪灾还造成了大面积的电力中断并产生连锁反应,导致通信基站供电中断而影响了通信网络。

可见,对于易发生冰雪灾害的区域,需在工程实施阶段考虑增加相应的杆线计算载荷或建立完备的应急预案并推动有效落实,以降低在相应灾害期间由于信息通信网络长时间中断对国民经济造成的严重影响。

### 28.1.4  上海一起工程施工造成地下光缆切断损毁事故

随着光纤传输技术的发展,干线光缆的传输容量、承载的业务类型及数量已大幅增长,一旦由于外力野蛮施工导致光缆中断,势必将会导致大面积的用户网络瘫痪,影响面巨大。

2012年4月21日下午,上海某通信运营商地下通信管道内中继光缆线路阻断报警,经相关运维人员现场勘察,事故系某施工单位在某引水工程项目盾构机械推进过程中,将地下通信管道内光缆切断。施工单位进行工程施工前未告知、未交底,在对地下管线走向不明、管线权属单位尚未许可施工的情况下擅自施工,直接导致了中继光缆中断事故,发生了大面积的用户通信阻断。

对于地下通信管线,做好其保护工作至关重要。一方面对于施工单位要与管线权属单位做好现场交底,办理相关的施工许可手续,制订管线保护方案;另一方面,通信、信息管网权属单位要做好应急预案,在发生事故时第一时间抢修恢复通信。

## 28.2 信息通信基础设施风险源的识别

### 28.2.1 风险识别的意义和方法

风险,是指某种特定的危险事件(事故或意外事件)发生的可能性与其产生的后果的组合。通过风险的定义可以看出,风险是由两个因素共同作用组合而成的:一是该危险发生的可能性,即危险概率;二是该危险事件发生后所产生的后果。

风险识别,是风险管理的第一步,也是风险管理的基础。只有在正确识别出自身所面临的风险的基础上,人们才能够主动选择适当有效的方法进行处理。风险识别是指在风险事故发生之前,人们运用各种方法系统地、连续地认识所面临的各种风险以及分析风险事故发生的潜在原因。风险识别一方面可以通过感性认识和历史经验来判断,另一方面也可通过对各种客观的资料和风险事故的记录来分析、归纳和整理,以及进行必要的专家访问,从而找出各种明显和潜在的风险及其损失规律。因为风险具有可变性,因而风险识别是一项持续性和系统性的工作,要求风险管理者密切注意原有风险的变化并随时发现新的风险。

项目风险识别的常用方法一般有头脑风暴法、德尔菲法、情景分析法、核对表法、流程图法等。

### 28.2.2 信息通信基础设施的风险源

1. 规划设计阶段风险源

信息通信基础设施的风险识别贯穿于信息通信网络的规划、建设和运行维护全周期,而规划设计阶段则是重中之重。在规划设计阶段充分识别风险源,并在方案上予以规避或保护,是网络安全可靠运行的基础。规划设计阶段信息通信基础设施的风险识别主要涉及局站、管道、通信线路、塔杆4个方面。

(1)局站规划设计阶段风险源。局站规划设计阶段风险源识别主要体现在局站的选址和建筑设计两个阶段(图28-1)。

图 28-1　某运营商云计算实验中心示意图

与局站选址相关的风险源有干扰源、地质、地势、环境等。干扰源一般指高压变电站、高压输电线、电气化铁路、大功率无线发射台（如雷达站、电视台等）。若局站附近有干扰源，将会影响设备的正常运行。

（2）管线规划设计阶段风险源。管线规划设计阶段安全风险源识别主要体现在管线路由的选择、管材的选用及人（手）孔设计三个方面（图28-2）。

通信管线路由若选择在有害物质和化学腐蚀地带，会造成管材或线缆提前老化、破损；若选择在易遭雷击、有强电影响的地带，线缆、设备会受损并可能危及施工、维护人员的人身安全。所选的管材、线缆若不满足相应的物理力学性能、环境性能，易造成管线受损。若井盖被盗、破损，会危及来往行人、车辆的安全。人（手）孔荷载不足，可能会导致人井塌

图28-2 信息通信临时排管示意图

陷，进而引发周边路面塌陷，不仅会损坏井内在用线缆，还会危及来往行人、车辆的安全。交接设备的位置设置不合理，可能面临被来往车辆撞击、遭水淹等潜在危险。

图28-3 小洋山综合通信塔示意图

（3）塔桅立杆规划设计阶段主要风险源。塔桅立杆规划设计阶段风险源识别主要有荷载，防倾倒，防雷、抗震，与铁路航道等的安全距离，航空标识等（图28-3）。

荷载：一般是指风荷载，是指空气流动对工程结构所产生的压力。对于塔型建筑结构，风荷载是最主要的因素。在设计时要计算风荷载值大小，否则会严重影响铁塔的工作。

防倾倒：让杆塔产生倾斜原因主要包括地质、钢铁材料、杆塔工作中缺少必要的维护，多处的紧固螺栓松动，在较强的风力下，杆塔过度晃动导致铁塔倒塌。

防雷、抗震：铁塔防雷接地，监理人员有必要查看避雷针及其支撑件装置，需求方位正确，结实可靠，防腐性能好。如果不防震会导致杆塔倒地，线缆拉断，设备损坏，导致大面积断网。

安全距离：在交通上应该保持与铁路航道的安全距离，干扰电磁波，避免导致交通事故及设备损坏。

航空标识：应该与杆塔保持安全距离，避免离得太近，电磁波干扰，导致飞机失控。

**2. 信息通信基础设施的运行风险**

（1）运行中的常规性风险。常规性风险主要包括管线设施老化、机房建筑物结构承载能力下降、运行环境劣化、运维管理不善、割接失误导致断网等。

管线设施老化一般有管材开裂、人井盖磨损或开裂、线缆外护套、铜芯线和光纤性能下降、

接头盒密封性能降低、交接箱外壳破损以及箱内配线模块的连接性能下降等。上述情况会导致线路传输质量下降,线缆受损。

机房建筑物结构承载能力下降一般由建筑物结构老化或建筑物结构受损(比如新开孔洞)引起,可能导致设备扩容安装超过楼板荷载能力,致使楼板及机架坍塌,设备损坏。

机房运营环境会由于设备、空调等配套设施老化及性能下降导致温度、湿度、噪声等指标劣化。温度过高会导致设备故障,还可能引发火灾,湿度过高也会导致设备故障率升高,噪声超标会影响人员身体健康。

运维管理不善会影响日常运维工作的有效性,致使网络运行的安全隐患不能被及时发现和排除。管理不善主要包括定期巡检维护制度不完善、人力物力不足、巡检不到位等情况。

当网络扩容、技术升级时,线缆、设备往往会进行大范围的频繁割接,操作不慎就可能导致网络故障或业务中断。

(2)突发性风险。在城市管理中,有时会遇到突发性的通信需求急增,比如奥运会、世锦赛等重大比赛,世博会、G20 杭州峰会等重要会议,博览会、大型会展等公众关注度较高的大型盛会,在举办期间,赛场、展馆区域人流聚集度、网络访问量激增,这其中既有正常网络访问,也有网络恶意攻击,容易导致话务量溢出、网络瘫痪。

以 2016 年 G20 杭州峰会为例,通信网络安防人员对涉及峰会的相关酒店、主场馆、党政机关等重点网站进行重点防护,在峰会召开前的一个多月以及会议期间,共击退了 3 000 多万次网络攻击。

### 3. 外部环境风险

(1)灾害。地震、海啸、台风、洪水等自然灾害很容易对通信系统造成大面积的严重损害,甚至引发区域性通信网络瘫痪,不但影响人们正常工作生活,还会影响抢险救灾工作的顺利开展。地震会直接导致塔杆倒塌、交接箱倾倒、管道塌陷断裂、线缆拉断、断电、局房倒塌、机架倒塌、设备损坏、电源线及跳纤掉落等危害。海啸、台风、洪水导致机房被淹、塔杆倒塌、设备和线缆受损等,从而导致网络瘫痪。海底滑坡、海底浊流冲刷、海底腐蚀等地质因素会导致海缆的悬空、断裂。

除了上述不可抗力的自然灾害以外,火灾也会对信息通信基础设施造成极大危害。设备老化、用火不慎、雷电感应等引发的电火花均可能引发火灾。严重的火灾会烧毁局房内设备、线缆,甚至损毁局房,引发大范围的通信网络故障,还可能造成人身伤亡事故。

(2)人为破坏。天灾属于不可抗力,而人为破坏虽然不及天灾的破坏力大,但是具有更大的不确定性,可谓防不胜防。目前经常遇到的人为破坏情形有外力施工、偷盗线缆和人井盖、交通工具拖挂以及人类海洋活动对海缆的破坏(如捕捞作业、锚害、海洋工程)等(图 28-4)。

据统计,野蛮外力施工导致的挖断或打断通信管道、线缆从而引发通信中断事故是所有外部环境风险因素中最主要一个,发生概率最高,50%以上的线路故障源于此。施工前未探明地下管线现状、对现有管线设施未采取必要的保护措施、违反施工规范野蛮施工等情形均易造成

图 28-4　海底光缆施工船维修海缆示意图

通信管线的损坏甚至断裂。偷盗通信线缆和人孔盖是近几年频发的案件。线缆被盗会引发通信断网,井盖被盗还可能会导致严重的人身和车辆事故,危及生命安全(图 28-5)。

图 28-5　人孔井盖、标石、标识牌示意图

以上这些人为因素都是外部环境存在的风险,影响着信息通信基础设施的安全。只有通过立法保护、加强宣传教育等手段提升整个社会对通信基础设施重要性的认识和保护意识,增强人们的法制观念,强化施工管理,才能逐步减少上述人为因素导致的风险。

（3）生物妨害。常见的生物妨害有白蚁蛀蚀、啮齿动物和鸟类的啃啄、凿岩生物破坏、大型海洋生物啃咬等因素,这些均会对通信线路造成损坏。

在我国南方热带、亚热带地区,白蚁危害地下塑料通信电缆、光缆的问题十分突出。据统计,南方某地曾在 5 年内共发生过因白蚁蛀蚀地下塑料护套通信线缆引发的故障 22 次,造成较大的经济损失。

光缆护套的塑料材质所特有的气味使之成为啮齿类动物经常啃咬的对象[2]。基于环境和生态保护的需要,光缆线路防鼠不能采取毒杀、捕杀等措施;从经济角度来说,也不宜通过加大埋深进行预防。因此当前的光缆防鼠咬措施只能依靠光缆的结构设计和材料变化来预防。

根据调查显示,乌鸦、灰掠鸟和啄木鸟是破坏光缆的主要鸟类,其中啄木鸟对光缆的破坏力最强。作为一种常见的留鸟,啄木鸟通常栖息在山林或者靠近山林的树丛中,其喙十分锋利,且爪非常坚硬。黑色光缆给啄木鸟带来外部入侵感,及光缆内部松套管颜色与虫子颜色相近,这些诱因使啄木鸟常常啄光缆。

## 28.3　信息通信基础设施风险评估

风险评估的主要目的是探寻事故发生的原因、影响范围以及后果等,并对危险源导致事故发生的可能性和危害性进行分析。风险评估方法很多,如专家调查法、模糊综合评价法、事故树分析法、结构模型分析方法、肯特模型法等,信息通信基础设施常用的风险评估方法是事故树分析法,以下结合长途干线通信系统中断这一案例采用事故树分析法举例说明。

某运营商 2017 年某月某日发生国际海缆中断,导致该节点中国—美国方向的国际业务严重拥塞。针对该事故树分析如图 28-6 所示。

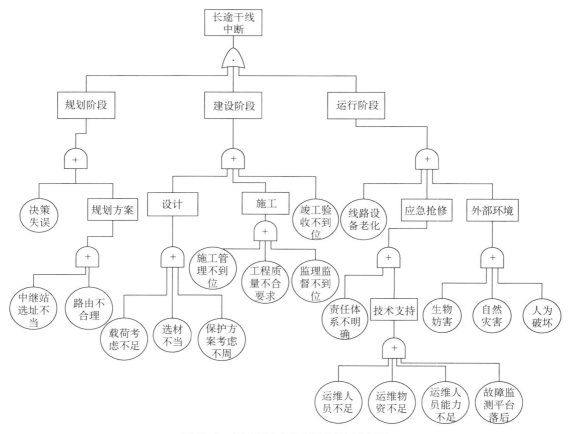

图 28-6　长途干线光缆中断事故树分析图

光缆中断故障的原因可能存在于规划、建设和运行三个阶段,而做好规划、建设阶段的事前防控,可以规避绝大多数风险事故。运行阶段的风险防控属于事中和事后防控,做好该阶段工作可以将事故引起的损失减少到最低。

## 28.4　信息通信基础设施风险分级

信息通信基础设施常规的风险分级一般是按事故影响的范围不同进行分级,通常分为四级。另外根据国家重特大活动比如两会、进博会等会制订特殊的保障预案。

按风险事故的影响范围不同,可将风险分为特别严重、严重、较严重和一般四个等级。

特别严重:信息通信网络出现故障或其他事件征兆,经研判可能引发两个以上省(区、市)通信大面积中断的情况。

严重:信息通信网络出现故障或其他事件征兆,经研判可能引发 1 个省(区、市)内两个以上市(地)通信大面积中断的情况。

较严重:信息通信网络出现故障或其他事件征兆,经研判可能引发 1 个市(地)内两个以上县通信大面积中断的情况。

一般:信息通信网络出现故障或其他事件征兆,经研判可能引发 1 个县通信中断的情况。

# 29 信息通信基础设施风险防控

## 29.1 信息通信基础设施风险防控目标

### 29.1.1 风险防控必要性

2013年8月,国务院发布了"宽带中国"战略实施方案,信息通信基础设施上升为国家战略性公共基础设施。

当通信基础设施遭遇威胁时,会影响国民经济发展和社会稳定。因此,有必要建立专业化、智能化、标准化的风险防控体系。

### 29.1.2 风险防控目标

1. 实现风险防控管理的专业化

随着信息化的发展,城市生命线风险防控面临的问题越来越多、越来越复杂、越来越专业,必须通过专业化分工解决专业问题。专业化是社会分工的产物,是社会进步的标志,是提高城市生命线风险防控水平的必然要求。

提高信息通信基础设施风险防控管理的专业化水平,首先要加强专业化人才队伍建设和专业化风险防控平台建设,其次要提高综合运用专业化工作能力,熟练运用预测预警、事件应急、利益协调、政策引导、规范执法、责任追究等机制,借助智能化手段,道德约束与法律约束并举,实现信息通信基础设施风险可控目标。

2. 实现风险防控管理的智能化

与时俱进,运用先进的科技成果提高信息基础设施风险的应对能力。例如建立智能化管理平台,通过智能化的管理和数据收集,将信息基础设施空间地理位置、权属关系以及地下管线的长度、管径、材质等客观信息,以及各类动态的风险因子进行有效收集。在风险防控的过程中通过各类风险评估模型将信息基础设施的风险因子分类,量化得出分析和评估报告,并及时做出相应的对策,从而借助智能化的技术手段进行调整、优化控制变量,达到有效的风险防控目标。

3. 实现风险防控管理的标准化

信息基础设施风险防控管理的标准化是一项复杂的系统工程,具有系统性、动态性、超前性、经济性等特点。标准化是在实践中不断摸索、改进、总结的结果。信息基础设施风险防控标准化管理是指通过建立相关责任制度,制定风险防控的操作规程,排查治理隐患和监控危险源,建立预防机制,使各防控环节符合有关法律法规和标准规范的要求并持续改进,不断加强信息基础设施风险防控标准化建设。

信息基础设施的风险防控标准化管理是一套全新的管理体制,建立文件化的管理体系,坚持预防为主、全过程控制、持续改进的思想,是风险防控管理标准化的目的。

### 29.1.3　风险防控原则

（1）事前防范为主。事前防范是一种预防性控制,作为控制者事先应深入实际,调查研究,识别好分析风险源并找到关键控制点,采取相应的预防与保护性措施。

（2）事中有效控制。针对事前预测的风险制定应急响应流程,明确每个步骤、操作要点的要求,并落实到具体岗位或人,一旦事件发生,可以快速启动应急响应,从而将影响和损失控制在最小范围内。

（3）事后防范为辅。事后防范是指在应急处置完成以后,分析事件发生的原因,举一反三,总结经验教训,并制订相应的应对策略和措施,防止类似事件的再次发生。

（4）重点领域加强防范。区分通信设施类别,分级分类管理,提高防控效率。

（5）防范措施标准化、规范化、日常化。建立各部门协调一致标准化的防范措施,规范实施,并将各措施落地。

## 29. 2　信息通信基础设施风险防控措施

### 29.2.1　建立健全法律保护制度

完善的法律制度是保护的前提。根据信息通信基础设施现状和需求,应当建立以下制度以满足信息通信基础设施保护的基本制度需求:

（1）设立信息通信基础设施建设的统一规划制度。政府应将信息通信基础设施建设纳入国民经济和社会发展规划、城乡规划以及土地利用规划。将通信机房、通信管道、塔杆、光（电）缆等基础电信设施的建设纳入城市建设规划,是落实"宽带中国"战略、构建下一代国家信息基础设施、全面推进信息化建设、促进信息消费的重要保障,也是提升城市服务功能、提高城镇化发展质量的客观需要。

（2）制定信息通信基础设施专项规划制度。信息通信基础设施专项规划应以城乡规划、通信行业发展规划和有关标准规范为依据,根据城市发展布局、人口分布和信息化发展规划等,科学预测各类通信用户规模,并统筹机房、信息通信管线、基站等基础设施的建设规模和建设时序,充分考虑与地下综合管廊建设及现有通信基础设施的衔接,合理布局。

（3）建立信息通信路权制度。我国近年来在信息通信基础设施建设中争议时有发生,被占用物权人与建设者就通信管线是否可以穿越土地、是否可以搭建基站以及允许建设时应支付的补偿金额均缺乏明确的法律依据。当意见不能达成一致时,运营商往往只能放弃建设,久而久之将影响信息通信网络的建设和发展。针对上述问题,亟待建立信息通信路权制度以保障信息通信网络建设。

### 29.2.2 完善信息通信基础设施的运维体系

(1)完善信息通信基础设施运维和保护的标准。信息通信基础设施的运维和保护,应以相关法律法规、技术标准为准则,并不断修订完善相关标准,从而使上述工作有章可循,以确保信息通信基础设施的安全运行。

(2)提升资源管理系统的及时性和准确性。完善的资源管理系统能有效提升信息基础设施运维效率。资源管理系统中录入的资料是指导基础设施的维护或保护工作的重要依据,因此确保竣工资料录入的及时性、准确性是十分重要的。首先应在验收环节确保竣工资料的准确性和完整性;其次,应及时将竣工资料录入资源管理系统。此外,当网络改造升级时,还应及时做好相关的资料备份。

(3)有针对性地细化运维和保护计划。信息基础设施的运维和保护计划能统筹各项维护工作,依据运维标准,从实际出发,以具体的维护指标为目标,制订全面、详尽、具体的实施计划,细化重点保护设施的维护工作计划,确保各项工作安全运行。

(4)设专人专职维修和保护通信管线。通过定岗定责的方式设置专人专职进行信息通信基础设施的维修和保护工作,力求专业人办专业事,做到分工明确、职责明确,才能充分调动维护人员的责任心,做好信息通信基础设施维修和保护工作。

(5)加强监督,落实整改。加强对信息通信基础设施维保工作的监督,确保不规范的地方能及时整改。

### 29.2.3 加强宣传,提高全民保护意识

政府相关部门、权属单位应当加强对信息通信基础设施保护的宣传力度,让公众意识到信息基础设施在国民经济和社会发展中的重要作用,提高全民保护基础设施的意识,及时制止或举报破坏信息通信基础设施的行为,共同维护国家通信网络安全。

## 29.3 信息通信基础设施风险防控保障

1. 制度(机制)保障

由政府相关部门(如建委)或协会组织(如工程行业协会)建立施工信息共享机制,让施工单位通过信息共享平台及时发布施工信息,做到信息透明及时,施工范围明确,让信息通信基础设施权属单位可以及时获得信息,事先做好风险评估和风险防范准备,或敦促施工单位做好必要的施工保护措施。

2. 组织保障

风险防控的组织保障是为了科学安排各项风险防控工作,各司其职、互相协调,故应建立各

级应急处置工作小组,促进风险防控和应急处置工作的有效开展。

工作小组一般由组长、技术负责人和组员组成。其中组长主要负责沟通协调、现场指挥、人员和物质调度,启动应急处置流程并负责事故的调查分析及提交事故报告;技术负责人主要负责风险防范和应急处置具体措施的制订、指导,并负责监督、整改,负责人员的技术培训。组员主要根据职责分工落实风险防范、应急抢修的具体工作。

### 3. 技术保障

规划设计阶段采用大数据分析、软件建模等技术手段充分识别和分析风险源,指导各种相应的保护方案的制订。

采用环路保护、路由冗余保护等技术手段提升网络自愈能力,大大减少线路故障引起的业务中断。

加强新工艺、新材料在基础设施建设中的应用,提升网络运行的可靠性。

结合更先进的检测手段,如集中自动测试等,提升基础设施安全隐患的预判能力。

利用多种技术手段,如光纤分布传感、地理信息系统 GIS、智能 ODN、人工智能 AI、视频监控、物联网监控、无人机巡检等,相互融合形成新一代光缆维护工具,转人防为技防,构建全方位、立体的智慧运维体系,提高维护质量。

定期组织维护人员的技术培训,提高人员风险防范意识和风险识别能力,提升操作技能和排障能力。

### 4. 物资保障

物资保障包括物资保障用品和资金保障两部分。

物资保障用品主要有三类:一是抗灾用品,二是应急抢修用品,三是确保日常安全生产的劳动防护用品。抗灾用品一般有防洪沙袋、灭火器、应急照明设备、人员急救包等,应急抢修用品一般有维修所需的备品备件、仪器仪表、施工用工器具、工程车辆等,确保日常安全生产的劳动防护用品一般有安全帽、口罩、橡胶手套、安全绳等。

除上述物资保障用品以外,充沛的资金保障也是无法忽视的重大因素。信息通信基础设施的权属单位应合理划拨资金保证风险防范物资的储备,确保在风险发生时能够快速地响应,及时投放相关物资到抗灾和抢修工作中。

### 5. 应急通信保障

在发生自然灾害导致的通信网络大面积瘫痪或通信量骤增引发的话务量溢出等情况下,应采取应急通信保障手段尽快恢复通信。常见的应急通信保障手段有应急通信车、临时调整基站的发射功率及相应的网优参数、增设移动通信小基站、敷设应急光缆、临时调度电路等。

### 6. 保险机制保障

保险机制是风险转移的手段之一。风险转移包括非保险转移和保险转移。非保险转移是指通过各种契约将本应由自己承担的风险转移给他人。保险转移则是通过购买工程保险从而通过保险公司获得可能的事后损失补偿。在某些基础设施领域比如燃气、电力等已经引入了保险机制，在一些突发性的自然灾害中获得了保险公司的巨额赔付，有效转移了损失。

目前，信息通信基础设施保险机制尚未得到普遍推广。信息通信基础设施受损一般有以下两类情况：一种是能追溯到责任人，可直接索赔；另一种是无法追溯到责任人，例如因偷盗、破坏逃逸以及其他外界不确定因素导致的，如果引入保险机制，基础设施权属单位可以根据相关条款进行理赔，有利于落实基础设施的风险转移。

纵观信息通信技术发达的国家和地区，多以信息基础设施保护为目的，建立了完善的信息网络安全保护制度。我国《网络安全法》和《关键信息基础设施安全保护条例（征求意见稿）》都明确规定要求运营者按照国家标准的强制性要求履行相关安全保护义务，但目前我国尚未完善信息基础设施安全保护标准规范体系以及保险机制。未来如有相关政策机制的制定和落实，将是对基础设施权属单位基础设施的有力保障，同时也对基础设施权属单位以及保险公司在资产管理、运营模式等方面有了新的要求。

# 30  信息通信基础设施运行的保护

## 30.1  信息通信基础设施的设计原则

设计阶段充分考虑信息基础设施的保护,可以从根源上减少风险因素,提高信息基础设施的安全性,达到事半功倍的效果。与信息基础设施保护相关的设计原则主要体现在让基础设施远离风险源、预先做好相应的防护、保护措施、选择恰当的材料、工艺等几方面。

### 30.1.1  局站设计原则

局站的选址应远离干扰源、地质不稳和低洼地带、易燃易爆等场所和环境污染源;应考虑交通方便,有利于施工及维护抢修;应易于保持良好的机房内外环境,可满足安全及消防要求;应易于地线安装[3]。核心、汇聚机房的局站选址还应考虑局站本身对周围环境的影响,不应选择在学校、医院、图书馆、居民区等区域。

局站的防雷接地设计应采用系统的综合防雷措施如直击雷防护、联合接地、等电位连接、电磁屏蔽、雷电分流、雷电过电压保护等[4],防止和减少雷电对通信建筑物造成的危害,确保人员安全和通信系统的正常运行。

通信局(站)的消防设计是为了预防火灾、减少火灾危害、保障人身安全,降低财产损失。局站消防系统设计一般采用气体消防系统或细水雾灭火系统。机房内还应设置火灾自动报警系统、室内消火栓系统等。

局房建筑抗震设计的目标是:当建筑物遭受低于本地区抗震设防烈度的多遇地震影响时,一般不受损坏或不需修理可继续使用;当建筑物遭受相当于本地区抗震设防烈度的地震影响时,可能损坏,经一般修理或不需修理仍可继续使用;当建筑物遭受相当于本地区抗震设防烈度预估的罕遇地震影响时,不致倒塌或发生危及生命的严重破坏。除了建筑物抗震设计外,机房内所有机架、走线架、列架等的安装均应符合设备抗震安装要求。

通信局(站)一般包含通信主机房、UPS室、电池室、监控中心等。局房建筑物结构荷载值应根据不同机房的楼面等效均布活荷载值取定。

通信供电系统必须能稳定、可靠、安全地供电,一般由主用电源和备用电源组成。主用电源一般是两路或一路市电电源,备用电源又分为长时间备用电源和短时间备用电源。短时间备用电源一般是蓄电池等储能装置,长时间备用电源是自备柴油发电机组或燃气轮机发电机组。

### 30.1.2 通信管道设计原则

#### 1.通信管道路由和容量选择

通信管道路由必须远离有害物质和化学腐蚀地带,远离已规划但尚未成型,或虽已成型但土壤未沉实的道路以及流砂、翻浆等地带。通信管道宜建筑在人行道、非机动车道或绿化带下,不宜建筑在机动车道下,应当避免与燃气、热力、输油等管道、高压电力电缆在道路同侧建设[5]。当通信管道与其他地下管线及建筑物同侧建设时,通信管道与其他地下管线及建筑物间的最小净距应符合《通信管道与通道工程设计规范》(GB 50373—2006)的规定。管道容量应留有供抢修用的备用孔。

#### 2.管材选择

通信管道应根据敷设场景不同选择合适的管材,城区道路各种综合管线较多、地形复杂的路段应选择塑料管道;郊区和野外的长途光缆管道应选用硅芯管;过路或过桥时宜使用钢管。

#### 3.通信管道埋设深度

通信管道的埋设深度(管顶至路面)不应低于表30-1的要求。当达不到要求时,应采用混凝土包封或钢管保护。

表 30-1                 路面至管顶的最小深度表               单位:m

| 类别 | 人行道/绿化带 | 机动车道 | 与电车轨道交越(从轨道底部算起) | 与铁道交越(从轨道底部算起) |
|---|---|---|---|---|
| 塑料管、水泥管 | 0.7 | 0.8 | 1.0 | 1.5 |
| 钢管 | 0.5 | 0.6 | 0.8 | 1.2 |

#### 4.人(手)孔设计

人(手)孔应采用混凝土基础,遇到土壤松软或地下水位较高时,还应增设砟石垫层和采用钢筋混凝土基础。一般情况人(手)孔应设置在地下水位以上,对于地下水位较高地段,人(手)孔建筑应做防水处理。人(手)孔盖应有防盗、防滑、防跌落、防位移、防噪声等措施,井盖上应有明显的荷载等级及产权标志。

### 30.1.3 通信线路设计原则[6]

#### 1.通信线路路由选择

(1)通信线路路由应选择在地质稳固、地势较为平坦、土石方工程量较少的地段,应避开地面沉降、崩岸等对线路安全有危害的、可能因自然或人为因素造成危害的地段。

(2)应避开排涝蓄洪地带,宜少穿越水塘、沟渠,在障碍较多的地段应绕行,不宜强求长距离直线。

(3)线路不宜穿过大型工厂和矿区等大的工业用地;需在该地段通过时,应考虑对线路安全的影响,并应采取有效的保护措施。

（4）线路宜避开森林、果园及其他经济林区或防护林带。

（5）通信线路路由选择应考虑强电影响，不宜选择在易遭受雷击和有强电磁场的地段。

（6）扩建光（电）缆网络时，应结合网络系统的整体性，优先考虑在不同道路上扩增新路由，增强网络安全。

（7）光缆路由穿越河流，当过河地点附近存在可供敷设的永久性坚固桥梁时，线路宜在桥上通过。

### 2. 光缆线路敷设[7]

1）总体要求

光缆在敷设安装中，应根据敷设地段的环境条件，在保证光缆不受损伤的原则下，因地制宜地采用人工或机械敷设。敷设安装中应避免光缆和接头盒进水，保持光缆外护套的完整性，并应保证直埋光缆金属护套对地绝缘良好。光缆敷设安装的最小曲率半径应符合相应的产品规定。光缆敷设后应便于使用和维护中的识别，有清晰永久的标识。除在光缆外护套上加印字符或者标志条带外，管道和架空敷设的光缆还应加挂标识牌，直埋光缆可敷设警示带。

2）直埋光缆敷设安装要求

（1）光缆埋深以及与其他建筑设施间的最小净距应符合《通信线路工程设计规范》（GB 51158—2015）的规定。

（2）直埋光缆应在线路起止点、直线段每500 m、光缆接头点、转弯处、预留处、穿越障碍处、安装监测装置的地点等位置埋设标石。

（3）直埋光缆接头应安排在地势较高、较平坦和地质稳固处，并应避开水塘、河渠、沟坎、道路、桥上等施工、维护不便，或接头有可能受到扰动的地点。接头盒可采用水泥盖板或其他适宜的防机械损伤的保护措施。

（4）直埋光缆线路穿越允许开挖路面的公路或主干道路时应采用塑料管或钢管保护，穿越有动土可能的机耕路时，应采用铺砖或水泥盖板保护。

（5）光缆穿越或沿靠山涧、溪流等易受水流冲刷的地段时，应根据具体情况设置漫水坡、水泥封沟、挡水墙或其他保护措施。

（6）光缆在地形起伏比较大的地段（如台地、梯田、干沟等处）敷设时，应满足规定的埋深和曲率半径要求。光缆沟应因地制宜采取措施防止水土流失，保证光缆安全，一般高差在0.8 m及以上时，应加护坎或护坡保护。

3）管道光缆敷设安装要求

（1）在管道中敷设光缆时，应视情况使用塑料子管以保护光缆。

（2）光缆接头盒在人（手）孔内宜安装在常年积水水位以上的位置，采用保护托架或其他方法承托。

（3）人（手）孔内的光缆应固定牢靠，宜采用塑料管保护，并应有醒目的识别标志或挂光缆标识牌。

4）架空、墙壁光缆敷设安装要求

（1）架空光缆线路应根据不同的负荷区，采取不同的建筑强度等级。

（2）架空光缆杆线强度应符合现行行业标准《架空光（电）缆通信杆路工程设计规范》（YD 5148—2007）的有关规定。利用现有杆路架挂光缆时，应对杆路强度进行核算，并应保证建筑安全。

（3）架空光缆宜采用附加吊线架挂方式，每条吊线一般只宜架挂一条光缆，短距离敷设必须架挂两条光缆时，应保证线路安全和不影响维护操作。

（4）吊线程式可按架设地区的负荷区别、光缆荷重、标准杆距等因素经计算确定，一般宜选用 7/2.2 和 7/3.0 规格的镀锌钢绞线。

（5）一般情况下常用杆距应为 50 m。不同钢绞线在各种负荷区适宜的杆距应符合《架空光（电）缆通信杆路工程设计规范》（YD 5148—2007）的有关规定。当杆距超过范围时，宜采用正副吊线跨越装置。

（6）架空线路与其他设施接近或交越时，其间隔距离应符合《架空光（电）缆通信杆路工程设计规范》（YD 5148—2007）的有关规定。

（7）吊线应每隔 300～500 m 利用电杆避雷线或拉线接地，每隔 1 000 m 左右加装绝缘子进行电气断开。

（8）架空光缆与架空电力线交越时应对交越处做绝缘处理。

（9）光缆在不可避免跨越或临近有火灾隐患的各类设施时应采取防火保护措施。

（10）墙壁光缆离地面高度不应小于 3 m。

（11）光缆跨越街坊、院内通路时应采用钢绞线吊挂，其缆线最低点距地面应符合《通信线路工程设计规范》（GB 51158—2015）的有关规定。

5）交接设备的设置

交接箱的设置应符合城市规划，设置在不妨碍交通并不影响市容观瞻的地方。交接箱应设在靠近人（手）孔便于出入线的地方；应选择安全、通风、隐蔽、便于施工维护、不易受到损伤的地方。下列场所不得设置交接箱：

（1）高压走廊和电磁干扰严重的地方。

（2）高温、腐蚀、易燃易爆工厂仓库、洼地附近以及其他严重影响交接箱安全处。室外落地式交接箱应采用混凝土基座，基座与人（手）孔间应采用管道连通，不得采用通道连通。基座与管道、箱体间应有密封防潮措施。交接箱（间）应设置地线，接地电阻不得大于 10 Ω。

### 30.1.4 塔桅设计的基本设计规定[8]

1. 设计原则

移动通信钢塔桅应按承载能力极限状态和正常使用极限状态进行设计，一般应满足以下要求：

（1）移动通信钢塔桅结构的设计基准期为 50 年。

（2）移动通信钢塔桅结构的设计使用年限一般为 50 年。

(3)移动通信钢塔桅的结构安全等级为二级。

(4)移动通信钢塔桅的抗震设防类别为丙类。

2. 荷载和地震作用[9-10]

(1)移动通信钢塔桅结构上的荷载一般可分为下列两类。

永久荷载:结构自重、固定的设备自重、拉索的初应力、土重、土压力等;可变荷载:风荷载、裹冰荷载、地震作用、雪荷载、活荷载(包括平台安装检修荷载)、温度变化、地基变形等。

(2)风荷载的计算应考虑塔桅构件、平台、天线及其他附属物的挡风面积。塔桅结构所承受风荷载的计算应按现行国家规范《建筑结构荷载规范》(GB 50009—2012)的规定执行,基本风压按 50 年一遇采用。

(3)雪荷载:平台雪荷载的计算应按现行国家标准《建筑结构荷载规范》(GB 50009—2012)的规定执行,基本雪压按 50 年一遇采用。

(4)裹冰荷载:裹冰荷载的计算应根据《移动通信钢塔桅结构设计规范》(YD-T 5131—2005)的有关规定确定。

(5)地震作用应按塔桅所在地的抗震设防基本烈度进行计算;设防烈度为 8 度及以下时可以不进行截面抗震验算,仅需满足抗震构造要求;设防烈度为 9 度时应同时考虑竖向地震与水平地震作用的不利组合。

(6)平台的活荷载,应按实际工艺条件确定,一般情况下可按 2 kN/m² 考虑;平台栏杆顶部水平荷载可按 1.0 kN/m 采用。

(7)移动通信钢塔桅结构及构件的承载能力极限状态设计荷载、承载力抗震验算荷载以及正常使用极限状态设计荷载的取值,应满足《建筑结构荷载规范》(GB 50009—2012)及《建筑抗震设计规范》(GB 50011—2010)的有关规定。

(8)移动通信钢塔桅结构在以风荷载为主的荷载标准组合作用下,塔顶水平位移、塔身挠度角及扭转角的限值应符合《移动通信钢塔桅结构设计规范》(YD-T 5131—2005)中的相关规定。

3. 材料选用

(1)移动通信钢塔桅结构采用的钢材应具有抗拉强度、伸长率、屈服强度和硫、磷含量的合格保证,对焊接结构尚应具有碳含量的合格保证。焊接结构以及重要的非焊接承重结构采用的钢材还应具有冷弯试验的合格保证。

(2)移动通信钢塔桅的钢材,宜采用 Q235 普通碳素结构钢、Q345 低合金结构钢、有条件时也可采用 Q390 钢或钢材强度等级更高的结构钢以及优质碳素结构钢,其质量标准应分别符合我国现行国家标准《碳素结构钢》(GB/T 700—2006)、《低合金高强度结构钢》(GB/T 1591—2018)和《优质碳素结构钢技术条件》(GB/T 699—2015)的规定。

需要焊接的构件不得采用 Q235 普通碳素结构钢 A 级;主要受力构件在冬季工作温度等于或低于−20℃时,不宜采用 Q235 沸腾钢。

(3)角钢塔塔身杆件一般采用 Q235,Q345 结构钢;钢管塔架塔身构件宜采用材质为 20 号优质碳素钢的无缝钢管;拉线塔的拉索宜采用镀锌钢绞线。

（4）连接材料应符合下列要求：

塔桅结构的焊接一般采用手工电弧焊,焊条型号应与构件钢材的强度相适应。对于不同强度钢材的连接焊缝,可采用与低强度钢材相适应的焊条。

采用自动焊接或半自动焊接时,焊条和相应的焊剂应与主体金属强度相适应,不同强度的钢材相焊接时,可按强度较低钢材选用焊接材料。

钢管采用法兰连接时宜选用高强度材料的普通螺栓。

（5）钢塔桅结构常用材料设计指标参照《钢结构设计标准》(GB 50017—2017)的有关规定。

（6）计算结构构件或连接的强度及稳定时,钢材的强度设计值应根据《钢结构设计标准》(GB 50017—2017)考虑相应的折减。

# 30.2　信息基础设施的标志标识

### 30.2.1　标志标识的目的和作用

信息通信基础设施标志标识的设置作为必不可少的安全防护手段,不仅能够方便维护单位管理和维修,还能够有效防止人为外力因素对信息基础设施的破坏。

在通信管道、直埋通信线路、架空通信线路沿线设置标石、宣传牌、标志牌、警示牌等标志标识是为了宣传、提醒或警示,防止由于人们的不知情造成对信息通信基础设施的破坏。附挂在线缆上的标识牌一般都标有线缆的名称、容量、局向、权属单位等关键信息,方便维护和抢修人员在需要时能快速确定目标线缆。当安装在可能影响飞行安全的区域时,移动通信铁塔塔身涂刷标志油漆、设置航空障碍灯可以避免被飞机撞击受损。

### 30.2.2　标志和标识的分类

（1）标石是直埋线路的重要组成部分,标石由钢筋混凝土制作而成,分为普通标石和监测标石。标石埋设在光缆的正上方,以指示光缆路由(图 30-1)。

图 30-1　标石

（2）河道警示牌：一般设置在接近河道的道路边上或水线旁，警示人们禁止抛锚等可能危及通信线路的行为（图30-2）。

图30-2　河道警示牌

（3）直埋线路宣传牌：在道路或河道旁醒目位置，沿直埋线路设置，起提示、宣传作用（图30-3）。

图30-3　直埋线路宣传牌

（4）管线桥（架）警示牌：室内管线桥架一般建立在房间或通道的上方，因此警示牌大多设置在墙上或者印刷在管道外部。室外管线桥一般靠近桥梁架设在河面上，用于保护通信线路从河道上方跨越河流。室外管线桥警示牌悬挂在防攀爬铁栅栏上（图30-4）。

图30-4　管线桥警示牌

（5）架空线路警示牌：主要设置在架空钢绞线或架空电杆上，起警示、提示和宣传作用，防止来往车辆拖挂、偷盗等行为。

（6）拉线红白警示管：套在架空电杆落地拉线外，用于警示路上行人，以防被绊倒（图30-5）。

（7）运营商企业标识：方便表明该信息基础设施的权属单位（图30-6）。

图30-5　红白警示管　　　　　　　　　图30-6　企业标识

（8）光电缆标识牌：标明光电缆身份，方便识别（图30-7）。

图30-7　光电缆标识牌

（9）落地交接箱、户外机柜防撞反光标识：提示来往车辆，防止箱体夜间被来往车辆撞击。

## 30.3　通信信息管网（基础设施）的主要保护技术措施

### 30.3.1　局房运营环境主要保护技术措施

为了能够保证通信工作顺利进行，需要大量的设备共同工作才能够实现相应的工作目标，但同时每一个设备的工作特点以及散热情况是不一样的。为了能够提高通信机房空调工作的有效性，保证通信设备的顺利运行，应采取相应的改造措施，具体来说主要有三种改造措施。

1. 合理布置设备机架及空调安装位置

为了提高通信机房空调工作的有效性，对通信机房的结构进行合理设计，合理放置通信设备，选用制冷效果更佳、更加环保的专用空调，并选择合适的安装位置。

## 2. 加强机房密封性

采用专业技术手段加强机房的密封性,对机房进行密封性处理,主要有以下优点:第一,可以有效改善外部环境对通信机房的影响,能够最大限度地隔绝外部空气进入机房,降低外部空气中的粉尘对通信设备质量以及工作状态的影响,不仅能够减少通信设备检修的工作量,还能够最大限度地延长通信机房设备的使用寿命。第二,能够提升通信机房隔热效果,大大降低外界温度对通信机房温度的影响,使通信机房内的温度以及设备的热负荷能长期保持稳定状态,从而可以降低机房能源消耗。第三,能够减少水气对机房设备以及机房温度的影响,即使处在温度较低的环境下,通信机房内的温度以及湿度也能够维持在一个相对稳定的状态。通过加强机房密封性,可以直接降低通信设备的投资成本。

## 3. 改进上送风方式

由于下送风方式成本高,安全隐患大,现阶段运用比较多的气流传送方式是上送风。但是上送风的制冷效果不佳,直接会增加电能的消耗。为了改变这一现状,可以根据以下的方法进行改进:第一,在空调上面增加接风机,使气流传送的距离更远。第二,可以将空调上送风方式改成管道式,将冷风强制固定在冷通道内。

### 30.3.2　管道主要保护技术措施

通信管道是永久性基础设施,采用技术措施保护通信管道,不仅保护了管道本身,同时也保护了敷设在管道内的线缆,也节约了维护成本。

管道保护的技术措施多种多样,需要针对不同地段选用不同的工艺方法。例如,管道铺设难以避开土质较差、地基不稳的区域时,应采用基础加筋或铺设底盖板的保护措施;通信管道穿越道路、桥梁时应选用镀锌钢管或采用玻璃纤维增强塑料(或薄钢板)制成的通信管箱方式进行保护;对于一些管线密集的地段,考虑维护更加困难,损坏可能性更高,应采取对人孔井盖、井壁加固,增加管道埋深,加强管道包封或铺设顶盖板等措施加强保护。为避免水浸,人孔井壁应做防水处理,管孔应采用封堵措施。

### 30.3.3　线路主要保护技术措施

线路保护技术措施主要为了保护通信线路免受强电、雷击、化学腐蚀、动物啃咬等破坏。

### 1. 防强电

1) 强电对通信线路的影响、危害

(1) 电磁影响。三相对称输电线发生单相接地短路故障产生磁影响,有可能对通信设备或通信线路的施工、维护人员的安全造成影响。不对称输电线对接近的通信线路产生磁影响,既可能对通信线路的信号传输产生干扰,也有可能影响通信设备或通信线路的施工、维护人员的安全。

(2) 静电影响。中性点不直接接地的三相三线制输电线单相接地故障时、不对称高压输电线在正常运行状态下,对附近通信线产生静电影响。

(3)地电流影响。某些以导线—大地回路作为远端供电回路的线路,地电流造成远供电源的接收设备损坏。当强电线发生短路接地的故障点附近埋有通信线缆时可能会发生跳弧而将缆线护套、金属芯线烧坏,也可能将缆线的金属导线与护套间的绝缘击穿。

2)架空、管道、直埋等通信线路的防强电措施

(1)通信线路与其他管线最小净距应符合《通信线路工程设计规范》(GB 51158—2015)的规定。

(2)通信架空光(电)缆线路不宜与电力线合杆架设。不可避免时,允许和10 kV以下的电力线路合杆架设(不包括两线大地式供电线路)且必须采取相应的技术防护措施,并与电力部门签订相关协议。与10 kV电力线合杆或交越时,光(电)缆须架设在电力线路的下部,附挂吊线及光(电)缆必须全段加装电力绝缘胶板保护套,同时必须满足架空光(电)缆与电力线的最小安全距离。

(3)靠近高压电力设施的拉线应加装绝缘子,人行道的拉线应以竹筒或木桩保护。

(4)光缆接头处两侧金属构件不应电气连通,也不应接地。

(5)在与强电线路平行地段进行光(电)缆施工或检修时,应将光(电)缆内的金属构件作临时接地。

(6)通过地电位升向区域时,光缆的金属护套与加强芯等金属构件不接地。

(7)在接近发电站、变电站地网时,光缆的金属构件不接地。

### 2. 防雷

1)雷电对通信线路的影响、危害

雷电对通信光缆的危害主要有直接雷、感应雷和反击雷三类。金属光缆在雷电的作用下会在其金属构件上产生感应电流和纵电动势,并产生热效应造成金属构件融化,击穿外保层并使其变形,影响通信设备正常运行。如果雷电直接击中光(电)缆设备,其强电流、强电压会直接击穿保护套,严重时烧坏电缆。雷电电流甚至会沿着芯线流到测量室把总配线架的直列烧坏。若雷电击中缆线附近的大地或者高大的树木或者建筑物时,巨大的电流会使雷击点至缆线的土壤被电离击穿,大量的雷电流会经过土壤流到缆线上,击穿缆线的绝缘保护层,同时产生高温破坏缆线。

2)通信线路的防雷措施

(1)架空线路。在通信电杆上安装避雷线,吊线采用系统接地防护,同时为了使避雷线获得较好的效果,必须使引导放电的路径要短,电阻要小。另外避雷地线在电杆上敷设时应尽量避免与电杆上的金属附件接触。

在雷雨天多的地区,仅靠避雷设备还不能满足防雷要求,因此应选择防雷性能优良的光(电)缆,要求其能够提高电缆外皮的导电率、提高电缆的绝缘耐压强度,采用非金属加强芯等。

对于架空光(电缆)交接箱,必须接地保护。

(2)直埋线路。在路由选择上尽量选择避开雷暴的易击点,比如选择在山岭的阴坡面,避

开石山与水田、河流的交界处等。

对于含有缆线与大树、高塔等高大建筑和物体之间的电位差,可以防止在这些物金属导线的缆线,必须进行全程缆线金属外层接地保护,接地线的接地电阻小于 5 Ω,并且通常要求每隔 2 km 做一处接地。

采用防雷排流线,即在直埋缆线上方敷设裸金属导线,可以对缆线起到屏蔽雷电危害的作用。在工程中,在大地电阻率比较大或者大地电阻率突变的地段应当敷设防雷排流线。

采用防雷消弧线,可降低缆线发生电弧击穿,起到防御雷电流保护缆线的作用。

在雷害严重的地区,长距离的直埋线路应采用架空防雷线。

### 3. 防腐蚀、防潮

如果在高压线路上同杆架设光缆线路,就会导致光缆挂点和高压线路的距离过近,这种情况下,高压线路会对光缆放电,从而引发电腐蚀现象。若光缆与绞丝、防震边的接触处有大量的灰尘聚集,在潮湿的天气和静电的作用下,会产生对光缆放电的情况,从而导致光缆外皮脱落,甚至使光缆的芯线断裂,最终引发光缆线路中断。

入地的杂散电流常常会使地下电缆及光缆的金属外皮产生电蚀(电解腐蚀)。

同时外界的自然环境复杂多变,还会出现化学作用的晶间腐蚀微生物腐蚀以及土壤腐蚀等,这些都会影响通信线路。地下的电缆和光缆还可能受到白蚁、木蜂和老鼠的"攻击"。受潮主要是由光缆或电缆护套受损开裂、接头盒密封性不好引起的,潮气或水进入线路会导致通信线路传输质量下降,影响线路使用寿命。

通信线路的防腐防潮措施主要有以下几类:

1) 电化学腐蚀、晶间腐蚀的防护措施

这类防护措施分为非电气防护法和电气防护法。非电气防护法主要是选择免腐蚀的光缆路由,采用绝缘外护层保护和改变腐蚀环境。电气防护法包括直接保护、阴极保护、绝缘套与绝缘节、均压法和防蚀地线,其中,直接保护分为直接排流法、极性排流法和强迫排流法;阴极保护则包含牺牲阴极保护和外电源阴极保护。

2) 防止土壤和水引起腐蚀的防护措施

这类防护措施主要根据土壤防蚀性的强弱(土壤变化情况)采用不同的防腐蚀措施。

(1) 强腐蚀地段:采用具有二级防腐蚀性能的塑料护层光缆,采用外电源阴极保护或牺牲阳极保护。

(2) 局部腐蚀(小型积肥坑、污水塘等):采用牺牲阳极保护;在光缆上包沥青油、沥青玻璃丝带或塑料带 30# 胶等防蚀层,采取绕避填迁腐蚀源法。

(3) 中等腐蚀地段(土壤干湿变化较大的交界地段):包覆防蚀层或安装牺牲阳极保护。

3) 防止地下通信光缆遭受漏泄电流腐蚀的措施

光缆敷设于存在泄漏电流腐蚀的区域内,光缆上将出现阳极区或变极区,泄漏电流值超过容许值时,可以根据现场条件,采用排流器或外电源阴极保护。

由于光缆外护套为 PE 塑料,具有良好的防蚀性能。光缆缆芯设有防潮层并填有油膏,因此除特殊情况外,不再考虑外加的防蚀和防潮措施。但为避免光缆塑料外护套在施工过程中局部受损伤,以致形成透潮进水的隐患,施工中要特别注意保护光缆塑料外护套的完整性。

**4. 防生物妨害**

1) 防鼠害

(1) 管道光缆防鼠害措施:管道光缆均穿放在直径较小的子管中且端头处又有封堵措施,具有一定的防鼠作用。

(2) 机房尾纤防鼠害措施:可采用不锈钢铠装尾纤缆。

(3) 郊外直埋光缆防鼠害措施

在有鼠害的地区,可以通过改进光缆外护套和铠装层的设计提升光缆的防鼠咬性能。最好采用硬质聚氯乙烯作护层。与一般聚乙烯塑料相比,硬质聚氯乙烯配方中增塑剂减少很多,硬度大大提高,从而达到防止鼠害的目的。这种光缆也可以防止白蚁蛀咬。另外在外护层下可以增设金属编制网等铠装结构。

(4) 光缆路由选择与施工中的防鼠害措施:在选择直埋光缆路由时,应尽量避开鼠类经常活动及栖息的地方,当光缆路由必须经过鼠类经常活动及栖息的地带时,可采用水泥管、塑料管、钢管等保护光缆。光缆沟在覆土时,应将泥土夯实,或在光缆上部回填 5~10 cm 厚的细沙。

4) 松鼠出没较严重的架空路由地段,可将光缆改为纵包皱纹钢带铠装(53 型)光缆,或采用钢丝铠装(33 型)光缆。

2) 防白蚁

白蚁蛀蚀严重危害光缆及接头盒等地下通信设施,已经成为造成长途地下直埋光缆及接头盒故障的主要原因。目前采用的白蚁防蛀蚀方法主要有生态防蚁、结构防蚁等。

(1) 生态防蚁。所谓生态防蚁,就是选择白蚁不能生长活动的地方敷设光缆。主要方法有以下几种。

让光缆从水浸地通过,由于该环境不适合白蚁生存,所以可以免蚁害。把光缆埋深在 1.5 m 以下,可以大大降低蚁害。将光缆埋于沙滩内,在光缆四周回填 10 cm 以上黄沙,因为白蚁在沙中难以构筑蚁路,所以采用这种方法,防蚁效果也很好。

(2) 结构防蚁。①采用聚酰胺外护套。为了防蚁,在光缆外包覆一层标称厚度 0.5 mm(最小 0.3 mm)的聚酰胺外护套(也称尼龙)。②聚乙烯外护套。在光缆原 PE 护套外再包一层半硬 PVC,既加强了防机械损伤能力,防蚁效果也很好。③光缆接头盒的密封材料。光缆接头盒的壳体是金属和硬塑料,均不受白蚁蛀蚀。但上下体合缝及光缆入口均用橡胶作密封材料,硅橡胶的邵氏硬度为 40~50,从橡胶带试片看,受白蚁蛀蚀是很严重的。为了防止白蚁蛀蚀,应设法把橡胶外露部分用硬材料外包封,或在施工中用硬化材料(如环氧树脂)涂抹外露胶带,或者再套上内含热熔 JP 热缩套管。同时改进结构及安装工艺,白蚁头部宽度约 1 mm,接头盒壳体合龙处尽可能紧密无缝隙。光缆进入口应依缆径钻孔,不露或尽量少露橡胶带。

### 30.3.4 海缆防护

海缆铺设于复杂的海洋环境,其安全受到人为、自然等诸多因素威胁,一旦受损或断裂,会导致整个工程电力、通信中断,而且维修周期长、维修成本高,会造成巨大的损失。因此,国内外海缆建设运营单位都非常重视海缆运行的安全防护。

海缆保护主要有三种方式:海缆自身防护、海缆掩埋和路由区域监控巡航。

海缆自身防护,通常是在海缆外层增加金属丝编制的保护层(铠装),其优点是增加海缆的抗磨损能力,缺点是减少了海缆的柔韧性,若海缆的弯曲半径太小,将减少海缆的抗弯强度。

海缆加深掩埋可以有效降低渔业拖网和抛锚的影响。在海缆登陆区域,采用关节套管保护海缆,以防受到损伤。自20世纪80年代初大量采用海缆掩埋技术后,国内外海缆的事故发生率大幅下降。例如西班牙—摩洛哥跨越直布罗陀海峡的400 kV充油海底电缆工程,浅海采用掩埋深度为2.5 m的掩埋敷设保护方式,一直运行良好。国内厦门李安线跨海电缆工程,海底电缆埋在淤泥和海沙下2 m左右,该工程始建于1987年,1989年正式投入运行,至今已安全运行了15年。为了安全,在上海登陆的国际海缆也都采用掩埋保护,如新跨太平洋国际光缆南汇段(NCP S3)在潮间带设计埋深1.5 m,潮下带设计埋深3 m。

加强路由区域监控巡航,及时发现并劝离在路由上进行捕捞作业和锚泊的船只,可显著减少海光缆故障的发生。海上船舶动态实时监控技术不断发展,对于海缆事故频率的降低起到了积极作用。目前,我国海事、渔政主管部门布设建立的船舶交通管理系统、雷达监控系统、AIS系统等,形成了沿海水上安全监管网络,可以有效监控近岸沿海30~50 n mile(1 n mile=1.852 km)范围。

在东海区,中国电信中国海底电缆建设有限公司、中国联通国际海缆登陆站、上海石油天然气有限公司、国家电网舟山电力公司等国内海缆运营单位为了保护海底管线,除了通过深埋海缆、在路由区域建设禁锚标志进行海缆防护外,均已建立海缆路由实时监控系统来保障海缆的安全。

例如,上海石油天然气有限公司通过与渔政部门合作,建设有平湖海管船舶监控系统,对平湖油气田管道近岸段路由进行海面监控。中国电信中国海底电缆建设有限公司于2010年建立了基于北斗卫星、海事卫星和雷达的船舶监控系统,大大提高了对海缆路线的控制力度。舟山电力公司通过采用多传感器融合技术将雷达监控的船舶信息、AIS监控的船舶信息、CCTV热成像船舶信息、高频(VHF)通信监控融合在一起,构建了AIS综合一体化监控报警平台,2008—2013年,每年发现并制止的船舶危害海缆的行为超过100起,避免了极可能发生的海缆外力损坏事故超过50次。

### 30.3.5 进局光缆防护

光缆进局和成端时应采取下列防护措施:

(1)室内光缆应采用非延燃外护套光缆;当采用室外光缆直接引入机房时,应采取严格的防火处理措施。

(2)当具有金属护层和加强元件的室外光缆进入机房时,应对光缆金属构件做接地处理。

（3）当在大型机房或枢纽楼内布放光缆需跨越防震缝时，应在该处留有适当余量。

（4）在 ODF 架中光缆金属构件应用截面不小于 6 mm² 的铜接地线与高压防护接地装置相连，然后用截面不少于 35 mm² 的多股铜芯电力电缆引接到机房的第一级接地汇接排或小型局站的总接地汇接排。

### 30.3.6  塔杆主要保护技术措施[11]

（1）移动通信工程钢塔桅结构的构造应力求简单，结构传力明确，减少次应力影响；节点处各受力杆件的形心线（或螺栓准线）宜交汇于一点，减少偏心；节点构造应简单紧凑，力求减少结构的受风面积。

（2）角钢构件的螺栓准线应靠近形心线，减少传力的偏心。

（3）钢塔桅结构应采取防锈措施，在可能积水的部位必须设置排水孔；对管形和其他封闭形截面的构件，当采取喷涂防锈时端部应密封，当采用热镀锌防锈时端部不得密封；在锌液易滞留的部位应设溢流孔。

（4）钢塔桅结构截面的边数不小于 4 时，应按结构计算要求设置横隔杆。横隔按计算为零杆时，可按构造要求设置横隔杆。横隔应具有足够的刚度。

（5）钢塔桅结构的受力构件采用钢管时，应采用热轧无缝钢管或直缝埋弧焊接钢管，不宜采用高频点焊钢管和螺旋卷制钢管。

（6）单管塔塔筒开设人孔等较大孔洞时，应采取补强措施，具体可参照《移动通信钢塔桅结构设计规范》（YD/T 5131—2005）的相关规定。

## 30.4  通信基础设施安全运行管理措施

### 30.4.1  健全运维制度

健全运维制度重在完善运维操作规程和岗位责任制等。完善运维操作规程可以从以下几点入手：

（1）依据行业和企业内的巡检规范结合现网的运营情况有针对性地制订具体的维护工作要求。

（2）依据维护要求制订维护流程、计划和工作要点，做好日常维护工作的记录。

（3）建立故障分析数据库并进行定期分析，以便不断改进、巡检和运维工作。

以光缆线路日常巡检工作为例，架空光缆线路巡检工作要点有：检查拉线是否生锈，电杆是否正立，有无塌方，吊线垂度是否符合要求，挂钩有无脱落，宣传牌、标志牌、警示牌是否歪斜或缺漏，沿线重点部位保护是否到位，沿线有无外力施工影响线路安全运行等。管道光缆巡检要点有：查看管道或人孔是否有沉陷、破损、井盖丢失等情况，检查沿线重点部位保护是否到位，沿线有无外力施工等影响线路安全的行为，沿线是否发生鼠害等对线路构成威胁的情况。光缆线路巡检工作流程如图 30-8 所示。

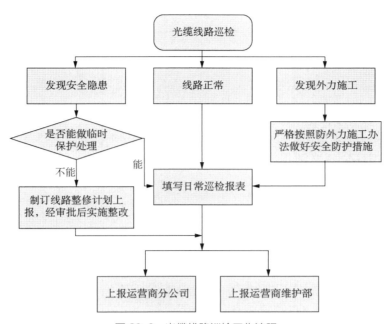

图 30-8　光缆线路巡检工作流程

　　完善岗位责任制,建立主体明确、层级清晰、奖惩分明的岗位责任体系,由权责明确的精细化管理模式取代分工模糊的粗放式管理模式,促使人员增强岗位责任意识,积极尽职履责,消除责任真空。维护部门还可以通过建立奖惩分明的考核制度,提升工作人员的工作责任心和积极性。

　　以某运营商某项目本地网光链路纤施工管理办法为例,该办法包含了如下内容:目的、适用范围、引用文件、标准、定义、术语、管理责任、流程图、管理内容、工作程序以及附录,规范了本地网工程建设、业务开通、资源核查、割接和维护中光跳纤的布放及拆除等工作要求。具体涉及的检查内容、标准、责任单位、处罚措施如表 30-2 所列。

表 30-2　　　　　　　　　　　　某运营商本地网光链路纤施工管理办法

| 序号 | 检查项 | 检查内容 | 检查标准 | 检查单位 | 责任单位 | 责任单位处罚措施 | 施工单位处罚扣除人工费总价的百分比 |
|---|---|---|---|---|---|---|---|
| 1 | 机房内光(总)配线架跳纤 | 跳纤余长 | ≤0.5 m | ××× | ××× | ××× | 10% |
| 2 | | 跳纤布放通道 | 在架内走线槽(架)或专用通道布放 | ××× | ××× | ××× | 10% |
| 3 | | 跳纤走线 | 上走线架体沿架内外侧下线 | ××× | ××× | ××× | 10% |
| 4 | | 跳纤走线 | 选择合适盘纤柱沿盘纤柱下沿转弯,并在架内内侧上线 | ××× | ××× | ××× | 10% |
| 5 | | 跳纤走线 | 一根跳纤只允许在架内一次下走,一次上走,走一个盘纤柱 | ××× | ××× | ××× | 10% |
| 6 | | 跳纤走线 | 盘线柱上沿不得有跳纤缠绕 | ××× | ××× | ××× | 10% |

（续表）

| 序号 | 检查项 | 检查内容 | 检查标准 | 检查单位 | 责任单位 | 责任单位处罚措施 | 施工单位处罚扣除人工费总价的百分比 |
|---|---|---|---|---|---|---|---|
| 7 | 机房内光（总）配线架跳纤 | 跳纤走线 | 跳纤应经过对应穿线环沿光纤模块布放至对应端子 | ××× | ××× | ××× | 10% |
| 8 | | 跳纤走线 | 整齐美观、无扭绞受力、无接头 | ××× | ××× | ××× | 10% |
| 9 | | 跳纤静态弯曲半径 | ≥30 mm | ××× | ××× | ××× | 10% |
| 10 | | 跳纤绑扎 | 采用专用自粘"刺毛"缠丝带绑扎、固定。绑扎应稳固、不松动 | ××× | ××× | ××× | 10% |
| 11 | | 跳纤和配线模块端子连接 | 牢固、接触可靠 | ××× | ××× | ××× | 10% |
| 12 | | 跳纤标签 | 电子标签或光路编码，标识齐全，机打 | ××× | ××× | ××× | 30% |
| 13 | 光交接箱和分纤（分光）箱 | 跳纤余长 | 不大于绕箱内走线路径"一圈半" | ××× | ××× | ××× | 10% |
| 14 | | 室内箱体间布放跳纤 | 严禁飞线、安装保护设施 | ××× | ××× | ××× | 10% |
| 15 | | 无跳纤配线设备 | 尾纤余长均盘绕在储纤盘内 | ××× | ××× | ××× | 20% |
| 16 | 其他 | | 擅自改变施工单配纤纤序 | ××× | ××× | ××× | 50% |
| 17 | | | 变更光路后未根据规定及时反馈更新 | ××× | ××× | ××× | 50% |
| 18 | 升级处理 | | 一个自然年度内有两次违规施工的 | ××× | ××× | ××× | 注销施工资质 |

该办法有利于提升光跳纤施工质量、光纤链路质量和光纤资源的准确率，确保网络的安全运营。

### 30.4.2　升级运维手段

传统的网络运维手段主要依靠人工，效率低、成本高。随着信息化技术应用的普及，运维工作可以借助视频监控、无人机、物联网、移动终端等新型手段搭建智慧化运营体系，使维护管理的工作可以更为精简高效，避免人力、物力资源的浪费。

例如，某运营商开发了基于物联网技术的通信管线资源智能管理平台（图30-9）。该平台融合了人员管理、设备管理、信息采集管理、地图管理、门锁授权管理、参数配置、告警管理、统计报表、系统管理、接口管理等各类功能模块，可以做到远程授权、实时采集巡检数据、故障精确定位等功能，实现了针对通信基础设施的实时监控和智能化管理，还可以及时登记维护人员的巡检记录，使每个管理中心都可以了解到维护人员的工作情况。

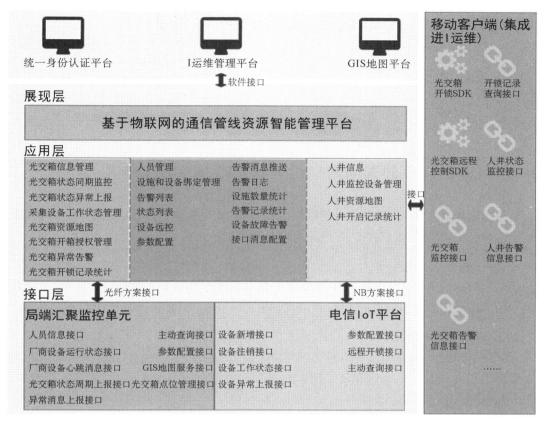

图 30-9　某运营商基于物联网的通信管线资源智能管理平台的整体逻辑架构图

### 30.4.3　提高维护人员的业务素质

随着信息技术的发展,新设备和新材料层出不穷,网络转型、运营手段的升级都要求运维人员通过定期培训及时更新专业知识,提升岗位技能,具体可采用专业授课、实战演练、技能比武等方式。

以某运营商某区局专业防台风、防汛应急演练方案为例,该演练的主要目的是为确保防台风、防汛指挥调度系统工作迅速、高效、有序进行,最大程度地预防和减少灾害损失。通过现场演练指令下达、应急小组快速响应、应急车辆及物资快速调配、应急抢修等关键环节使相关运维人员熟悉应急流程,提高了应急处置效率,提升了现场处理能力。

以某运营商组织的光缆技能操作大赛为例,该大赛以发扬工匠精神为主线,紧密围绕运维条线重点工作,通过技能竞赛练兵,使维护人员详细了解电缆、光纤、光缆、光器件、工具、仪表等多方面的知识,熟练掌握熔接、链路测试等各项技能。

# 31 信息通信基础设施风险的应急处置

## 31.1 风险的应急处置原则

信息通信基础设施风险的应急处置原则可概况为"统一领导、分级负责,属地为主、快速反应,分级响应、密切协同,依靠科技、保障有力"四项原则。

1. 统一领导、分级负责

信息通信网络具有全程全网的特点,根据突发事故对通信网络影响的级别不同需要设置不同级别的应急处置领导小组或指挥机构,由该小组统一指挥、协调下一级组织的工作。

2. 属地为主、快速反应

在风险事件发生后,事件所在地应第一时间做出快速响应,启动应急处置流程,抢修人员务必在最短时间内到达现场,快速修复受损管线,恢复中断电路。

3. 分级响应、密切协同

根据风险分级启动相应级别的应急响应处置流程。应急处置既包括组织管理又包括技术手段,是技术手段和组织管理的统一,不仅需要本地区多部门的密切协同,还可能涉及跨地区的协同。

4. 依靠科技、保障有力

充分利用固定有线网、蜂窝移动网、互联网等公网,卫星、集群等专网,广播、电视等公众传媒网络,以及传感网、现场监控及救援网络,向公众提供预警信息及应急通信保障服务,引入AdHoc网络、无线传感网等无线自组网技术提升应急通信保障能力。

以进博会通信保障为例,某运营商配合风险防控保障组织架构如下:

(1)某运营商集团公司进博会保障工作领导小组。

组长:集团公司副总经理;

成员:网运部(网信部)、办公厅、战略部、客服部、技术部等各部门总监。

(2)通信与网络信息安全保障工作组:集团网运部/网信部。

(3)通信与网信安全保障领导和工作小组:重点省市(上海、江苏、浙江、安徽、广州)。

上海:承担保障工作主体责任。

重点省市、专业公司:细化保障方案与演练,网络通信安全自查、加固及人员技术支撑。

江苏、浙江、安徽:一干光缆的区域联动机。

上海、广州:海光缆、国际出入口保障方案与演练。

广州、武汉应急物资储备中心、卫星公司：应急物资和卫星资源的准备。

集团相关部门：备品备件补充、应急通信车辆（辆）、应急通信人员。

集团网络操作维护中心：全网监控及保障预案。

各单位：保密教育与管理。

（4）上海领导小组。

组长：上海公司总经理。

副组长：上海公司副总经理。

组员：各单位分管领导。

职责：总体指挥协调进博会信息通信保障工作的开展。

专业组：由网信安保障组、移动网络保障组、海光缆保障组、卫星保障组、5G业务保障组及后勤保障组等组成。

## 31.2　风险预警分级和监测

### 31.2.1　风险预警分级

按风险事故的影响范围不同，通信风险预警划分为特别严重（Ⅰ级）、严重（Ⅱ级）、较严重（Ⅲ级）和一般（Ⅳ级）四个等级，依次标为红色、橙色、黄色和蓝色。

### 31.2.2　风险预警监测

通信主管部门应密切关注有关部门建立的灾害预警信息共享机制、施工信息共享机制等，并及时汇总、通报、共享有关信息，强化风险预警监测能力。

基础电信运营企业要建立和完善通信网络预警监测机制，加强网络运行监测。

### 31.2.3　预警通报与行动

1. 预警通报

由全国应急指挥领导小组负责确认、通报Ⅰ级预警。省级通信保障应急指挥机构负责确认、通报Ⅱ级、Ⅲ级、Ⅳ级预警。

2. 预警行动

经领导小组核定，达到Ⅰ级预警的，启动Ⅰ级预警行动。

（1）通知相关省（区、市）通信行业主管部门和基础电信运营企业落实通信保障有关准备工作。

（2）研究确定通信保障应急准备措施和工作方案。

（3）紧急部署资源调度、组织动员和部门联动等各项准备工作。

（4）根据事态进展情况，适时调整预警级别或解除预警。

领导小组核定未达Ⅰ级预警条件的,由领导小组办公室及时将有关情况通报给相关省级通信保障应急指挥机构和基础电信运营企业。

Ⅱ级以下预警信息,由相关地方通信保障应急指挥机构负责采取相应级别预警行动,并将重要情况及时上报。

### 3. 后期处置

通信保障应急工作结束后,县级以上人民政府及有关部门应及时归还征用的通信物资和装备;造成损失或无法归还的,应按有关规定予以适当补偿。

突发事件应急处置工作结束后,按照领导小组和事发地省级人民政府的要求,相关省(区、市)通信管理局立即组织制订灾后恢复重建计划报工业和信息化部,并组织基础电信运营企业尽快实施。

### 4. 总结评估

通信保障应急工作结束后,相关通信保障应急管理机构做好突发事件中公众电信网络设施损失情况的统计、汇总,以及任务完成情况的总结和评估。领导小组负责对特别重大通信保障任务完成情况进行分析评估,提出改进意见。

对在通信保障应急工作中做出突出贡献的单位和个人按规定给予奖励;对在通信保障应急工作中玩忽职守造成损失的,依据国家有关法律法规及相关规定,追究当事人的责任;构成犯罪的,依法追究刑事责任。

## 31.3 保障措施

### 31.3.1 应急通信保障队伍

信息通信基础设施权属单位应加强应急通信专业保障队伍建设,合理配置资源,并通过展开相应的培训、演练及考核提高实战能力。基础电信运营企业要按照工业和信息化部的统一部署,不断完善专业应急机动通信保障队伍和公用通信网运行维护应急梯队,加强应急通信装备的配备,以满足国家应急通信保障等工作的要求。

### 31.3.2 基础设施及物资保障

基础电信运营企业应根据地域特点和通信保障工作的需要,有针对性地配备必要的通信保障应急装备(包括基本的防护装备),尤其要加强小型、便携等适应性强的应急通信装备配备,形成手段多样、能够独立组网的装备配置系列,并加强对应急装备的管理、维护和保养,健全采购、调用、补充、报废等管理制度。具有专用通信网的国务院有关部门应根据应急工作需要建立相应的通信保障机制。

### 31.3.3 交通运输保障

为保证通信保障应急车辆、物资迅速抵达抢修现场,有关部门通过组织协调必要的交通运输工具、给应急通信专用车辆配发特许通行证等方式，及时提供运输通行保障。

### 31.3.4 电力能源供应保障

各基础电信运营企业应按国家相关规定配备应急发电设备。事发地煤电油气运相关部门负责协调相关企业优先保证通信设施和现场应急通信装备的供电、供油需求，确保应急条件下通信枢纽及重要局所等关键通信节点的电力、能源供应。本地区难以协调的，由国家发展和改革委员会会同煤电油气运保障工作部及协调机制有关成员单位组织协调。

### 31.3.5 地方政府支援保障

事发地人民政府负责协调当地有关行政主管部门，确保通信保障应急物资、器材、人员运送及时到位，确保现场应急通信系统的电力、油料供应，在通信保障应急现场处置人员自备物资不足时，负责提供必要的后勤保障和社会支援力量协调等方面的工作。

### 31.3.6 资金保障

突发事件应急处置和实施重要通信保障任务所发生的通信保障费用，由财政部门参照《财政应急保障预案》执行。因电信网络安全事故造成的通信保障和恢复等处置费用，由基础电信运营企业承担。

## 31.4 应急响应

### 31.4.1 工作机制

根据风险事件影响范围、危害程度及通信保障任务重要性等因素，设定Ⅰ级、Ⅱ级、Ⅲ级、Ⅳ级四个通信保障应急响应等级。Ⅰ级响应由领导小组负责组织实施，Ⅱ级响应由相关省级通信保障应急指挥机构负责组织实施，Ⅲ级响应由相关市（地）级通信保障应急指挥机构负责组织实施，Ⅳ级响应由相关县级通信保障应急指挥机构负责组织实施。

启动Ⅰ级响应后，各级通信保障应急指挥机构启动指挥联动、信息报送、会商、通信联络、信息通报和发布等工作机制，有序开展通信保障工作。

### 31.4.2 应急响应启动程序

1. Ⅰ级响应启动程序

（1）应急处置领导小组办公室立即将有关情况报告领导小组，提出启动Ⅰ级响应的建议；同时，通报各成员单位。

（2）应急处置领导小组确认后，启动并负责组织实施Ⅰ级响应。

（3）应急处置领导小组办公室通报各成员单位、各省（区、市）通信管理局。

（4）事发省（区、市）应急通信保障力量和基础电信运营企业启动相应通信保障应急指挥机构和通信保障应急预案。

（5）各成员单位启动相关应急预案，协同应对。

## 2. 应急值守和信息报送

（1）启动应急值班制度。应急处置领导小组办公室实行 24 h 值守，成员单位联络员之间保持 24 h 通信联络。

（2）启动信息报送流程，事发地通信保障应急指挥机构、基础电信运营企业和相关成员单位按照规定的内容和频次报送信息。

（3）应急处置领导小组办公室对报送信息分析汇总，供领导小组决策参考，并根据需要向有关部门及单位通报相关信息。

## 3. 决策部署

应急处置领导小组根据掌握的信息及有关工作要求召开相关成员单位会商会议，协调组织跨部门、跨地区、跨企业应急通信保障队及应急装备的调用。

应急处置领导小组办公室组织专家组对相关信息进行分析、评估，研究提出应急处置对策和方案建议；落实领导小组的决策，向相关省（区、市）通信管理局、基础电信运营企业和相关成员单位下达通信保障和恢复任务，并监督执行情况。

相关单位接收到任务后，应立即组织保障队伍、应急通信资源展开通信保障和恢复有关工作，并及时向领导小组办公室报告任务执行情况。

## 4. 现场指挥

按照应急处置领导小组的要求，成立以事发省（区、市）通信管理局指挥为主的现场通信保障应急指挥机构，组织、协调现场应急处置及通信保障工作。

## 5. 应急结束

（1）应急处置领导小组办公室视情向领导小组提出Ⅰ级响应结束建议。

（2）应急处置领导小组研究确定后，宣布Ⅰ级响应结束。

（3）相关单位终止应急响应。

Ⅱ级、Ⅲ级、Ⅳ级应急响应具体行动可参照Ⅰ级响应行动，由相应应急处置指挥机构结合实际在应急预案中规定。超出本级应急处置能力时，及时请求上级应急处置指挥机构支援。

### 31.4.3　应急预案

应急预案是在风险分析与评估的基础上，为了迅速有效地开展应急处置工作，降低损失而预先制订的有关计划或方案。应急预案的意义在于提高对风险事件的快速反应能力。应急预案将风险事件的非程序化决策在一定程度上转化为程序化决策，可以减少决策时间，同时有利于保障应急抢修所需的所有物资及时供应，快速恢复通信。

应急预案的编制应体现下列基本原则：

（1）适用性原则。要结合信息通信基础设施所处的地域环境、气候特点、网络结构、运行管理规定等实际情况编制应急预案。

（2）重要性原则。应根据信息基础设施的网络级别确定应急处置的主次顺序。

（3）可操作性原则。应急处置从响应到恢复整个流程及各部门的职责应简洁明了，可操作性强，实用性强。

（4）闭环管理原则。应急预案从体系到个体均要不断自我完善、持续改进，实现闭环管理。

### 31.4.4　应急预案的编制内容

（1）总则。说明编制预案的目的、工作原则、编制依据、适用范围等。

（2）组织指挥体系及职责。明确各组织机构的职责、权利和义务，建立应急专家组。

（3）网络组织简介。主要介绍网络组织情况、系统和设备的工作原理、主要技术指标。

（4）制订各类事故临界及事故过程状态的应急诊断技术方案。

（5）制订各类事故的应急处置技术方案、应急操作技术方案、应急装备技术方案、应急组织及分级授权方案。

（6）制订事故应急处理流程。说明如何受理故障，如何逐级报告，如何进行人员调度，请求增援，应急器材配置及管理，事故过程记录及管理。

（7）附则。包括有关术语、定义，预案管理与更新，制定与解释部门，预案实施或生效时间等。

（8）附件包括应急组织体系图［机构、人员（替补）、电话等］，应急专家组名单、电话，应急技术支援中心电话等。

（9）制定的相关文件：事故进程向上级机关报告程序、事故应急操作技术指导书、全员应急培训程序、全员应急演练程序、应急演练、响应评估指南、事故调查报告和经验教训总结及改进建议。

### 31.4.5　应急演练

信息通信基础设施权属单位应根据应急预案组织相关单位、人员定期进行应急演练，通过演练让各岗位人员熟知应急处置流程各环节的操作，保证实际发生的应急抢修工作能够有效、有序进行。

## 31.5　应急抢修

应急抢修是风险应急处置的重要环节，目的在于保证信息基础设施的抢修工作能快速有效地进行，从而确保在最短时限内恢复通信业务。

根据所启动的应急响应级别进行应急抢修,实行分级抢修、先抢通后修复的原则,及时减少故障对网络的影响,缩短通信业务中断时间。根据故障影响网络的程度确定应急抢修的先后顺序,通信线路的抢修一般遵循"先干线后支线,先主用后备用,先全程线路后局部线路"的原则。

首先应确保抢修所需的物资准备充分,包括抢修所需材料、备件的备料,应急抢修设施的维护,按照规定定期检测、定期校验应急抢修所需的仪器仪表,定期养护工程车辆,确保各种装备处于良好状态。

当发生事故时,抢修人员需要在第一时间准确查明事故原因,再依据应急预案的要求做出相应的处置。事故抢修流程如图 31-1 所示。

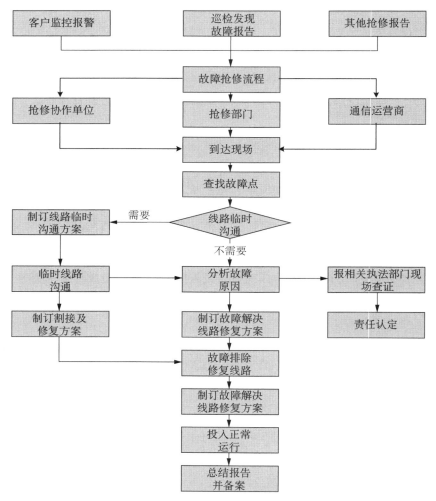

图 31-1　信息通信基础设施事故抢修流程图

**参考文献**

［1］上海信息化年鉴编纂委员会.2017 上海信息化年鉴［M］.上海：上海人民出版社,2017.

［2］罗建标,陈岳武.通信线路工程设计、施工与维护［M］.北京：人民邮电出版社,2012.

［3］中华人民共和国信息产业部.通信建筑工程设计规范：YD 5003—2014［M］.北京：人民邮电出版社,2014.

［4］中华人民共和国住房和城乡建设部.通信局（站）防雷与接地工程设计规范：GB 50689—2011［S］.北京：中国建筑工业出版社,2011.

［5］中华人民共和国建设部.通信管道与通道工程设计规范：GB 50373—2006［S］.北京：中国计划出版社,2007.

［6］中华人民共和国住房和城乡建设部.通信线路工程设计规范：GB 51158—2015［S］.北京：中国计划出版社,2015.

［7］中华人民共和国信息产业部.架空光（电）缆通信杆路工程设计规范：YD 5148—2007［S］.北京：北京邮电大学出版社,2007.

［8］中华人民共和国住房和城乡建设部.钢结构设计标准：GB 50017—2017［S］.北京：中国建筑工业出版社,2018.

［9］中华人民共和国住房和城乡建设部.建筑结构荷载规范：GB 50009—2012［S］.北京：中国建筑工业出版社,2012.

［10］中华人民共和国住房和城乡建设部.建筑抗震设计规范：GB 50011—2010（2016 年版）［S］.北京：中国建筑工业出版社,2016.

［11］中华人民共和国信息产业部.移动通信工程钢塔桅结构设计规范：YD/T 5131—2005［S］.北京：北京邮电大学出版社,2006.

# 第 7 篇
# 综合管廊风险防控管理

　　综合管廊是城市生命线的重要组成部分。综合管廊的建设和发展情况体现了城市基础设施的现代化程度,是城市生命线集约化建设和运行的重要技术标志。综合管廊的安全运行关系到城市的社会经济发展和市民生活,本篇将重点阐述综合管廊建设施工和运行等关键环节的风险评估与防控措施。

# 32  综合管廊发展现状

　　综合管廊是各类城市生命线集约化敷设的载体,在我国规模化建设才刚起步。本篇将对综合管廊的类型、功能应用和推进建设进行详细阐述。综合管廊易受其自身事故和外界问题等多种风险的威胁。一旦发生综合管廊事故,将影响城市局部地区的社会生活和经济运行,妨碍工业生产,影响市民生活。因此,综合管廊安全是整个城市安全和防灾系统的重要组成部分。

　　综合管廊建设发展过程是全系统、全过程、全要素的安全保证性提高的过程,综合管廊建设单位和运行部门在达到国家相应标准规范要求的基础上,强化风险意识,增加应对措施,提升备用能力,准备应急预案,实现风险总体控制。

　　本篇借鉴了国内在推进综合管廊建设发展过程中风险评估研究的成果,以及众多专家学者的科研成果和论著,结合国家规范和相关标准,重点阐述了综合管廊建设和运行过程中的风险管理和控制措施。主要有三个核心内容:

　　一是总结国内外城市综合管廊建设和运行的发展与特点,以及相应的风险管理研究进展。

　　二是从全系统、全过程、全要素角度,阐述城市综合管廊建设和运行的风险识别、风险分析和风险评价。

　　三是全面论述城市综合管廊建设和运行各阶段的风险管理和防控。项目建设前,关注系统性、全局性源头风险防控;工程建设和运行管理过程中,分析厘清各类风险因素,评估风险;建立并健全风险预警与管理机制,提高应急保障能力,持续监督改进,减少风险发生,控制损失等。

## 32.1  综合管廊发展概述

### 32.1.1  基本概念

　　综合管廊亦称综合管沟或地下共同沟,是指在城市道路下面建造一个市政共用隧道,将电力、通信、供水、燃气等多种市政管线集中于一体的构筑物,设有专门的检修口、吊装口和监测系统,实施统一规划、设计、建设和管理,以做到地下空间的综合利用和资源的共享(图 32-1)。

　　综合管廊在不同的国家和地区有着不同的名称,在日本称为"共同沟",我国台湾地区将综合管廊称为"共同管道",欧美则将综合管廊称为"Commom Service Tunnel"或"Utilidor"。

　　随着我国经济发展速度和城市建设步伐的加快,传统的市政管线敷设方式的灵活性和安全可靠性受到了严峻的挑战。施工破坏地下管线造成的停水、停气、停电以及通信中断事故频发,"拉链路"现象已经成为城市建设的痼疾,排水管道不畅引发道路积水和城市水涝灾害屡见不鲜。频频发生的城市地下管线事故造成了巨大的经济损失，也对城市安全运行带来巨大挑战。因此，在城市高密度开发区及核心区规划、建设综合管廊，可以解决上述问题，有效避免管线直埋带来的风险，为城市运行提供安全可靠的管线保障。

如前分析，近年来，我国在推进绿色、韧性城市建设的过程中，大力推进城市综合管廊建设，既是基础设施补短板的客观需求，也是提升城市综合承载能力的重要举措。截至 2018 年年底，我国已建和在建的综合管廊工程总里程已达 6 000 km，为城市生命线的安全运行提供了重要保障。

城市综合管廊的基本功能是保证纳入管线的安全运行。因此，综合管廊自身的安全与风险防控，是管线安全的基础。综合管廊的安全与风险防控应从全寿命周期的角度出发考虑。

规划设计阶段：应依据相关规划设计标准，根据入廊管线类型及建设条件采取合理的技术措施。规划选线应充分考虑地质灾害情况。

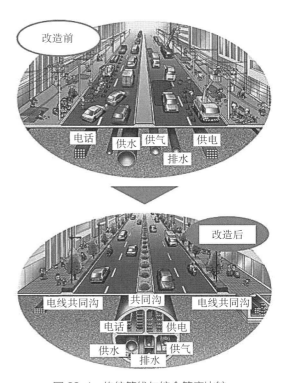

图 32-1  传统管线与综合管廊比较

施工阶段：应根据施工过程中的重大风险分析，制订合理的施工技术方案，如根据安全等级要求采取科学的基坑围护措施。

运行阶段：综合管廊运行阶段的主要风险包括管线运行风险、自然灾害及外力破坏。针对管线运行风险，应从设计和运维管理等方面及时解决存在的问题；自然灾害如地震、暴雨、洪涝等风险，应在设计中采取合理的技术措施；外力破坏的风险，应通过完善运维管理来应对。

### 32.1.2  功能分级

#### 1. 干线综合管廊

干线综合管廊是指收容主干管线，不直接提供接户服务的综合管廊。干线综合管廊收容市政管线中的主干管，其管径大，作用重大，往往为区域资源、能源和信息供给的"主动脉"。例如给水系统中的输水干管，供电系统中的高压输配电线路，燃气管网中的高压干管等，这些管线的共同特点是不直接连接用户，而是连接下一级配送管网。干线综合管廊多埋设于城市主干道的中央下方，最小埋深标准部为 2.5 m，特殊部为 1.0 m。

干线综合管廊的断面通常为多格箱形，综合管廊内一般要求设置工作通道、照明和通风等设备。其主要特点为系统稳定、大流量运输、高度安全、内部结构紧凑、兼顾直接供给到稳定使用的大型用户(一般需要专用的设备),管理及运营比较简单等(图32-2)。

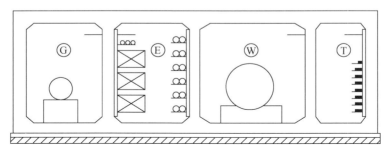

E—电力电缆;T—通信电缆;W—给水管道;G—燃气管道

图32-2　干线综合管廊常用断面

## 2.支线综合管廊

支线综合管廊是直接为两侧用户提供接户服务的综合管廊,属于供给型综合管廊。所收容的管线为从主干管网中引入的配送管网,并引出形成接户管供给用户。支线综合管廊是连接干管与用户的重要纽带,主要收容的管线为通信、有线电视、电力、燃气、自来水等直接服务的管线。支线综合管廊一般埋设于城市道路两侧人行道或慢车道下方,埋深一般为2.0 m左右,以满足构造要求和道路条件且接户引出方便。

支线综合管廊的断面以矩形较为常见,一般为单格或双格箱形结构。综合管廊内一般要求设置工作通道、照明和通风等设备。其主要特点为:有效(内部空间)断面较小、结构简单、施工方便,设备多为常用定型设备,一般不直接服务大型用户(图32-3)。

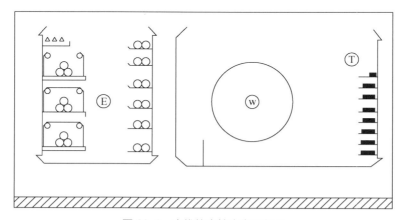

图32-3　支线综合管廊常用断面

## 3.缆线综合管廊

缆线综合管廊主要负责将市区架空的电力、通信、有线电视、道路照明等电缆收容至埋地的管道。缆线综合管廊一般设置在道路人行道下,直接供应各终端用户,埋深较浅,一般在 1.5 m 左右。

缆线综合管廊的断面以矩形较为常见,一般不要求设置工作通道及照明和通风等设备,仅设置供维修时使用的工作手孔即可(图 32-4)。

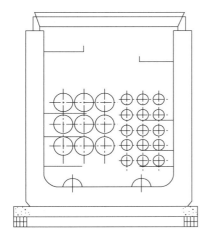

图 32-4 缆线综合管廊常用断面及缆线综合管廊

### 4. 综合管廊系统的组成

综合管廊系统的组成包括综合管廊的本体,综合管廊的一般地段(即标准断面的地段)和特殊地段(即支线、电缆线头接头位置、进物进人孔等),通风口及人员出入口,排水、照明、通风和防灾安全等设备。

为了保证综合管廊安全有效的运行,标准的综合管廊系统是各种系统的有机组成,包括综合管廊本体、管线、监控系统、通风系统、供电系统、排水系统、通信系统、标示系统、地面设施(包括地面控制中心、人员出入口、通风井和材料投入口等)。

### 5. 综合管廊与传统管线建设方式的比较

无论是在安全性、长期经济性,还是在确保道路安全通畅、城市管线共同管理以及城市环境保护等方面,综合管廊与常规管线布设方式相比都有明显的优点。综合管廊的规划设计、建设、管理模式、投资模式与传统管线建设方式之间存在巨大差异。

(1)在规划设计方面,城市建设应当基础设施先行,先地下,后地上。然而,在传统管线直埋模式下,管线单位各自为政,缺乏统筹规划和统筹建设。综合管廊建设坚持城市建设各领域统筹发展的观念,做到协调规划和同步施工。综合协调各工程管线的规划和设计,使其真正实现集约化敷设,达到合理利用地下空间、提高城市基础设施服务水平、提升城市环境品质的目的。

(2)在建设模式方面,各种管线的传统建设方式是一种相互独立的建设模式,无论管线的规划还是管线的建设,各建设单位都是将管线视作一个独立的系统。而综合管廊则是从城市有机大系统出发,将各种管线作为一个有机的整体进行系统化的规划与建设。传统的管线建设模式将道路地下空间资源作为无限的空间铺设各种管线,而综合管廊则将地下空间作为有限资源加以有序利用。其结果是前者导致了道路地下空间在约束条件下的横向有限扩张和竖向层次上管线的重叠,而后者则是在有限的人工空间内进行管线的扩容。

（3）在管理模式方面,传统的管线独立建设模式决定了其管理模式的相对独立性,即由各管线的建设主体独立承担管线的管理与维修,也由此造成了城市道路的反复开挖。综合管廊的集约化建设模式,要求有相应的机构来统一进行综合管廊内各种管线的日常管理,负责综合管廊的防灾与安全。二者在管理模式上的最大差异在于:管线的传统建设模式所决定的管理模式的独立性以及综合管廊管理模式的集中性与统一性。

（4）在投资模式方面,综合管廊建设的一次性投资远远大于管线独立铺设的成本。国外对于综合管廊建设的投资,通常所采取的做法是将各种管线建设主体用于管线建设的资金集中,交由政府的综合管廊建设机构用于综合管廊建设,综合管廊建设的实际成本与各种管线总投资的差额由政府补足。这种做法由于没有增加各管线建设主体的额外投资,所以比较容易被各管线建设主体所接受,从而推进综合管廊的发展。管线的传统直埋方式是一种分散与独立的管线建设模式,其相应的建设投资模式也是分散与独立的,即由各管线建设单位独立投资管线的建设与日常管理。在市场经济体制下,进入综合管廊的管线企业是否增加了额外费用,是影响综合管廊能否全面推广的重要因素。

6. 综合管廊主要优点

综合管廊具有恒温性、恒湿性、隔热性、隔音性、遮光性、气密性、隐蔽性、空间性、良好的抗震性和安全性,适合城市的某些特殊需求。

（1）避免由于敷设和维修地下管线挖掘道路而对交通和居民出行造成干扰,保持道路的完整和美观。

（2）便于各种工程管线的敷设、增设、维修和管理,降低路面的翻修费用和工程管线的维修费用。

（3）有利于满足市政管网对通道和路径的要求,可较为有效地解决城市发展过程中各类市政管线持续增长的需求。

（4）综合管廊内工程管线布置得紧凑合理,有效利用了道路下的空间。

（5）减少道路的杆柱及各工程管线的检查井、室等,保证了城市的景观。

（6）架空管线入地,减少架空管线与绿化的矛盾,节约城市用地。

（7）敷设在综合管廊中的各种工程管线,不直接与土壤、地下水、道路结构层中的酸碱物质接触,可减少管道腐蚀,延长使用寿命,管理和养护也更为方便。

（8）综合管廊的结构具有一定的坚固性,采用综合管廊相当于在管线外增加了一道钢筋混凝土保护层。因此,对工程管线具有较好的保护性能,这在战时及灾害性条件下显得尤为重要。

## 32.2  国外综合管廊发展概况

综合管廊起源于 19 世纪的欧洲,经过 100 多年的探索、研究、改良和实践,其技术水平已完全成熟,并在国外许多城市得到了极大的发展,它已成为发达城市市政建设管理现代化的象征,也成为城市公共管理的一部分。

法国是最早应用综合管廊的国家。1832 年为改善城市环境,巴黎市于 1833 年在城市道路下规划建设了系统而规模宏大的下水管道网络。由于下水管道横断面较大,法国工程师创造性地将给水管、通信电缆、压缩空气管道及交通信号电缆等公用设施纳入其中,形成世界上最早的综合管廊(图 32-5)。

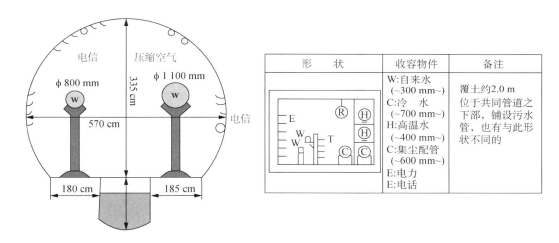

图 32-5  巴黎市副中心综合管廊断面及说明

巴黎市逐步推动综合管廊的规划和建设。19 世纪 60 年代末,为配合巴黎市副中心区 LA Defense 的开发,规划了完整的综合管廊系统,收容自来水、电力、电信、冷热水管及集尘配管等,并且为适应现代城市管线种类多、敷设要求高等特点,把综合管廊的断面修改为矩形形式。迄今为止,巴黎市郊综合管廊总长已达 2 100 km,堪称世界综合管廊城市里程之首。法国已制定了在所有具有条件的大城市建设综合管廊的长远规划,为综合管廊在全世界的推广树立了良好的榜样。

1893 年,在德国汉堡市的 Kaiser-Wilhelm 街两侧人行道下兴建了 450 m 长的综合管廊,收容暖气管、自来水管、电力、电信缆线和煤气管,不含下水管。在第一条综合管廊兴建完成后发生了使用上的困扰,自来水管破裂导致综合管廊内积水,当时因设计不佳,热水管的绝缘材料使用后无法全面更换。为满足沿街建筑物的配管需要以及管线横穿马路使挖掘马路的情况常有发生,同时因沿街用户的增加,规划断面未预估将来的需求容量,原兴建的综合管廊断面空间不足,不得不在原综合管廊外道路地面下再增设直埋管线。尽管有这些缺陷,但在当时评价仍很高。1959 年,在布白鲁他市又兴建了 300 m 的综合管廊用以收容瓦斯管和自来水管。1964 年,德国的苏尔市及哈利市开始兴建综合管廊的实验计划,截至 1970 年,共完成 15 km 以上的综合管廊并开始营运,同时也拟定于全国推广综合管廊的网络系统计划。综合管廊内收容的管线包括饮用水管、热水管、工业用水干管、电力、电缆、通信电缆、路灯用电缆及瓦斯管等。20 世纪 60—80 年代,德国在大范围综合管廊建设的基础上,总结形成了综合管廊总则,1988～1991 年,又先后对该总则进行了补充和修订(图 32-6)。

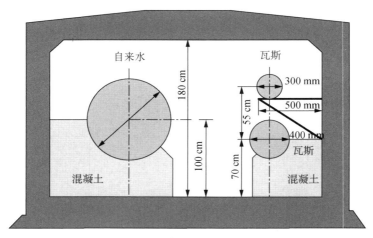

图 32-6　1893 年汉堡综合管廊断面图

1861 年,伦敦在格里哥大街配套建造了一条宽为 3.66 m、高为 2.29 m 的半圆形综合管廊。除收容自来水管、污水管、瓦斯管、电力和电信电缆外,还敷设了连接用户的供给管线。此后,在道路和地铁的兴建与改建过程中,不断配合进行综合管廊建设。迄今伦敦市区建成综合管廊已超过 22 条,综合管廊建设经费完全由政府筹措,属政府所有,由市政府出租给管线单位使用(图 32-7)。

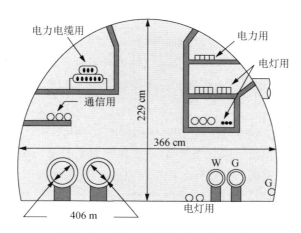

图 32-7　1861 年伦敦综合管廊断面图

　　日本综合管廊建设始于 1926 年,在关东大地震后,日本政府针对地震导致的管线大面积破坏,在东京都复兴计划中作为试点建设了三处综合管廊。九段坂综合管廊,设置于人行道下,宽 3 m,高 2 m,干管长度 270 m,钢筋混凝土箱涵构造;滨町金座街综合管廊,设置于人行道下,为电缆沟,只收容缆线类;京东后火车站至昭和街综合管廊,设置于人行道下,净宽约 3.3 m,高约 2.1 m,收容电力、电信、自来水及瓦斯等管线。此后的数十年中,日本综合管廊的研究和建设处于停滞状态,直到 1963 年,日本政府颁布《综合管廊法》。该法案较好地解决了综合管廊建设中在资金分摊和建设技术等方面的关键问题,从而有力地促进了日本的综合管廊建设。

　　日本公布了《综合管廊法》后,首先在尼崎地区建设综合管廊 889 m,同时在全国各大都市拟定五年期的综合管廊建设计划。1993—1997 年为日本综合管廊的建设高峰期,截至 1997 年已建成综合管廊 446 km。较著名的有东京银座、青山、麻布、幕张副都心、横滨、多摩新市镇(设置垃圾输送管)等地下综合管廊。

　　目前,日本已修建了总计约 500 km 的综合管廊,在亚洲地区名列第一。日本是世界上综合管廊建设速度最快、规划最完整、法规最完善、技术最先进的国家(图 32-8)。

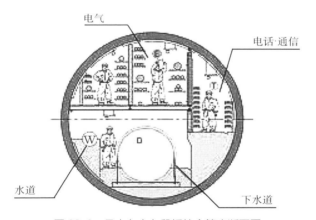

图 32-8　日本东京九段坂综合管廊断面图

## 32.3　我国综合管廊发展概况

### 32.3.1　发展历程

　　目前,国内一些城市如北京、上海、广州、深圳、杭州、济南、沈阳和宁波等,已经建设了部分综合管廊。综合管廊在我国仅在一些经济发达的城市和一些现代化的高科技工业园区等有所建设,尚未得到推广和普及,还处于探索阶段,在综合管廊的建设过程中不可避免地会遇到各种各样的困难和阻力。

　　20 世纪 70 年代以来,台湾经济的高速发展使其城市基础设施逐步进入了更新改造期。20 世纪 80 年代末至 90 年代初,台北市每月因修复各种管线而导致的道路开挖次数多达 1 100 余次,造成高达数亿元人民币的经济损失。为此,台北市于 1991 年开始建设综合管廊。

台湾地区自 1980 年开始研究评估综合管廊建设方案,1990 年制定了"公共管线埋设拆迁问题处理方案"积极推动综合管廊建设,首先从立法方面研究,1992 年委托"中华道路协会"进行"共同管道法立法的研究",2000 年 5 月 30 日通过立法程序,6 月 14 日正式公布实施。2001 年 12 月颁布母法施行细则、建设经费分摊办法及综合管廊工程设计标准,并授权当地政府制订综合管廊的维护办法。我国台湾地区继日本之后成为亚洲具有综合管廊最完备法律基础的地区。

台湾结合新建道路、新区开发、城市再开发、轨道交通系统和铁路地下化等重大工程优先推动综合管廊建设,台北、高雄和台中等大城市已经完成了系统网络规划并逐步建成。此外,已完成建设的还包括新近施工中的台湾高速铁路沿线五大新站新市区的开发。至 2002 年,台湾综合管廊的建设已超过 150 km,累积的经验可供我国其他地区借鉴(图 32-9)。

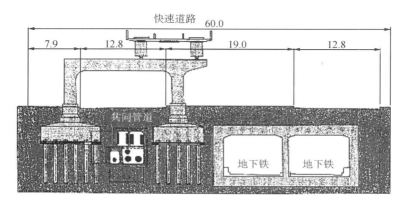

图 32-9　台北市综合管廊示意图(单位: m)

我国大陆地区第一条综合管廊于 1958 年建造于北京天安门广场下,鉴于天安门在北京有政治的特殊地位,为了避免广场被开挖,建造了一条宽 4 m、高 3 m、埋深 7~8 m、长 1 km 的综合管廊,收容了电力、电信、暖气等管线。1977 年,修建毛主席纪念馆时,建造了相同断面的综合管廊,长约 500 m(图 32-10)。

中关村建设的综合管廊是我国现代化的综合管廊。中关村综合管廊主线超过 2 km,支线 1 km,综合管廊宽 12 m、净高 2 m。中关村综合管廊为三位一体模式,最上层为单向双车道的地下机动车路网,

图 32-10　北京天安门广场综合管廊

它直接通往各楼座地下车库和公共停车场;第二层为商业开发、停车场和各部门的管理、办公用房,是连接一、三层的枢纽;地下三层设有 5 个小室,分别为敷设电力、自来水、中水、电信、天然气管道的综合管廊。施工过程中,在综合管廊内新增了热力管道;土建完成后,由于经营的需要,综合管廊内又增加了冷冻水管道。由于采用了综合管廊,在不影响地面道路情况下,顺利地完成了新增管道的敷设工作。

1994 年年底,上海在浦东新区张杨路人行道下建造了两条宽 5.9 m、高 2.6 m、双孔各 5.6 km、长共 11.2 km 的支线综合管廊,为国内推行综合管廊建设开辟了先河。该综合管廊为矩形钢筋混凝土结构,由燃气室和电力室两部分组成。燃气室为单独 1 孔室,沟内敷设燃气管道;电力室则敷设 8 根 35 kV 电力电缆、18 孔通信电缆和给水管道。综合管廊内建造了安全配套设施,有排水、通风、照明、通信广播闭路电视监视、火灾检测报警、可燃气体检测报警、氧气检测和中央计算机数据采集与显示等系统(图 32-11)。

图 32-11　上海张杨路综合管廊(左)和上海松江新城综合管廊(右)

2010 年上海世博会期间,中外游客们发现中国城市中常见的架空电线杆和通信线杆,在这里却遍寻不着。原来在世博园区地下,庞大的综合管廊系统已建成。这条综合管廊全长 6.6 km,成环形布置,服务于整个世博园区。

世博园综合管廊采用等截面双舱构造,每个舱室宽 2.75 m、高 3.2 m,收容园区的电力、通信(含有线电视)、给水、交通信号等公共设施管线。燃气管道不进入综合管廊,直埋于市政道路下(图 32-12)。

图 32-12　上海安亭新镇综合管廊(左)和上海世博园综合管廊(右)

广州大学城贯彻"政府主导,集约建设"的模式,采用综合管廊进行城区规划,建设城市管网。2003 年年底,大学城建成使用中环线综合管廊,全长 18 km,断面尺寸宽 7 m,高 3.1 m。沟内布置热水管、给水管、电力、通信和有线电视等 5 种管线,并预留部分管孔空间以备将来发展所需。综合管廊分为两个廊道,电力管线独自占据一个廊道,其他专业管线布置在另一个廊道内。综合管廊位于中环路中的绿化带下,检修下料口、通风口竖立在绿化带的灌木丛中。广州大学城综合管廊是我国距离最长、规模最大、体系最完善的综合管廊。

图 32-13　广州大学城综合管廊

广州大学城综合管廊工程包括干线综合管廊、支线综合管廊和缆线综合管廊。在工程建设中解决了地基复杂和场地起伏、不同综合管廊相互交叉和衔接等技术难题,此外,还解决了综合管廊和地铁线路、地铁车站、地下人行通道之间互相交叉等技术难题(图 32-13)。

## 32.4　我国综合管廊发展的相关政策

《国务院办公厅关于推进城市地下综合管廊建设的指导意见》(国办发〔2015〕61 号文)指出:"适应新型城镇化和现代化城市建设的要求,把地下综合管廊建设作为履行政府职能、完善城市基础设施的重要内容,在继续做好试点工程的基础上,总结国内外先进经验和有效做法,逐步提高城市道路配建地下综合管廊的比例,全面推动地下综合管廊建设。至 2020 年,建成一批具有国际先进水平的地下综合管廊并投入运营。"

2016 年 2 月 6 日,《中共中央国务院关于进一步加强城市规划建设管理工作的若干意见》明确表示,完善城市公共服务,规划建设地下综合管廊。认真总结推广试点城市经验,逐步推开城市地下综合管廊建设,统筹各类管线敷设,综合利用地下空间资源,提高城市综合承载能力。城市新区、各类园区、成片开发区域新建道路必须同步建设地下综合管廊,老城区要结合地铁建设、河道治理、道路整治、旧城更新、棚户区改造等,逐步推进地下综合管廊建设。加快制定地下综合管廊建设标准和技术导则。凡建有地下综合管廊的区域,各类管线必须全部入廊,管廊以外区域不得新建管线。管廊实行有偿使用,建立合理的收费机制。鼓励社会资本投资和运营地下综合管廊。各城市要综合考虑城市发展远景,按照先规划、后建设的原则,编制地下综合管廊建设专项规划,在年度建设计划中优先安排,并预留和控制地下空间。完善管理制度,确保管廊正常运行。

从 2015 年开始,我国综合管廊的建设数量呈爆发式增长。2016 年和 2017 年,我国综合管廊的建设里程数均突破 2 000 km,截至 2018 年年底,已建和在建的综合管廊总里程已达到 6 000 km。我国已成为世界综合管廊建设长度最长的国家。

# 33    综合管廊的风险分析

综合管廊内容纳了水、电、气、信息、燃气等城市运转的"生命线",综合管廊的安全运行是城市安全运行的重要保障[1],也是涉及社会稳定发展和人民群众安居乐业的重要问题。确保综合管廊的安全运行,首先需要认真分析各类风险因素,找到风险源,制订预防和控制措施;影响综合管廊安全运行的风险因素存在于规划设计、建设施工、运行维护各个阶段。

综合管廊风险定义:在综合管廊工程的全生命周期过程中,一些事件能否发生是不确定的,而一旦发生,将给综合管廊工程的利益相关方(业主、设计方、施工方、管理者、受益者等)的预期利益带来损害,所预期的这类事件就是风险。

风险分析的目的在于为决策者提供决策依据,让决策者在综合管廊工程不同阶段规避重大风险问题。

## 33.1    综合管廊风险识别

综合管廊风险识别是风险管控的第一步,指在风险发生之前通过调研、查阅资料、分析,对综合管廊工程不同阶段的风险类型及风险成因、可能的后果做出定性估计和判断。

### 33.1.1    综合管廊风险的特征

综合管廊内容纳了水、电、气、信息、燃气等城市运转的"生命线"管网,综合管廊的安全运行,既是城市安全运行的重要保障,也是事关社会稳定、经济发展和人民群众安居乐业的重大问题。综合管廊的运行风险具有以下特征:

(1)客观性。综合管廊运行是一个动态的过程,无论是综合管廊本体、入廊管线自身还是所处的外部环境都在不断发展变化。这种变化的程度以及对综合管廊运行的影响深度、广度都无法进行准确预测,从长远来看,运行安全是相对的,而存在风险是绝对的。从理论上讲,新建的管廊主体结构产生病害的风险概率小于老旧的管廊,但由于周边的水文地质条件不稳定,其主体结构出现开裂和渗漏的风险概率有时会大于维护良好的老管廊。

(2)长期性。综合管廊设计使用年限一般为 100 年。在综合管廊全生命周期内,不同阶段存在着相同的或者不同的风险因素,所以综合管廊风险防控具有长期性的特点。

(3)不间断性。综合管廊及入廊管线具有 24 h 不间断运行的特点,决定了运行风险的防控措施需要持续发挥作用,随时防范和应对。在个别综合管廊项目运营过程中,运营管理单位实行白天开门上班、晚上关门下班的标准工作制,这种管理模式下,综合管廊项目存在较大的运营风险。

(4)系统性。建设管廊的目的是为了纳入管线,入廊管线敷设于廊体内部,附属设施为管线和管廊运行提供电力、照明、通风、排水等基本保障,管廊监控与报警系统又对管廊本身和入廊管线进行监视、监测和控制。综合管廊内主体结构、附属设施与不同类型入廊管线之间形成了一个既相对独立又相互影响的系统的整体,运行风险的防控策略应注重统筹兼顾。

(5)复杂性。综合管廊从规划、设计、施工到建成,是一个周期长且复杂的过程。每个阶段出现的问题和缺陷都对管廊运营产生或大或小的影响。同时,入廊管线的权属单位和主管部门众多,工作协调任务量大、难度高。另外,运营过程中需要满足规划、建设、供电、消防、治安、城市管理、反恐等多方面的规范性要求,涉及不同的行政主管部门。因此,综合管廊运营管理的外部环境、内部控制都非常复杂。

### 33.1.2　综合管廊规划设计阶段风险

#### 1.综合管廊规划

近年来,综合管廊工程建设在全国范围兴起。由于国家和一些地方政府对于综合管廊建设往往予以较大的财政补贴,导致一些管廊工程项目急于建设,常常建设施工倒逼规划设计,未做到"规划先行"和"统筹兼顾"。管廊工程涉及面广,工程量大,若缺乏全生命周期的意识,会使得未来投入使用存在诸多隐患[2]。

综合管廊工程投资巨大,不仅要满足当前规划要求,更要考虑城市未来的发展、扩容等因素,要求既要在规模上具有前瞻性,又要兼顾成本,不能盲目追求规模而造成大量管廊空间的长期闲置,投入资金无谓消耗。在规划设计中,如何平衡前瞻性与建设成本之间的关系是管廊设计阶段所面临的风险。

综合管廊规划应以城市工程管线为主要依据,统筹考虑区域位置、内部空间以及与其他邻近工程的协调关系。综合管廊应充分考虑未来城市管线需求,并在规划阶段充分征求各管线单位的意见,避免运营阶段市政管线无法纳入综合管廊,防止近期一定年限后管廊内管位不足。

由于用地规划变更,造成综合管廊与其他建(构)筑物位置冲突,不仅影响管廊功能的正常发挥,还严重影响管廊结构和管线的安全运行。规划阶段必须考虑多规划融合的设计理念,统筹各类市政基础设施与综合管廊工程空间关系、建设时序等问题,最大程度降低未来地块开发过程中产生的问题。例如,张杨路综合管廊建成后,由于周围环境中地铁6号线、复兴路隧道、井字形通道配套工程、区委老干部活动中心大楼改造工程等重大工程的建设与管廊本体发生冲突,多次被迫采取管廊结构变更、廊内管线搬迁等方式避让,同时也使管廊结构和附属设施遭受了一定程度的损害。在世博后开发阶段,世博园综合管廊同样也出现了与园区地下空间整体开发工程"打架"的现象,综合管廊以架空形式避让地下车行通道的施工,导致出现主体结构穿孔、裂缝、渗漏等病害。

综合管廊规划应考虑地质条件和区域建设现状。综合管廊系统布局应避开不良地质,以免带来设计、施工、运行阶段的风险。相对于新城区,在旧城区规划综合管廊风险较大,要考虑是否满足建设条件,是否会对既有建筑或其他设施造成损害,成本的控制问题是否满足。旧城区基础设施完善,地下埋设大量管线,建筑密集,增加了施工难度,在旧城区建设综合管廊需考虑诸多风险因素,决策须慎重。

2. 综合管廊设计

综合管廊设计包括总体设计、管线设计、结构设计、附属设施设计等内容。总体设计主要考虑综合管廊的系统布局及空间关系,通常遇到的问题是与现有或规划的建筑以及其他基础设施的空间冲突。管线设计主要考虑纳入综合管廊的各类市政管线的技术要求,通常遇到的问题是高压电力、燃气、热力等高危管道的安全问题,以及各类市政管线共舱后风险因素的耦合问题。此外,在综合管廊空间需满足各类市政管线的安装要求,避免管线无法纳入综合管廊的风险[3]。结构设计须考虑各种荷载工况,避免结构性能过早失效。结构重要节点和出入口的设置较易出现问题,引起管廊设施受损或埋下隐患。若管廊采用了通风口与地面相平的设计方案,可能导致汛期地面积水甚至大量雨水倒灌,造成管廊环境污染和机电设备受损。在地下水位较高的区域,应充分考虑水浮力可能对综合管廊造成的上抬作用。在软土地区,应考虑施工过程和竣工后可能存在的有害沉降。对于埋深较深的管廊项目,在土质条件较差的条件下的设计风险应得到重视,避免发生重大施工安全事故。附属设施设计主要包括消防、通风、供电、照明、监控报警、排水、标识系统等方面。主要的风险在于面对不同的应急情况,上述附属设施是否能发挥效果,最大程度地降低事故不良后果。

### 33.1.3　综合管廊建设施工阶段风险

综合管廊建设施工阶段的风险与一般地下工程相同。地下工程面临未知的施工环境,如岩土结构、地下水水位、土质以及开挖支护问题等,以苏州地区某综合管廊为例,在建设某标段管廊的过程中要避让现状地铁和航道,采用了综合管廊浅埋避让地铁和下倒虹避让水系的施工方式,避免了施工过程中对现状地铁和航道的影响。

综合管廊建设施工阶段较易出现产品质量问题和施工质量问题。综合管廊的施工方法以现浇施工法为主,现浇施工法作业周期长,对施工环境要求高,对周边环境影响大,且在户外作业,混凝土量消耗较大。质量因受到施工环境的限制而难以保障。综合管廊开裂的因素主要有外界荷载、基础沉降、混凝土材料收缩等。裂缝不利于结构的整体性和耐久性,会造成钢筋的锈蚀,导致结构承载力降低。地下水的侵蚀也将加速材料性能下降。另外,综合管廊作为地下构筑物,对结构防水的要求较高,如出现结构渗漏病害,在运行期间很难根治,长期影响结构安全和管廊内环境,甚至会造成机电设备受潮、短路等设备事故。管廊项目工程量大,分段施工,不同标段面临地质条件、施工工艺以及施工单位的资质不尽相同,易出现质量参差不齐的风险,造成管廊在使用过程中出现的问题难以追责。

市政管线单位繁多,地下管线统计数据不全,施工单位也难以获取准确的地下管线信息。一旦在综合管廊施工过程中将现状地下管线破坏,将影响周边居民正常生活,拖延施工进度,增加了施工成本。

### 33.1.4　综合管廊投入运行阶段风险

综合管廊投入运行后面临的安全风险主要有以下几方面。

(1) 管线运行风险。相比管线直埋,各类城市工程管线纳入综合管廊后,安全性能大大提升,但仍然存在一定的安全风险。按照管线事故发生概率和危害程度来衡量,各类管线风险程度从高到低如下:气体压力管道(如燃气、热力)—液体压力管道(如给水、雨水、污水)—电力电缆—通信光(电)缆。风险程度较高的管线发生事故后,不仅会损坏廊内设备,还会危及人身安全,例如管道爆管和电缆头爆炸。

(2) 设备运行风险。受综合管廊环境影响,廊内附属设施,尤其是机电设备发生故障的概率较高,严重时会造成管廊设施受损,甚至危及人身安全。比如发生停电事故后,通风、排水设施将无法运转;通风设备故障时,无法排出有害气体;排水设备损坏时,会造成廊内积水;灭火系统故障时,遇有火灾无法动作;等等。

综合管廊内外环境温差较大,尤其在高温季节,容易造成设施设备凝露现象。因此,机电设备防水等级不符合要求或施工安装质量不合格均会造成设备大面积故障。

(3) 廊内作业风险。综合管廊实施的管线敷设作业和设施养护作业也存在一定的风险,如廊内动火作业可能引发火灾,大件设备搬运撞坏廊内设施。

(4) 自然灾害风险。综合管廊具有抵御自然灾害的优点,但并不能完全避免灾害带来的损害。强降雨有可能造成雨水倒灌,雷击有可能造成电力箱跳闸。

(5) 人为损害风险。强行打开地面井盖可能会造成设施损坏和井口"吃人",偷盗线缆会造成管线事故,交通事故可能会造成交通设施损坏,将食物带入廊内有可能引来老鼠啮咬线缆。

(6) 地质结构风险。较高的地下水位或软基土层会造成管廊结构的不均匀沉降和位移,导致结构损坏和渗漏。

(7) 周边施工风险。对周边地块进行大规模基坑开挖或其他对管廊周围土体扰动较大的施工作业,都可能导致管廊不均匀沉降,发生结构破坏、漏水等现象。

## 33.2　综合管廊风险评估

综合管廊风险评估包括风险估计和风险评价。风险估计是在风险辨识的基础上,通过对大量收集资料的分析,利用概率统计理论、数值分析、专家调研法等,估计预测风险发生的可能性和相应损失大小。风险估计是对风险的定量化分析。在辨识综合管廊不同阶段可能出现的风险后,根据事故统计资料对风险的发生概率和损失进行估计,没有事故统计资料时可采用专家调查法估计。风险评价是在风险辨识和风险估计的基础上,对风险发生的概率、损失程度和其他因素综合考虑,得到描述风险的综合指标,以便对综合管廊工程的单个风险因素进行重要性排序,根据风险接受准则对基坑工程项目的总体风险进行评价。

### 33.2.1　综合管廊风险评估方法

**1. 综合管廊风险评价方法概述**

综合管廊风险评估体系研究主要包括指标的选取和权重的确定两个部分。

(1)评价指标的筛选方法。在对评价因素进行筛选时,不仅要针对具体的评价对象、评价内容进行分析,还必须采用一些筛选方法对指标中体现的信息进行分析,剔除不需要的指标,简化指标体系。采用的评价指标筛选方法主要有专家调研法、最小均方差法、极小极大离差法等。

(2)专家调研法。专家调研法是一种向专家发函、征求意见的调研方法,评价人可以根据评价目标和评价对象的特征,在所设计的调查表中列出一系列的评价指标,分别咨询专家对所设计的评价指标的意见,然后进行数理统计处理,并反馈咨询结果,经几轮咨询后,如果专家的意见趋于集中,则由最后一次咨询结果确定具体的评价指标。

这种方法所得结果是否可靠和全面,完全取决于所选专家的经验和知识结构,因而主观性较强。

(3)最小均方差法。对于 $m$ 个被评价对象,每个被评价对象有 $n$ 个指标,观测值为 $x_{ij}(i=1,2,\cdots,m;j=1,2,\cdots,n)$,如果 $m$ 个被评价对象关于某项指标的取值都差不多,尽管这个评价指标是非常重要的,但是对于这 $m$ 个被评价对象的评价结果来说所起作用不大,因此,为了减少计算量就可以删除这个评价指标。

这种方法由于只考虑了各项指标的差异程度,故容易删除重要的指标,但因为引用的是原始数据,故有一定的客观性。

(4)极小极大离差法。极小极大离差法的基本原理与最小均方差法相同,其判断标准为指标的离差值,设评价指标 $X_j$ 的最大离差 $r_j$ 为:$r_j=\max\limits_{1\leqslant i,k\leqslant m}\{|x_{ij}-x_{kj}|\}$,令 $r_0=\min\limits_{1\leqslant j\leqslant n}\{r_j\}$,若 $r_0$ 接近零,则可以删除与 $r_0$ 相应的评价指标。

这种方法的特点与上述最小均方差法的特点相似。

**2. 评价指标权重的确定方法**

目前有关权重确定的方法很多,主要分为主观赋权法和客观赋权法两类。

1)主观赋权法

主观赋权法是根据决策者的主观信息进行赋权的方法,反映了决策者的意向,因而决策或评估结果具有很大的主观性,如专家咨询法、层次分析法等。

(1)专家咨询法。专家咨询法,又称德尔菲法,即组织若干对评价系统熟悉的专家,通过一定方式对指标权重独立发表见解,并用统计方法做适当处理,其具体做法如下:

组织 $r$ 个专家,对每个指标 $X_j(j=1,2,\cdots,n)$ 的权重进行估计,得到指标权重估计值

$w_{k_1}$, $w_{k_2}$, $\cdots$, $w_{k_n}$ $(k=1, 2, \cdots, r)$。

计算 $r$ 个专家给出的权重估计值的平均估计值 $\overline{w_j} = \dfrac{1}{r}\sum_{k=1}^{r} w_{kj}$，$(j=1, 2, \cdots, n)$。

计算每个估计值和平均估计值的偏差 $\Delta_{kj} = \left| w_{kj} - \overline{w_{kj}} \right|$，$(k = 1, 2, \cdots, r, j = 1, 2, \cdots, n)$。

对于偏差 $\Delta_{kj}$ 较大的第 $j$ 指标权重估计值，再请第 $k$ 个专家重新估计 $w_{kj}$，经过几轮反复，直到偏差满足一定的要求为止，最后得到一组指标权重的平均估计修正值 $\overline{w_j}$ $(j = 1, 2, \cdots, n)$。

（2）层次分析法。层次分析法（Analytic Hierarchy Process，AHP）是一种灵活、简便的定量和定性相结合的多准则决策方法，它把复杂的问题分为若干层次，根据对这一客观现实的判断，就每一层次各元素的相对重要性给出定量表示（即构造判断矩阵），而后据此判断矩阵，通过求解该矩阵的最大特征值及特征向量来确定每一层次各元素相对重要性的权重。

2）客观赋权法

客观赋权法是不采用决策者主观任何信息，对各指标根据一定的规律进行自动赋权的一类方法，虽然具有较强的数学理论依据，但没有考虑决策者的意向。

## 33.2.2 风险评价体系的建立

### 1. 确定指标和权重选取方法

市政综合管廊建设在我国起步较晚，没有现行的规划和设计标准可依，国内市政综合管廊建设项目也较少，缺乏历史数据。首先利用层次分析法和案例分析法建立评价体系的层次结构，海选出对市政综合管廊建设影响较大的几个指标因子；然后选择专家调研法，依靠相关行业专家的经验找出合理的评价指标，确定市政综合管廊风险评价指标；然后根据改进的专家咨询法确定权重，并经过相关的数学统计方法，最终得到各指标的相关权重。

### 2. 评价指标选取的原则

评价指标是指根据评价目标和评价主体的需要而设计的以指标形式体现的能反映评价对象特征的因素。评价指标的筛选应遵循以下原则：

（1）系统性原则。指标体系应全面反映评价对象的本质特征和整体性能，指标体系的整体评价功能大于各分项指标的简单总和。

（2）一致性原则。评价指标体系应与评价目标一致，从而充分体现评价活动的意图。所选的指标既能反映直接效果，又要反映间接效果，不能将与评价对象、评价内容无关的指标选择进来。

（3）科学性原则。以客观系统内部要素以及其本质联系为依据，定性与定量分析结合，正确反映系统整体和内部相互关系的数量特征。

（4）动态性原则。综合管廊风险评价体系是一个动态变化的系统。因此，在指标选取时，不应局限于过去、现状,更要着眼于未来,关注系统在未来时间和空间上的发展趋势,因此,评价体系也应该是动态与静态的统一,既有静态指标,也要有动态指标。

3. 指标体系建立的步骤

(1) 建立层次结构模型。首先对市政综合管廊建设技术经济评价体系进行层次分析,建立递阶层次结构模型图,根据实际情况,将其分为三个层次,以便于对每个层次的指标进行初选。

(2) 海选评价指标。进行海选评价指标的目的是全方位地思考问题,防止重要指标的遗漏,因此将能够描述综合管廊建设的所有指标尽可能全面地一一列出。

(3) 初步确立评价指标。对已经海选的指标群进行筛选,通过分析国内外综合管廊建设相关文献资料和国内外实例,初步筛选出对综合管廊风险影响比较大的指标,忽略影响比较小的指标。

(4) 通过专家调研确定评价指标。根据要建立的综合管廊风险评价体系,在所设计的调研表中列出一系列的评价指标,分别征询综合管廊设计、施工、运维所涉及相关单位、行业的专家和相关学者等对所设计的评价指标的意见,根据调研结果,进行数理统计处理。

(5) 最终确立评价指标。通过专家调研反馈结果对该评价体系的评价指标进行最后一次筛选,并最终确定综合管廊风险评价体系的指标。

(6) 进行专家咨询确定各指标权重。组织若干行业专家,通过专家咨询法对各指标进行权重估计评分。

(7) 最终确定各指标权重。通过回收的专家权重评分咨询表,并用数理统计方法做适当的处理,得到各指标最终权重。得出综合管廊风险评价总分值的数学表达式。

### 33.2.3 风险等级划分及接受准则

1. 风险等级标准

依据风险发生的概率大小,风险发生概率分为五级,如表 33-1 所列。

表 33-1　　　　　　　　　　风险发生概率等级标准

| 等级 | 一级 | 二级 | 三级 | 四级 | 五级 |
|---|---|---|---|---|---|
| 事故描述 | 不可能 | 很少发生 | 偶尔发生 | 可能发生 | 频繁 |
| 概率区间 | $P<0.01\%$ | $0.0\%\leqslant P<0.1\%$ | $0.1\%\leqslant P<1\%$ | $1\%\leqslant P<10\%$ | $P\geqslant10\%$ |

综合管廊工程中,一旦发生风险会对工程本身、周边环境、人员等造成损失与伤害,考虑损失的不同程度,建立风险损失的等级标准表,如表 33-2 所列。

表 33-2　　　　　　　　　　风险事故损失等级标准

| 等级 | 一级 | 二级 | 三级 | 四级 | 五级 |
|---|---|---|---|---|---|
| 描述 | 可忽略 | 需考虑 | 严重 | 非常严重 | 灾难性 |

根据风险等级和事故损失,建立风险等级评价矩阵,如表 33-3 所列。

表 33-3 风险等级评价矩阵

| 风险 | | 事故损失 | | | | |
|---|---|---|---|---|---|---|
| | | 1 可忽略 | 2 需考虑 | 3 严重 | 4 非常严重 | 5 灾难性 |
| 发生概率 | A:$P<0.01\%$ | 1A | 2A | 3A | 4A | 5A |
| | B:$0.0\%\leqslant P<0.1\%$ | 1B | 2B | 3B | 4B | 5B |
| | C:$0.1\%\leqslant P<1\%$ | 1C | 2C | 3C | 4C | 5C |
| | D:$1\%\leqslant P<10\%$ | 1D | 2D | 3D | 4D | 5D |
| | E:$P\geqslant 10\%$ | 1E | 2E | 3E | 4E | 5E |

**2. 风险接受准则**

不同风险需采用不同的风险管理措施,结合风险评估矩阵建立风险接受准则和控制策略(表 33-4)。

表 33-4 风险接受准则

| 等级 | 风险 | 接受准则 | 控制对策 |
|---|---|---|---|
| 一级 | 1A、2A、1B、1C | 可忽略 | 不必管理、审视 |
| 二级 | 3A、2B、3B、2C、1D、1E | 可容许 | 引起注意,需常规管理审视 |
| 三级 | 4A、5A、4B、3C、2D、2E | 可接受 | 引起重视,需防范、监控措施 |
| 四级 | 5B、4C、5C、3D、4D、3E | 不可接受 | 需重要决策,需控制、预警措施 |
| 五级 | 5D、4E、5E | 拒绝接受 | 立即停止,需整改、规避或预案措施 |

### 33.2.4 综合管廊风险评估流程

**1. 指标的确定**

综合管廊风险评价适用于综合管廊的规划设计、建设施工和运维管理的全生命周期,为综合管廊的利益相关者的决策提供重要的参考依据。

影响综合管廊风险因素很多,涉及指标系统的各个方面,因此所选择的评价指标应能从不同方面、不同角度、不同层面客观地反映该市政综合管廊项目的技术经济可行性。

(1)建立层次结构模型。综合管廊风险评价体系是个复杂的体系,受社会环境、技术、工程所处的不同时期等多种因素的影响。根据综合管廊的特点,采用层次分析法从目标层、一级指标层和二级指标层 3 个层次来构建综合管廊风险评价体系,构建的递阶层次结构模型如图33-1所示。

目标层表明要构建综合管廊风险评价体系这一总目标。一级指标层反映了综合管廊工程所处的不同阶段。当综合管廊处于规划设计阶段时,首先要考虑的是"社会环境-技术水平-经济发展"之间的协调关系。当综合管廊处于建设施工阶段时,需要考虑在土建安装过程中的风险因素。当综合管廊处于运营阶段时,需要考虑其发挥服务功能时自身所存在的风险因素以及

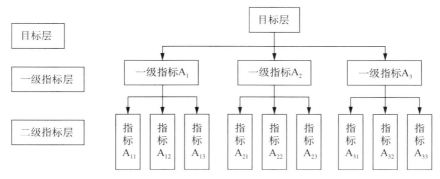

图 33-1　递阶层次结构模型

外部环境导致的风险。二级指标层是一级指标的进一步具体化,该指标层又包含若干评价指标,分别从不同侧面反映了综合管廊风险评估的具体影响因素。

（2）海选评价指标。近年来,综合管廊工程建设在我国大规模发展,综合管廊具有工程属性和运营阶段的物业属性。从综合管廊本身的建造和施工技术上来讲还是比较成熟的,因此选取风险评价指标时主要从地质条件、是否适宜建设以及管理体制等方面来考虑技术性指标。

（3）初步确立评价指标。初步确定的综合管廊风险评价指标如表 33-5 所列。

表 33-5　　　　　　　　　　　　初步确定的综合管廊风险评价指标

| 目标层 | 一级指标层 | 二级指标层 |
|---|---|---|
| 综合管廊风险评价指标体系 | 规划设计阶段指标 | 地质条件 |
| | | 片区建设现状 |
| | | 片区开发强度 |
| | | 投融资模式及费用分摊办法 |
| | | 当地经济水平 |
| | | 容纳管线种类 |
| | | 容纳管线数量 |
| | 建设施工阶段指标 | 地质情况 |
| | | 基坑开挖深度 |
| | | 施工工法 |
| | | 气候环境 |
| | | 周边现状条件 |
| | 运营管理阶段指标 | 管廊规模 |
| | | 容纳管线种类 |
| | | 管廊内部环境 |
| | | 管廊结构本体受力与表观 |
| | | 周边地块开发情况 |
| | | 区域人口数量 |

### 2. 各指标权重的确定

确定市政综合管廊建设技术经济评价体系的评价指标之后,各指标权重的确定将成为该评价体系的关键。

(1) 请专家为各指标权重打分。请专家对各项评价指标进行权重打分:一级指标的 3 个指标权重之和为 1;每个一级指标所含二级指标的权重之和为 1;权重越高表示该指标对建设市政综合管廊的影响越大。

(2) 经过数理统计,最终确定各指标权重。根据回收的指标权重征求意见表进行数理统计。将专家填写的各指标权重值称为估计值。指标权重平均估计值计算公式为

$$\bar{\omega} = \frac{1}{r} \sum_{k=1}^{r} \omega \qquad (33-1)$$

式中　$\bar{\omega}$——指标权重平均估计值;

　　　$\omega$——各指标权重估计值;

　　　$r$——专家打分序号。

计算各一级指标权重估计值和平均估计值的偏差,偏差计算公式为

$$\Delta = |\omega - \bar{\omega}| \qquad (33-2)$$

一级指标权重偏差与平均估计值的百分率计算公式为

$$百分率 = \frac{\Delta}{\omega} \qquad (33-3)$$

为了提高统计权重结果的准确性,去掉权重偏差与平均估计值百分率在 50% 以上的权重估计值。

# 34  综合管廊的风险防控

综合管廊的风险防控是将通过风险识别、风险估测、风险评价,对风险实施有效的控制和妥善处理风险造成的后果,期望达到以最少的成本获得最大的安全目标。在风险评估之后,综合管廊的风险管理者对项目所处不同阶段的各种风险和潜在损失有了一定的把握。选择行之有效的应对策略,寻求对应的规避措施,使风险下降到为负面效应最低程度。若遇到无法依靠自身能力解决的风险,可采取风险转移的方法。风险转移包括非保险转移和保险转移。非保险转移是指通过各种契约将本应由自己承担的风险转移给他人。保险转移则是通过购买工程保险,通过保险公司获得可能的事后损失补偿。

## 34.1  综合管廊风险防控措施

### 34.1.1  综合管廊投融资阶段

综合管廊的建设、管理及运行是一个复杂的系统工程。实施综合管廊工程,要考虑到远近规划的紧密结合,预留合理的出入口和可供长期扩展的余地,需要多个部门完成总体规划。而纳入的多种管线又分属不同部门或公司,涉及不同的利益群体和管理方法,需要有强有力的管理机构进行协调、管理。

针对欧美及日本等发达国家,我国目前已建设综合管廊的实践经验以及综合管廊组织及运行管理现状,主要可以归纳为如下几个方面:

(1)制定综合管廊法规条例。鼓励或强制将综合管廊的建设纳入到市政配套开发建设中去,在市政配套设施开发建设前,由主管部门发布公告,通知管线建设及运营的有关部门和公司,一起完善综合管廊的规划方案,一旦方案完善,将各类管线纳入综合管廊同步建设,并严禁挖掘道路。

(2)制定综合管廊建设及管理经费分摊条例。由主管部门根据该条例进行相关建设费用的合理分摊。

(3)设立综合管廊建设基金。针对综合管廊初期建设费用较高的实情,由政府主管部门特别设立综合管廊建设基金。基金的主要来源为政府预算拨款、管线运营单位提供的专款、社会及个人捐赠资金以及基金自身的资产运作收入。

(4)成立专门的管理机构进行综合管廊的管理工作。综合管廊的建设可以由政府投资也可以多元投资进行建设,但管理单位要由政府授权进行营运管理,以便于进行各行业的协调工作,同时权、责、利明确,有利于综合管廊的保障、安全、高效运转。

综合管廊的建设其社会效益大于经济效益,是城市市政建设的一部分,综合管廊的建设模式可以由政府投资,政府相关的主管部门进行综合管廊的建设。也可以在政府的大力支持下,结合管线使用单位、投资开发企业一起投资进行建设。

将综合管廊的产权归为国有,既利于统一规划、协调管理,又可避免地下资源流失或企业垄断。投资企业对所建的综合管廊享有一定年限的管理权、收益权,到期后政府可继续委托其经营管理,也可以收回实行公开招标或拍卖经营管理权。为确保综合管廊管理与使用的有序化和有效性,政府应发挥好牵头抓总的作用:一是制定法规。明确规定凡是建设综合管廊的城市道路,任何单位和部门不得另行开挖道路铺设管线,所有管线必须统一入驻综合管廊,并按规定向经营管理企业交纳使用费。二是制定地方性综合管廊管线技术规范,避免管线单位各自为政。相关的管理模式如图34-1所示。

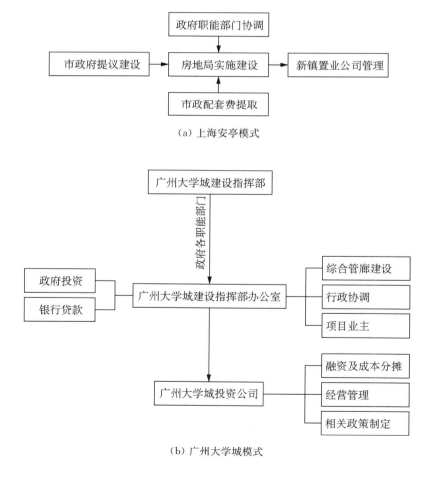

（a）上海安亭模式

（b）广州大学城模式

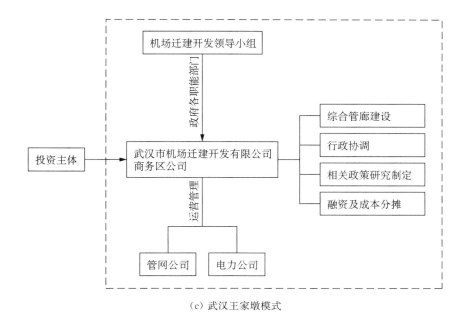

（c）武汉王家墩模式

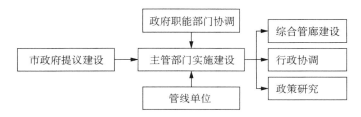

（d）包头市新都市中心区综合管廊建设及管理模式

图 34-1  相关城市综合管廊建设管理模式

## 34.1.2  综合管廊规划阶段

### 1. 规划原则

（1）适度超前原则。根据国家相关要求，采用科学的分析方法，吸收国内外先进技术和经验，合理规划综合管廊建设的总体布局，更好地发挥综合管廊建设的环境效益、社会效益和经济效益。规划的超前性还体现在综合管廊纳入管线种类、断面设计与地下空间利用、工程建设投融资及管理模式等方面。

（2）系统协调原则。综合管廊作为市政工程设施现代化建设的重要标志，是一项系统性很强的工程。从涉及的市政专业类型看，其至少与给排水、电力、通信、道路、燃气、环卫等专业有密切的关系，因此，综合管廊的规划与建设必然要做好与上述市政各专业部门的协调。

另外，管廊系统规划需统筹新城区与老城区的关系。在新区结合新区开发进度和道路建设进度编制规划；在老城区结合旧城改造、棚户区改造、道路改造、基础设施建设等编制规划。

（3）近远期结合原则。规划需结合现状统一规划，分步实施，应重视近期建设规划，并且适应城镇远景发展的需要。作为基础设施，长期规划是综合管廊规划的首要原则，是综合管廊建设的关键。长期规划的有效性必须基于正确处理现状与发展、近期发展与长远发展的关系[4]。正确处理远期与近期的关系，既要立足当前，抓住机遇，实施建设，发挥综合效益，又要考虑城市远期发展的不确定性，留足余量，做到"远近结合，经济有效"。

（4）协同设计原则。综合管廊建设投资大，只要有条件就应该考虑与其他设施合建。合建的形式可以有多种，主要是与道路、地铁或人防设施等合建。与道路合建是最容易实现的合建形式，特别适合于新建道路。与地铁合建，埋深比较大，合建是否合理可行，既有技术上的要求和规划上的考虑，又有经济成本的研究论证。

**2. 规划内容**

（1）现状和规划资料的调查与评价。资料调查与评价将分"条线（各专业管线部门）"和"块线（各片区规划建设管理部门）"从综合管廊的规划、建设、管理三个方面进行全面的调查与评价。包括：

在规划方面，整个市区的相关规划（总规和各专项规划）的编制情况；各片区综合管廊规划的编制情况。

在建设方面，现状管线及各管线设施的基本情况（包括管线种类、数量、走向及布置、管线破损老化情况，设施名称、位置、规模、用地情况，以及管线、设施存在的问题，有无增建、维修计划等）；现状管线综合布置情况（主要针对主次干道，如道路名称、管线种类、数量、管径、敷设方式、布置方位、位置、管材及埋设深度等）；现状综合管廊建设情况；调查现状地形及地质情况，现有道路下的构造物及重大地下空间开发工程建设计划。

在管理方面，主要针对地下管线的维护管理进行调查评价，包括维护方式是统一维护还是各管线部门各自维护，维护资金是否有保障等。

（2）综合管廊总体分析。结合城市的实际情况分析综合管廊规划建设的必要性和可行性。通过对城市空间布局及规划用地性质、道路交通量、轨道交通建设和地下空间开发规划、各管线的主通道等相关因素的深入分析，预测未来长期的综合管廊目标需求量，提出综合管廊的规划线位。根据城市的城市规划用地性质及地质条件分析，地下综合管廊建设区域可划分为可建区和慎建区，在可建区内根据建设条件可划分出适建区，在适建区内结合管廊的建设时序，又可划分出管廊的优先建设区。分析综合管廊的入廊管线和建设时序，绘制各综合管廊横断面图。

（3）综合管廊附属设施及安全规划。综合管廊特殊部位规划，主要包括人员出入口、材料投入口、通风口、分歧部和集水井等；综合管廊附属设施规划，包括电力配电设备、照明设备、换气设备、给水设备、防水设备、排水设备、防火和消防设备、防灾安全设备、标志辨别设备、避难设备，联络通信设备和远程监控设备等；综合管廊安全规划，除考虑结构安全外，还需考虑外在因素对综合管廊内管道的安全影响，如洪水、外力破坏、盗窃、火灾，防爆以及有毒气体的防护侦测等。

（4）综合管廊建设及运营、管理模式分析。综合管廊的投融资、建设运营模式和管理模式分析，包括政府全权出资建设、政府企业联合出资建设和特许经营权建设模式。

（5）分期建设规划、投资估算及效益分析。根据城市道路规划或轨道交通的开发建设时序，综合管廊规划分近期、远期和远景展望；根据综合管廊长度、估算单价等进行管廊的投资估算；分析综合管廊的经济、社会和环境效益。

### 3. 规划方法

以现实问题为出发点，合理利用资源，构建创新型、环保型、节能型的现代化绿色市政基础设施体系。以科学规划作为重要依据和前提，在深入细致的现状调查和分析的基础上，利用专题研究解决关键的技术问题，实现综合管廊科学合理布局。需要协调及重点解决的问题主要有：

（1）统筹新城区与老城区的关系。综合管廊优先选择在新区实施，与新区道路同步实施，以新城区的核心区域为中心形成网络化、层次化的综合管廊系统。同时，需考虑到今后老城区建设综合管廊的可能性，在筹划新区管廊时选择合理道路线位向老城区方向延伸，保证今后老城区相应道路改扩建时管廊建设的可操作性。

老城区的综合管廊建设根据城区基础设施发展的需要和实施条件的可行性，结合旧城改造和地下空间开发，分片分阶段开展建设工作，最终与新区形成完整的综合管廊体系。

（2）兼顾建设成本与完善功能的关系。根据城市经济发展现状、空间功能定位、区域开发强度，合理定位建设标准。从前期决策、规划设计到建设实施进行详细论证，确定综合管廊总体布局与规模；统筹安排入廊管线与廊外管线，综合管廊与其他地面、地下工程的关系。提出分层次的规划方案，以避让原则和预留控制原则为主导，从而达到辐射最广、体系完善、功能齐全的目标。改善城市现状、促进城市发展并有效控制建设、运营及管理成本。

（3）协调综合管廊与城市建设的关系。综合管廊的建设保证了道路不会因管线维修、扩容而造成的重复开挖，告别"马路拉链"。通过优化综合管廊合理的系统布局和经济美观的结构形式，达到与环境和谐统一。加强与海绵城市建设的统筹协调，强化综合管廊与城市规划、环境景观、地下空间利用等方面的功能，为城市整体环境的可持续发展提供保障。

## 34.1.3 综合管廊设计阶段

### 1. 综合管廊建筑结构设计

（1）结构设计原则。

根据《建筑结构可靠度设计统一标准》（GB 50068—2018）、《城市综合管廊工程技术规范》（GB 50838—2015），管廊结构设计基准期为 50 年，结构设计使用年限为 100 年，结构重要性系数取值为 1.1。

根据沿线不同地段的工程地质和水文地质条件，并结合周围地面建筑物和构筑物、管线和道路交通状况，通过对技术、经济、环保及使用功能等方面的综合比较，合理选择施工方法和结构形式。设计时应尽量考虑减少施工中和建成后对环境造成的不利影响。

结构构件应力求简单、施工简便、经济合理、技术成熟可靠,尽量减少对周边环境的影响。

（2）设计标准。

主体结构安全等级为一级。

根据《建筑工程抗震设防分类标准》（GB 50223—2008）,综合管廊抗震设防类别为重点设防类。根据《建筑抗震设计规范》（GB 50011—2010）,依据当地地震设防烈度进行抗震设计。

混凝土裂缝控制标准：≤0.2 mm。

环境类别：二 a 类。

（3）工程材料。

主体结构材料满足结构受力性能并考虑抗渗和抗侵蚀等要求。预埋件等附属构件满足使用功能及耐久性能。

2. 综合管廊结构防水防渗

（1）基本原则。

在进行综合管廊结构防水设计时,严格按照《地下工程防水技术规范》（GB 50108—2008）标准设计,防水设防等级为二级。

综合管廊主体防渗的原则是"以防为主,防、排、截、堵相结合,刚柔相济,因地制宜,综合治理"。主要通过采用防水混凝土、合理的混凝土级配、优质的外加剂、合理的结构分缝、科学的细部设计来解决综合管廊钢筋混凝土主体的防渗。

综合管廊为现浇钢筋混凝土结构,根据大量的工程实践经验,一般情况下分缝间距为 20～25 m。这样的分缝间距可以有效地消除钢筋混凝土因温度、收缩、不均匀沉降而产生的应力,从而实现综合管廊的抗裂防渗设计。

在节与节之间设置变形缝,内设橡胶止水带,并用低发泡塑料板和双组分聚硫密封膏嵌缝处理,此外在缝间设置剪力键,以减少相对沉降,保证沉降差不大于 30 mm,确保变形缝的水密性。

在变形缝、施工缝、通风口、投料口、出入口、预留口等部位,是渗漏设防的重点部位。施工缝中埋设遇水膨胀止水条。通风口、投料口、出入口设置防地面水倒灌措施。

（2）变形缝设计。

变形缝的设计要满足密封防水、适应变形、施工方便、检修容易等要求。用于沉降的变形缝其最大允许沉降差值不应大于 30 mm。变形缝处混凝土结构厚度不应小于 300 mm。用于沉降的变形缝的宽度宜为 20～30 mm。变形缝的防水采用复合防水构造措施,中埋式橡胶止水带与外贴防水层复合使用。

（3）施工缝设计。

由于综合管廊为现浇钢筋混凝土地下箱涵结构,在浇筑混凝土时需要分期进行。施工缝均设置为水平缝,水平施工缝一般设置在综合管廊底板上 300～500 mm 处及顶板下部 300～

500 mm处。在施工缝中设计埋设钢板止水条(300 mm×3 mm)。

(4) 预埋穿墙管。

在综合管廊中,多处需要预埋电缆或管道的穿墙管。根据预埋穿墙管的不同形式,分为预埋墙管和预埋套管。

因为有各种规格的电缆需要从综合管廊内进出,根据以往地下工程建设的教训,该部位的电缆进出孔是渗漏最严重的部位。建议预留口采用标准预制件预埋来解决渗漏的技术难题。

给水、中水、燃气等管线穿越综合管廊一般采用预埋套管的方法,套管的形式要选择防水性能好,有一定的抗变形能力的预埋套管做法。

此外,在各类孔口还需设细钢丝网,防止小动物爬入综合管廊内。

### 3. 综合管廊监控与报警系统

地下综合管廊中存在的安全运维需求主要有以下5个方面。

(1) 火灾。综合管廊内存在的潜在火灾危险源主要是电力电缆、电气设备等,因电火花、静电、短路、电热效应等引起火灾。综合管廊一般位于地下,火灾发生隐蔽,环境封闭狭小、火灾扑救困难。

(2) 有毒有害气体。由于综合管廊属于封闭的地下构筑物,本身空气流通不畅,这种密闭湿润环境很容易滋生尘螨、真菌等微生物,还会促进生物性有机体在微生物作用下产生很多有害气体,常见的有一氧化碳、硫化氢等,同时还会引起管廊内氧气含量的减少,严重影响维修人员的健康甚至危及生命安全。

(3) 管线泄漏灾害。管廊内敷设有供水管线、供热管线、燃气管线,万一发生泄漏或爆管事故会给管廊内其他专业管线带来灾难性后果。

(4) 管廊内温湿度过高,对人员进入管廊及电气设备和自动化设备长期运行不利。

(5) 非法进入。管廊内敷设有电力、通信、给水、燃气、热力等各种城市生命线,外部人员有可能通过管廊与外部连接出口非法进入,一旦管廊内设施遭人为破坏会导致严重后果。

基于上述存在的安全运维需求,为使城市地下市政设施在日常运行和管理过程中更加安全和方便,综合管廊一般有配套的附属设施系统,主要包括通风系统、照明系统、配电系统、消防系统、排水系统、监控与报警系统等。监控与报警系统就是运用先进的科学技术及设备,实现监控实时化、数据精确化、系统集中化和管理自动化的城市综合管廊的智能化管理系统。综合管廊监控与报警系统的主要功能为准确、及时地探测管廊内火情,监测有害气体、空气含氧量、温度、湿度等环境参数,具备防入侵、防盗窃、防破坏等功能,并应及时将信息传递至监控中心。同时综合管廊的监控与报警系统应对管廊内的机械风机、排水泵、供电设备、消防等设施进行监测和控制。

监控与报警系统主要由如下几个子系统组成:环境与设备监控系统、安全防范系统、预警与报警系统、通信系统。

环境参数监测内容如温湿度信号、氧气检测信号、集水坑液位信号、风机、排水泵、常规照明总开关工况、配电系统的运行情况(通过 MODBUS 总线)、出入口控制装置信号、电动百叶窗的信号、手动紧急报警按钮信号以及电力井盖信号。

设备监控内容如风机、区间照明系统、出入口控制装置、电动百叶窗控制、排水泵以及电力井盖。

除了环境参数监测外,还可以对综合管廊进行实时在线沉降监测,防止管廊沿线下沉或下沉不均导致廊内管线破坏。

当某区间温度过高或氧气含量过低或检测到 $H_2S$,$CH_4$ 气体含量超标时,监控中心监控计算机启动该区间的通风机,强制换气,保障综合管廊内设施和工作人员的安全。当区间内最低处设置的超声波液位仪检测到危险水位时,启动相关应急预案。当区间内发生安防报警或其他灾害报警等,自动打开相关区间的照明,控制中心显示大屏自动显示相应区间的图像画面。

从综合管廊安全和管理考虑,配置安全防范系统。安全防范系统包括入侵报警系统、视频安防监控系统、出入口控制系统、电子巡查系统四部分。

综合管廊内主要纳入电力电缆、水管及燃气管等,针对各类管线事故类型及灾害特点,相应配置预警与报警系统,对相关事故进行报警或通过各部门联合处理事故。

在含有电力电缆的综合舱及电力舱设置火灾报警系统。

在天然气舱内顶部和人员出入口、逃生口、吊装口、进风口、排风口等舱室内最高点气体易于聚集处设置天然气探测器,且设置间隔不大于 15 m[5]。在区间投料口处设置 1 套可燃气体报警控制器,通过总线接入区间内的天然气探测器。可燃气体报警控制器通过现场总线或光纤将数据上传至监控中心报警主机。

当天然气舱内天然气浓度超过一级报警浓度设定值(爆炸下限的 20%)时,由可燃气体报警控制器联动启动天然气舱事故段区间及其相邻区间的事故风机。当天然气浓度超过二级报警浓度设定值(爆炸下限的 40%)时,应发出关闭天然气管道紧急切断阀联动信号。

在每个分区的每个舱室最低处设置一台超声波液位仪用于检测管廊危险水位。信号接入环境与设备监控系统,一旦检测到液位超过设置值,联动安放系统摄像机确认现场爆管后,紧急关闭相关阀门。

通信系统包括固定语音通信系统和无线通信系统。

综合管廊内监控设备接地与电气设备共用接地装置,接地电阻小于 1 Ω。综合管廊内现场控制柜、仪表设备外壳等正常不带电的金属部分,均应做保护接地。此外综合管廊监控系统应做工作接地,工作接地包括信号回路接地和屏蔽接地。各类接地应分别由各自的接地支线引至接地汇流排或接地端子板,再由接地汇流排或接地端子板引出接地干线,与接地总干线和接地极相连。

4. 消防系统、排水系统设计

(1)消防系统设计。

所有舱室每隔 200 m 采用耐火极限不低于 3.0 h 的不燃性墙体进行防火分隔。防火分隔门应采用甲级防火门,管线穿越防火隔断部位应采用阻火包等防火封堵措施进行严密封堵。防火门尺寸应满足舱室内最大尺寸管道或阀件搬运要求。

通常对于密闭环境内的电气火灾,可采用以下灭火措施:气体灭火、高倍数泡沫灭火、水喷雾灭火、高压细水雾灭火、超细干粉灭火。此外,由于环境保护方面的原因,不再考虑采用卤代烷灭火的方式。综合管廊内可燃物较少,电缆等均采用阻燃型或防火型,局部燃烧时危险性较小。故综合管廊内消防按轻危险级考虑。

(2)排水系统设计。

综合管廊内主要容纳有电力、通信、供水等市政管线,引起管廊内积水的原因可能有以下几种:综合管廊开口处进水,综合管廊内冲洗排水,综合管廊结构缝处渗漏水。

对于管开口处进水,主要为降雨从管廊投料口等处进入管廊的水量,由于工程区域内已设置雨水排水系统,不考虑地面雨水汇入管廊,故进入管廊的降水极少。

综合管廊沿全长设置排水沟,横断面地坪以 1% 的坡度坡向排水沟,排水沟纵向坡度与综合管廊纵向坡度一致,但不小于 2‰。在综合管廊通风口以及局部低洼点(倒虹、管道交叉)等适当部位设置集水坑。电力舱和综合舱采用普通排水泵,燃气舱采用防爆型排水泵。集水坑内设液位浮球开关,高水位自动启泵,低水位停泵。排水管接出综合管廊后就近接入道路雨水系统。

### 5. 通风系统设计

通风系统设计范围包括:综合管廊电力舱平时通风及火灾后事故通风系统设计,综合管廊综合舱(含电力电缆)平时通风及火灾后事故通风系统设计。

在平时通风时,保证管廊内余热、余湿、有害气体等及时排出,并在人员巡视检修时提供适量的新鲜空气。

在火灾后事故通风时,一旦发生火灾,应及时可靠地关闭相应的通风设施,确保发生火灾时防火分区密闭;待确认火灾熄灭并冷却后,应启动火灾后事故通风系统,排除火灾后残余的有毒烟气,以便灾后清理。

电力舱、综合舱(含电力电缆)平时通风系统兼做火灾后事故通风系统。为满足火灾时密闭要求,电力舱、综合舱(含电力电缆)通风系统排风的入口及进风的出口处均设置电动防火阀,阀门平时常开,火灾时接消防信号电动控制关闭。

为保证综合管廊平时的正常运营及事故工况下的应急处理,需对综合管廊的通风系统进行监控,采用就地手动、自动或远程控制相结合的控制方式。各工况下通风系统控制及运行模式如下:

平时工况:综合管廊通风系统在平时正常运行工况下采用定时启停控制。即根据管廊内、外环境空气参数,确定合理的运行工况间歇运行,达到既满足卫生要求又节能的目的。

高温报警工况:综合管廊各舱室内均设有温度探测报警系统,当舱室内任一通风区间的空气温度超过设定值(40℃)时,温度报警控制器发出报警信号,同时立即联动启动该通风区间的通风设备并进行强制换气,使该通风区间的空气温度尽快达到设计要求(不大于40℃)。当通风系统运行至该通风区间的空气温度不大于35℃,并维持30 min以上时,自动关闭通风设备,通风系统恢复平时运行工况。

巡视检修工况:工作人员进入综合管廊进行巡视检修前,需提前启动进入区间的通风系统并进行通风换气,直至工作人员出来为止。

火灾工况:电力舱、综合舱(含电力电缆)内设有火灾自动报警系统,当舱室内任一防火分区发生火灾时,消防联动控制器立即联动关闭发生火灾的防火分区及其相邻分区的通风设备及电动防火阀,确保该防火分区的密闭;待确认火灾熄灭并冷却后,重新打开该防火分区的电动防火阀及通风设备,进行火灾后事故通风,排除火灾后残余的有毒烟气,以便工作人员灾后进入管廊并及时清理。

地面通风口处应加设防止小动物进入的金属网格,网孔净尺寸不应大于10 mm×10 mm;通风口下沿距室外地坪高度应满足当地的防洪、防涝要求。

### 6. 电气设计

电气设计主要设计内容为综合管廊的供配电系统、照明系统、电气控制系统和接地系统的设计。

(1) 负荷等级及电源。

根据综合管廊负荷运行的安全要求,排水泵、监控设备、应急照明为二级负荷;一般照明、一般舱(综合舱、电缆舱)风机、检修插座箱等为三级负荷。

电源:由城市电网就近提供两路10 kV电源供电,电源运行方式为一用一备。

(2) 变配电系统设计。

综合管廊同类型的配电区间负荷基本相同,具有沿线分布、比较均匀的特点。根据这一特点,并结合0.4 kV电压等级最大允许的电压降、以确保电能质量的要求,综合管廊每一分区需在负荷中心位置设置10/0.4 kV变电所一座,分别负责各自区域的负荷配电。

低压配电回路以空气断路器或熔断器作短路保护,电机回路采用电机保护器或热继电器保护元件作过载保护。所有设备的电动机均采用直接启动方式。

各变电所0.4 kV侧进线、主要馈电回路开关和各防火分区、控制中心的配电柜的进线开关状态、系统电量等信号的上传自动化系统,供监控系统遥测、遥信。

综合管廊为地下构筑物,无须设置防直接雷击措施,配电系统中设置避雷器、浪涌保护器等防雷电感应过电压保护装置。

0.4 kV配电系统采用TN-S制。工作、保护接地与防雷接地共用接地装置,接地电阻不大于1 Ω,接地体优先利用结构基础钢筋,每隔一定距离设置人工接地极。同时,利用管廊内的钢筋构成法拉第笼型均压环,降低跨步电压。

综合管廊内的接地线采用40 mm×6 mm热镀锌扁钢,管廊内所有正常的不带电金属均应与接地线等电位连接。

（3）动力设备的配电和控制。

综合管廊内一般舱（综合舱、电缆舱）风机的配电和控制回路设于各区间的配电柜内，现场设电源隔离检修插座。风机采用马达保护器保护，设柜上和远方控制。远方即可通过设于该区间各出入口的按钮盒控制，便于人员进出时开（停）风机，确保空气畅通；还可以通过自动化系统控制，自动调节管廊内的空气质量和温湿度。风机的状态通过马达保护器 RS485 通信口上传至自动化系统，当发生火灾时，风机由火灾联动系统采用干接点的形式强制停机。

在管廊内的排水泵旁设置一台就地控制箱，采用马达保护器保护，设现场手动和液位自动控制。在液位自动时，通过马达保护器实现高液位开泵、低液位停泵、超高液位报警。排水泵的状态、液位状态通过马达保护器的 RS485 通信口上传至自动化系统。

在综合管廊沿线每 50 m 左右设置一只工业插座箱，供施工安装、维修等临时接电使用，检修插座箱采用链式供电。天然气舱插座箱平时不送电，当需要临时用电时，在环境符合安全条件时可短时合闸供电。

（4）照明系统。

综合管廊内设一般照明和应急照明，其中应急照明兼做一般照明。管廊普通段照度 15 lx，最低照度 5 lx，人孔、投料口等处局部照度提高到 100 lx。应急照明灯具和一般照明灯具交叉布置，应急照明照度不低于正常照度的 50%，疏散指示灯距不大于 20 m，并在出入口设安全出口标识。

管廊内的照明配电和控制回路设于各区间的配电柜内，设柜上和远方控制。在远方控制时，可通过设于该区间各出入口的按钮盒控制，便于人员进出时开关灯；也可通过自动化系统控制，便于远方监视。不论何种控制方式，照明状态信号均反馈至自动化系统，当火灾发生时，可由火灾联动系统控制强制启动应急照明。

照明灯具光源以节能型荧光灯为主，综合管廊内照明灯具防护等级采用 IP65，I 类绝缘结构，设专用 PE 线保护。

（5）综合管廊的接地。

综合管廊为地下构筑物，无须设置防直接雷击措施。地面以上建（构）筑物按规范要求设置防直接雷击保护。

管廊内工作接地、保护接地和自控设备接地共用接地装置，接地电阻不大于 1 Ω。综合管廊内集中敷设了大量的电缆，为了综合管廊运行安全，应有可靠接地系统。除利用构筑物主钢筋作为自然接地体，在综合管廊内壁将各个构筑物段的建筑主钢筋相互连接构成法拉第笼式主接地网系统。综合管廊内所有电缆支架均经通长接地线与主接地网相互连接。另外，在综合管廊外壁每不超过 100 m 处设置人工接地体预埋连接板，作为后备接地。综合管廊接地网还应与各变电所接地系统可靠连接，组成分布式接地系统，接地电阻应不大于 1 Ω，并满足电力公司高电压电缆接地阻值要求。

低压系统采用 TN-S 制。管廊内设置等电位连接，管廊内电气设备外壳、支架、桥架、穿线钢管、建筑钢筋均应与接地干线妥善连接。配电系统分级设置电涌保护器,保护人员及弱电设备的安全。天然气舱除等电位连接外,还应设置防静电接地。

(6)电缆敷设与防火。

综合管廊应急照明、监控设备、火灾报警设备的电源和控制电缆等采用耐火电缆,其他电缆采用阻燃电缆。综合管廊的电缆通道分区段设防火封堵。综合管廊内自用电缆沿专用电缆桥架敷设,桥架涂防火漆,跨越防火分区时设防火封堵。耐火电缆、电信出桥架穿钢管保护明敷,并涂防火漆。

### 7. 标识系统设计

标识布设位置应包括如下方面:

(1)管廊介绍与管理牌主要布设于主要出入口内、控制中心内。

(2)入廊管线标识主要布设于各类入廊管线上。

(3)设备标识主要布设于各类设备周边。

(4)管廊功能区与关键节点标识主要布设于各类功能区及关键节点处醒目位置。

(5)警示标识主要布设于管廊内各危险隐患周边醒目位置。

(6)方位指示标识主要布设于管廊内各关键位置节点。其中运营里程桩号沿程布设,间距为 25 m。

(7)各类标识牌布设时均应保证其指示功能,并保证过往人员有良好的视线条件。灭火器材标识主要布设于需要设计灭火器材的位置。

### 34.1.4 综合管廊施工阶段

#### 1. 综合管廊的基坑支护

(1)土方开挖要求。基坑应"分段、分层、间隔、平衡开挖",并应"先撑后挖"。施工单位应编制详尽的施工组织设计,经设计单位认可并经专家评审后方可实施,挖土顺序应严格按照报审的施工组织设计进行。基坑开挖分段可根据结构沉降缝的位置确定,一次开挖暴露的围护边长不超过 50 m。基坑分层开挖厚度不大于 3.0 m,最后 0.3 m 应人工开挖;贴边深坑的开挖应在周边垫层养护完成后最后进行。挖土机械应谨慎操作,避免破坏围护桩。施工中禁止机械碾压、碰撞支撑;必须跨越时应在支撑两侧采用道砟堆高 300 mm,采用路基箱或走道板跨越。基坑中临时边坡当坡高小于 3 m 时,坡率不大于 1∶1.5;坡高大于 3 m 时,坡率不大于 1∶2;坡高大于 4 m 宜采用两级放坡,平台宽度不小于 2.5 m。基坑开挖到底后应及时浇筑素混凝土垫层,并应浇筑到边,坑底无垫层暴露时间不大于 24 h。管廊两侧须采用中砂回填,压实度不小于 0.95,并符合道路设计要求。

(2)监控与监测。围护结构施工和基坑开挖过程中应对围护结构、周边道路、管线及构、建筑物进行环境监测,监测数据须及时反馈。监测应由具有专业资质的单位实施,监测方案实施前应通报设计单位并与管线单位协调,确保施工信息化。

监测内容:围护墙顶水平位移和沉降、裂缝,围护墙和墙后土体测斜,坑外地表沉降和裂缝观察(若有),临近建(构)筑物、管线(若有)的位移、沉降、裂缝等,坑内、外水位变化,支撑轴力等。

(3)报警界限。水平位移、沉降(含深层位移)每日变量大于5 mm或累计量大于25 mm;围护墙体测斜:日变量大于5 mm或累计量大于30 mm;周边建(构)筑物的位移、沉降为日变量大于2 mm或累计量大于20 mm;坑外水位单日下降超过0.20 m或累计下降大于0.80 m;设计轴力的80%;以上报警值的设定若高于建(构)筑物业主或主管单位的要求,应按其规定执行。

(4)监测频率。在土方开挖前影响明显时每天1次,不明显时每周1~2次。从基坑开始开挖到结构底板浇筑完成后3天:每天1次。结构底板浇筑完成后3天到地下结构施工完成:在各道支撑开始拆除到拆除完成后3天为每天1次;其他时间为每周2次。

**2. 综合管廊的施工方法**

(1)明挖现浇施工法。明挖现浇施工法为最常用的施工方法。这种施工方法的施工流程是:开挖基坑—浇筑垫层—绑扎底板及侧墙钢筋—侧墙模板—浇筑底板及侧墙施工缝以下混凝土—顶板模板—浇筑侧墙施工缝以上及顶板混凝土。模板采用这种施工方法可以大面积作业,将整个工程分割为多个施工标段,以便于加快施工进度。同时这种施工方法技术工艺成熟,施工质量能够得以保证。

缺点是钢筋模板工作量较大,工期较长,同时由于模板质量或施工的原因对混凝土成品外观及内在质量影响较大,有些项目因混凝土振捣不密实或养护不到位引起的结构渗水情况也比较严重,由于不重视施工缝的施工质量,施工缝的施工质量不达标而引起的渗水情况比较普遍。

(2)明挖预制拼装法。明挖预制拼装法是一种较为先进的施工法,在发达国家较为常用。预制拼装法总体来说具有如下优越性:施工周期短,构件制作工厂化,现场装配速度快;结构质量好,混凝土工程质量控制严格;对周边环境影响小,且能保证生产安全。

### 34.1.5 综合管廊运维管理阶段

**1. 运营管理的概念**

综合管廊运营管理是对综合管廊全生命周期运营过程的计划、组织、实施和控制,是与综合管廊服务创造密切相关的各项管理工作的总称。同时,也是指对综合管廊体系的负责管理,是对提供服务的部门和单位的管理。简而言之,就是对综合管廊运营管理过程和运营单位的管理(图34-2)。

**2. 运营管理目标**

管理目标是指通过运用一定的管理手段和方法,达到组织所期望的目的和效果。综合管廊运营管理目标,就是通过运用法律、行政、经济等管理手段和方法,确保综合管廊的安全运行,最终实现综合管廊投资价值和社会、经济效益最大化。综合管廊安全运行的管理目标主要有管线

图 34-2　宁波东部新城综合管廊运营管理中心

管理目标、运维管理目标和安全保护管理目标。

（1）管线管理目标。对于拟入廊的管线，合理分配廊内空间资源，提供优质的入廊服务，制订完善的敷设施工方案，加强施工现场的管理，确保其在廊内敷设和使用的安全性。

对于已经入廊的管线，定期进行巡视检查，及时养护维修，建立健全应急联动和响应机制，确保入廊管线的安全、持续运行。

（2）运维管理目标。综合管廊作为市政公用设施，需要对其进行日常运行管理和设施维护，以保证其处于良好的运行状况。运维管理目标主要有：

运用管廊自有信息化系统和人员巡视，监视管廊本体和廊内环境，及时发现存在的隐患。运用专业设备和仪表，定期检查主体结构、附属设施的运行状况，及时发现设施病害和缺陷。通过保养、保洁、维修，保持主体结构、附属设施完好和廊内环境整洁。通过更新改造，提升综合管廊的技术水平和应急保障能力。

### 3. 安全保护目标

综合管廊处于城市地下，因此，其主体结构不可避免地会与地上、地下其他建（构）筑物发生相邻、交叉关系，管廊周边的建设工程也有可能危害管廊主体结构。因此，尽可能防止和降低环境因素对运行案例影响是综合管廊安全保护的管理目标。

安全保护区内除应急抢险施工外，禁止任何法律、法规规定的危害管廊安全的行为。在安全控制区内进行可能危害管廊安全的限制性建设（作业）的，建设（作业）单位在项目开工前，应当向市政行政管理部门征求意见并提供管廊施工安全保护方案。

### 4. 管理责任划分

依据《国务院办公厅关于推进城市地下综合管廊建设的指导意见》（国办发〔2015〕61 号）规定，"地下综合管廊本体及附属设施管理由地下综合管廊建设运营单位负责，入廊管线的设施维护及日常管理由各管线单位负责。"

### 5. 运营管理模式

根据投融资模式和运营承担单位的不同，综合管廊运营模式共分两种：

（1）委托管理模式。委托管理模式是指综合管廊建成后，投资建设单位或政府管理部门采用招标、委托等方式委托专业公司提供运营管理服务的模式。例如，《上海市世博园区管线综合管沟管理办法》（沪府发〔2013〕28号）第十条规定，"浦东新区市容环保局可以通过招标方式，择优选取维护管理单位对世博综合管廊进行日常维护管理。"2011年至今，上海世博综合管廊一直采用这一模式，是典型的购买服务模式。

（2）自建自管模式。自建自管模式是指综合管廊建成后，由投资建设单位继续承担运营管理的模式。例如，政府和社会资本合作（PPP）投资建设的十堰市综合管廊项目即采用这一运营管理模式（图34-3）。

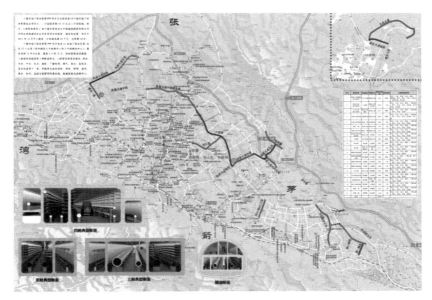

图34-3 十堰市地下综合管廊PPP项目分布图

### 6. 运营管理内容

1）入廊管线管理与服务

（1）管线入廊与拆除：运营管理单位接受管线单位的管线入廊或拆除申请，审核拟入廊管线规划文件与敷设施工技术方案。

（2）空间分配：依据综合管廊规划设计与入廊管线的技术参数，由运营管理单位和入廊管线单位通过协商，确定管廊内敷设管线所用的管位、支架、管孔等空间资源的分配方案。

（3）签订入廊协议：明确入廊管线种类、时间、费用和责权利等内容后，运营管理单位和入廊管线单位签订管线入廊协议。

（4）入廊管线计费：实行有偿使用的综合管廊，运营管理单位计量入廊管线所占用的空间和管线长度，依据收费标准，向入廊管线单位收取入廊费与日常维护费。

（5）敷设与拆除施工配合与服务：按照空间资源分配方案，运营管理单位为入廊管线施工作业单位进行现场安全监管,并提供接电、照明、通风、出入等现场服务。

(6)管线档案管理:运营管理单位通过分类搜集、整理、归档入廊管线在入廊敷设、运行维护、报废拆除、更新改造等过程资料,建立入廊管线档案。

2)运行管理

依据综合管廊功能定位及入廊管线运行规律,综合管廊实行 24 h 全天候运行,运行管理的工作内容有:

(1)消防值班与巡视。依据国家标准《建筑消防设施的维护管理》(GB 25201—2010)规定,"消防控制室应实行全天 24 h 值班制度;建筑消防设施的巡查应由归口管理消防设施的部门或单位实施。"因此,运营管理单位需要安排专业消防人员,做好消防值班和巡视工作。

(2)监控值班、供电值班与巡视。依据国家标准《城市综合管廊工程技术规范》(GB 50838—2015)规定,综合管廊应设置环境与设备监控、安全防范、预警与报警、统一管理平台等监控与报警系统。运营管理单位需安排专业值班人员,利用监控与报警系统的监视、控制、监测等功能,实时掌握综合管廊和入廊管线的重要运行信息。综合管廊应设置供电及照明系统,运营管理单位需要安排电工作业人员进行安全检查、应急操作。

(3)廊内外巡检。在综合管廊运行过程中,管廊本体内部、管廊沿线的各类路面井口设施以及为保护管廊而划定的安全保护区域,可能会随着季节、气候、人员活动、施工作业等环境因素的影响而发生变化甚至遭受损害。因此,运营管理单位需要安排管理人员或运用信息化手段(如巡检机器人、无人机等)进行廊内外安全巡检(图 34-4)。

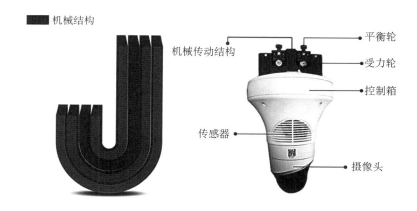

图 34-4　海口综合管廊巡检机器

3)日常维护

(1)管廊本体维护。对管廊标准段、管线引出口、投料口、通风口、集水井、变形缝、施工缝、穿线(管)孔、地面井盖等构筑物进行修补和防水堵漏。

(2)附属设施维护。对消防、照明与供电、监控与报警、通风、排水、标识等系统进行检查、保养、维修、更换。

（3）设施保洁。对管廊内外部设施和管理用房的平面、立面及集水井、排水沟渠进行清扫、冲洗、清理和垃圾清运（图 34-5）。

图 34-5　上海世博综合管廊附属设施（部分）示意图

（4）专业检测。依据《城市综合管廊工程技术规范》(GB 50838—2015)第 10.1.12 条规定，"综合管廊投入运营后应定期检测评定，对综合管廊本体、附属设施、内部管线设施的运行状况应进行安全评估，并及时处理安全隐患。"

5）大中修及更新改造

（1）管廊本体超过设计使用年限需要延长使用或存在重大病害，经专业检测或鉴定，建议进行大中修的，应实施大中修。

（2）附属设施及入廊管线设施存在重大病害或系统性故障，经专业检测或鉴定，确定其运行质量或功能不能满足设计标准或安全运行要求，应实施更新。

（3）附属设施及入廊管线设施达到设计使用年限或使用寿命应实施更新的，附属设施及入廊管线设施因技术升级等原因，需改变、增加原有功能或提升主要性能时，可实施改造。

由于综合管廊大中修及更新改造的具体实施时间、内容、费用均具有不确定性，因此，委托管理模式的运营管理单位一般不承担此项工作内容。

6）管廊保护

在区域开发建设过程中，综合管廊通常作为配套设施随市政道路一起先行建设。建成后，沿线及周边地块开发时的建设施工（如桩基、挖掘等作业）可能会对地下综合管廊的主体结构及入廊管线造成不良影响甚至损害，因此对于综合管廊的保护也是运营管理的重要内容。综合管廊安全保护工作主要包括：

（1）划定安全保护区、安全控制区的范围。安全保护区禁止从事可能危害综合管廊的作业，安全控制区内限制从事可能危害综合管廊的作业。依据《厦门市地下综合管廊安全保护范围管理办法》(厦府办〔2018〕135 号),厦门市对综合管廊安全保护区域作出具体规定:"管廊安全保护区范围为保护区外边线距本体结构外边线 3 m 以内。管廊安全控制区范围为控制区外边线距本体结构外边线 15 m 以内。管廊的安全保护区与安全控制区范围与公路建筑控制区重叠的,市政行政管理部门应和交通管理部门、公路管理机构协商后划定。"

(2) 定期监测管廊结构和入廊管线的变化,及时发现病害和隐患。

(3) 定期巡查管廊周边的建设工程现场,及时掌握违规作业的情况。

(4) 与影响管廊结构的周边工程建设单位沟通协调,督促作业单位采取安全保护措施。

(5) 遭受损害时,分析原因、确定责任,并进行索赔。

## 34.2　综合管廊风险应对与应急管理

综合管廊风险客观存在,具有不确定性,但却是可预测、可预防、可控制的,关键在于是否有足够的风险意识、风险应对和应急处置的方法。

### 34.2.1　风险自留

既然综合管廊在各个阶段的风险是客观存在、无法完全避免的,作为综合管廊运营管理单位,应对风险首先要考虑的选项是风险自留,即在一定范围内有计划地做好主动承担风险的准备。具体措施可以考虑以下方面:

(1) 将容易预计的损失计入计划成本。综合管廊运营过程中,有些风险产生的后果是可以并且比较容易预计的,比如常用设备故障、地面设施遭受人为损坏、经常发生的自然灾害,等等。运营管理单位可以通过统计一定期限或数年的损害发生次数计算风险发生的一般概率,并将解决问题所需的资源以货币化的方式计入日常运营管理成本当中。

(2) 内部建立意外损失基金。综合管廊运营管理单位可以以日常运营管理费用(或经营利润)的一定比例定期提取一定数额的应急处置经费或风险准备金,并通过长期积累建立内部的意外损失基金,以备不时之需。

(3) 外部分摊或责任追偿。《上海市世博园区管线综合管沟管理办法》(沪府发〔2013〕28 号)规定:遇到紧急情况时,处理该类情况所产生的费用可由维护单位从专门账户中先行垫付。其中,因灾害和不可抗力发生损害的,由自然灾害发生区域的综合管沟管线单位分摊;发生人为损害的,向责任人追偿。

### 34.2.2　风险规避

规避风险可通过修改项目目标、项目范围、项目结构等方式实行。具体方法有两种:

(1) 放弃或终止某项活动的实施,即在尚未承担风险的情况下拒绝风险。比如,东南沿海地区每年夏季都会遭遇恶劣的台风天气,台风来临时以及伴随的强降雨,给实施廊外巡检和维护作业的人员带来严重影响和人身伤害风险。为此,运营管理单位可以暂停各类室外作业,以规避风险可能导致的伤害。

（2）改变某项活动的性质,即在已承担风险的情况下通过改变工作地点、工艺流程等途径来避免未来生产活动中所承担的风险。比如,纳入天然气管道或污水管道的舱室中,存在天然气或 $H_2S$ 气体泄漏的巨大风险,一旦发生泄漏极有可能发生爆炸或人员中毒身亡事故。面临如此大的风险,可以采用由全覆盖监控或巡检机器人代替人工巡检的方式避免人员在危险舱室中活动,从而有效地规避人身伤害风险。

### 34.2.3　风险转移

综合管廊运行风险转移的主要方法是合同转移和保险转移。

（1）合同转移。合同转移是指通过订立经济合同,将运营管理内容中存在较高风险的工作以及与承担该项目工作的收益转移给别人。实践中,常见的合同转移为委托服务。运营管理单位可以将部分风险较高的设备设施维修工作委托给具备一定技术实力的劳务公司承担,把原本自身收益的维修费和人身伤害、财产损失的赔偿责任一并转移给劳务公司。

（2）保险转移。保险转移是指通过订立保险合同,将风险转移给保险公司(保险人)。个体在面临风险时,可以向保险人交纳一定的保险费,将风险转移。一旦预期风险发生并且造成了损失,则保险人必须在合同规定的责任范围之内进行经济赔偿。由于保险存在许多优点,所以通过保险来转移风险是最常见的风险管理方式。需要指出的是,并不是所有的风险都能够通过保险来转移,因此,可保风险必须符合一定的条件。目前,有些综合管廊运营管理单位已通过投保公众责任险、设施财产险来转移部分运行风险。

### 34.2.4　风险防控

风险防控是指风险管理者采取各种措施和方法,消灭或减少风险事件发生的各种可能性,或风险管理者减少风险事件发生时造成的损失。总会有些事情是不能控制的,风险总是存在的。作为管理者会采取各种措施减小风险事件发生的可能性,或者把可能的损失控制在一定的范围内,以避免在风险事件发生时带来的难以承担的损失。综合管廊风险防控的核心问题是风险识别、风险分析的基础,通过在各个管理层级树立防范意识、完善防范措施、提高防范和应对处置能力,建立能实现内部自我调整、自我优化的风险防控机制。

#### 1. 风险防控管理机制

"机制"一词广泛应用于自然现象和社会现象,指其内部组织和运行变化的规律和作用。在理想状态下,有了良好的机制,甚至可以使一个社会系统接近于自适应系统——在外部条件发生不确定变化时,能自动地、迅速地作出反应,调整原定策略和措施,实现优化目标。建立综合管廊安全风险防控管理机制,就是要调整相关方的各种关系,提高管理效能,最终实现综合管廊安全运行的运营管理目标。

（1）综合管廊运行的相关方。

① 管理方：综合管廊属于市政公用设施，从行政职能和所有权来说，政府是综合管廊管理方。政府将管理职能授权给相应的职能部门实施，此时，职能部门就成了管理的实施者，其实质就是管理方。

② 使用方：综合管廊的基本功能决定了入廊管线单位是综合管廊的使用方。

③ 服务方：采取委托管理模式的综合管廊，受托企业即为综合管廊的服务方。采用 PPP 模式的综合管廊项目，其实质是政府采购了投资、建设、运营的一揽子服务，因此，PPP 项目公司也是服务方。

④ 潜在相关方：管廊周边开始建设工程时，工程建设单位就成为综合管廊安全保护的潜在相关方。

（2）相关方关系调整方法。建立风险防控管理机制，就是要调整各相关方的各种关系。调整的方式主要依据有法律法规和合同协议，具体如下：

① 通过制定管理法规，明确各方权利和义务，确定综合管廊相关方的法律关系，明确法律责任，起到规范、引导和惩戒作用。

② 通过制定收费标准，签订管线入廊协议，明确空间资源使用权与费用，确定管理方与使用方的经济关系。

③ 通过签订服务合同，明确服务内容和费用，确定管理方（当实行综合管廊有偿使用时，此处应为使用方）与服务方的经济关系。

④ 通过签订综合管廊保护协议，明确安全保护责任和赔偿责任，确定管理方、服务方与涉及方之间的法律、经济关系。

**2. 风险防控管理措施**

综合管廊风险防控管理机制也可以看作是与综合管廊相关的法规制度、组织机构、职能范围、工作方式等四方面共同构成的有机系统。因此，需要从上述四个方面入手完善风险防控措施。

（1）健全法规制度。目前，适用于综合管廊安全运行管理的法规制度还较为缺乏，可以从以下方面进行完善，构建完整的体系。

① 推动城市综合管廊的立法工作，制定涵盖规划设计、投资建设、管线管理、运行管理、安全保护、应急处置、经费管理等内容的法规条例，明确法律关系和法律责任。

② 由政府制定管线管理、运行管理、安全保护方面的专项实施细则，为综合管廊各级管理部门提供完善的管理手段。

③ 由综合管廊行政主管部门制定综合管廊运行管理的管理规章，明确管理流程和考核办法。

④ 由政府主管部门或相关机构制定综合管廊运行管理标准和年度经费定额，确立技术标准和经费标准。

（2）完善组织机构。综合管廊安全运行管理的难点是入廊管线管理和安全保护，建议建立由政府、行业主管部门、运营管理单位、各管线单位、运维服务企业参与的综合管廊联席会议制度，加强各部门、各单位的联络、沟通、协调，共同商议解决涉及综合管廊安全运行管理的重大事项。同时，可以委托大专院校或研究机构组建研究团队，分析、研究综合管廊运行管理过程中出现的新问题，为管廊立法提供决策依据。

（3）明确职能范围。对于综合管廊建设和管理的职责，《国务院办公厅关于推进城市地下综合管廊建设的指导意见》（国办发〔2015〕61号）已有了原则性的规定，"城市人民政府是地下综合管廊建设管理工作的责任主体"，"地下综合管廊本体及附属设施管理由地下综合管廊建设运营单位负责，入廊管线的设施维护及日常管理由各管线单位负责。管廊建设运营单位与入廊管线单位要分工明确，各司其职，相互配合，做好突发事件处置和应急管理等工作"。

在此基础上，建议按照综合管廊相关方的法律和经济关系，以法规条例的形式，明确各方的职责范围。其中，政府及各级管理部门主要履行推动立法、健全法规标准体系、完善管理规章、行政执法、监督考核、经费核拨等综合管理职能；管线单位主要履行管线入廊、管线日常巡查维护、缴纳有偿使用费（如有）、应急抢险等管线管理职能；服务企业主要负责运行管理、设施维护、安全保护等工作的具体实施，并且，要努力提高业务技能和服务水平，合理控制运行成本；安全保护涉及方主要承担涉及廊段监测、保护方案实施、损坏修复等工作。

（4）优化工作方式。鉴于综合管廊以及入廊管线对城市运行安全的重要性，以及全天候连续运行的特点，综合管廊安全运行的相关各方，需要依据各自职责，通过优化工作方式，提高防范安全运行风险的能力。

管理部门应制定综合管廊安全运行管理的检查考核办法，加强监督检查，及时发现并制止可能影响综合管廊安全运行的行为，并通过相应的考核手段，督促管线单位和运维单位全面落实各项风险防范工作。

综合管廊管理部门、管线单位、运维单位均应建立 24 h 值班制度，以及健全应急联络、响应、处置机制，并定期进行应急演练。

综合管廊运营管理单位应做好对综合管廊本体运行状况、周边环境的巡查，入廊管线单位应定期检查入廊管线的运行情况，及时发现运行安全隐患，迅速处理；应认真分析综合管廊本体和管线的技术状况，采取针对性技术措施对综合管廊设施进行养护维修，保证其质量指标和功能性能满足相关技术规范和设计要求。同时，入廊管线也应全面落实管线维护各项工作，防范和避免管线事故的发生。

**3. 风险防控运维措施**

1）巡视检查

综合管廊是城市公共安全管理的重要环节，是城市的生命线，其安全运行至关重要，若某一个隐患点未及时发现都有可能造成不可预知的损失。因此，保证管廊安全运行是一项重要的任务。而巡视检查是有效保证其运行安全的一项重要技术措施。巡视检查目的是掌握管廊安全运行状况及周围环境的变化,发现危及安全的隐患,及时采取有效措施,保证管廊运行安全。

巡视检查主要有廊内巡查、廊外巡查及管线巡查,具体如下:

(1)廊内巡查内容主要包括:廊内排水、监控、照明、通风、消防等系统是否完好,特别要注意防火设施是否完善;廊内有无渗漏水,排水沟是否通畅;支架、桥架等铁件有无缺失、锈蚀;内部廊体结构有无损害等。

(2)廊外巡查(含保护区)内容主要包括:各投料口、通风口、人员出入口等口部是否损坏,百叶窗是否缺失,标识是否完整。查看管廊上表面是否正常,有无挖掘痕迹及其他安全隐患。管廊保护区内是否有施工作业对管廊安全产生影响,不得有违章建筑等。

根据廊内、外巡查结果,采取相应措施消除风险和隐患。在巡视检查中,如发现零星缺陷,不影响正常运行,则据以编制月度维护小修计划;如发现有普遍性的缺陷,则据以编制年度大修计划;如发现重要缺陷,影响安全运行,则应及时采取措施,消除风险和隐患。

(3)管线巡查可分为管廊运维单位日常巡查和管线权属单位专项巡查。

运维单位日常巡查是指巡查人员在进行廊内巡查的同时,通过肉眼观察,对管线的外观、现象等进行巡查,巡查主要内容包括:对廊内高低压电缆要检查电缆位置是否正常,接头有无变形漏油;检测热力管道阀门法兰、疏水阀门是否漏气,保温外观是否完好;供水管道接头有无变形、渗漏水;信息管线敷设位置是否正常,有无掉落、断裂等。

管线权属单位专项巡查是指管线权属单位通过检测仪器、设备等技术手段分析管线的安全和健康状况等,排除安全隐患,确保管线安全运行。不同的管线类型具有不同的巡查方法,具体巡查方法由各自管线权属单位制定实施。

运维单位在管线巡查中发现安全隐患应及时告知管线权属单位,并积极配合管线权属单位的后期维护工作。

2)监测检测

(1)电力监测:当班人员每日查看中高压配电综保、低压配电监控、机房环境监测、智能设备等运行信息,记录异常信息并进行处置。

(2)环境监测:当班人员定时查看监测系统或通过报警信息发现环境异常情况,进行记录,并依据运行策略做出通风换气、疏散廊内人员的处理。

(3)设备监测:当班人员定时查看监测系统或通过报警信息发现设备运行异常情况,进行记录,并依据运行策略做出远程启停、现场检查、报修、抢修等处理。

(4)其他监测:对管廊特殊、重点区域可设置日常专项监测,监测该区域的实时运行情况,掌握动态,及时处置。如在重点施工路段的专门设置日常变形位移监测系统等,可24 h观测动态变化,以便实时观察数据,发现异常及时采取相关措施,保护管廊运行。

(5)结构类检测:《城市综合管廊工程技术规范》(GB 50838—2015)第10.1.12条规定,"综合管廊投入运营后应定期检测评定,对综合管廊本体、附属设施、内部管线设施的运行状况应进行安全评估,并及时处理安全隐患。"结构检测主要包括沉降检测、收敛变形检测、混凝土碳化检测、渗水量检测和渗漏点普查。

（6）设施类检测：依据《建筑消防设施的维护管理》（GB 25201—2010）第7.1.1条规定，"建筑消防设施应每年至少检测一次，检测对象包括全部系统设备、组件等。"

3）运用新技术

综合管廊形成了一张错综复杂的地下管线网络，传统的二维管理方式难以准确、直观地显示地下管线交叉排列的空间位置关系。随着科学技术的不断进步，在综合管廊领域出现了许多新技术，运用新技术也是综合管廊安全运行、风险防控的一项重要技术措施。如，运用GIS、BIM和物联网技术，能直观显示地下管线的空间层次和位置，以仿真方式形象展现地下管线的埋深、材质、形状、走向以及工井结构和周边环境。与以往的平面图相比，极大地方便了排管、工井占用情况、位置等信息的查找，为今后地下管廊空间资源的统筹利用和科学布局、管线占用审批等工作提供了准确、直观、高效的参考，也为地下管线提供了更为安全、健康的运行环境。

4）建立统一管理信息平台

（1）技术要求的关联性。综合管廊统一管理信息平台其实是监控和报警系统的一个融合系统，同时，由于各子系统之间技术体系各不相同，在建立的过程中需要考虑环境以及设备的监控，同时，也要满足相关需求，要兼顾灾难事故预警。做好安全防范措施，能够对图像进行全程监控，同时也需要满足报警和门禁等配套集成的联动，消除各类信息孤岛问题。

（2）技术要求的统一性。针对综合管廊内部信息的一些管理特性，要以整个软件为平台核心进行建设，整个综合管廊统一管理信息体系必须要具备高科技运行的软件，同时要融入多种其他的信息，建立统一的资源数据库，保证能够在不同的时间段内调出资源数据库，并能够结合历史数据库进行有效的分析和预测，满足大数据的空间积累，全面进行融合。

（3）技术要求的兼容性。统一管理信息平台应该覆盖所有的综合管廊信息领域，对所有数据进行实时管理，能够有效地实现系统空间的需求，同时也能够高效集成和扩容，为用户提供高效的平台产品，满足各种不同的需求。

（4）安全性。统一管理信息平台应全面实现各类系统安全高效的平稳运行，保证整个信息系统的数据安全。满足从现场控制到远程操控以及信息化的安全信息管理。

（5）主要功能包括实时监测、管理分析、权限管理、数据存储以及集中监控。

通过数据采集系统及实时数据库对各系统的数据信息进行采集，实时监测管廊运营现场状况。对采集的数据进行整合分析，为各级各类管理、技术、监控人员提供分析、决策数据支持。主要包括运营调度、安全管理、数据分析等功能。

设有统一的权限管理模块，具有权限分配功能。将综合管廊各系统权限无缝集成在一起，实现统一的权限分配。通过管理平台设置，不同人员就有不同的配置和权限，根据权限进入系统后所具备的功能也不同。

对运营管理中涉及的有价值的环境、指标、故障、报警等数据信息，进行长期的存储。

平台系统具有将廊内供电、通风、排水、监控等各类系统设施进行集中监控的功能。同时，也可调阅管廊内各类监控信息。

(6)管理维护。综合管廊统一信息管理平台实行 24 h 在线登录,实时监控管廊内各类数据和信息。并由专业人员对平台进行维护保养。

定期使用杀毒软件对统一信息管理平台所在的计算机系统进行杀毒,清除隐患。

定期检查统一信息管理平台参数、设置、功能等是否存在异常情况,并及时调整。

定期对统一信息管理平台所涉及的各类硬件设施进行清洁保养,包括主机、硬盘、模块等。

根据管廊的实际情况,对统一信息管理平台进行系统升级、更新等(图 34-6)。

图 34-6　综合管廊统一管理平台应急指挥模拟演练界面

### 34.2.5　应急管理

《中华人民共和国突发事件应对法》中定义了突发事件,是指突然发生的,造成或者可能造成严重社会危害,需要采取应急处置措施予以应对的自然灾害、事故灾难、公共卫生事件和社会安全事件。应急管理是应对特重大事故灾害的危险问题提出的。应急管理是指政府及其他公共机构在突发事件的事前预防、事发应对、事中处置和善后恢复过程中,通过建立必要的应对机制,采取一系列必要措施,应用科学、技术、规划与管理等手段,保障公众生命、健康和财产安全,促进社会和谐健康发展的有关活动。

1. 应急管理的原则

《国家突发公共事件总体应急预案》提出了六项工作原则,即:以人为本,减少危害;居安思危,预防为主;统一领导,分级负责;依法规范,加强管理;快速反应,协同应对;依靠科技,提高素质。这同样也是应急管理的基本原则。

2. 应急管理的内容

应急管理工作内容概括起来叫作"一案三制"。

"一案"是指应急预案,就是根据发生和可能发生的突发事件,事先研究制订的应对计划和方案。应急预案包括各级政府总体预案、专项预案和部门预案，以及基层单位的预案和大型活动的单项预案。

"三制"是指应急工作的管理体制、运行机制和法制。

一要建立健全和完善应急预案体系。就是要建立"纵向到底，横向到边"的预案体系。所谓"纵"，就是按垂直管理的要求，从国家到省市、县、乡镇各级政府和基层单位都要制订应急预案，不可断层；所谓"横"，就是所有种类的突发公共事件都要有部门管，都要制订专项预案和部门预案，不可或缺。相关预案之间要做到互相衔接，逐级细化。预案的层级越低，各项规定就要越明确、越具体，避免出现"上下一般粗"现象，防止照搬照套。

二要建立健全和完善应急管理体制。主要建立健全集中统一、坚强有力的组织指挥机构，发挥我国的政治优势和组织优势，形成强大的社会动员体系。建立健全以事发地党委、政府为主、有关部门和相关地区协调配合的领导责任制，建立健全应急处置的专业队伍、专家队伍。必须充分发挥人民解放军、武警和预备役民兵的重要作用。

三要建立健全和完善应急运行机制。主要是要建立健全监测预警机制、信息报告机制、应急决策和协调机制、分级负责和响应机制、公众的沟通与动员机制、资源的配置与征用机制，奖惩机制和城乡社区管理机制等等。

四要建立健全和完善应急法制。主要是加强应急管理的法制化建设，把整个应急管理工作建设纳入法制和制度的轨道，按照有关的法律法规来建立健全预案，依法行政，依法实施应急处置工作，要把法治精神贯穿于应急管理工作的全过程。

### 3. 应急预案

（1）应急预案的定义。应急预案指面对突发事件如自然灾害、重特大事故、环境公害及人为破坏的应急管理、指挥、救援计划等。它一般应建立在综合防灾规划上。其几大重要子系统为完善的应急组织管理指挥系统；强有力的应急工程救援保障体系；综合协调、应对自如的相互支持系统；充分备灾的保障供应体系；体现综合救援的应急队伍等。

（2）应急预案的主要内容。应急预案可根据 2004 年国务院办公厅发布的《国务院有关部门和单位制订和修订突发公共事件应急预案框架指南》进行编制。应急预案主要内容应包括：

总则：说明编制预案的目的、工作原则、编制依据、适用范围等。

组织指挥体系及职责：明确各组织机构的职责、权利和义务，以突发事故应急响应全过程为主线，明确事故发生、报警、响应、结束、善后处理处置等环节的主管部门与协作部门；以应急准备及保障机构为支线，明确各参与部门的职责。

预警和预防机制：信息监测与报告，预警预防行动，预警支持系统，预警级别及发布（建议分为四级预警）。

应急响应：分级响应程序（原则上按一般、较大、重大、特别重大四级启动相应预案），信息共享和处理，通信，指挥和协调，紧急处置，应急人员的安全防护，群众的安全防护，社会力量动员与参与，事故调查分析、检测与后果评估，新闻报道，应急结束等 11 个要素。

后期处置：善后处置、社会救助、保险、事故调查报告、经验教训总结以及改进建议。

保障措施：通信与信息保障，应急支援与装备保障，技术储备与保障，宣传、培训和演习，监督检查等。

附则：有关术语、定义，预案管理与更新，国际沟通与协作，奖励与责任，制定与解释部门，预案实施或生效时间等。

附录：相关的应急预案、预案总体目录、分预案目录、各种规范化格式文本，相关机构和人员通讯录等。

2018 年 7 月，厦门市人民政府办公厅转发了厦门市市政园林局制订的《厦门市地下综合管廊应急处置预案》，该预案明确了编制目的、编制依据、适用范围和工作原则，提出了综合管廊突发事件等级划分、组织体系与职责、信息报告、应急响应程序、保障措施以及预案宣传、教育和演练等方面的具体要求，是国内首个立足于全市层面的综合管廊总体应急预案。

### 34.2.6 综合管廊应急处置的措施和操作要点

**1. 建立应急处置联动机制**

为提高快速反应和应急处置突发事件的能力，确保综合管廊的安全运行，应建立应急处置联动机制。其联动机构流程如图 34-7 所示。

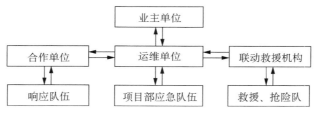

图 34-7 联动机构流程示意

（1）上级指挥机构：业主单位。

（2）联动救援机构：110 指挥中心、119 消防救援中心、120 急救中心。

（3）横向联动机构：管线权属单位（包括水、电、信息、热力、燃气管线）。

（4）质保责任单位：综合管沟建设和设备安装工程的总包单位。

**2. 落实应急处置人员、物资和资金**

1）人员落实

（1）组建应急队伍，根据管廊实际情况决定人数并对应急人员进行分组，实行四班三运转，保证常备应急力量。

（2）应急控制中心实行 24 h 值班制度，每班人员不应少于 2 人，确保信息传递畅通，全面掌握管沟安全和设备运行状况。

（3）员工实行集中居住管理，保证全员 60% 以上的战备在位率，作为应急抢险预备队，以配备充足的抢险后援力量。

（4）应急小组领导或主管实行非工作时间轮流值班，保证应急指挥到位。

2）物资和资金落实

（1）设置应急物资仓库，根据综合管廊的本体长度、设施设备型号、数量等实际情况来确定物资的类型及数量，并登记造册。综合管廊的重要应急物资有排水泵、移动发电机、应急救援车辆、电焊机、电缆线、灭火器等。

（2）设立应急物资仓库管理员，定期对应急物资数量、功能等进行核对检查，掌握存量，及时补充，并做好物资出入库记录。

（3）设立专项应急资金，金额根据管廊实际情况确定，专门用于采购应急物资，资金不得挪作他用，资金使用后及时补充，保证金额并做好明细。

3. 应急信息传递与发布

1）信息传递

（1）在应急突发事件发生后，应急值班人员迅速了解事故原因，在 30 min 内将事故发生的事发时间、地点等简要情况口头（电话）逐级上报。

（2）发现人员伤亡情况及时拨打急救电话，组织救援，并迅速了解伤亡人数、性别、国籍等情况，做好情况记录。同时向业主报告。

（3）事故、事件现场处理完毕后，迅速将处理过程及处理结果形成完整的事故书面报告。

（4）当班人员在当班时间内对处置的事故、事件必须待处置完成做好记录签名后方能交接班。

（5）对于事故、事件信息上报或报告内容与事实不符或迟报、漏报、瞒报的行为，并造成不良后果的，将实行责任追究制。

2）信息发布

当事故、事件的发生已经或即将影响到民众或其他相关单位的人员、设施安全时，应将事故、事件的发生状况、影响范围及紧急避险方法向相关人员或单位进行通报。通报以口头或针对性公告的形式发出。

4. 应急指挥

建立综合管廊应急指挥领导小组，由运维单位总经理担任应急指挥领导小组组长，副总经理、技术总监担任副组长，各部门负责人担任组员。全面负责突发事件的应急处置和指挥工作。按分级管理、分级响应的原则，落实具体应急响应岗位责任制，明确责任人及其指挥权限，做到万无一失。具体职责如下：

（1）组长职责。全权负责综合管廊突发事件应急处置的指挥协调；负责全处救援力量、抢险资源的调配；负责应急处置经费的落实；批准重大预案的启动与终止；接受上级部门的指令和调动；授权现场指挥权。

（2）副组长职责。组织制订综合管廊灾害性气候及突发事故、事件对设施、设备应急处置预案;现场组织紧急抢险措施的落实;负责相关技术数据的收集;负责设施设备受损调查分析、检测、专家论证及处置评估。

（3）成员职责。负责重大突发事故、事件现场应急措施的执行落实,按岗位分别负责后勤保障、安全保障、信息保障以及宣传、培训和组织应急预案的演练;检查抢险物资的储备;负责信息的上报等工作。

5. 应急分级处置

依据综合管廊的主要功能及运行特点,按照性质、严重程度、可控性和影响范围等因素,可将应急突发事件分为专项应急突发事件及一般应急突发事件。其中专项应急突发事件包括火灾、爆管等,需编制相应的专项应急预案,严格按其应急流程处置。

一般应急突发事件的等级可分为 3 类 4 级,按照表 34-1 执行,并且针对不同等级的突发事件启动相应等级的应急预案进行处置。

表 34-1　　　　　　　　　　　　　　应急预案处置

| 等级 种类 | | 一般 | 较重 | 严重 | 特别严重 |
|---|---|---|---|---|---|
| | | （Ⅳ级）蓝色 | （Ⅲ级）黄色 | （Ⅱ级）橙色 | （Ⅰ级）红色 |
| 突发 气象 灾害 预警 信号 | 暴雨 | 12 h 降雨量将达 50 mm 以上,或者已达 50 mm 以上且降雨可能持续 | 6 h 降雨量将达 50 mm 以上,或者已达 50 mm 以上且降雨可能持续;或者 1 h 内降雨量将达 35 mm 以上,或者已达 35 mm 以上且降雨量可能持续 | 3 h 降雨量将达 50 mm 以上,或者已达 50 mm 以上且降雨可能持续 | 3 h 降雨量将达 100 mm 以上,或者已达 100 mm 以上且降雨可能持续;或者 1 h 内降雨量将达 60 mm 以上,或者已达 60 mm 以上且降雨可能持续 |
| 综合管廊结构 损坏事故 | | 管廊结构或附属设施受轻微损伤,对自用设备和公用管线没有影响运行 | 管廊结构或附属设施受轻微损坏,对自用设备影响较小;主照明连续三盏以上不亮 | 管廊结构或附属设施受严重损坏;对自用设备影响较大或对公用管线有影响,可能危及沟外建筑物和人民生命财产安全;主照明半数不亮 | 管廊结构或附属设施受严重损坏;造成自用设备和公用管线运行中断或管廊坍塌;主照明全线不亮 |
| 人员入侵事件 | | 非工作人员误入管廊,未对管廊设施造成损坏,听从劝阻,且身份无异常 | 非工作人员误入管廊,未对管廊设施造成损坏,不听从劝阻,且身份无异常 | 非工作人员误入管廊,对管廊设施造成损坏,未影响廊内设备和公用管线正常运行 非工作人员闯入管廊 | 非工作人员闯入管廊,对管廊设施造成损坏,影响廊内设备和公用管线正常运行 |

6. 应急处置善后和总结

善后工作:管廊运维单位负责接待、配合事件责任调查部门进行调查;由管廊运维单位领导亲自或指派人员看望伤员;事件调查结束后,由管廊业主方对外发布消息,管廊运维单位不对外（包括民众、媒体）发布消息。

调查和总结：通过调查了解，在事件结束 24 h 内形成书面调查报告并上报；召开事故分析会，总结经验教训；认真排查类似隐患，制订和落实整改方案，整改完毕后汇报。

在管廊应急处置中要坚持以人为本的原则，把人身安全放在首要位置，应急人员应配备安全帽、绝缘鞋、绝缘手套、手电等应急安全防具。同时，应定期开展有关员工应急安全方面的知识讲座和培训，提高员工的安全意识，确保员工自身安全。

## 34.3 综合管廊运行维护及安全标准

应建立安全管理组织机构，完善人员配备及保障措施，健全各项安全管理制度，落实安全生产岗位责任制，加强对作业人员安全生产的教育和培训。

应建立综合管廊安全防范和隐患排查治理制度，在运行维护的各个环节实行全方位安全管理。

综合管廊安全检查应结合日常巡检定期进行，发现安全隐患及时进行妥善处理。

1. 人员出入的安全管理规定
(1) 未经允许不得擅自进入。
(2) 出入人员应经过安全培训。
(3) 先检测，再通风，确认安全后方可进入。
(4) 入廊人员应配备必要的防护装备。
(5) 有应急措施，现场配备应急装备。
(6) 禁止单独进入综合管廊。

2. 综合管廊作业安全管理应符合规定
(1) 综合管廊内应具备作业所需的通风、照明条件，并持续保持作业环境安全。
(2) 作业人员应根据作业类型及环境，正确穿戴防护装备，配备必要的防护和应急用品等。
(3) 依据消防、用电、高空作业等相关规定做好作业现场安全管理，并保持与监控中心的联络畅通。
(4) 现场应按规定设置警示标志。
(5) 作业期间应有专人进行监护，作业面较大、交叉作业时应增设安全监护人员。
(6) 交叉作业应避免互相伤害。
(7) 特种作业应按有关规定采取相应防护措施。
综合管廊日常消防安全管理应符合下列规定：
(1) 综合管廊内禁止吸烟。
(2) 除作业必需外，廊内严禁携带、存放易燃易爆和危险化学品。
(3) 逃生通道及安全出口应保持畅通。
综合管廊信息存储、交换、传输及信息服务的安全管理应符合下列规定：

（1）涉密图纸、资料、文件等（包含电子版），应严格按照国家保密工作相关规定进行管理。

（2）信息系统及其设备配置应符合国家现行标准《信息安全技术信息系统安全等级保护基本要求》（GB/T 22239—2019）、《计算机信息系统安全专用产品分类原则》（GA 163—1997）等的相关规定。

（3）信息系统及其设备应有防病毒和防网络入侵措施。信息系统中涉及的安全路由器、防火墙等应通过国家信息安全测评认证机构的认证。

（4）入廊管线信息安全应符合现行行业标准《城市综合地下管线信息系统技术规范》（CJJ/T 269—2017）的有关规定。

综合管廊安全防范系统的运行维护除应符合《城镇综合管廊监控与报警技术标准》（GB/T 51274—2017）的有关规定，系统运行功能应与综合管廊安全管理需求相适应，并根据安全管理环境变化调整运行参数和优化系统。

应根据综合管廊所属区域、结构形式、入廊管线情况、内外部工程建设影响等，对可能影响综合管廊运行安全的危险源进行调查和风险评估工作。

应依据国家相关法律法规、技术标准及综合管廊本体、附属设施、入廊管线的运行特点，建立应急管理体系。

应建立包含运营管理单位、入廊管线单位和相关行政主管单位相协同的安全管理与应急处置联动机制。

综合管廊运行维护及安全管理相关单位应根据以下可能发生的事故制订应急预案：①管线事故；②火灾事故；③人为破坏；④洪水倒灌；⑤对综合管廊产生较大影响的地质灾害或地震；⑥廊内人员中毒、触电等事故。

应急预案编制应符合现行国家标准《生产经营单位生产安全事故应急预案编制导则》（GB/T 29639—2013）的规定。

宜基于信息技术、人工智能建立包含预警、响应、预案管理等的智能化应急管理系统。

应定期组织预案的培训和演练，每年不少于 1 次，应急演练宜由综合管廊运营管理牵头单位组织；应定期开展预案的修订，一般 1 年修订 1 次，并根据管线入廊情况和周边环境变化等需要应进行不定期修订、完善。

应建立完善的应急保障机制，确保包括通信与信息保障、应急队伍保障、物资装备保障及其他各项保障到位。

综合管廊运行维护及安全管理过程中遇紧急情况时，应立即启动应急响应程序，及时处置；应急处置结束后，按应急预案做好秩序恢复、损害评估等善后工作。

综合管廊应设置安全保护区，保护区外边线距本体结构外边线宜不小于 3 m。

综合管廊安全保护区内不得从事影响综合管廊正常运行的活动：①排放、倾倒腐蚀性液体、气体等有害物质；②擅自挖掘岩土；③堆土或堆放建筑材料、垃圾等；④其他危害综合管廊安全的行为。

　　综合管廊应设置安全控制区,控制区外边线距本体结构外边线宜不小于 15 m,控制区范围内工程勘察、设计及施工对本体结构的影响应满足综合管廊结构安全控制指标。

　　综合管廊安全控制区内,限制从事深基坑开挖、爆破、桩基施工、地下挖掘、顶进及灌浆作业等影响综合管廊安全运行的行为,对必须从事限制的活动,应进行安全评估,对涉及的综合管廊本体及可能影响的管线应进行监测,并采取安全保护控制措施。

　　综合管廊安全控制区的日常管理应结合日常巡检的情况进行。

　　综合管廊穿越水体时,船只的抛锚、拖锚作业净距控制管理值应大于 100 m,河道的清淤疏浚作业应保证综合管廊结构上方覆土不小于设计厚度。

# 35 综合管廊风险防控的典型案例分析

## 35.1 综合管廊深基坑施工事故案例

### 35.1.1 事故概况

综合管廊覆土深度一般约为 3 m,基坑开挖深度通常为 10 m 以内,也有部分工程或节点超过 10 m。基坑开挖深度越深,土质工程特性越差,周边环境越复杂,工程施工风险越大。

某综合管廊工程一期工程标准断面的基坑深度为 6～7 m,采用钢板桩支护(图 35-1)。在局部加深段,如倒虹、交叉口位置,基坑的深度超过 10 m,采用型钢混凝土搅拌桩支护(图 35-2)。在某些管廊距离周边建筑物较近的位置,如临近处有房屋、桥梁、高压电塔,即使基坑的深度较小,也应优先选择对周边环境影响较小的围护方式,尽可能降低施工影响(图 35-1)。

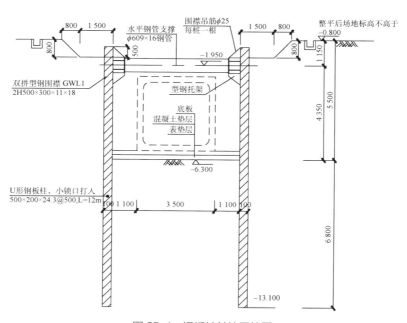

图 35-1　钢板桩基坑围护图

在综合管廊交叉口处基坑较深,在几天连续暴雨天气后,基坑边缘局部出现土方失稳、滑坡事故(图 35-3)。

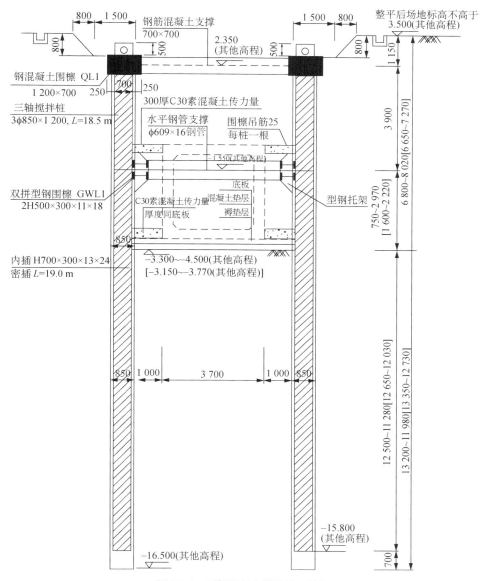

图 35-2　型钢混凝土搅拌桩围护图

图 35-3　滑坡段工程现场照片

### 35.1.2 事故原因分析

(1) 基坑边坡连日受暴雨冲刷。

(2) 该位置是施工主要道口,挖掘机以及土方车一直在上面作业,边坡长期受重车碾压。

(3) 未能在设计规定的时间内,对大底板进行浇筑。

(4) 未能现场实测承压水水头以确定承压井开启时间以及降压目标。

### 35.1.3 事故风险处置及建议

1. 应急处置

(1) 第一时间对交叉口进行彩钢板全封闭,拉警戒线,设立门卫专人看管,任何车辆以及闲杂人员不得进入施工现场。

(2) 通知第三方监测单位对该位置整个基坑围护支撑体系的完整性和可靠性进行监测。

(3) 组织施工方及设计方主要负责人确定后续整改方案。

将塌方处基坑边坡三面卸土放坡。将坑外卸土回填至坑底并夯实,铺上钢板,在确保基础稳定的前提下,沿交叉口围护桩边缘施打一圈“回”字形拉森钢板桩。在交叉口角部留设降压井,兼作承压水水头高度观测井,根据现场实测水头确定承压井开启时间及降压目标水头高度,做到“按需降水”。安排专人定期对交叉口位置的围护支撑体系的完整性进行巡视检查,发现问题及时上报,确保安全。

确保质量、安全的前提下,合理安排工、料、机的投入,加快南乐路交叉口大底板的形成。

在应急处置过程中,安排第三方监测单位加大监测频率并扩大监测范围,及时反馈监测数据,确保信息化指导基坑施工。

2. 防范建议

综合管廊基坑设计需根据地质勘探资料,严格按照相应规范的要求实行。因管廊路线较长,各路段的地质条件和周边环境通常不一致,因此,管廊基坑设计时,需认真排查每个路段的基本情况,因地制宜地采用合适的围护和地基处理方式。

基坑施工按工区划分施工班组,按照“优先施工倒虹、交叉口等较深的基坑,普通段基坑分段施工”;“较深区域基坑封闭施工,长条形基坑分段、分层、间隔开挖”的原则进行。

施工期间严禁超挖、严禁坑外施工荷载、严禁坑外推土、严禁基坑泡水、严禁基坑无垫层长时间暴露,严格按照设计图纸施工。同时在雨季、台风天气等对工程建设影响较大的时期,重点做好防台、防汛工作,保证基坑安全(图35-4)。

图 35-4　管廊基坑围护

## 35.2　综合管廊受重载破坏典型事故

### 35.2.1　事故概况

管廊周边地块开发时,邻近工程处的堆土、重车通行都可能对管廊产生影响,可能引起管廊的倾斜、不均匀沉降,严重时可能造成破坏性后果。

某综合管廊回填段临近处 C19-29-01 地块、C19-28-03 地块需进行开发,且所需基坑较深,坑底要进行打桩加固,施工过程中的工程车辆需从管廊上方通行。在超过设计荷载的土压力作用下,综合管廊局部位移过大,造成沉降缝附近混凝土开裂,结构渗水破坏(图 35-5)。

### 35.2.2　事故原因分析

(1) C19-29-01 地块、C19-28-03 地块开发对综合管廊影响主要集中在工程桩预制桩压入阶段及地下室深基坑开挖阶段。

(2) 工程车辆荷载较大,在管廊上方通行,可能导致管廊结构的破坏和局部沉降。

图 35-5　综合管廊混凝土开裂

### 35.2.3　事故风险处置及建议

1. 应急处置

(1) 预制工程桩压入过程的"挤土效应"对管廊工程有不容忽视的影响。故须提前采用预取土引孔、打塑料排水板等技术措施,合理安排压桩施工顺序、压入速度等,并根据现场监测数据实时调整。

(2) 两个地块地下室南侧紧邻用地红线,其基坑围护方案应按基坑环境保护等级二级、管廊完成后覆土标高吴淞高程＋4.500 m复核;另外,宜将被动区加固提高至圈梁底标高,减小盆式开挖施工过程对周边环境的影响。

（3）施工过程将直接决定地块开发对管廊工程保护的成败,须提前编制完整、可行的施工组织方案。确保地块开挖全过程安全,须严格控制施工荷载不大于 20 kPa,并严禁大型机械设备在管廊上方及两侧 10 m 范围内行走;施工工况须与设计工况一致,先撑后挖,严禁无支撑开挖;拔出型钢时,须严格控制坑外施工荷载,并及时注浆填充孔隙;地块出入口尽量避免设在地块南侧,否则须严格控制荷载或设置暗栈桥跨越管廊。

（4）地块开发过程中,须对管廊进行全过程第三方监测,监测内容主要包括管廊本体的水平位移、沉降位移及管廊两侧土体水平位移。

图 35-6　综合管廊上方重车通行处架设钢便桥

（5）必须增加应急措施,如预埋注浆管等。若地块开发导致综合管廊变形过大,可及时对管廊土体进行补强。

（6）车辆从管廊上方通行处需设置钢便桥,同时严格控制车重,使用期间还需对钢便桥的变形沉降情况进行监测（图 35-6）。

2. 防范建议

在管廊施工和使用过程中,存在诸多因素可能引起结构的不安全,因此需建立有效的监测机制进行实时监控,指导信息化施工。

（1）在基坑施工时,需要监测的内容如下:

① 围护墙顶水平位移和沉降、裂缝。

② 围护墙和墙后土体测斜。

③ 坑外地表沉降和裂缝观察（若有）。

④ 临近建（构）筑物、管线（若有）的位移、沉降、裂缝等。

⑤ 坑内、外水位变化。

⑥ 支撑轴力。

（2）监测报警界限如下:

① 水平位移、沉降（含深层位移）日变量大于 5 mm 或累计量大于 25 mm。

② 围护墙体测斜日变量大于 5 mm 或累计量大于 30 mm。

③ 周边建（构）筑物的位移、沉降为日变量大于 2 mm 或累计量大于 20 mm。

④ 坑外水位单日下降超过 0.20 m 或累计下降大于 0.80 m。

⑤ 设计轴力的 80%。

⑥ 以上报警值的设定若高于建（构）筑物业主或主管单位的要求,应按其规定执行。

（3）监测频率如下:

① 土方开挖前：影响明显时每天 1 次，不明显时每周 1～2 次。

② 从基坑开始开挖到结构底板浇筑完成后 3 天：1 次/天。

③ 结构底板浇筑完成后 3 天到地下结构施工完成：在各道支撑开始拆除到拆除完成后 3 天为每天 1 次；其他时间为每周 2 次。

## 35.3　既有综合管廊受周边地块开发施工影响典型事故案例

### 35.3.1　事故概况

某综合管廊位于上海市浦东新区，由政府全额投资建设，总投资约 2.5 亿元，建筑面积 19 280 $m^2$，总长 6.4 km（其中双舱约 1.8 km），总体呈环形布置，纳入电力电缆、通信电缆、给水管道等 3 种城市工程管线。由于缺乏相应的法规制度，综合管廊沿线各片区包括地下空间的开发建设也给综合管廊结构安全和廊内管线运行安全带来了新的挑战。

2012 年年初，位于综合管廊西北侧的地块商务办公楼地下空间工程率先开始进入开发建设程序。开工前夕，综合管廊日常管理单位就注意到了该工程可能对综合管廊的正常运行产生影响，经与工程建设单位、施工单位沟通协商，由上述两家单位专门制订基坑围护（隔离桩加地下墙）方案对周边管廊进行专项保护。

2012 年 3 月，地块商务办公楼地下空间基坑围护方案通过专家评审，开始施工。

2012 年 5 月，廊内巡检发现管廊局部路段多处伸缩缝开裂。各方召开综合管廊保护专题现场会，主管单位发函通报管廊结构开裂情况，并形成暂缓施工、重新调整施工方案、建立应急联络机制等意见，修复后复工。

2012 年 8 月，廊内巡检发现部分舱段出现多处结构裂缝、伸缩缝崩裂、给水管隆升现象。主管部门函告建设、施工单位，并再次要求停止损害行为。建设、施工单位再次调整施工方案，第二次复工。

2012 年 10 月，廊内巡检发现管廊部分舱段结构变形。各方召开专项协调会议并形成第三次停工的意见。工程施工方案、基坑监测方案、场地清障专项施工方案经第三次改进优化化后，通过市建交委科技委技术评审。

2012 年 11 月，开始对工程涉及廊体实施第三方安全监测。主管部门与建设单位、施工单位签订共同沟保护三方协议，明确了工程建设、施工单位的保护义务和修复赔偿责任。

2012 年 12 月，按照改进后的方案试施工，经监测，数据正常后第三次复工，直至竣工。

### 35.3.2　事故原因分析

综合管廊西北侧的地块商务办公楼地下空间桩基工程自 2012 年 3 月开工，虽然相关各方对管廊保护工作都引起了足够重视，但由于缺乏相应的制度保障以及前期安全保护经验不足，其间发生管廊结构多处受损、施工作业历经三次停工，直到 2012 年 12 月工程施工才进入正常阶段。通过对上述过程的回顾和分析，可以看出：

（1）综合管廊日常管理单位日常巡查到位、发现问题及时、应急处置果断，多次发函通报情况并组织管廊保护专题会议；同时注重运用专业机构评审、第三方信息化监测等技术手段和签订安全保护协议等管理手段，整个过程反应迅速、及时有效、有理有据，体现了充分的风险意识、坚定的保护决心以及良好的专业素养、高效的管理水平。

（2）工程建设、施工单位在施工前就制订了综合管廊专项保护方案，施工过程中出现问题时不拖延、不回避、积极配合、沉着应对、勇于承担责任，虽然先后历经3次停工，自身也遭受了不少损失，仍然始终坚持安全第一的基本原则，体现了足够的安全意识和良好的社会责任感。

（3）综合管廊结构发生变形位移后，对廊内给水管道的安全运行造成了不良影响，管廊风险防控离不开入廊管线单位的参与和支持。

在整个工程施工过程阶段，从先期的经验不足导致管廊结构受损、工程进度受阻，到后来的各方通过不断完善防控措施保证了管廊结构逐步稳定、工程建设顺利进行，本案例充分证明了综合管廊安全保护的重要性。

同时，经过本案例的实践，综合管廊日常管理单位确立了以廊内外巡查和第三方监测为发现预警机制、以险情通报和专题会议为沟通协调机制、以签订安全保护协议为预防和责任机制、以各方联动为应急处置机制的综合管廊安全保护基本程序。

### 35.3.3　事故风险处置及建议

#### 1. 应急处置

随着综合管廊沿线的工程建设项目不断开展。主管单位深入总结后续工程中综合管廊安全保护工作的经验，逐步规范工作流程、完善应对措施，最大程度降低了建设施工对综合管廊自身和入廊管线运行安全的影响，起到了明显的管理效果。

2015年3月，浦东新区公用事业管理署出台了《上海市浦东新区综合管廊安全保护实施细则》（以下简称《保护细则》）。《保护细则》划定了综合管廊安全保护区、安全控制区的具体范围；规定了安全保护区的禁止行为和安全控制区的限制行为；规范了入廊参观、作业以及安全控制区内从事限制行为的申请和审核程序；明确了在安全控制区内从事限制行为的建设单位，应提前向管廊管理部门书面征求意见，对施工影响范围内的区域进行动态化监控，以及承担为保护、管廊修复和监测而发生的相关费用、应急处置等责任和义务。《保护细则》的出台，对综合管廊安全保护工作机制进行有益的探索。

浦东新区环境保护和市容卫生管理局于2017年8月正式出台《浦东新区综合管廊运行维护管理办法》。为确保浦东新区综合管廊的规范管理和安全运行打下了坚实的制度基础。

#### 2. 防范建议

通过本综合管廊应对周边工程影响的安全保护案例实践，综合管廊运行安全风险防控机制的建立应注重以下几个方面：

（1）政府主导，政府及其监管部门、管理单位对安全管理的足够重视，是管理综合管廊安全运行风险的体制保障。

（2）建章立制，明确各方在综合管廊安全保护工作中责任义务，是化解综合管廊安全运行风险的制度保障。

（3）重在预防，充分运用信息化技术、持续进行安全监测，是防范综合管廊安全运行风险的技术保障。

（4）加强运维管理，坚持常态化安全巡视和横向沟通协调，是发现和控制综合管廊安全运行风险的措施保障。

**参考文献**

［1］王恒栋.我国城市地下综合管廊工程建设中的若干问题[J].隧道建设,2017,37(5):523-528.

［2］刘应明,何瑶,张华.共同沟规划设计中相关问题的探讨[C]//中国城市规划年会.南京:[出版者不详],2011.

［3］王恒栋.市政综合管廊容纳管线辨析[J].城市道桥与防洪,2014(11):208-209.

［4］王建,王恒栋,黄剑.城市综合管廊工程建设与发展[J].工程建设标准化,2018(4):57-63.

［5］陈元洪,董宁.城市燃气管道入综合管廊问题及对策研究[J].煤气与热力,2016,36(10):15-18.

# 名词索引